Learning in Exercises

Polymer Science

エキスパート応用化学テキストシリーズ
EXpert Applied Chemistry Text Series

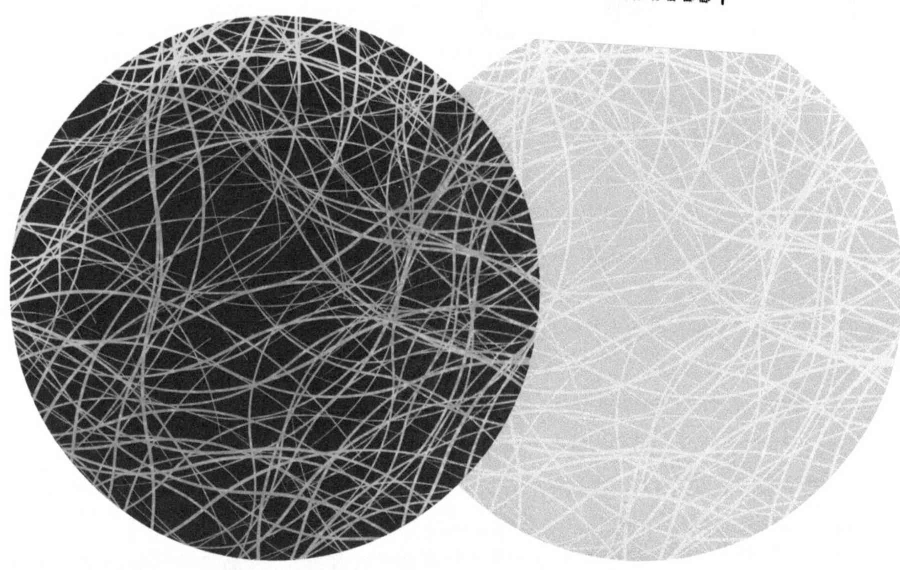

演習で学ぶ 高分子科学
合成から物性まで

Akikazu Matsumoto
松本章一
Takashi Nishino
西野 孝
Nobuyuki Higashi
東 信行 [著]

講談社

まえがき

近年，大学でオンライン形式による授業の頻度が増し，教科書を頼りにして，学生が自分のペースで学習する機会が増えている．2016年に発刊した『高分子科学―合成から物性まで』(東信行，松本章一，西野 孝 著，以下『高分子科学』)では，高分子科学に関する基礎的な事項を中心にして，初めて高分子科学を学ぼうとする人が使用する場合でも十分理解できる内容と分量を設定して，全6章を3名の著者が共同で執筆した．必要最小限の重要事項をていねいに説明することを念頭に置き，取り扱う内容を吟味し，わかりやすい記述を心がけた．筆者らが所属する各大学でも，例に漏れず，2020年に始まったコロナ禍の影響を受け，従来は対面授業で使用していた『高分子科学』を，オンライン方式の授業でもそのまま使用することになった．この授業形態の変化が一時的な措置にとどまらず，今後の大学の授業のあり方や学生の学び方そのものを変えるきっかけになることを実感した．

『高分子科学』に対しては，わかりやすい，自分で勉強するときに便利，などといった感想が読者から寄せられていたが，実際のオンライン授業を進めて行く中で，受講生の切実な声が聞こえてきた．教科書の記述だけでは理解が難しい，自分ではわかったつもりでも自信がない，どこまで理解すればよいのかわからない，試験で問題が解けるかどうか不安だ，自分で詳しく調べるための手助けが欲しい，など新たな課題が浮き彫りになった．『高分子科学』の各章末にはそれぞれ演習問題を設け，解答例も示していたが，今こそ本格的な演習書が必要であると確信し，本演習書の執筆準備に取りかかった．講義科目に直接関連する演習書の間違った使い方が，逆に勉強の妨げになることは承知しているが，学習者の声に応えることが先決であると考え，本演習書を世に送り出すことにした．

本演習書では，以下のような工夫を凝らしている．まず，『高分子科学』に沿った内容および分類とし，関連した記述があるページを具体的に示した．『高分子科学』に関する教科書は数多存在するが，有機化学や物理化学の教科書のようにある程度決まった構成というものがなく，著者の個性が出るために，教科書のどの部分にその問題と対応する説明がなされているのかがわかりにくいためである．次に，例題，基本問題，応用問題，発展問題，総合問題に分類して，目的に合わせた使い方ができるようにした．例題では，単に解答を示すだけでなく，詳しい解説を記載した．基本問題は，教科書をしっかり読み直せば答えにたどり着ける内容とレベルの問題に限定し，解答例および必要に応じて解説を示した．応用問題としては，解答に対応する直接的な記述が教科書の本文には見当たらなくても，よく考えることで理解を深めることができるような題材を取り上げた．さらに，発展問題としては，参考書や論文を調べることが必要な内容のものや，世の中での応用事例，最近の研究動向に関わる話題などを取り上げた．論文，専門書，インターネットなどから得られる情報を，自分の手で調べ，まとめる作業を通して，よりいっそう理解を深めていただきたい．また，総合問題として，定期試験や大学院入試で取り上げられることの多い複合的な形式の問題を取り上げている．理解度や到達度の確認に活用してほしい．

学生の立場だけでなく，教える側が本演習書を授業に役立てるための工夫も，可能な限り行った．できるだけ多くの問題を取り上げることで，演習書は決して丸暗記する(できる)ものではないことを，学生に伝えることを試みた．同じ題材でも観点を変えることで違った形の問題や演習課題が作成できることから，内容が多少重複する問題もできるだけ収録することにした．どこまで解答例を示すべきかについても，メリハリをつけて必要と思われる解説はできるだけ詳しく説明し，あえてヒントだけにとどめたものとコントラストをつけるように心がけた．さらに，各章末には用語の説明を加えた．基礎的な用語の意味や定義などを確認すると同時に，高分子科学に関連する専門用語を正しく表現するための手助けにしていただきたい．本書で取り上げている用語以外についても，同様に短い文章でまとめる作業によって，限られた文字数の中で必要なことを説明するためのトレーニングに活用できるはずである．

本演習書を執筆するにあたり，筆者らがこれまで授業で活用してきた題材だけでなく，国内外で使用されている教科書，演習書，大学院入試問題などを参考にさせていただいた．とはいっても，筆者らがそれぞれ得意とする分野は狭い範囲に限られている．本書を手に取ってくださった各分野の専門家には，設問や解答例に納得のいかない部分があるに違いない．記述の誤りや思い違いなどをご指摘いただけることを願っている．

今後，高分子科学を勉強しようと思う人にとって，少しでも本書がその手助けになれば幸いである．本書を執筆するにあたり，いつものことながら，執筆の遅れを辛抱強く見守っていただき，きめ細やかな編集と校正をしてくださった講談社サイエンティフィクの五味研二氏，ならびにお世話になりました皆様に心よりお礼申しあげます．

2022年1月
コロナ3度目の冬を迎えて
筆者

目　次

問題の分類および利用方法

以下の本書の特徴を理解して，目的に合わせてそれぞれ有効活用してください．

例題：項目ごとに，最初に数問程度の基本的な事項を選んで，詳しく解説しています．基本的な事項に関する理解の確認や復習に利用してください．

基本問題：教科書(『高分子科学ー合成から物性まで』，東 信行，松本章一，西野 孝 著，講談社(2016))の該当ページを参照すれば，解答に関連する記述がある内容を取り上げています．すべての問題についての解答例を巻末に示しています．できるだけ詳しく解答例を示し，また，教科書を読み直さなくても理解できるように，補足事項を記載しています．いきなり解答に頼らず，まずは自分で考えてみて，わからなかった場合には教科書をよく読み直してください．その後で，解答例を見て確認するようにしてください．

応用問題：教科書を読んだだけではすぐに解答することが難しく，また教科書に答えは記載されていないが，基本的な事項をしっかり理解できていれば解答できるレベルの問題です．理解度を確認するために活用してください．演習的な要素を含む問題も一部で取り上げていますので，実験レポートなどに活用することも可能です．巻末に解答例やヒントを記載しています．

発展問題：教科書の範囲やレベルを越えて，自分で調べてみることが必要な内容です．大学院レベルや最新の話題も一部含んでいます．授業でのレポート課題などの取り組みにも使えるように配慮しています．解答は1つではない場合が多く，解答に到達するためのヒントや参考資料を記載しています．

総合問題：第3章と第4章に関して，異なる範囲の内容を組み合わせて作成した総合問題の形式のものをまとめて掲載しています．本書では，各大学の大学院の過去問題も一部改変して取り上げています．期末試験や大学院入試などの対策のための実力の確認に活用してください．

用語説明：各章の最後に，それぞれ150～200字程度で用語の説明をしています．専門用語の理解や，基礎的用語の定義などの確認に利用してください．一部の項目は，試験の用語説明の対策にも活用できるはずです．

第1章　高分子—その発展の歴史と経緯

[教科書の目次]

1.1　高分子とは
1.2　産業としての高分子の歴史
1.3　学問としての高分子の歴史

[第1章で押さえておきたいこと]

・高分子とはどのようなものか
・巨大な分子であることにより発現する独特の性質
・高分子の概念が確立されるまでの研究者たちの論争
・現在の高分子産業の隆盛に至るまでの歴史的背景

特に，19世紀末の化学界において主流であった「ミセル説(低分子会合説)」と，20世紀初頭のStaudingerの直感と実験事実が凝縮された「高分子説」の確執は，現在の化学徒にとっても大いに参考となる事例である．

1.1　高分子とは，1.2　産業としての高分子の歴史，1.3　学問としての高分子の歴史

ポイント
- 高分子説の提唱から確立までの流れ
- 高分子科学の発展と高分子産業の歴史

[例題1.1]
教科書p.12

Staudingerは，高分子溶液の粘度と分子量の関係を明らかにし，高分子の等重合度反応を利用して高分子説を実証した．現在でもMark–Houwink–櫻田の式としてよく知られている高分子溶液の粘度と分子量の関係式について説明しなさい．

[解答]

Staudingerは，高分子溶液の粘度と分子量の間に相関（粘度則）があることを1930年頃に見いだし，高分子の形態を棒状に近いものと想定して，溶液の比粘度を高分子の濃度で割った値η_{sp}/cが分子量に比例するとして，次の式を提案した．

$$\frac{\eta_{sp}}{c} = K_m M$$

ここで，K_mは比例定数，Mは分子量である．

現在では，上の式を改良した次のMark–Houwink–櫻田の式が広く受け入れられている．

$$[\eta] = KM_v{}^a$$

ここで，$[\eta]$は極限粘度数（固有粘度とも呼ばれる），M_vは粘度平均分子量，Kとaは定数である．Kとaの値があらかじめわかっている場合には，粘度測定の実験結果からM_vを求めることができる．

[例題1.2]
教科書p.13，p.19の演習問題1.2

Staudingerが高分子説を実証するために，等重合度反応をどのように利用したかを，下の表に示すデータを参考にして説明しなさい．

反応	デンプン	⟶　三酢酸デンプン		⟶　再生デンプン
溶媒	ホルムアルデヒド	アセトン	クロロホルム	ホルムアミド
	数平均分子量M_n（数平均重合度DP_n）	数平均分子量M_n（数平均重合度DP_n）	数平均分子量M_n（数平均重合度DP_n）	数平均分子量M_n（数平均重合度DP_n）
試料1	30,000 (185)	54,000 (190)	53,000 (190)	30,000 (185)
試料2	62,000 (380)	112,000 (390)	110,000 (390)	—
試料3	91,000 (560)	155,000 (540)	155,000 (540)	93,000 (570)
試料4	153,000 (940)	275,000 (940)	275,000 (940)	140,000 (870)

反応	三酢酸セルロース	⟶　セルロース	⟶　三酢酸セルロース	⟶　セルロース
溶媒	アセトン	銅アンモニア液	アセトン	銅アンモニア液
	数平均重合度DP_n	数平均重合度DP_n	数平均重合度DP_n	数平均重合度DP_n
試料5	400	470	380	430

[解答]

Staudingerは，デンプン（アミロース）を酢酸と反応させ，ヒドロキシ基をアセチル化することによって三酢酸デンプンに変換した．その後，加水分解によって再びデンプンに戻した．このとき，浸透圧法を用いてそれぞれ試料の数平均分子量M_nを決定し，

反応前のデンプン，三酢酸デンプン(アセトンとクロロホルムの異なる2種類の溶媒を用いて分子量を測定)，および反応後のデンプンの重合度DP_nを求めて，それらを比較した．官能基変換してもDP_nに変化が生じないことや，測定溶媒(ホルムアルデヒド，アセトン，クロロホルム，ホルムアミド)を変えても，ほぼ同じDP_nの値が得られるという実験結果から，これらの高分子の変換反応が等重合度反応であり，高分子の主鎖骨格の長さ(すなわちDP_n)は側鎖の官能基や溶媒の種類によって変わらないことを証明した．さらに，Staudingerは，同様の実験をセルロースについても行い，三酢酸セルロース(アセトン中で測定)とセルロース(銅アンモニア液中で測定)の間での変換を繰り返しても，重合度に変化がないことを確認した．のちに，ポリ酢酸ビニルやポリスチレンでも実験を行って，これらの結果が高分子に共通する普遍的な性質であることを証明した．ミセル説(高分子は低分子物質が分子間力で集まったものとする説)では，高分子の繰り返し単位の化学構造が変わったとき，あるいは同じ高分子を異なる性質の溶媒に溶解したとき，高分子の会合数がそのまま変わらず一定になることは考えにくい．つまり，表に示された等重合度反応の実験結果をミセル説で説明することができない．こうして，Staudingerは高分子が共有結合で連結された巨大分子であることを一般化し，長い期間に及んだ論争に終止符を打ち，高分子説が勝利を収めた．

基本問題

[基本問題1.1]
教科書p.3

高分子をその由来によって3種類に分類し，それぞれについて代表的な高分子の例をあげなさい．

[基本問題1.2]
教科書p.13

およそ100年前，Staudingerはセルロースが低分子化合物の集合体ではなく，高分子であることを証明する実験を行った．セルロースが高分子であるということを証明するために行った実験を具体的に示し，証明の過程を250字以内で説明しなさい．

[基本問題1.3]
教科書p.14,
p.19の演習問題1.4

Carothersのナイロンやポリエステルの合成研究は，Staudingerの「高分子説」を強く支持する結果となった．合成研究の経緯と高分子説の追い風となった理由を述べなさい．

[基本問題1.4]
教科書p.8–11,
p.19の演習問題1.1

「高分子説」が受け入れられなかった頃の高分子に対する当時主流であった研究者たちの考え方と当時の時代背景を説明しなさい．

応用問題

[応用問題1.1]
教科書p.7, 14

代表的な合成繊維として，ポリアミド繊維やポリエステル繊維が知られている．以下の問に答えなさい．

(1) ポリアミド繊維あるいはポリエステル繊維として広く用いられている高分子の化学構造式を示しなさい．

(2) ポリアミド繊維は絹の代替品として開発された．高分子量のポリアミドを合成するための具体的な合成方法を示しなさい．また，ポリアミドのどのような構造が繊維に生かされているかを述べなさい．

(3) ポリエステル繊維は木綿の代替品として開発された．ポリエステルと木綿の吸湿性の違いに関して，分子構造に基づいて説明しなさい．

［応用問題1.2］
教科書p.19の
演習問題1.3

「ミセル説」から「高分子説」へと変換していく過程から我々が学べることをまとめなさい．

発展問題

［発展問題1.1］
教科書p.5–6

教科書p.5–6の表1.2（高分子科学と高分子産業の歴史的発展）の中から，科学と産業に関連する発見あるいは発明をそれぞれ1つずつ選び，それらの歴史的経緯を調べて，高分子科学技術の発展に対する貢献をまとめなさい．

［発展問題1.2］
教科書p.14

Carothersはポリアミドとポリエステルの両方の開発に成功したが，ポリアミドがすぐに実用化まで進んだこととは対照的に，ポリエステルの研究開発には10年近くの年月を要し，のちに別の研究者ら（WhinfieldとDickson）によって実用化に到達した．なぜポリエステルの実用化がすぐに実現できなかったのか，またどのような工夫がなされて実用化に至ったのかを調べてまとめなさい．

［発展問題1.3］
教科書p.15

Floryは高分子の物理や化学に関する多くの課題に取り組み，それら成果を教科書にまとめている．重合の動力学，分子量分布，溶液の熱力学，粘度，結晶化，高分子鎖のコンホメーション，ゴム弾性に対して，それぞれどのような功績を残したかをまとめなさい．

［発展問題1.4］
教科書p.16

ZieglerとNattaは，1963年にノーベル化学賞を受賞している．ZieglerとNattaの業績をそれぞれまとめなさい．

［発展問題1.5］
教科書p.17

2000年にノーベル化学賞を受賞した白川英樹の発見は，セレンディピティーと深く関係している．どのような点がセレンディピティーに該当するかを説明しなさい．

第１章　用語説明(50音順)

加硫
教科書p.4, 22, 103

高弾性・高強度ゴムを得るために必要な操作であり，例えば，直鎖状の*cis*-1,4-ポリイソプレン(生ゴム)は柔らかく変形しやすい高分子材料であるが，イオウや過酸化物を加えて加熱すると，高弾性を示すゴムが得られる．これは，発生したラジカルが高分子から水素を引き抜き，イオウの付加やラジカル間での反応が起こって高分子間で架橋構造が形成されるためである．

合成高分子
教科書p.3

天然高分子と対をなす名称で，反応によってモノマーを繰り返して数多く連結(この反応を重合と呼ぶ)して得られる高分子のこと．ホルムアルデヒドとフェノールから合成されるベークライト樹脂(1907年)が歴史的に最初の合成高分子である．合成高分子は，プラスチック，合成樹脂，合成ゴム，繊維などに分類される．

コロイド
教科書p.11

1 nmから0.1 μmの微小な液滴や微粒子が液体などに分散した状態で，表面積が大きく，安定な分散状態を保つことができるので，食品，インク，塗料などに利用されている．自然界でも，霧，煙，泡，粘土など多くのコロイドが存在し，コロイドはチンダル現象により発色や光散乱現象を示す．1920年頃，高分子は会合コロイドであるのか巨大分子であるのかについて大論争が繰り広げられた．

生分解性高分子
教科書p.8

自然界において微生物が関与して低分子化合物に分解される高分子のことで，天然高分子の多くは生分解性をもつ．合成高分子の中にも，ポリ乳酸やポリエステルのように生分解性をもつ高分子は少なくない．現在では，高分子は生分解性高分子と非分解性高分子に分類されることが多い．原料に基づくバイオ由来高分子と石油由来高分子の分類は，別の基準による分類であることに注意が必要である．

セレンディピティー
教科書p.17

英国の小説家Walpoleが1754年に作った造語で，聡明さによってもともと探していたものとは別の何かを発見することを指す．現在では，偶然や予想外による発見や，偶然をきっかけに幸運をつかみとること，またはその能力のことを指す．科学技術の発展において，セレンディピティーが重要な役割を果たしたケースは少なくない．

繊維
教科書p.14

天然のあるいは人工的に伸ばされた細長くてしなやかな素材のこと．植物繊維や動物繊維などの天然繊維と，人工的に作られた化学繊維(合成繊維，半合成繊維，再生繊維など)がある．高分子鎖の配向や結晶化により高い強度を示す．ナイロン6,6は，世界で初めての合成繊維であり，石炭と水と空気から作られ，鋼鉄より強く，クモの糸より細いというキャッチコピーとともにストッキング用として売り出された．

導電性高分子
教科書p.17

電気伝導性の高い高分子のことで，代表的なものとして，ポリアセチレン，ポリチオフェン，ポリフェニレンビニレンなどがあり，半導体の性質を示す．1970年代に白川英樹らは，ポリアセチレンフィルムにハロゲンなどをドーピングすると，高い導電性を示すことを発見し，2000年にノーベル化学賞を受賞した．

ナイロン
教科書p.14, 54, 81, 90

Carothersが発明したポリアミドの総称で，原料の炭素数を後ろにつけてナイロンの種類と構造を表す．最初に工業生産された合成繊維であるナイロン6,6はジカルボン酸とジアミンの重縮合によって，のちに日本で開発されたナイロン6はε-カプロラクタムの開環重合によって合成される．ナイロン6とナイロン6,6の繰り返し単位は異なるが，よく似た性質を示す．

粘度
教科書p.12, 39

粘性率あるいは粘性係数とも呼ばれる．粘性は一般には液体などの流体がもつ性質であるが，高分子物質などの粘弾性固体も粘性を示す．粘性のある物体を2枚の平板の間に挟み，平板を相対速度Uで平行に動かすと，動いている方向と逆の方向にせん断応力τが発生し，τは相対速度Uと平板の間隔hの逆数に比例する．その比例係数μが粘度であり，Pa･sの単位で表される．

半合成高分子
教科書p.3

天然高分子を化学反応によって一部修飾して，人工的に性質を変えた高分子のこと．代表的な半合成高分子の例として，セルロースの一部を化学修飾して合成される酢酸セルロース(アセテート)，三酢酸セルロース(TAC)，硝酸セルロース(セルロイド)，レーヨン(人工絹糸)などがあり，多くのものは19世紀後半に開発され，現在も利用されている．

副原子価
教科書p.9

Wernerは，金属錯体の結合をその結合の長さに応じて主原子価と副原子価に区別し，副原子価に相当する数を配位数と名づけた．Staudingerの高分子説が受け入れられるより以前の高分子やコロイドの専門家たちは，会合コロイドは二次的な力(副原子価)によって高分子的なふるまいをとっていると考えた．

プラスチック
教科書p.1-2

一般には，熱可塑性(加熱によって容易に変形する性質)をもつ合成高分子のことで，高分子は，繊維，ゴム，プラスチック，樹脂に大別される．これまで多くのプラスチックは石油を原料として製造されてきたが，近年，再生可能なバイオマスを原料とするバイオプラスチックが開発されている．なお，バイオプラスチックは生分解性の有無とは必ずしも対応しない．

分子量
教科書p.1, 33

分子に含まれる原子の原子量(各元素の原子の質量を相対的に定めた数値で，^{12}Cの原子量12を基準とする)の和のこと．本来は単位のない物理量であるが，生命科学分野ではDa(ダルトン)が単位として用いられる．高分子は数万から数百万の分子量をもつことが多い．一部の生体高分子を除いて，高分子物質は異なる分子量をもつ分子の混合物であり，平均分子量として表される．

ポリ乳酸
教科書p.8, 81

代表的な生分解性高分子で，発酵法で合成された乳酸を出発原料とし，環状2量体のラクチドのアニオン開環重合によって化学合成される．バイオ由来の環境負荷の小さい高分子として注目され，プラスチック材料としてすでに一部実用化されている．

第2章　高分子の分子形態

[教科書の目次]

[第2章で押さえておきたいこと]

・分子レベルで眺めた高分子構造
・モノマーの重合反応で合成された高分子の分子量には分布があること
・高分子の分子量に分布が生じるメカニズム

高分子構造の特徴の1つは繰り返し単位をもつことであり，この結合の仕方によってさまざまなバリエーションが存在するので，それぞれの特徴を理解しよう．

2.1　高分子の一次構造，2.2　高分子の二次構造，2.3　特殊形状をもつ非線状高分子

ポイント
- ビニルポリマーの繰り返し単位，立体規則性
- ジエンポリマーの繰り返し単位
- ブロック共重合体とグラフト共重合体の構造
- 立体配置と立体配座の違い
- 分岐高分子の名称，構造と主な特徴

[例題2.1]
教科書p.21－22, 66

次の文章の空欄［①］～［④］に最も適当な語句を答えなさい．

ビニルモノマーのラジカル重合の成長反応では，通常の頭－尾結合以外に［ ① ］が生成する場合がある．例えば，塩化ビニルや［ ② ］などの非共役モノマーのラジカル重合では，後者が数%程度含まれ，高分子の［ ③ ］や耐酸化安定性に影響する．頭－尾結合が優先的に生成する要因として，置換基の立体障害と成長ラジカルの［ ④ ］が関係している．

[解答]

①頭－頭結合，②酢酸ビニル，③熱安定性，④共鳴安定化

[例題2.2]
教科書p.24, p.46の演習問題2.1

ビニルモノマーが重合して生成した高分子に関して，4個の繰り返し単位（四連子，テトラッド）の立体配置には何種類あるかを答えなさい．また，それらを記号mとrを用いて表記しなさい．

[解答]

6種類：mmm, mmr, mrm, mrr, rmr, rrr

（補足説明）ビニルモノマーが重合して生成した高分子の立体規則性を表す最小の単位は，隣り合う2個の繰り返し単位（二連子，ダイアッド）の立体配置であり，隣りあう繰り返し単位の絶対配置が同じ場合をメソ（meso），異なる場合をラセモ（racemo）と呼び，それぞれmとrの記号で示される．
（注）2020年に立体特異性高分子に関する用語と表記に関するIUPAC勧告が出され，これまで二連子の立体構造の表記として用いられてきた「メソ」「ラセモ」の用語を使用しないことが推奨されている．記号のmおよびrは従来と変わりなく使用することができ，それぞれ隣接する立体生成（不斉）中心の立体配置の保持（maintained）および反転（reversed）を意味することが，再定義された．

[例題2.3]
教科書p.23－24

イソタクチック高分子とシンジオタクチック高分子の構造の違いを説明しなさい．

[解答]

3個の繰り返し単位（三連子，トリアッド）には，mm，mrおよびrrの3種類の立体配置があり，それぞれイソタクチック，シンジオタクチックおよびヘテロタクチックトリアッドと呼ばれる．イソタクチックトリアッドがさらに長くつながった高分子がイソタクチック高分子であり，同様に，シンジオタクチックトリアッドが長くつながったものがシンジオタクチック高分子である．平面状のジグザグ構造でポリメタクリル酸メチル（PMMA）の具体的な構造を表すと，次の図に示すように，イソタクチックPMMAのエステルおよびメチル置換基はそれぞれ同じ側に位置するのに対し，シン

ジオタクチックPMMAのそれぞれの置換基はいずれも前方，後方，前方のように互い違いの方向に出ていることがわかる．

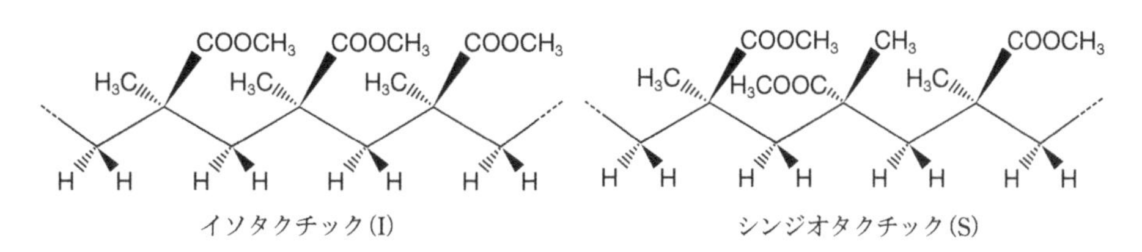

［例題2.4］
教科書p.29

構造の異なる分岐高分子を4種類示し，それぞれの名称，構造および特徴を述べなさい．

［解答］

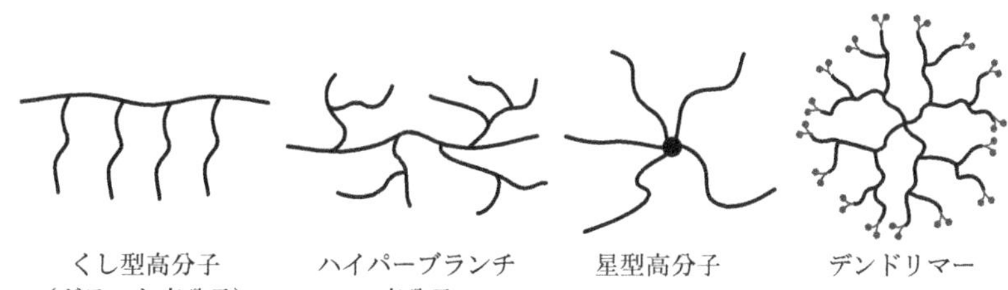

くし型高分子は，主鎖のいくつかの異なる点から枝が生えた高分子で，主鎖と側鎖が同じ場合(1種類の高分子で構成され，分岐構造をもつ)と異なる場合とがある(後者をグラフト共重合体と呼ぶ)．さらに分岐度が高く，枝の途中からさらに不規則に分岐が生じているものをハイパーブランチ高分子(ランダム多分岐高分子)と呼ぶ．分岐の位置が1箇所のみで，同じ場所から数本(3本以上)の枝が伸びているものを星型高分子(スター高分子)と呼ぶ．デンドリマーは，多分岐高分子の中で規則正しい分子構造をもち，分子鎖が段階的に分岐を繰り返して，分子の外側ほど枝の数が多くなる．デンドリマーは，分岐の仕方が決まっているため，単一の分子量をもつ．デンドリマーの大きさは世代で表現され，世代が増すと球状の構造をとりやすくなる．

基本問題

［基本問題2.1］
教科書p.22

ジエンモノマーの重合では，1,2-付加(あるいは3,4-付加)だけでなく，1,4-付加も起こるため，高分子の繰り返し単位はビニル高分子の場合に比べて複雑となる．イソプレンの重合で生成する可能性のある，ポリイソプレンの4種類の繰り返し単位について，化学構造式をすべて書きなさい．

［基本問題2.2］
教科書p.23, 27

立体配置と立体配座の違いを説明しなさい．

［基本問題2.3］
教科書p.25-27

ブロック共重合体とグラフト共重合体の違いを述べなさい．

［基本問題2.4］
教科書p.26, 153-154

ブロック共重合体は，ミクロ相分離構造と呼ばれる高次構造を形成することがある．ミクロ相分離構造が形成される理由を説明しなさい．

［基本問題2.5］
教科書p.29

ポリロタキサンとポリカテナンの構造を示し，それぞれの特徴や性質について説明しなさい．

応用問題

[応用問題2.1]
教科書p.24

ビニルモノマーが重合して生成した高分子(ビニルポリマー)において，メソダイアッドが生成する確率P_mのみで表すことができる場合(ベルヌーイ統計に従う場合)について，3種類のトリアッドの生成確率(モル分率)$[mm]$，$[mr]$，$[rr]$を，P_mを用いて表しなさい.

[応用問題2.2]
教科書p.24

ビニル高分子の二連子(ダイアッド)の存在確率は，三連子(トリアッド)の存在確率とどのような関係にあるかを式で示しなさい.

[応用問題2.3]
教科書p.24

ビニル高分子には，6種類の四連子(テトラッド)や，10種類の五連子(ペンタッド)が存在する．それらをmとrで表し，すべて書き出しなさい．また，これらの五連子が生成する確率は，各四連子が生成する確率とどのように関係づけられるかを式で示しなさい.

[応用問題2.4]

天然に存在するタンパク質は，20種類のアミノ酸の組み合わせで配列(共重合)したものであり，アミノ酸残基数(重合度)は100以上である．20種類のアミノ酸から合成される重合度が100のタンパク質(ポリペプチド)は全部で何種類存在することになるかを計算しなさい．また，その数字を実際に地球上に存在するタンパク質の種類の数などと比較しなさい．ヒトの体には約10万種類のタンパク質があり，動物の種類は140万種以上とされている.

[応用問題2.5]
教科書p.26, 36,
p.46の演習問題2.2

ブロック共重合体が集合して形成されている高分子ミセルの特徴を，低分子の界面活性剤が集合して形成されている通常のミセルと比較して説明しなさい.

[応用問題2.6]

デンドリマーは，分岐の数に応じてある決まった数の末端官能基を含む．以下の一連の反応で得られるデンドリマー分子の末端基数を計算しなさい．アンモニア(NH_3)に3分子のアクリル酸メチルを反応させ，続いて過剰のエチレンジアミンを用いてエステル－アミド交換反応を行うと，末端にアミノ基を含んだ分岐状の分子が得られる．反応がすべて進んだとすると，この分子には何個のアミノ基が含まれるか，そしてこれらの反応をさらに3回繰り返すと，何個のアミノ基をもつ分子(デンドリマー)が生成するかを計算しなさい.

発展問題

[発展問題2.1]

Fischer投影式と平面ジグザグ鎖表記を用いて，次の高分子の立体規則性の違いがわかるように，それぞれのトリアッドの構造を図示しなさい．末端基をX^1およびX^2とすること.

①イソタクチックポリプロピレンとシンジオタクチックポリプロピレン
②イソタクチックポリプロピレンオキシドとシンジオタクチックポリプロピレンオキシド

[発展問題2.2]

ポリロタキサンの具体的な例を示し，特徴を生かした応用例を調べなさい.

[発展問題2.3]
教科書p.31,
p.46の演習問題2.3

超分子ポリマーとしてどのような高分子が知られているかを調べなさい.

2.4　高分子の分子量と分子量分布

ポイント
- 分子量と重合度の関係
- 数平均分子量と重量平均分子量の定義
- 分子量の測定方法(実験方法と理論)
- 分子量分布

[例題2.5]
教科書p.33, 36－38

合成高分子は分子量分布をもち，分子量は平均値として表される．実験的に求められる平均値は測定方法によって異なる．平均分子量に関して，以下の問に答えなさい．

(1) ある重合度の高分子についての分子量をM_i，分子数をN_iとするとき，数平均分子量M_nと重量平均分子量M_wを，M_iとN_iを用いた式でそれぞれ定義しなさい．

(2) 数平均分子量M_nと重量平均分子量M_wを求めるための測定方法を，それぞれ1種類ずつ示しなさい．

(3) タンパク質のように，高分子がある1つの決まった分子量をもつ場合，その高分子の重量平均分子量M_wと数平均分子量M_nの比である多分散度M_w/M_nはどのような値をとるかを示しなさい．また，そのような高分子はどのように呼ばれるかを答えなさい．

[解答]

(1)

$$M_n = \frac{\text{高分子の全重量}}{\text{高分子の分子数}} = \frac{\sum M_i N_i}{\sum N_i}, \quad M_w = \frac{\sum M_i^2 N_i}{\sum M_i N_i}$$

(2) M_n：膜浸透圧法，蒸気圧浸透圧法(その他にNMR法など)，M_w：光散乱法

(補足説明)サイズ排除クロマトグラフィーでは，両者が同時に求まるが，分子量は絶対値ではなく，標準物質を用いて校正したものである．また，質量分析法は，単一分子量の高分子(タンパク質など)の分子量を求める方法として有効であるが，高分子の分子量分布を正確に知ることは難しい．

(3) $M_w/M_n = 1$，単分散高分子

[例題2.6]
教科書p.34－35

高分子Aと高分子Bの繰り返し単位の分子量がいずれも200であり，高分子Aの重合度が100，高分子Bの重合度が500であるとき，次の混合物の数平均分子量M_n，重量平均分子量M_wおよび多分散度M_w/M_nをそれぞれ求めなさい．

① 高分子Aと高分子Bが同じ数で存在する混合物

② 高分子Aと高分子Bが同じ重量で存在する混合物

[解答]

① $M_n = 6.0 \times 10^4$，$M_w = 8.7 \times 10^4$，$M_w/M_n = 1.4$

② $M_n = 3.4 \times 10^4$，$M_w = 6.0 \times 10^4$，$M_w/M_n = 1.8$

基本問題

[基本問題2.6]
教科書p.1, 31

高分子の分子量と重合度の関係を説明しなさい．また，これらの値が平均値で表されることが多い理由を述べなさい．

[基本問題2.7]
教科書p.46の演習問題2.4

下の表に示す4つの分子量からなる仮想的な高分子の混合物を考える．数平均分子量M_n，重量平均分子量M_wおよび多分散度M_w/M_nをそれぞれ求めなさい．

試料番号i	1	2	3	4
分子量M_i	100000	200000	400000	1000000
重量分率w_i	0.1	0.5	0.3	0.1

[基本問題2.8]
教科書p.36–37

浸透圧法による数平均分子量M_nの決定方法を説明しなさい．基本となる式も示すこと．

[基本問題2.9]

下の図は30℃から50℃でのシクロヘキサン中でのポリスチレンに対する浸透圧の濃度依存性を示したものである．第2ビリアル係数と関連づけて，それぞれ直線の傾きと温度の関係を説明しなさい．

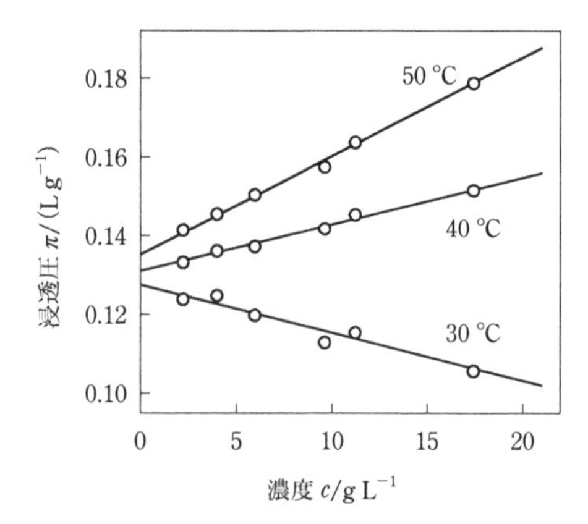

[基本問題2.10]
教科書p.36–39

分子量測定に関する以下の問に答えなさい．

(1) 蒸気圧浸透圧法と半透膜を用いた膜浸透圧法について，測定原理ならびに測定対象となる高分子の分子量範囲の違いを説明しなさい．

(2) 光散乱法による重量平均分子量M_wの決定方法を説明しなさい．光散乱法でM_w以外のどのような情報が得られるかについても述べなさい．

(3) 膜浸透圧法と光散乱法を用いて決定した合成高分子の分子量は一致しない．その理由を述べなさい．

[基本問題2.11]
教科書p.40–41

サイズ排除クロマトグラフィー(SEC)の原理について，説明しなさい．

応用問題

[応用問題2.7] 分子量が未知の高分子試料の蒸気圧浸透圧測定を行ったところ，下の表の結果が得られた．同じ溶媒を用いて同じ温度条件で得られた標準物質（分子量891）に対する蒸気圧の測定データを用いて，この高分子の数平均分子量M_nを計算しなさい．また，これら２種類の測定試料の第２ビリアル係数A_2をそれぞれ求めなさい．

高分子試料（分子量未知）		標準物質（分子量891）	
濃度c/g L^{-1}	蒸気圧（実験値）	濃度c/g L^{-1}	蒸気圧（実験値）
12.40	0.61	4.41	3.41
20.36	1.44	10.27	7.83
30.54	2.89	15.29	11.48
40.17	4.90	19.88	14.79

[応用問題2.8] 下の表はある高分子の希薄溶液の光散乱強度を低角（$\theta = 3°$）で求めた結果である．以下の問に答えなさい．

高分子の濃度 $c \times 10^3$/g mL^{-1}	0.50	1.0	1.5	2.0	2.5
レイリー比 $R_\theta \times 10^3$/cm^{-1}	0.49	0.84	1.1	1.3	1.5

（1）光散乱強度に関する式

$$\frac{Kc}{R_\theta} = \frac{1}{M_w} + 2A_2c$$

の定数Kを求めなさい．ここで，Kは次の関係にあることが知られている．

$$K = \left(\frac{4\pi^2 n^2}{\lambda^4 N_A}\right)\left(\frac{dn}{dc}\right)^2$$

ここで，N_Aはアボガドロ数である．入射光の波長λを550 nm，溶媒の屈折率n_0を1.40，示差屈折率（高分子溶液の屈折率の濃度依存性）dn/dcを0.1 $cm^3\ g^{-1}$とする．また，希薄高分子溶液の屈折率nは溶媒の屈折率n_0に等しいものとする．

（2）Kc/R_θを濃度cの関数としてプロットし，重量平均分子量M_wと第２ビリアル係数A_2を求めなさい．ただし，角度0°への外挿データの代わりに低角（$\theta = 3°$）での測定データをそのまま用いることにする．

[応用問題2.9] ある合成高分子の分子量を浸透圧法と沈降法により測定した結果，沈降法によって決定した分子量は，浸透圧法によって決定した分子量に比べて大きな値となった．その理由を説明しなさい．

[応用問題2.10]
教科書p.33–35

異なる分子量M_iの高分子をそれぞれ次の表に示す重量W_iで含む混合物がある（総重量2.00 g）．以下の問に答えなさい．

分子量M_i	重量W_i(g)	重量分率w_i	w_iM_i	モル分率n_i	n_iM_i
11,500	0.200				
20,300	0.420				
34,000	0.500				
48,500	0.340				
72,300	0.240				
100,000	0.140				
120,000	0.100				
144,000	0.060				

(1) 上の表に示す各成分の重量分率w_iおよびモル分率n_iを計算しなさい．さらに，w_iM_iおよびn_iM_iの値を求め，数平均分子量M_n，重量平均分子量M_w，および多分散度M_w/M_nを計算しなさい．

(2) 横軸に分子量M_iを，縦軸にモル分率n_iあるいは重量分率w_iをそれぞれプロットして2種類の分布曲線を描きなさい．さらに，各分布曲線の中にM_nとM_wの位置を示し，分布曲線の中で各平均分子量がどこに位置するかを確認しなさい．

[応用問題2.11]
教科書p.39，p.46の演習問題2.5

ウベローデ型粘度計を用いてポリビニルアルコールの希薄水溶液の粘度を測定し，粘度平均分子量M_vを求めたい．水溶液の液面が右の図のL_1からL_2までを通過する時間tを測定したときの溶液濃度cとtの関係を下の表にまとめた．これをもとに，このポリビニルアルコールの固有粘度$[\eta]$およびハギンス係数k'を求めなさい．また，Mark－Houwink－櫻田の式

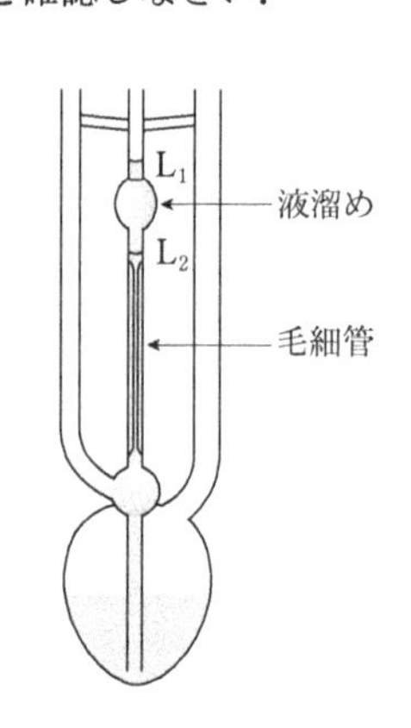

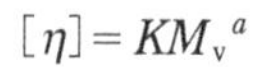

$$[\eta] = KM_v{}^a$$

を用いて粘度平均分子量M_vを計算しなさい．ただし，$K=0.070$，$a=0.60$とする．

溶液濃度c/g cm^{-3}	0	0.003	0.005	0.0075	0.010
時間t/sec	120.0	141.8	158.4	181.2	206.4

発展問題

[発展問題2.4]
教科書p.35

分子量測定法として，NMR法，凝固点降下法(沸点上昇法)，蒸気圧浸透圧法，膜浸透圧法，静的光散乱法，粘度法，SEC，MALDI－TOF MSが知られている．これらの測定方法の特徴について，それぞれ得られる平均分子量の種類，測定対象となる分子量範囲，基本原理をまとめなさい．

[発展問題2.5]
教科書p.40

粘度法で固有粘度$[\eta]$を決定するときに用いられる式に含まれるハギンス係数と，浸透圧法や光散乱法で数平均および重量平均分子量を求める際にそれぞれ用いられる式に含まれる第2ビリアル係数との共通点と相違点を調べなさい．

[発展問題2.6]
教科書p.40－42

サイズ排除クロマトグラフィー(SEC)と質量分析法(MALDI－TOF MS)の特徴について，共通点と違いを述べなさい．

[発展問題2.7]
教科書p.44－45

合成高分子のうち，溶液中でらせん構造を形成するものを3つあげ，それぞれの繰り返し単位の化学構造式，合成法(重合方法)，らせん構造の安定性や特徴をまとめなさい．

第２章　用語説明（50音順）

アタクチック高分子
教科書p.24

立体規則性に関して，決まった繰り返し単位をもたないビニル高分子で，繰り返し単位としてメソダイアッドとラセモダイアッドがランダムに配列している高分子のこと．高分子鎖が結晶化しにくく，アタクチック高分子はアモルファス（非晶）となり，透明性に優れていることが多い．

合成ゴム
教科書p.22, 103

天然ゴムに代わる材料を得るために化学合成されたゴムのこと．代表的な合成ゴムとして，イソプレンゴム，クロロプレンゴム，ブタジエンゴム，スチレン－ブタジエンゴム，ブチルゴム，エチレン－プロピレンゴムなどが，特殊合成ゴムとしてアクリルゴム，シリコーンゴム，フッ素ゴムなどが知られている．

回転ポテンシャルエネルギー曲線
教科書p.28

自由回転する結合の回転角に応じて分子のポテンシャルエネルギーは変化するが，これを回転角に対してプロットして得られる曲線のこと．置換基が最も離れたトランスの位置にあるときに，ポテンシャルエネルギーは最小値をとり，置換基が重なる位置で最大値（最も不安定な状態）をとる．ゴーシュの位置では極小値をとる．

高分子ミセル
教科書p.26, 32

親水性ブロックと疎水性ブロックを含むブロック共重合体は安定な高分子ミセルを形成し，界面活性剤が形成する低分子ミセルに比べて大きな直径をもつ（20～100 nm）．内部に抗がん剤などの物質を取り込むことができ，ドラッグデリバリーシステム（DDS）に利用される．

ジエンポリマー
教科書p.22, 130−131

ブタジエン，イソプレン，クロロプレンなどの1,3−ジエンモノマーから生成する高分子の総称．ビニルモノマーから得られる高分子をビニルポリマーと呼ぶことに対応した分類方法．天然ゴム（*cis*−1,4−ポリイソプレン）に代表されるように，架橋することによってゴム弾性を示す材料が得られることが多い．繰り返し単位の種類として，1,2−，*cis*−1,4−，*trans*−1,4−構造などが存在する．

シンジオタクチック高分子
教科書p.23−24, 141

立体規則性高分子のうち，ラセモダイアッド（二連子）だけがつながってできる高分子．例えば，シンジオタクチックポリメタクリル酸メチルを平面（トランス）ジグザグ鎖で表記すると，メチル置換基とエステル置換基はそれぞれ互い違いに異なる方向に並ぶ．シンジオタクチックポリスチレンはエンジニアリングプラスチックの一種である．

浸透圧
教科書p.37

半透膜（溶質は透過しないが溶媒を透過できる膜）を挟んで濃度が異なる溶液が隣り合うとき，低濃度溶液側から高濃度溶液側に溶媒分子が移動することによって生じる圧力のこと．浸透圧πは，理想気体の状態方程式と同様のファントホッフの式（$\pi = MRT$）で表される．ここで，Mはモル濃度，Rは気体定数，Tは温度である．高分子溶液では，ビリアル展開式が用いられる．

第２ビリアル係数
教科書p.37-38

実在の気体の圧力や溶液の浸透圧を表すためにモル体積の逆数のべき級数に展開することをビリアル展開と呼び，得られた方程式の第２項の係数が第２ビリアル係数である．高分子溶液の浸透圧などに対する方程式の第２ビリアル係数は，高分子間の排除体積効果と密接に関係している．

多分散度
教科書p.34, 111

分子量分布の広がりのことであり，指標としてM_w/M_nが用いられる．合成高分子のM_w/M_nの値は1以上となり，この比が1より大きいものを多分散高分子と呼ぶ．一方，タンパク質などの一部の生体高分子は単一の分子量をもち，$M_w/M_n=1$となる(単分散高分子)．リビング重合を用いると，狭い分子量分布(ポアソン分布に従う)の高分子を合成することができる．

超分子ポリマー
教科書p.31, 119–120

モノマー単位が水素結合などの分子間相互作用によって連結して高分子量体を形成している高分子のことで，Staudingerが想定した共有結合で連結した巨大分子(通常の定義による高分子)とは異なる．水素結合でつながった超分子ポリマーは1990年代から知られ，2010年代の中頃にリビング重合が可能になった．超分子ポリマーは解重合が容易なため，環境調和型高分子としての今後の応用展開が注目される．

天然ゴム
教科書p.22

東南アジアを中心に大規模に栽培されているゴムの木からラテックスとして採取される．ラテックスは，主成分のゴム分(*cis*–1,4–ポリイソプレン)20〜45%以外に少量のタンパク質，脂質，無機塩類などを含む水分散液で，ゴムを凝固させて，水洗，乾燥して取り出す．これを生ゴムという．加硫すると強度や弾性率が高く，強いゴムが得られる．

半透膜(逆浸透)
教科書p.37

半透膜の両側に溶液と純溶媒をおくと，溶媒が半透膜を通り溶液側へ移動し，最終的に平衡に達する．溶液側に浸透圧より高い圧力を加えると，溶液中の溶媒は純溶媒側へ移動する．この現象を逆浸透という．逆浸透現象は物質分離に応用でき，酢酸セルロースやポリアミドの非対称膜や複合膜が海水淡水化に利用されている．

***cis*–1,4–ポリイソプレン**
教科書p.22

ジエンモノマーの重合では，1,2–(3,4–)付加だけでなく，1,4–付加も起こり，ポリイソプレンには1,2–構造，3,4–構造，*trans*–1,4–構造，*cis*–1,4–構造の4種類がある．天然ゴムは*cis*–1,4–構造のみのポリイソプレンであり，繰り返し単位が異なると高分子の物性も大きく異なる．

ポリロタキサン
教科書p.30, 140

線状高分子と環状分子(低分子)が空間的に絡み合ったもので，線状の高分子の末端にかさ高い置換基を結合することで，環状分子が抜けない構造になっている．ポリロタキサン構造を架橋部位に応用した環動ゲル(トポロジカルゲル)は高強度材料や自己修復型材料として，実用化に向けた研究が進められている．

ミセル
教科書p.32, 58

分子内に親水性部分と疎水性部分をあわせもつ化合物を両親媒性化合物と呼び，界面活性剤が代表的なものとしてあげられる．両親媒性化合物を水に分散させると，親水性基を外側に，疎水性基を内側に向けて，数十から数百分子が集合して会合体を形成する．この会合体をミセルと呼ぶ．高分子ミセルは通常のミセルに比べて格段に大きく，20〜100 nmの直径をもつ．

レイリー散乱
教科書p.37–38

波長の変化をともなわない光の散乱のこと．散乱体が光の波長に比べて小さい半径をもつ場合，散乱光の強度比は，光の波長，観測点までの距離，散乱体の体積，散乱体と媒質の誘電率，入射光と散乱光のなす角度の関数で表される．高分子の希薄溶液の散乱光強度を測定すると，高分子の重量平均分子量，第2ビリアル係数，回転半径などが求まる．

第3章　高分子の生成反応と高分子反応

[教科書の目次]

[第３章で押さえておきたいこと]

・高分子を合成するためには，次の２つの手段があること．
　低分子モノマーを重合反応によって高分子化する方法
　あらかじめ合成された高分子の側鎖を別の官能基に変換して目的の高分子へと導く方法（高分子反応）
・重合反応は，その反応様式によって連鎖重合と逐次重合に分類されること．
・高分子反応には架橋反応や分解反応も含まれ，それぞれ分子を巨大化するあるいは逆にダウンサイジングすることに利用されること．

本章では，重合反応と高分子反応の特徴について，演習問題を通じて理解を深める．

3.1　高分子生成反応の特徴，3.2　代表的な高分子の構造と合成法，3.3　連鎖重合 (3.3.1　重合の種類とモノマー，3.3.2　重合方法の分類)

ポイント

- 連鎖重合と逐次重合の分類と特徴
- 重合の種類と分子量(重合度)の関係
- 重合方法の分類と特徴
- 代表的なモノマーや高分子の種類と構造

[例題3.1]
教科書 p.51，p.108 の演習問題 3.1

逐次反応では反応1回ごとに分子の数が1つ減ることを用いて，$DP_n = 1/(1-p)$ (教科書p.51の式(3.5))を誘導しなさい．さらに，この式から$M_w/M_n = 1 + p$を誘導しなさい．

[解答]

数平均重合度DP_nは，反応前後の分子数の比N_0/Nに等しく，この比は反応性基の濃度の比c_0/cに等しいため，反応率pは$(c_0-1)/c$で表され，$DP_n = 1/(1-p)$が誘導できる．重量平均重合度DP_wは$(1+p)/(1-p)$と表すことができるので，$M_w/M_n = DP_w/DP_n = 1 + p$となる．

[例題3.2]
教科書 p.53－54

エンジニアリングプラスチックやスーパーエンジニアリングプラスチックの構造および物性に関する特徴を述べなさい．さらに，代表的なエンジニアリングプラスチックとスーパーエンジニアリングプラスチックをそれぞれ3種類ずつあげ，化学構造式と名称を書きなさい．

[解答]

主鎖中に酸素，窒素，イオウなどのヘテロ原子やエステル，アミド，イミドなどの官能基あるいは芳香環などを含み，優れた耐熱性や機械的強度をもち，通常100℃以上の高温で使用可能な高い強度と弾性率をもつ．代表的なエンジニアリングプラスチックとスーパーエンジニアリングプラスチックの化学構造式と名称を以下に示す．

エンジニアリングプラスチック

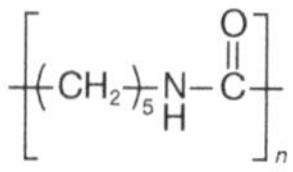

ナイロン6

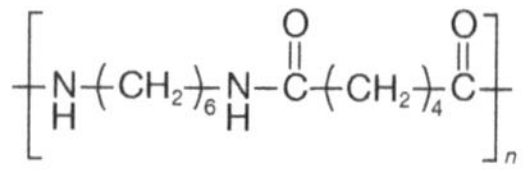

ナイロン6,6

ポリオキシメチレン (POM)

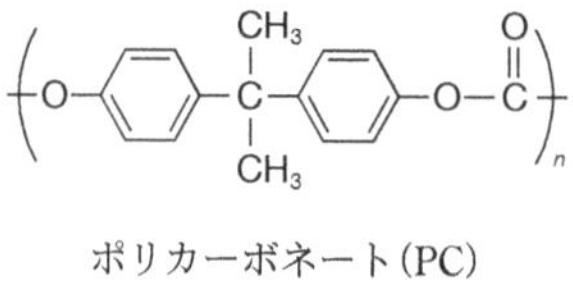

ポリカーボネート(PC)

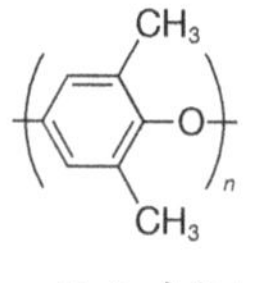

ポリフェニレンオキシド(PPO)

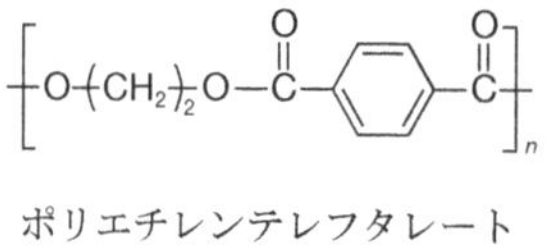

ポリエチレンテレフタレート (PET)

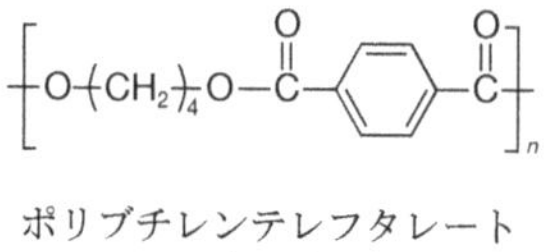

ポリブチレンテレフタレート (PBT)

スーパーエンジニアリングプラスチック

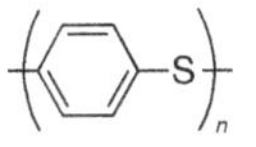

ポリフェニレンスルフィド(PPS)　ポリエーテルスルホン(PESU)　ポリスルホン(PSU)

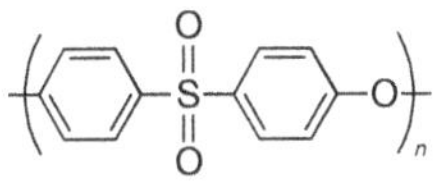

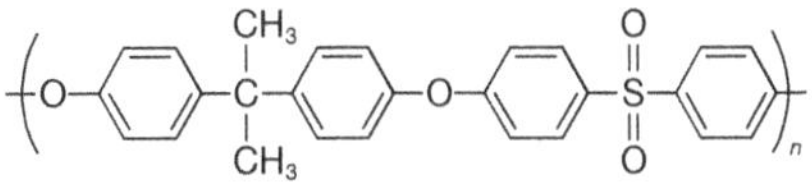

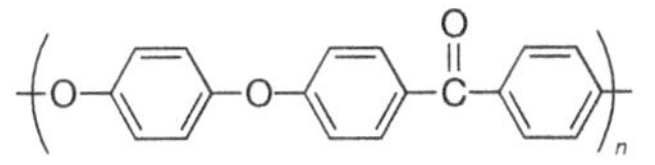

ポリエーテルエーテルケトン(PEEK) 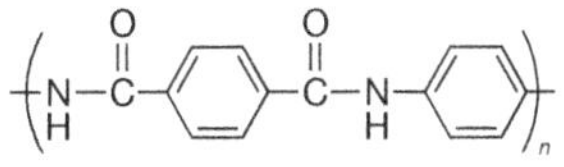　芳香族ポリアミド(ケブラー)

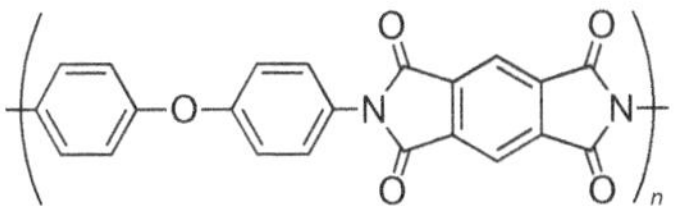

ポリイミド(PI) 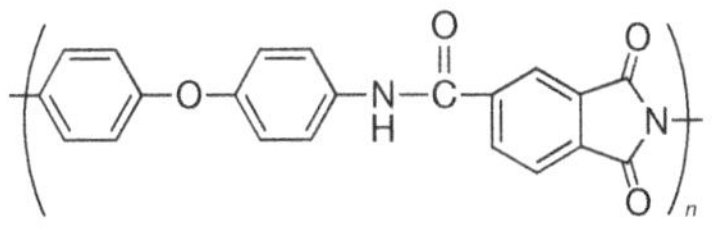　ポリアミドイミド(PAI)

(補足説明)エンジニアリングプラスチックとスーパーエンジニアリングプラスチックの定義や区別に厳密なものはないが，耐熱性や機械強度の程度によって両者は分類されている．一般に，エンジニアリングプラスチックは，機械的強度に優れ(引張り強度が60 MPa以上，弾性率が2 GPa以上)，かつ耐熱性に優れている(連続使用温度が100℃以上である)ことが求められる．さらに，エンジニアリングプラスチックのうち，150℃以上の高温でも長時間使用できるものをスーパーエンジニアリングプラスチックと呼ぶ．

[例題3.3]
教科書p.51, 55, 73–81, p.108の演習問題3.2

一置換エチレン，1,1–二置換エチレン，1,2–二置換エチレン，ジエンモノマーおよび環状モノマーについて，それぞれ代表的なモノマーと生成する高分子を示しなさい．また，各モノマーの高分子量化に有効な重合方法を示しなさい．

[解答]

一置換エチレン：
　スチレン(ラジカル重合，アニオン重合，カチオン重合，配位重合)，アクリル酸エステル(ラジカル重合)，酢酸ビニル(ラジカル重合)，塩化ビニル(ラジカル重合)，アクリロニトリル(ラジカル重合，アニオン重合)，アルキルビニルエーテル(カチオン重合)，プロピレン(配位重合)など

1,1–二置換エチレン：
　メタクリル酸エステル(ラジカル重合，アニオン重合)，塩化ビニリデン(ラジカル重合)，イソブテン(カチオン重合)，α–メチルスチレン(カチオン重合)，2–シアノアクリル酸エステル(アニオン重合)，インデン(カチオン重合)など

1,2–二置換エチレン：
　N–置換マレイミド(ラジカル重合)，フマル酸エステル(ラジカル重合)など

ジエンモノマー：
　ブタジエン(ラジカル重合，アニオン重合，配位重合)，イソプレン(ラジカル重合，アニオン重合，カチオン重合，配位重合)，クロロプレン(ラジカル重合)など

環状モノマー：
　エチレンオキシド(アニオン開環重合，カチオン開環重合，配位重合)，ε–カプロラクタム(アニオン開環重合)，ラクトン(アニオン開環重合，配位重合)，ラクチド(アニオン開環重合，配位重合)など

代表的なモノマーの化学構造式を次に示す．生成高分子の化学構造式は省略．

一置換エチレン

スチレン　アクリル酸エステル　酢酸ビニル　塩化ビニル　アクリロニトリル　ビニルエーテル　プロピレン

1,1-二置換エチレン　　　**1,2-二置換エチレン**

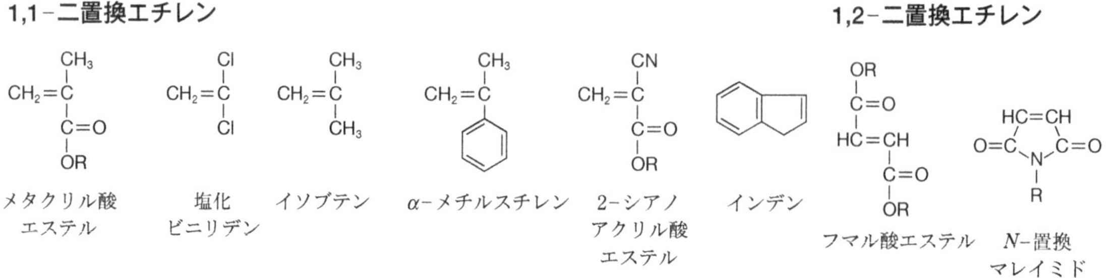

ジエンモノマー　　　**環状モノマー**

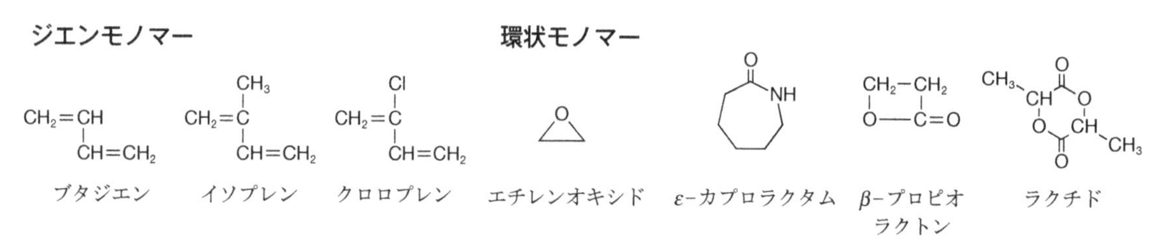

基本問題

[基本問題3.1]
教科書p.48-49

重合反応が進行して高分子が生成するためには，重合が発熱的であること，すなわち重合のエンタルピー変化が負に大きいことが必要である．その理由を説明しなさい．また，モノマーの構造が重合のエンタルピー変化の大きさと，どのように関係するかを説明しなさい．

[基本問題3.2]
教科書p.48-49, 52

一置換エチレンに比べて，1,1-二置換エチレンモノマーや環状モノマーの重合熱は小さいことが知られている．その理由と重合の特徴をそれぞれ説明しなさい．

[基本問題3.3]
教科書p.50-51, 111

右の図は，連鎖重合，逐次重合およびリビング重合における反応率と分子量(重合度)の関係を示している．図に関連するそれぞれの重合の特徴(重合中のモノマー，オリゴマーおよび高分子の比率，生成高分子の分子量の変化など)を説明しなさい．

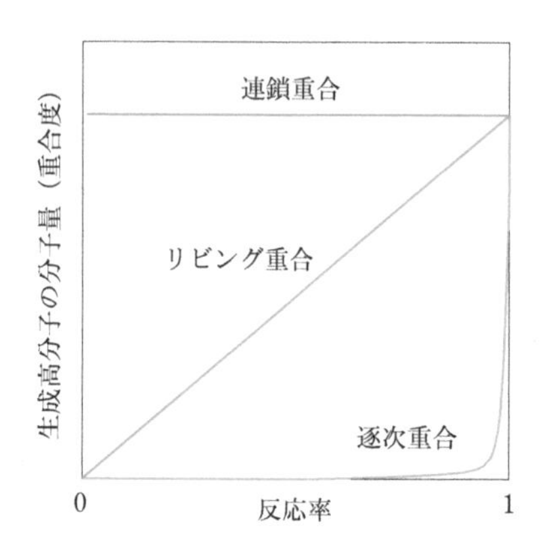

[基本問題3.4]
教科書p.51

ジカルボン酸とジオールを用いて等モル条件で重縮合を行うとき，反応率pが0.50, 0.90, 0.95および0.99に達したときのポリエステルの平均重合度DP_nをそれぞれ求めなさい．

[基本問題3.5]
教科書p.52, 105−106

天井温度，解重合，熱分解および重合熱を関連づけて説明しなさい．

[基本問題3.6]
教科書p.55−56ほか

次の①～⑥のモノマーと開始剤の組み合わせについて，モノマーの化学構造式ならびに生成する高分子の繰り返し単位の化学構造式を書きなさい．末端構造は無視してかまわない．また，その重合の種類を下の語群から選びなさい．

① メタクリル酸メチル/*n*-ブチルリチウム
② *ε*-カプロラクタム/ナトリウムエトキシド
③ イソブテン/塩酸
④ エチレンオキシド/水酸化ナトリウム
⑤ 酢酸ビニル/過酸化水素＋塩化鉄(II)
⑥ テトラヒドロフラン/硫酸

[**重合の種類**：ラジカル重合，アニオン重合，カチオン重合，配位重合，ラジカル開環重合，アニオン開環重合，カチオン開環重合，開環メタセシス重合]

[基本問題3.7]

ラジカル重合，カチオン重合，アニオン重合，配位重合に適したモノマーの化学構造式と名称をそれぞれ3種類ずつ示しなさい．

[基本問題3.8]
教科書p.56−58

バルク重合，溶液重合，懸濁重合，乳化重合について，モノマーや開始剤，利点，欠点，応用例を表にまとめなさい．

[基本問題3.9]
教科書p.56−57

バルク重合と懸濁重合の共通点と相違点を，それぞれ具体的に説明しなさい．

応用問題

[応用問題3.1]
教科書p.49

炭素−炭素二重結合(C＝C)は付加重合に利用されるが，炭素−酸素二重結合(C＝O)への付加は通常起こらない．両者の反応性の違いを，結合エネルギーと反応前後のエンタルピー変化の観点から説明しなさい．

[応用問題3.2]
教科書p.48−50

ポリエステルやポリアミドを合成するために，開環重合と重縮合の両方が用いられる．具体的な反応例をあげて反応の特徴を説明しなさい．

[応用問題3.3]
教科書p.52−53

全芳香族ポリアミド(主鎖がベンゼン環とアミド結合のみから構成されているポリアミド，アラミドとも呼ばれる)と超高分子量ポリエチレンについて，耐熱性と機械強度の相違点を述べなさい．

[応用問題3.4]
教科書p.53

繊維強化プラスチック(FRP)はどのような材料であるか，またその特徴を述べなさい．

発展問題

[発展問題3.1]
教科書 p.49

炭素−酸素二重結合(C＝O)への付加をともなう重合は，熱力学的に不利であるために通常の条件では進行しないが，ホルムアルデヒドを原料として用い，エンジニアリングプラスチックの一種であるポリオキシメチレンが工業的に製造されている．高分子量のポリオキシメチレンがどのような方法で合成されているか，また，高分子の分解(解重合)がどのような方法で抑制されているかを調べなさい．

[発展問題3.2]
教科書 p.49

環状エーテル，環状スルフィドおよび環状エステル(ラクトン)の環員数と開環重合の反応性の関係を調べ，重合前後のエンタルピー変化とエントロピー変化がどのように影響しているかを説明しなさい．

[発展問題3.3]
教科書 p.57

懸濁重合と分散重合の違いについて述べ，それぞれ工業的にどのような利点があるか，どのような高分子の製造に利用されているかをまとめなさい．

[発展問題3.4]
教科書 p.57−58

Smith と Ewart は，乳化重合で生成する粒子内の平均ラジカル数に着目した理論を用いて重合速度を説明した．Smith−Ewart の理論について調べ，乳化重合の速度がどのような要素にどのように依存して決まるかをまとめなさい．

3.3 連鎖重合 (3.3.3 ラジカル重合：A. ラジカル重合の特徴，B. ラジカル重合開始剤，C. 重合反応の機構)

ポイント
- ラジカル重合の開始反応と停止反応
- 開始剤の種類と特徴(アゾ開始剤，過酸化物)
- 連鎖移動反応と分岐高分子の生成機構

[例題3.4]
教科書p.65の式(3.8)

開始剤として過酸化ベンゾイル(BPO)を用い，メタクリル酸メチル(MMA)をトルエン中，80°Cで加熱したときに起こる開始反応をすべて書き，反応の機構を説明しなさい．開始反応には，開始剤の分解だけでなく，生成した一次ラジカルのモノマーへの付加も含まれることに注意．

[解答]

BPO
分解
$-CO_2$
β開裂
MMAへの付加
COOCH$_3$
トルエンへの連鎖移動
MMAへの付加
COOCH$_3$
MMAへの付加
COOCH$_3$

BPOが熱分解によって生成した一次ラジカル(ベンゾイルオキシラジカル)が，MMAに付加して重合は開始する．一次ラジカルが脱炭酸して生成するフェニルラジカルがMMAに付加する，あるいはトルエンに連鎖移動して生成するベンジルラジカルがMMAに付加するとそれぞれ異なる末端基をもつ高分子が生成する．

[例題3.5]
教科書p.67, 134

次の文章の空欄[①]〜[⑦]に当てはまる語句を答えなさい．

エチレンを重合して得られるポリエチレンは，その合成条件によって大きく3種類に分類される．高温・高圧下で得られるポリエチレンは，[①]ポリエチレンと呼ばれる．[①]ポリエチレンは[②]構造を含み，柔軟性があり変形しやすい性質を示す．[③]が見いだした有機金属触媒を用いて得られるポリエチレンは，[④]ポリエチレンに分類され，[②]構造が少ないため，[⑤]が高く，柔軟性は低い．[⑥]ポリエチレンは，エチレンと[⑦]のランダム共重合体であり，適度に[②]構造が導入されているため，[①]ポリエチレンに近い性質を示す．

[解答]

① 低密度，② 分岐，③ Ziegler(チーグラー)，④ 高密度，⑤ 結晶性(結晶化度)，⑥ 直鎖状低密度，⑦ α-オレフィン(1-ブテン)

基本問題

[基本問題3.10]
教科書p.61,
p.108の演習問題3.3

2,2′−アゾビスイソブチロニトリル(AIBN)の分解速度定数k_d(単位s^{-1})は，次の式で表される．

$$k_d = 1.58\times10^{15}\exp\left(-\frac{128.9\ \mathrm{kJ\ mol^{-1}}}{RT}\right)$$

40℃と100℃でのAIBNの半減期$t_{1/2}$をそれぞれ計算しなさい．

[基本問題3.11]
教科書p.62

スチレンのバルク重合で，開始剤として過酸化ベンゾイルを用いると開始剤効率はほぼ1になるのに対し，2,2′−アゾビスイソブチロニトリルを用いると開始剤効率は0.5～0.6となる．この理由について説明しなさい．

[基本問題3.12]
教科書p.62−63

アゾ開始剤および過酸化物について ① 開始剤効率，② ガス発生，③ レドックス反応，④ 水素引き抜きの観点から比較し，それぞれの相違点を説明しなさい．

[基本問題3.13]
教科書p.67−68

ポリエチレンの短鎖分岐の生成機構について，反応式を用いて説明しなさい．

応用問題

[応用問題3.5]
教科書p.64−65

過酸化ベンゾイル(BPO)を用いたスチレン(St)のバルク重合で起こると考えられる開始反応と停止反応を書き，メタクリル酸メチル(MMA)の重合で起こる反応との違いを述べなさい．

[応用問題3.6]
教科書p.68

酢酸ビニルのラジカル重合で生成する高分子は分岐構造をもつ．重合中に引き抜かれる水素原子として，次の①～③の3つの可能性がある．

① 生成したポリ酢酸ビニルの側鎖のアセチル基のメチル水素(CH_3)
② モノマーのアセチル基のメチル水素(CH_3)
③ 生成したポリ酢酸ビニルの主鎖上のメチン水素(CH)

実際の重合では，①と②の水素の引き抜きが起こる．①と②の水素引き抜きによる分岐構造の生成機構について，反応式を用いて説明しなさい．

[応用問題3.7]
教科書p.68

エチレンのラジカル重合においては，バックバイティングによってポリエチレンのC4分岐だけでなく，C2分岐も生成することがある．次の反応式の空欄に化学構造式を記入し，反応機構を説明しなさい．

〜〜CH_2−CH(−H)−CH_2−CH_2−CH_2−$\dot{C}H_2$ —分子内水素引き抜き→ 〜〜CH_2−$\dot{C}H$−CH_2−CH_2−CH_2−CH_3 —$CH_2{=}CH_2$→

〜〜CH_2−CH($CH_2CH_2CH_2CH_3$)−CH_2−$\dot{C}H_2$ —$CH_2{=}CH_2$→ 〜〜CH_2−CH($CH_2CH_2CH_2CH_3$)−CH_2−CH_2〜〜

C4 分岐

↓ 分子内水素引き抜き

［空欄］ —$CH_2{=}CH_2$→ 〜〜CH_2−CH(CH_2CH_3)−CH_2−CH(CH_2CH_3)〜〜

C2 分岐

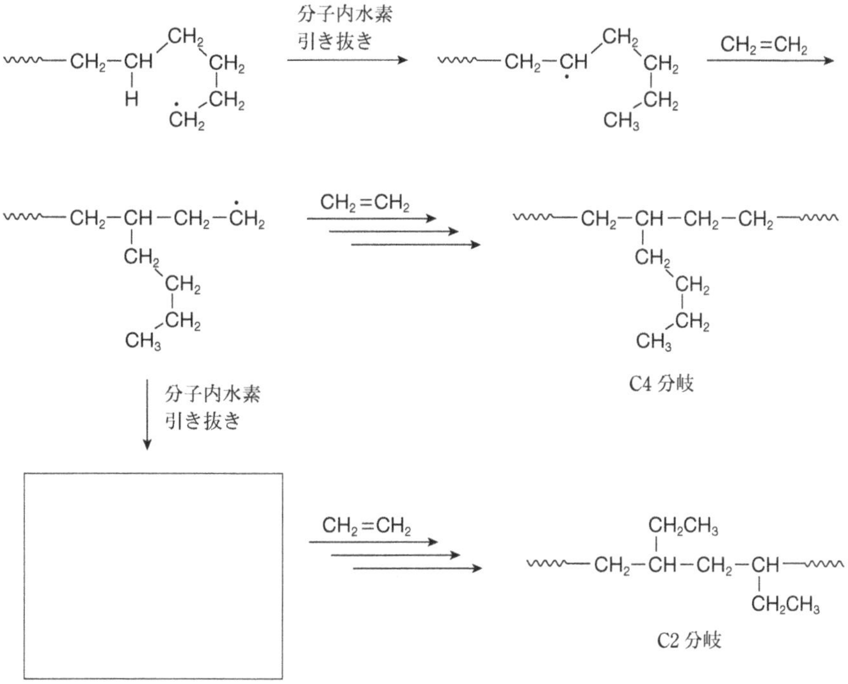

発展問題

[発展問題3.5]
教科書p.68

ポリビニルアルコールは，ポリ酢酸ビニルの加水分解によって合成される．右の図は，加水分解前後の高分子の数平均重合度DP_nの変化を表したものである．以下の問に答えなさい．

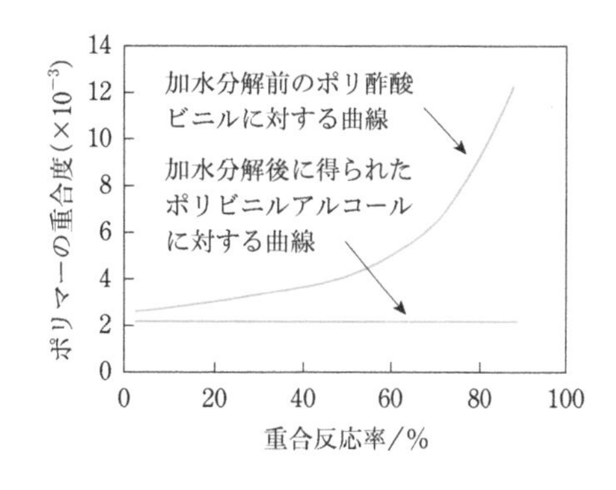

(1) 加水分解前のポリ酢酸ビニルのDP_nに対する曲線は，重合の後期(重合反応率の高い領域)になってDP_nが急激に増加することを示している．急激なDP_nの増加が生じる反応機構を説明しなさい．

(2) ポリ酢酸ビニルを加水分解して得られるポリビニルアルコールのDP_nは，重合反応率に関係なく一定である．理由を説明しなさい．

[発展問題3.6]

次の図は，ラジカル開始剤として過酸化ベンゾイル(BPO, 5×10^{-3} mol L^{-1})を用いて，トルエン中，100℃でメタクリル酸メチル(MMA，1 mol L^{-1})の重合を行って得られた数平均分子量M_nが17,700である高分子の構造を^{1}H NMRによって徹底的に解析したものである．これらの構造がどのような反応によって生成するかを示しなさい．

［参考文献："End-group analysis of poly(methyl methacrylate) prepared with benzyl peroxide by 750 MHz high-resolution ^{1}H NMR spectroscopy", K. Hatada, T. Kitayama, K. Ute, Y. Terawaki, and T. Yanagida, *Macromolecules*, **30**, 6754 (1997)］

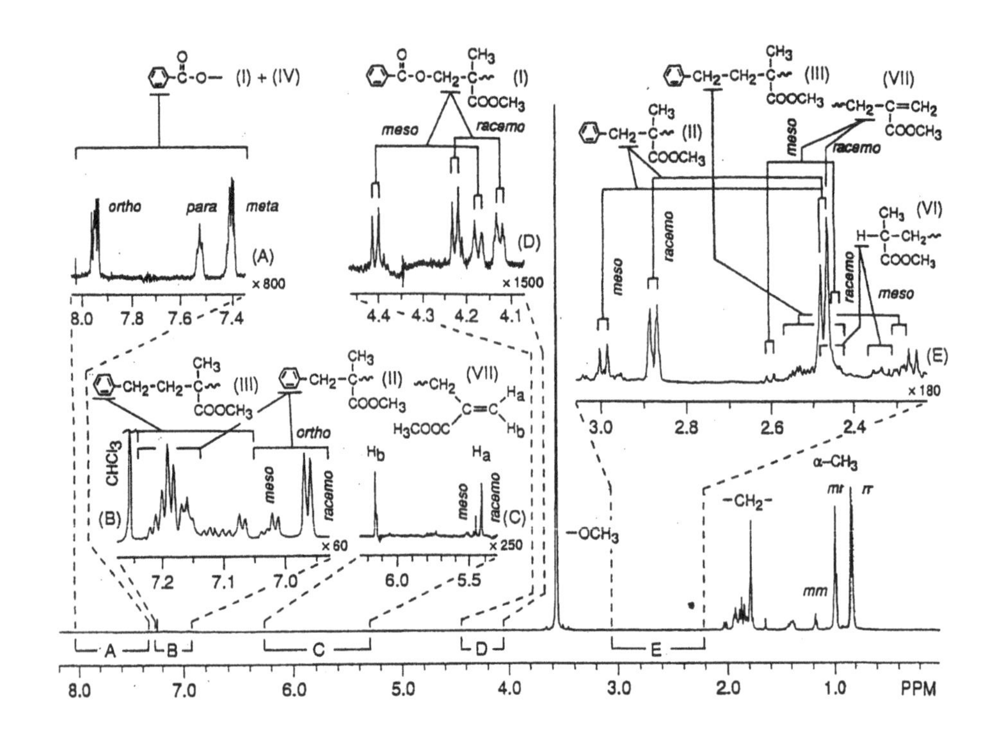

[発展問題3.7]　塩化ビニルのラジカル重合では，連鎖移動反応が起こりやすく，生成高分子の末端構造は複雑となる．下に示す高分子中に含まれる異常構造と，右に示すその生成割合を参考にして，これらの構造が生成する反応をそれぞれ書きなさい．

異常構造の生成割合	
1	6.4〜6.9
2	0.1〜0.3
3	0.1
4＋5	0.8
6	3.8
7＋8＋9	0.75
10	3.5

繰り返し単位：

1　$\sim CH_2-CH(Cl)-CH(Cl)-CH_2\sim$　1,2−ジ塩素（h−h 単位）

2　$\sim CH=CH-CH(Cl)-CH_2\sim$　アリル塩素（不飽和単位）

3, **4**, **5**　$\sim CH_2-C(Cl)((CH_2CHCl)_nH)\sim$
- **3**　第三級塩素（$n \geq 100$；長鎖分岐）
- **4**　第三級塩素（$n=2$；C_4 短鎖分岐）
- **5**　第三級塩素（$n=1$；C_1 短鎖分岐）

6　$\sim CH(CH_2Cl)\sim$　塩化メチル（C_1 短鎖分岐）

末端基単位：

7　$\sim CH_2-CH(Cl)-CH=CH(Cl)$　アリル塩素（不飽和末端）

8　$\sim CH_2-CH=CH-CH_2Cl$　アリル塩素（不飽和末端）

9　$\sim CH_2-CH(Cl)-CH=CH_2$　アリル塩素（不飽和末端）

10　$\sim CH(Cl)-CH_2Cl$　1,2−ジ塩素（ジ塩素末端）

[発展問題3.8]　アクリル酸メチルのラジカル重合では，成長ラジカルの分子内水素引き抜き（連鎖移動反応）が起こることが報告されている．この反応によって生成する高分子の化学構造式を示しなさい．

3.3 連鎖重合 (3.3.3 ラジカル重合：D. 重合反応の速度)

ポイント

・ラジカル重合の素反応(定義と速度式)
・重合速度式の誘導
・開始剤やモノマーの濃度と重合速度の関係
・開始剤やモノマーの濃度と分子量の関係

[例題3.6]
教科書p.70

ラジカル重合の開始反応，成長反応および停止反応を以下に示す．これらの式から重合速度式($R_p = (2k_d f[\mathrm{I}]/k_t)^{0.5} k_p[\mathrm{M}]$)を誘導したい．空欄［①］～［⑤］に当てはまる条件，および，空欄［A］～［D］に当てはまる式を答えなさい．

開始反応：$\mathrm{I} \xrightarrow{k_d} 2\mathrm{R}\cdot$

$\mathrm{R}\cdot + \mathrm{M} \xrightarrow{k_i} \mathrm{P}\cdot$

成長反応：$\mathrm{P}\cdot + \mathrm{M} \xrightarrow{k_p} \mathrm{P}\cdot$

停止反応：$2\mathrm{P}\cdot \xrightarrow{k_t} \mathrm{P} \text{ or } 2\mathrm{P}$

[I：開始剤，R·：開始剤の分解によって生じた一次ラジカル，M：モノマー，P：生成高分子，P·：成長ラジカル]

次の条件が成立するものとする．
・成長反応の速度定数は，［　　①　　］
・成長ラジカルの生成速度と，［　②　］は等しい（［　　③　　］の成立）
・二分子停止のみが起こり，［　　④　　］
・連鎖移動反応が［　　⑤　　］

上記の2番目の仮定より［　A　］が成立する．開始剤1つあたりで2つのラジカルが生成すること，および，開始剤効率fを考慮すると，

$$R_i = [\quad B \quad] = [\quad C \quad]$$

すなわち，

$$[\mathrm{P}\cdot] = [\quad D \quad]$$

と表すことができる．このことより，次の式が誘導できる．

$$R_p = -\frac{\mathrm{d}[\mathrm{M}]}{\mathrm{d}t} = \left(\frac{2k_d f[\mathrm{I}]}{k_t}\right)^{0.5} k_p[\mathrm{M}]$$

[解答]

① 成長ラジカルの鎖長には無関係に一定である，② 消失速度，③ 成長ラジカル濃度の定常状態，④ 一次ラジカル停止は起こらない，⑤起こらない，あるいは起こっても再開始反応が十分速い

A：$R_i = R_t$，B：$2k_d f[\mathrm{I}]$，C：$k_t[\mathrm{P}\cdot]^2$，D：$(2k_d f/k_t)^{0.5}[\mathrm{I}]^{0.5}$

[例題3.7]
教科書p.70

メタクリル酸メチル(MMA)と2,2′-アゾビスイソブチロニトリル(AIBN)を用いて，[MMA] = 1.0 mol L^{-1}，[AIBN] = 6.4×10^{-3} mol L^{-1}，トルエン中，60°C，1.0時間の反応条件で重合を行うと，2.8×10^{-5} mol L^{-1} sec^{-1}の重合速度R_pで4.2×10^4の数平均分子量M_nをもつポリメタクリル酸メチルが生成した．①～④に示す重合条件を数値で答えなさい．

① R_pを2倍にするためのMMA濃度
② R_pを2倍にするためのAIBN濃度
③ M_nを2倍にするためのMMA濃度
④ M_nを2倍にするためのAIBN濃度

[解答]

① 2.0 mol L^{-1}，② 2.6×10^{-2} mol L^{-1}，③ 2.0 mol L^{-1}，④ 1.6×10^{-3} mol L^{-1}

基本問題

[基本問題3.14]
【教科書p.70】

次の文章を読み，以下の問に答えなさい．

連鎖重合では，開始反応，成長反応および停止反応の組み合わせで高分子の生成を表すことができる．基本的な反応は，以下に示す反応であり，これらから重合速度を考察できる．

開始反応：$I \longrightarrow R\cdot + R\cdot$
$R\cdot + M \longrightarrow R{-}M\cdot$
成長反応：$M_n\cdot + M \longrightarrow M_{n+1}\cdot$
停止反応：$M_n\cdot + M_m\cdot \longrightarrow M_{n+m}$ あるいは $M_n + M_m$

ここで，Iは開始剤，R･は開始剤から生成する一次ラジカル，Mはモノマー，$M_n\cdot$および$M_m\cdot$はそれぞれ鎖長が異なる成長ラジカル，M_{n+m}，M_nおよびM_mは再結合停止あるいは不均化停止によって生成した高分子である．一次ラジカルのモノマーへの付加は開始剤の分解反応に比べて十分速いものとし，開始剤の分解反応の速度定数をk_dとする．また，成長反応および停止反応の速度定数k_pおよびk_tは，高分子の鎖長に依存しないものとする．

(1) 開始反応，成長反応，停止反応の各速度をR_i，R_p，R_tとし，それぞれの速度式を示しなさい．ただし，開始剤効率をfとする．開始剤濃度，モノマー濃度，成長ラジカル濃度を，それぞれ[I]，[M]，[P･]とする．
(2) 重合中の成長ラジカル濃度の定常状態が成立するとき，すなわち，$R_i = R_t$が成立するとき，重合速度(モノマーの消費速度)と[M]および[I]の関係を示しなさい．
(3) 停止反応が不均化反応だけで起こる場合，生成高分子の鎖長(数平均重合度DP_n)は，高分子の成長速度と高分子の開始速度の比で表すことができる．DP_nと[M]および[I]の関係を示しなさい．

[基本問題3.15] 次に示すモノマーと溶媒(体積比1：1)を組み合わせてラジカル重合を行ったとき，生成高分子の分子量が大きい順に記号で答え，その理由を述べなさい．モノマーと溶媒以外の重合条件は同一とする．

①スチレンとトルエン，②酢酸ビニルと四塩化炭素，③メタクリル酸メチル(溶媒なし)

応用問題

[応用問題3.8] 教科書p.70

[モノマー] = 2 mol L^{-1}, [開始剤] = 0.04 mol L^{-1}の条件でスチレンをラジカル重合(溶液重合)してポリスチレンを合成するとき，次の①～③を満たすにはどのような条件で重合を行えばよいかをそれぞれ答えなさい．

① 重合速度を変えずに，生成する高分子の分子量を1/4にする．
② 重合速度を変えずに，生成する高分子の分子量を4倍にする．
③ 生成する高分子の分子量を変えずに，重合速度を4倍にする．

[応用問題3.9] 連鎖移動反応が無視できる場合，高分子の数平均重合度(鎖長)DP_nは，消費されたモノマーの数を高分子の数で割ったものに等しくなる．DP_nはモノマー濃度および開始剤濃度に対してそれぞれ何次に比例するか，式を誘導して説明しなさい．

[応用問題3.10] ラジカル開始剤を用いたスチレンの溶液重合について，重合速度R_pと高分子の数平均重合度DP_nは，モノマー濃度や開始剤濃度とどのような関係にあるかをそれぞれ示しなさい．ただし，2分子停止のみが起こり，連鎖移動反応や一次ラジカル停止は起こらないものとする．

[応用問題3.11] 高温でラジカル重合反応を行うと，生成する高分子の分子量や重合速度が予想した値に比べて明らかに低下することがある．成長ラジカル濃度の観点から，その理由を説明しなさい．

[応用問題3.12] 下の表に示す実験番号3の反応条件について，反応率50%に達するまでに必要な時間を答えなさい．途中の考え方や計算の過程を示すこと．ただし，重合速度はモノマー濃度の1次に，開始剤濃度の0.5次に比例するものとし，分解にともなう開始剤の濃度変化は無視してよい．

実験番号	温度 (℃)	[モノマー] (mol L^{-1})	[開始剤] (mol L^{-1})	反応時間 (min)	反応率 (%)
1	60	1.00	2.5×10^{-3}	500	50
2	60	0.80	1.0×10^{-3}	600	40
3	60	0.25	1.0×10^{-2}	?	50

発展問題

[発展問題3.9]
教科書p.71

下の表に示すスチレンと酢酸ビニルに対する各データの違いをモノマーやラジカルの構造と反応性に基づいて説明しなさい．ただし，k_pとk_tはそれぞれ成長反応と停止反応の速度定数，C_{tr}は連鎖移動定数である．

モノマー	k_p ($L\ mol^{-1}\ s^{-1}$)	k_t ($L\ mol^{-1}\ s^{-1}$)	$k_p/k_t^{0.5}$ ($L^{0.5}\ mol^{-0.5}\ s^{-0.5}$)	C_{tr} (トルエン)	C_{tr} (ブタンチオール)
スチレン	341	7.2	0.021	1.2×10^{-5}	22
酢酸ビニル	3700	11.7	0.34	2.1×10^{-3}	48

[発展問題3.10]

メタクリル酸メチル(MMA)のラジカル重合について，以下の問に答えなさい．

(1) 開始剤として過酸化ベンゾイル(BPO)あるいは2,2′-アゾビスイソブチロニトリル(AIBN)を用いてMMAの重合を行うと，これら2種類の重合系で開始剤効率が異なる．このことを説明しなさい．

(2) MMAの重合の停止反応には，再結合と不均化反応の2種類が含まれる．これらの停止反応機構を化学反応式で表しなさい．

(3) MMAのバルク重合(溶媒を用いない重合)では，重合後期に見かけの重合速度が急激に増加する加速効果(Trommsdorf effect)が観察される．この現象を説明しなさい．

3.3 連鎖重合 (3.3.4 アニオン重合，3.3.5 カチオン重合，3.3.6 配位重合，3.3.7 開環重合)

ポイント
- 各重合に用いられるモノマーの種類
- 各重合に用いられる開始剤や触媒の種類
- 各重合の反応機構(開始，成長，停止，連鎖移動)
- 各重合の特徴(適切な高分子合成法の選択)

[例題3.8]
教科書 p.73−77

次の開始剤(系)を用いたスチレンの重合の開始反応を書きなさい(モノマーが付加して成長活性種が生成する段階まで書くこと)．また，生成する高分子の化学構造式を示しなさい(末端構造まで書くこと)．ただし，カチオン重合ではβ水素脱離による連鎖移動反応が起こるものとし，アニオン重合はアルコールで停止反応を起こさせるものとする．

① $SnCl_4/C_2H_5Cl$
② $HClO_4$
③ *n*−ブチルリチウム
④ ナトリウム/ナフタレン

[解答]

開始反応をそれぞれ以下に示す．アニオン重合では，開始末端(開始反応によって生成した高分子の末端構造のこと)が開始剤の構造と開始反応機構によって決定し，高分子のもう一方の末端(停止末端)は停止反応(プロトン付加)によって決まる．カチオン重合の成長末端でβ水素脱離による連鎖移動反応が起こると高分子末端に不飽和基が導入される．

① $SnCl_4/C_2H_5Cl$【ここでは，接触イオンペアの形で示す．以下，同様.】

$SnCl_4 + CH_3CH_2Cl \longrightarrow CH_3CH_2^{\oplus}\ {}^{\ominus}SnCl_5$

$^{\oplus}\ {}^{\ominus}SnCl_5$

$n-1$

② $HClO_4$

$H^{\oplus}\ {}^{\ominus}ClO_4 +$

$^{\oplus}\ {}^{\ominus}ClO_4$

H

$n-1$

③ *n*-ブチルリチウム

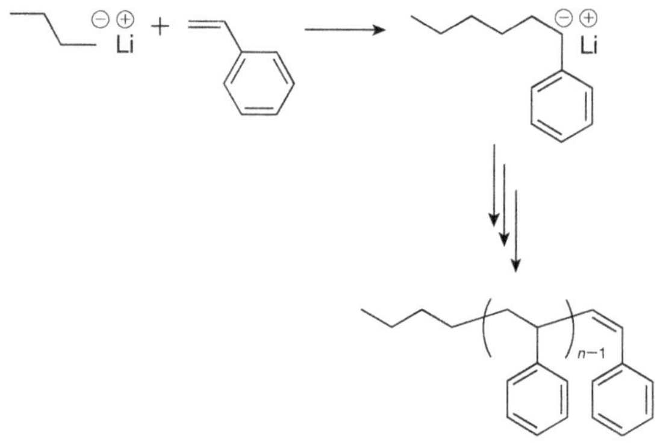

④ ナトリウム/ナフタレン

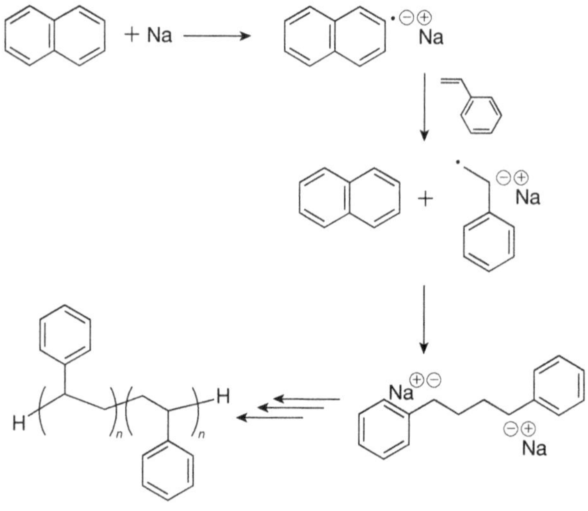

[例題3.9]
教科書p.77-78, 134

次の文章の空欄 [①]～[⑤] に当てはまる語句を答えなさい.

1953年，ZieglerはTiCl$_4$とAl(C$_2$H$_5$)$_3$を組み合わせた触媒を用いると，常温・常圧でエチレンの重合が可能であることを見いだした．この重合では，まずAl(C$_2$H$_5$)$_3$によってTiCl$_4$が還元され活性種が生成し，エチレンモノマーがチタン原子への [①] と，チタン−アルキル基結合間への [②] を繰り返して，重合が進行する．この重合で生成するポリエチレンは，[③] 重合で生成するポリエチレンとは異なって分岐構造を含まないため，密度や結晶性が [④] という特徴をもつ．一方，Nattaは，TiCl$_3$とAlCl(C$_2$H$_5$)$_2$を組み合わせた触媒を用いてプロピレンの重合を行うと立体規則性が [⑤] タクチックに制御された結晶性のポリプロピレンが生成することを見いだした.

[解答]

① 配位，② 挿入，③ ラジカル，④ 高い，⑤ イソ

基本問題

[基本問題3.16] 次の①～⑥の高分子を合成するために最も適した開始剤あるいは触媒を(a)～(f)の中から1つ選びなさい．また，その重合に用いるモノマーの化学構造式を示しなさい．ただし，一度選んだ開始剤あるいは触媒は，他の重合に用いることができないものとする．

① ポリイソブチレン(ポリイソブテン)
② ポリエチレン
③ ポリ酢酸ビニル
④ ポリ乳酸
⑤ ポリノルボルネン
⑥ ポリメタクリル酸メチル

[**開始剤あるいは触媒**：(a) アゾビスイソブチロニトリル(AIBN)，(b) 塩化*tert*-ブチル/三塩化ホウ素，(c) オクタン酸スズ(2-エチルヘキサン酸スズ)，(d) グラブス触媒，(e) 四塩化チタン/トリエチルアルミニウム，(f) 臭化*tert*-ブチルマグネシウム]

[基本問題3.17] 教科書p.51, 55, 73
アニオン重合に用いられるモノマー(開環重合を含めて答えること)を5つあげ，モノマーと生成高分子の化学構造式を示しなさい．

[基本問題3.18] 教科書p.73
次に示す4種類のモノマーをアニオン重合性の高い順に並べ，それぞれ化学構造式を示しなさい．
[2-シアノアクリル酸エチル，スチレン，アクリル酸メチル，アクリロニトリル]

[基本問題3.19] 教科書p.55, 76
カチオン重合しやすいモノマー(開環重合を含めて答えること)を5つあげ，モノマーと生成高分子の化学構造式を示しなさい．

[基本問題3.20] 次の文章を読み，以下の問に答えなさい．

1950年代にZieglerは，$TiCl_4$と$Al(C_2H_5)_3$の反応生成物からなる[①]触媒が，エチレンの重合を常温・常圧で進行させることを見いだした．Nattaは，$TiCl_3$と$Al(CH_2CH_3)_2Cl$を組み合わせた系を用いてプロピレンの重合を行い，結晶性のポリプロピレンを合成することに成功した．その後，Kaminskyらは，[②]触媒であるメタロセン触媒が，オレフィンの重合に高活性を示すことを見いだした．

(1) 空欄[①]と[②]に適切な語句の組み合わせを，次のア～エの中からそれぞれ選んで記号で答えなさい．
ア：①均一系，②不均一系，イ：①不均一系，②均一系，ウ：①酸，②塩基，エ：①塩基，②酸

(2) 次に示す結晶性である立体規則性ポリプロピレンの2種類の化学構造式について，立体規則性を表す名称をそれぞれ答えなさい．

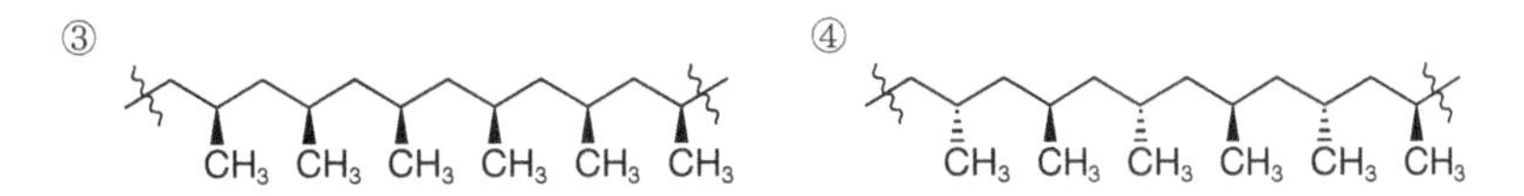

(3) ポリオレフィンに関する次の記述A～Dの中から，正しいものをすべて選んで記号で答えなさい．

A：エチレンを高温高圧でラジカル重合すると，分岐構造を含む低密度ポリエチレンが得られる．
B：チーグラー・ナッタ触媒を用いて合成したポリエチレンは，ラジカル重合で合成したポリエチレンに比べて常に透明性が低い．
C：メタロセン触媒を用いてエチレンと1-オクテンを共重合すると，直鎖状低密度ポリエチレンが得られる．
D：プロピレンをラジカル重合すると連鎖移動反応が起こり，分岐構造を含んだポリプロピレンが得られる．

[基本問題3.21]
教科書p.78

チーグラー・ナッタ触媒を用いるプロピレンの配位重合でイソタクチックポリプロピレンが生成する反応機構を説明しなさい．

[基本問題3.22]
教科書p.77-78, 134

次の文章を読み，以下の問に答えなさい．

エチレンは，最も単純な構造をもつ不飽和炭化水素化合物であり，ナフサから得られる．エチレンの重合体であるポリエチレンは，合成法によって3種類に分けられる．高温・高圧下で得られる［ ① ］ポリエチレンは［ A ］を含み，柔軟性や透明性が高い．［ B ］が初めて見いだした触媒を用いて得られる［ ② ］ポリエチレンは，［ A ］が少なく，柔軟性や透明性が低い．［ ③ ］ポリエチレンは，エチレンと1-ブテンなどの共重合によって得られ，短い［ A ］を含む．

(1) 空欄［ ① ］～［ ③ ］に当てはまる語句を次の語群から選びなさい．
　［**語群**：低密度，高密度，直鎖状低密度，直鎖状高密度］
(2) 空欄［ A ］に当てはまる語句を次の語群から選びなさい．
　［**語群**：直鎖構造，分岐構造，環状構造，架橋構造］
(3) 空欄［ B ］に当てはまる人名を次の語群から選びなさい．
　［**語群**：Carothers，Flory，Grubbs，Natta，Staudinger，Ziegler］
(4) ポリエチレンの構造と柔軟性や透明性の関係を説明しなさい．

[基本問題3.23]

開環重合では，成長反応に対して反成長反応が無視できないことが多く，平衡重合となることが多い．平衡重合とはどのような重合かを説明しなさい．

[基本問題3.24]

次のA～Cの3種類の重合反応に関して，以下の問に答えなさい．

A：水中に分散させた液滴中，60℃，2,2′-アゾビスイソブチロニトリル(AIBN)存在下での塩化ビニルの重合
B：ジクロロメタン中，−40℃，三フッ化ホウ素存在下でのイソブチレン(イソブテン)の重合
C：テトラヒドロフラン中，−78℃，ナトリウムとナフタレンの存在下でのα-メチルスチレンの重合

(1) A～Cの重合反応の反応機構を次のア～エからそれぞれ1つずつ選びなさい．
　［ア：配位重合，イ：ラジカル重合，ウ：カチオン重合，エ：アニオン重合］
(2) A～Cの重合反応についての特徴を最も適切に説明している文章を，次の①～④からそれぞれ1つずつ選びなさい．
　① この重合反応で用いるモノマーは，天井温度が61℃であり，一定温度以上では高分子量体は得られにくい．
　② この重合反応では，重合熱の除去が容易であり，種々の大きさの微粒子状

高分子を得ることができる．

③ この重合反応では，プロトンが脱離することによる連鎖移動反応が起こりやすい．

④ この重合反応で得られる高分子は，融点が110℃の結晶性高分子である．

(3) Aの重合反応をトルエン中で行うと，連鎖移動反応が無視できない．起こることが予想される連鎖移動反応を反応式で書きなさい．

応用問題

[応用問題3.13]
教科書p.73, 87

スチレン，2-シアノアクリル酸メチル，メタクリル酸メチルをアニオン重合性の高い順に並べ，その順となる理由を説明しなさい．

[応用問題3.14]
教科書p.108の演習問題3.5

スチレンとメタクリル酸メチルの1：1混合物に臭化フェニルマグネシウムを加えると，メタクリル酸メチルの単独重合体が生成する．その理由を説明しなさい．

[応用問題3.15]
教科書p.108の演習問題3.4

光カチオン重合の反応機構と応用例についてまとめなさい．

[応用問題3.16]
教科書p.78-79

メタロセン触媒(カミンスキー触媒)およびα-ジイミン配位子触媒(ブルックハート触媒)の化学構造式を示し，それらを用いてエチレンの重合を行った場合に生成するポリエチレンの構造上の特徴をそれぞれ説明しなさい．

[応用問題3.17]
教科書p.79

メチルアルミノキサン(MAO)がどのような化合物かを説明し，配位重合で果たす役割を述べなさい．

[応用問題3.18]
教科書p.73-79

アニオン重合，カチオン重合，配位重合の特徴について，それぞれ400字以内で説明しなさい．

[応用問題3.19]

ラジカル重合，カチオン重合，アニオン重合，配位重合について，重合可能なモノマー構造の特徴，使用される開始剤や触媒の種類，重合温度や溶媒に関して，それぞれ次の表にまとめなさい．

重合方法	ラジカル重合	カチオン重合	アニオン重合	配位重合
重合可能な モノマー構造の特徴				
開始剤や触媒の種類				
重合温度や溶媒				

[応用問題3.20]　次のモノマーA～Dは，いずれも連鎖重合用のモノマーとして使用される炭素数4以下の炭素と水素のみからなる不飽和化合物である．以下の問に答えなさい．

モノマーA：配位重合あるいはラジカル重合が可能で，それぞれの重合で得られる高分子は汎用高分子として用いられている．
モノマーB：アニオン重合が可能な共役モノマーで，合成ゴムの原料として用いられる．
モノマーC：非共役モノマーであり，カチオン重合性を示す代表的なモノマーである．このモノマーのラジカル重合で高分子量体を合成することはできない．
モノマーD：配位重合で合成される立体規則性高分子は汎用樹脂として用いられている．このモノマーのラジカル重合で高分子量体を合成することはできない．

（1）モノマーAの配位重合とラジカル重合でそれぞれ得られる高分子の構造や物性の違いを述べなさい．
（2）モノマーBのアニオン重合には，*n*-ブチルアミン，*n*-ブチルリチウム，ナトリウムメトキシド，塩化*n*-ブチルマグネシウムのうち，どの開始剤が適しているかを選びなさい．
（3）モノマーCと共重合すると高分子量の交互共重合体を生成する環状モノマーを2種類あげ，化学構造式と名称を示しなさい．
（4）モノマーDの化学構造式を示し，ラジカル重合で高分子量体が得られない理由を説明しなさい．

[応用問題3.21]　ラクチド(乳酸の環状2量体)の3種類の立体異性体の化学構造式を示し，これらの違いが生成するポリ乳酸の立体規則性や物性の特徴にどのように影響するかを述べなさい．

発展問題

[発展問題3.11] 1,1-ジフェニルスチレンはアニオンに速やかに付加するが，1,1-ジフェニルスチレンの単独重合体は生成しない．このことを，1,1-ジフェニルスチレンならびに生成するアニオンの構造に基づいて説明しなさい．

[発展問題3.12] エチレンオキシドの開環重合の開始剤としてナトリウムメトキシドを用いると，容易に高分子量体が生成する一方で，開始剤としてBF_3-H_2Oを用いると高分子量体が得られにくい．この反応機構を説明しなさい．

[発展問題3.13] エンジニアリングプラスチックの一種であるポリオキシメチレンの工業的な製造方法として，カチオン開環重合とアニオン重合が用いられている．それぞれの反応を説明しなさい．

[発展問題3.14] ラジカル重合，カチオン重合，アニオン重合に，バルク重合，溶液重合，懸濁重合および乳化重合を適用した場合の特徴(長所，短所，問題点，条件の制約，適用できない場合はその理由など)についてまとめなさい．

[発展問題3.15] 1,2-二置換エチレンの重合体(-CHR-CHR′-)の立体規則性は，主鎖を平面ジグザグ鎖表記で表したとき，RとR′が同じ側にある関係をトレオ(threo)，逆の側にある関係をエリトロ(erythro)と呼ぶ．まず，1,2-二置換エチレンモノマーの1つであるクロトン酸メチル(化学式：$C_5H_8O_2$, IUPAC名：methyl (*E*)-2-butenoate)の化学構造式を示し，さらに，その付加重合によって得られる立体規則性高分子の繰り返し単位(エリトロ-ジイソタクチック，トレオ-ジイソタクチック，ジシンジオタクチック)の構造をそれぞれ示しなさい．

[発展問題3.16] 一般に，カチオン重合で高分子量体を得るためには低温で重合する必要があり，また水中での重合は不可能であるとされているが，最近の研究では，室温や水中でのカチオン重合が可能な例が見いだされている．具体的に重合条件をどのように工夫すればこれらが可能になるのかを調べてまとめなさい．

[発展問題3.17] 付加重合に比べて，開環重合では重合反応の進行にともなう体積収縮率が小さいことが知られている．その原理を説明し，体積収縮率が小さい開環重合が工業的にどのように利用されているかを調べなさい．

3.3　連鎖重合 (3.3.8　共重合)

ポイント

- 共重合の素反応
- 共重合組成式(Mayo-Lewisの式)の誘導
- モノマー反応性比の定義と求め方
- 共重合組成曲線と共重合の特徴
- モノマーの構造と共重合反応性の関係

[例題3.10]
教科書p.83-84

以下に示す2種類のモノマーの共重合(二元共重合)に対する4つの素反応から共重合組成式(Mayo-Lewisの式(教科書p.83の式(3.47)))を誘導したい．空欄［①］～［④］に当てはまる語句と，空欄［A］～［I］に当てはまる式を答えなさい．

$$\sim\!\sim M_1\cdot + M_1 \xrightarrow{k_{11}} \sim\!\sim M_1\cdot$$

$$\sim\!\sim M_1\cdot + M_2 \xrightarrow{k_{12}} \sim\!\sim M_2\cdot$$

$$\sim\!\sim M_2\cdot + M_1 \xrightarrow{k_{21}} \sim\!\sim M_1\cdot$$

$$\sim\!\sim M_2\cdot + M_2 \xrightarrow{k_{22}} \sim\!\sim M_2\cdot$$

ここで，M_1とM_2は2種類のモノマーであり，$\sim\!\sim M_1\cdot$と$\sim\!\sim M_2\cdot$は末端モノマーとしてそれぞれM_1とM_2を含む［①］を表す．M_1とM_2の消失速度は，上記4つの［②］の速度定数，［①］濃度および［③］濃度を用いて，それぞれ以下の式で表される．

$$-\frac{d[M_1]}{dt} = k_{11}[\sim\!\sim M_1\cdot][M_1] + k_{21}[\sim\!\sim M_2\cdot][M_1]$$

$$-\frac{d[M_2]}{dt} = [\quad A \quad]$$

共重合が進行する際，M_1とM_2の成長ラジカル濃度がそれぞれ一定である([④]が成立する)とき，次の式が成立する．

$$k_{21}[\sim\!\sim M_2\cdot][M_1] = [\quad B \quad]$$

M_1とM_2の消失速度の比をとると，

$$\frac{d[M_1]}{d[M_2]} = \frac{k_{11}[\sim\!\sim M_1\cdot][M_1] + k_{21}[\sim\!\sim M_2\cdot][M_1]}{[\quad A \quad]}$$

となり，この式を変形すると，

$$\frac{d[M_1]}{d[M_2]} = \frac{[M_1]\{k_{11} + k_{21}[\sim\!\sim M_2\cdot]/[\sim\!\sim M_1\cdot]\}}{[M_2]\{k_{12} + k_{22}[\sim\!\sim M_2\cdot]/[\sim\!\sim M_1\cdot]\}}$$

となる．ここに，

$$\frac{[\sim\!\sim M_2\cdot]}{[\sim\!\sim M_1\cdot]} = [\quad C \quad]$$

を代入すると，

$$\frac{d[M_1]}{d[M_2]}=\frac{[M_1](k_{11}+k_{12}[M_2]/[M_1])}{[M_2]\{k_{12}+(k_{22}k_{12}/k_{21})[M_2]/[M_1]\}}$$

が得られ，さらに変形すると

$$\frac{d[M_1]}{d[M_2]}=\frac{[\qquad\qquad D\qquad\qquad]}{[\qquad\qquad E\qquad\qquad]}$$

となる．この式に，

$$r_1=[\qquad F\qquad]$$
$$r_2=[\qquad G\qquad]$$

を代入すると，Mayo-Lewisの式

$$\frac{d[M_1]}{d[M_2]}=\frac{[\qquad\qquad H\qquad\qquad]}{[\qquad\qquad I\qquad\qquad]}$$

が得られる．

［解答］ ① 成長ラジカル，② 成長反応，③ モノマー，④ 定常状態
A：$k_{12}[\sim\sim M_1\cdot][M_2]+k_{22}[\sim\sim M_2\cdot][M_2]$，B：$k_{12}[\sim\sim M_1\cdot][M_2]$，C：$(k_{12}[M_2])/(k_{21}[M_1])$，D：$[M_1]\{(k_{11}/k_{12})[M_1]+[M_2]\}$，E：$[M_2]\{[M_1]+(k_{22}/k_{21})[M_2]\}$，F：$k_{11}/k_{12}$，G：$k_{22}/k_{21}$，H：$[M_1](r_1[M_1]+[M_2])$，I：$[M_2](r_2[M_2]+[M_1])$

［例題3.11］ 次の文章の空欄［ ① ］～［ ⑫ ］に適当な語句や数字を答えなさい．また，［ A ］～［ C ］に相当する組成曲線の概略図の記号を答えなさい．

スチレン(M_1)と酢酸ビニル(M_2)をラジカル共重合すると，モノマー反応性比は$r_1=50$と$r_2=0.01$となる．このときの共重合組成曲線の概略図は［ A ］であり，理想共重合($r_1=r_2=$［ ① ］)で見られる組成曲線［ B ］とはかけ離れたものとなる．これは，一般に重合反応は成長ラジカルとモノマーの性質によって決まるためであり，成長ラジカルやモノマーの［ ② ］，［ ③ ］および［ ④ ］効果が関係している．この組み合わせの共重合では，スチレンと酢酸ビニルのいずれからの成長ラジカルも［ ⑤ ］モノマーとの反応性が高く，そのため共重合体中の組成は［ ⑤ ］モノマーにかたよったものとなる．

ここで，モノマーや成長ラジカルの反応性を支配する上記3つの効果の中で，最も重要なものは［ ② ］効果である．［ ② ］効果と［ ③ ］効果は，それぞれモノマーの［ ⑥ ］値と［ ⑦ ］値の符号や大きさとして表され，前者が0.2以上のモノマーを［ ⑧ ］，それ以下のものを非［ ⑧ ］と呼ぶ．互いに似た［ ⑥ ］値をもつモノマー間で共重合するとき，［ ⑦ ］値の符号が逆でモノマーの［ ③ ］が大きく異なるものの組み合わせ，例えば，スチレンのような［ ⑨ ］モノマーと無水マレイン酸のような［ ⑩ ］モノマーの共重合では，単独成長よりも互いに相手モノマーへの反応がはるかに起こりやすいため，モノマー反応性比の値はいずれも［ ⑪ ］に近くなり，組成曲線［ C ］のように，モノマー組成によらずに［ ⑫ ］共重合体が生成する．

組成曲線の概略図

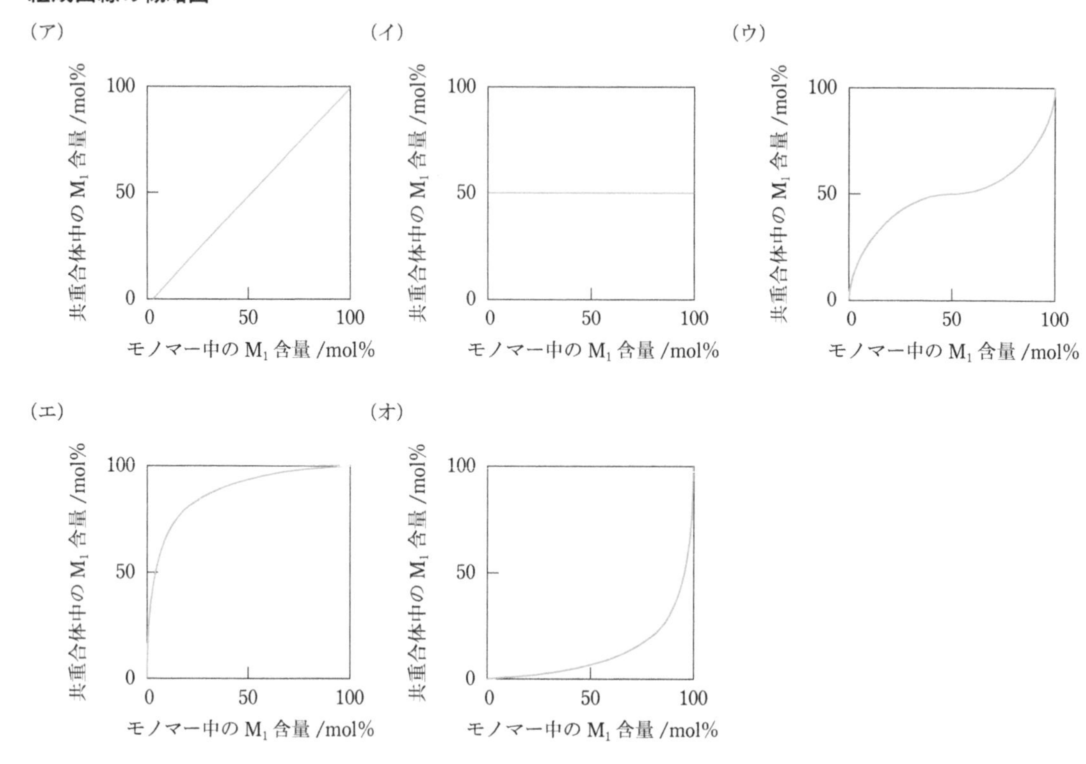

[解答]

① 1，② 共鳴，③ 極性，④ 立体，⑤ スチレン，⑥ Q，⑦ e，⑧ 共役モノマー，⑨ 電子供与性，⑩ 電子受容性，⑪ 0，⑫ 交互，A：エ，B：ア，C：イ

(補足説明)「電子求引性」は置換基に対して使用されるが，モノマーに対しては電子受容性モノマーという呼び名が用いられている．また，電子求引性を電子吸引性と誤記しやすいので注意が必要．電子供与性の置換基をもつビニルモノマーの二重結合上の電子密度は高くなっており，モノマーのe値は負に大きな値となる．このようなモノマーはカチオン重合性が高い．重合活性種であるカルボカチオンの二重結合への付加(求電子付加)が起こりやすいためである．また，生成するカルボカチオンは，電子供与性の置換基によって安定化されている．逆に，成長活性種が共鳴安定化でき(共役モノマーで)，かつ電子求引性の置換基をもつビニルモノマーはアニオン重合に適している．成長活性種のアニオンは，電子求引性の置換基をもつビニルモノマー(e値が正に大きな値をもつモノマー)に付加することができる．成長アニオンは電子求引性でかつ共鳴可能な置換基によって安定化される．

基本問題

[基本問題3.25]
教科書p.88–89

Mayo–Lewisの共重合組成式を変形して，Fineman–Ross法で用いられる次の式(教科書p.88の式(3.52))を導出しなさい．

$$F\left(\frac{f-1}{f}\right)=r_1\left(\frac{F^2}{f}\right)-r_2$$

[基本問題3.26]
教科書p.82–86

次の①～④の4種類のモノマー(M_2)をスチレン(M_1)と組み合わせたラジカル共重合の組成曲線の概略を，例にならってそれぞれ図示しなさい．

① M_2：アクリル酸メチル ($r_1=0.75$, $r_2=0.18$)
② M_2：4–メチルスチレン ($r_1=0.83$, $r_2=0.96$)
③ M_2：酢酸ビニル ($r_1=55$, $r_2=0.01$)
④ M_2：無水マレイン酸 ($r_1=0.04$, $r_2=0$)

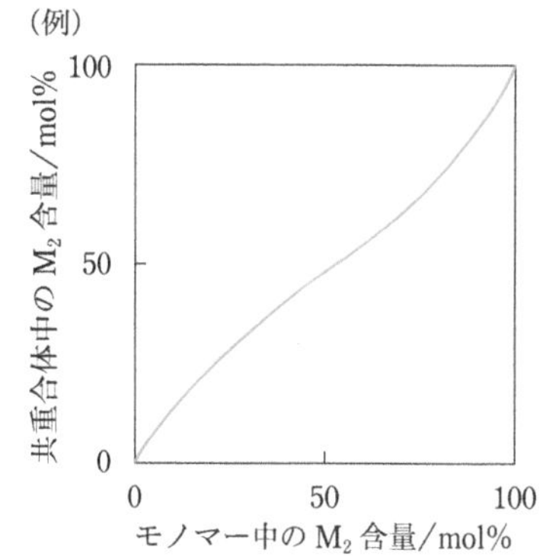

応用問題

[応用問題3.22]

スチレン(St)とメタクリル酸メチル(MMA)の混合物にラジカル重合，アニオン重合およびカチオン重合用の開始剤を加えて重合すると，それぞれどのような高分子が生成するかを説明しなさい．

[応用問題3.23]

次の①～③のモノマーに対するQ値とe値から，スチレンと①～③のモノマーを組み合わせたラジカル共重合に対して予想されるモノマー反応性比を計算し，カッコ内に記載したモノマー反応性比の数値(実験値)と比較しなさい．

スチレン(M_1)：Q値1.00，e値−0.80
スチレンと組み合わせるモノマー(M_2)：
① ブタジエン：Q値1.70，e値−0.50　($r_1=0.78$, $r_2=1.35$)
② メタクリル酸メチル：Q値0.78，e値0.40　($r_1=0.52$, $r_2=0.46$)
③ 塩化ビニル：Q値0.056，e値0.16　($r_1=17$, $r_2=0.02$)

[応用問題3.24]

2種類のモノマーを用いて生成する共重合体のうち，配列や分岐構造の異なるものとして，ランダム共重合体，交互共重合体，ブロック共重合体，グラフト共重合体がある．これらに関して，以下の問に答えなさい．

(1) それぞれの共重合体について構造の特徴を示しなさい．
(2) それぞれの共重合体の合成方法を具体的に示しなさい．ただし，モノマーの1つをスチレンとし，もう1つのモノマーを具体的に示すこと．
(3) 熱可塑性エラストマーの性質を示すABA型ブロック共重合体の具体的な例をあげ，合成方法を説明しなさい．また，そのABA型ブロック共重合体が熱可塑性エラストマーの性質を示す理由も述べなさい．

発展問題

[発展問題3.18]

下の表に示すスチレンとメタクリル酸メチルの共重合データ(モノマー組成および共重合組成)を用いて，Fineman−Ross法およびKelen−Tüdōs法でモノマー反応性比を求めることができる．以下の問に答えなさい．

モノマー中のスチレン組成(mol%)	10.0	20.0	30.0	39.9	49.9	59.9	70.0	80.0
共重合体中のスチレン組成(mol%)	16.4	28.3	36.9	44.8	51.7	59.2	66.4	74.5

(1) 次の①～④の組み合わせについて，それぞれモノマー反応性比(r_1およびr_2)を求め，得られた値を比較して互いに一致することを確認しなさい．計算結果だけでなく，図も示すこと．

① M_1：スチレン，M_2：メタクリル酸メチル，Fineman−Ross法
② M_1：メタクリル酸メチル，M_2：スチレン，Fineman−Ross法
③ M_1：スチレン，M_2：メタクリル酸メチル，Kelen−Tüdōs法
④ M_1：メタクリル酸メチル，M_2：スチレン，Kelen−Tüdōs法

(2) (1)の方法で求めたモノマー反応性比を用いて，メタクリル酸メチルのQ値とe値を計算し，教科書に記載されている値(Q値0.78，e値0.40)と一致することを確認しなさい．ただし，スチレンのQ値とe値はそれぞれ1.0と−0.8として計算すること．

[発展問題3.19]

一部の教科書では，右の図に示した3種類の共重合組成曲線を使って，スチレンとメタクリル酸メチルの共重合の反応機構(重合活性種の種類)が説明されていることがある．Aをカチオン重合，Bをラジカル重合，Cをアニオン重合としているが，実際に重合を行うとAとCの曲線は不正確であり，ほとんど共重合体は得られない．実際の曲線はどのようになるかを示し，その理由を説明しなさい．

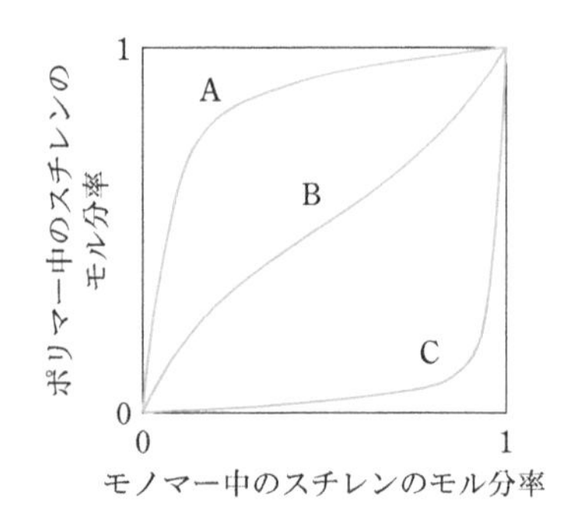

[発展問題3.20]

共重合体の連鎖分布は，用いた2種類のモノマーの濃度と反応性比によって決まる．例えば，モノマー1の成長ラジカルがモノマー1に付加する確率p_{11}は次の式で表される．

$$p_{11}=\frac{R_{11}}{R_{11}+R_{12}}=\frac{r_1}{r_1+[M_2]/[M_1]}$$

ここで，R_{11}とR_{12}はそれぞれ単独成長速度と交差成長速度，$[M_1]$はモノマー1の濃度，$[M_2]$はモノマー2の濃度，r_1とr_2はモノマー反応性比($r_1=k_{11}/k_{12}$，$r_2=k_{22}/k_{21}$)である．

また，数平均連鎖長は，次の式で表される．

$$L_1=\frac{p_{12}}{(1-p_{11})^2}=\frac{1}{p_{11}}=\frac{r_1+[M_2]/[M_1]}{r_1}=1+\frac{r_2[M_2]}{[M_1]}$$

ここで，L_1はモノマー1の数平均連鎖長，p_{12}はモノマー1のラジカルがモノマー2に付加する確率である．

下の図を参考にして，スチレンとメタクリル酸メチルのラジカル共重合と，スチレンと無水マレイン酸のラジカル共重合について，横軸をモノマー 1およびモノマー 2の連鎖長，縦軸を生成確率として共重合体の連鎖分布を図示しなさい．また，それぞれの連鎖の平均連鎖長を計算しなさい．ただし，モノマー反応性比は以下のとおりとする．

① スチレン(M_1)とメタクリル酸メチル(M_2)の共重合：$r_1=0.52, r_2=0.46$

② スチレン(M_1)と無水マレイン酸(M_2)の共重合：$r_1=0.04$，$r_2=0$

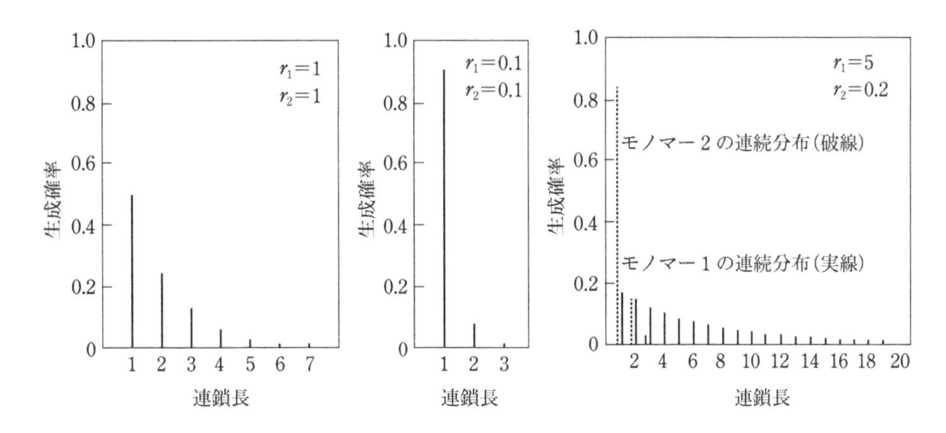

[発展問題3.21]　2種類のモノマーの共重合の成長反応において前末端基効果が無視できないとき，成長反応は8つの式で表される．このときの共重合体組成($d[M_1]/d[M_2]$)とモノマー仕込み組成比($[M_1]/[M_2]$)との関係は，4種類のモノマー反応性比($r_{11}=k_{111}/k_{112}$，$r_{21}=k_{211}/k_{212}$，$r_{22}=k_{222}/k_{221}$，$r_{12}=k_{122}/k_{121}$)を用いて，次の式で表される．

$$\frac{d[M_1]}{d[M_2]}=\frac{\dfrac{\{1+(r_{21}[M_1]/[M_2])\}\{1+(r_{11}[M_1]/[M_2])\}}{1+(r_{21}[M_1]/[M_2])}}{\dfrac{\{1+(r_{12}[M_2]/[M_1])\}\{1+(r_{22}[M_2]/[M_1])\}}{1+(r_{12}[M_2]/[M_1])}}$$

8種類の成長反応式をすべて書きなさい．さらに，片方のモノマーに単独重合性がない場合の共重合体組成を表す式を示しなさい．

3.4　逐次重合

ポイント
- 生成高分子の分子量と分子量分布
- 逐次重合の反応の分類(重縮合，重付加，付加縮合など)
- 重合反応機構と生成高分子の構造
- 付加縮合による架橋高分子の合成

[例題3.12]
教科書p.51, 91

重縮合で得られる高分子の分子量や分子量分布が，反応率や平衡定数とどのような関係になるかを式で示し，式の誘導について説明しなさい．

[解答]

重縮合で生成する高分子の数平均重合度DP_nは，次の式で表される．

$$DP_n = \frac{N_0}{N} = \frac{1}{1-p}$$

ここで，N_0とNはそれぞれ重合反応前と重合反応後の分子数，pは反応性の官能基の反応率である．すなわち，90%の官能基が反応したとき($p=0.9$)に生成する高分子のDP_nはわずか10でしかない．高分子量化には，反応率を上げる必要がある．重合度が100となるには99%の官能基が，重合度が1000に達するためには，99.9%の官能基が反応する必要がある．

平衡反応を考慮しなければならない場合(逆反応が無視できない場合)には，平衡状態におけるDP_nは次の関係となる．

$$DP_n = 1 + K^{0.5}$$

ここで，Kは反応の平衡定数であり，ポリアミド合成のように平衡が生成系側にかたよっている場合($K=300$〜400)には加熱するだけで高分子量体が得られるが，ポリエステル合成の場合($K \simeq 1$)には生成する水を反応系から除去しなければ高分子量体は得られない．

また，重縮合で得られる高分子の分子量分布は，次のようになる．

$$\frac{M_w}{M_n} = 1 + p$$

すなわち，反応率が1に近づくと，M_w/M_nは2に近づく．ただし，連鎖的重縮合(連鎖縮合重合)では，リビング重合と同じ挙動を示す．

(補足説明)逐次重合とは大きく異なり，連鎖重合では，重合初期から中期において，反応率によらずにほぼ一定の分子量の高分子が生成する．数平均重合度DP_nは，モノマー濃度に比例し，開始剤濃度の-0.5次に比例する．モノマー濃度に依存するので，反応率が高くなると(モノマー濃度が低下するので)生成高分子の分子量は低下することになる．ラジカル重合で生成する高分子の分子量分布M_w/M_nは1.5〜2付近の値となる．

リビング重合では，DP_nは次の式で表される．

$$DP_n = \frac{[M]_0}{[I]_0} \times \frac{反応率(\%)}{100}$$

ここで，$[M]_0$と$[I]_0$はそれぞれ重合初期のモノマー濃度と開始剤濃度である．リビング重合で生成する高分子の分子数は一定であり，開始反応が成長反応に比べて十分速いと，分子量分布の狭い高分子が生成する．理想的にはポアソン分布となる．

$$\frac{M_w}{M_n}=\frac{1}{DP_n}+1$$

[例題3.13] 以下の反応式の空欄 A ～ I に当てはまる高分子の化学構造式を書きなさい．

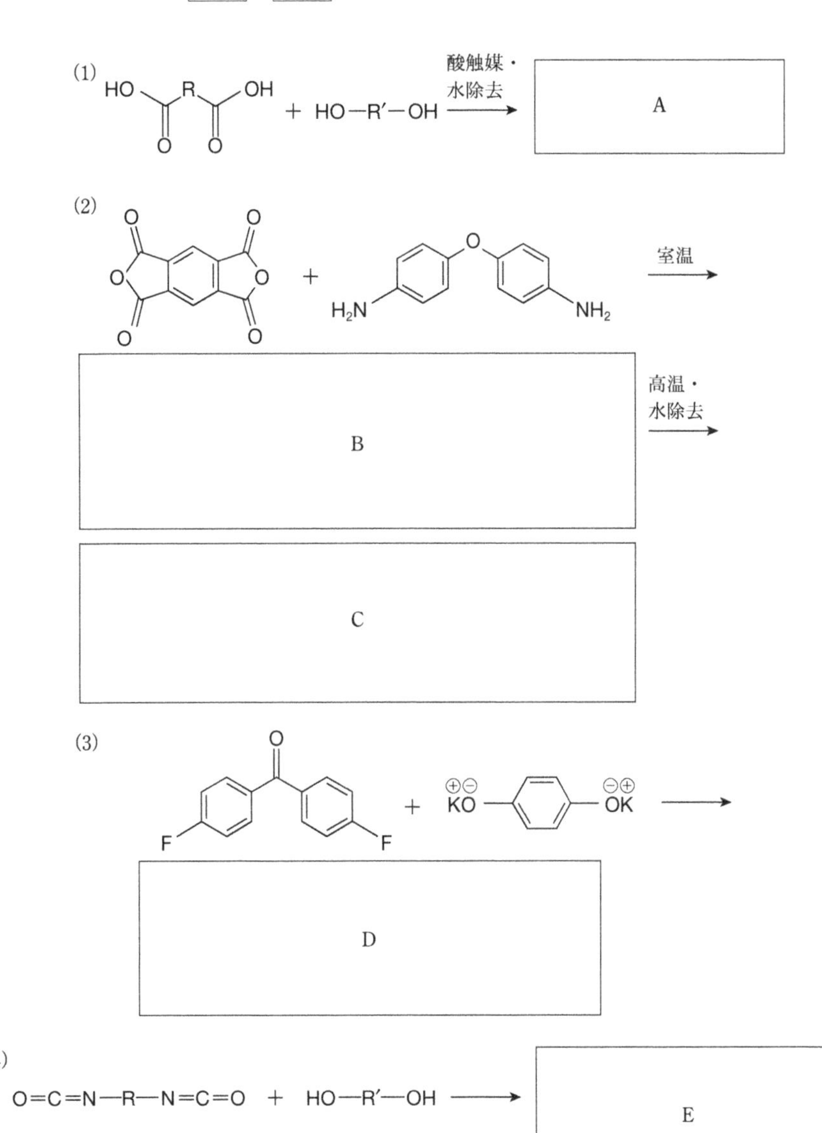

(6)

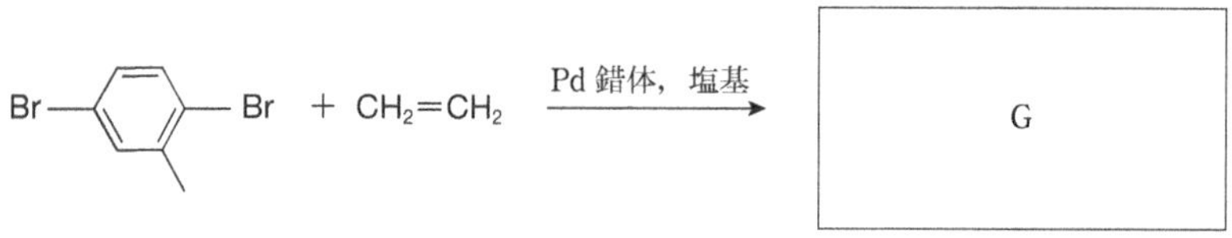

Br　Br　+ $CH_2{=}CH_2$　Pd 錯体，塩基　G

(7)

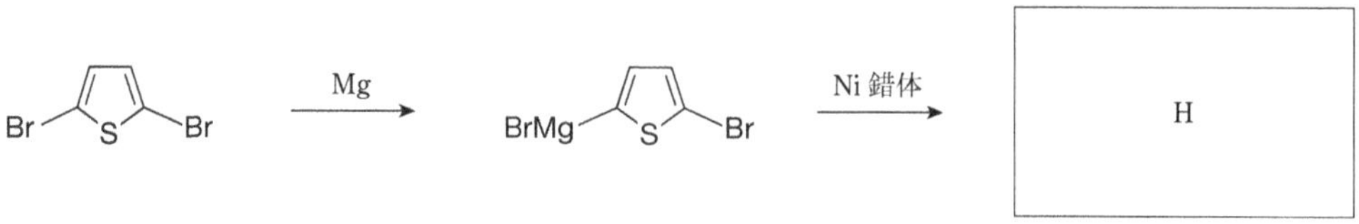

Br　S　Br　Mg　BrMg　S　Br　Ni 錯体　H

(8)

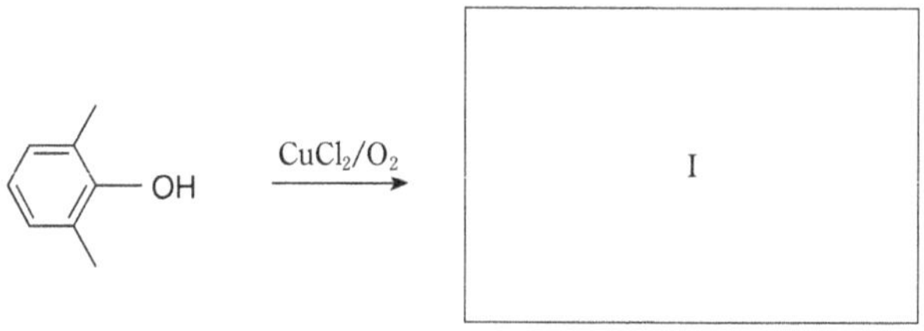

OH　$CuCl_2/O_2$　I

［解答］

(A)

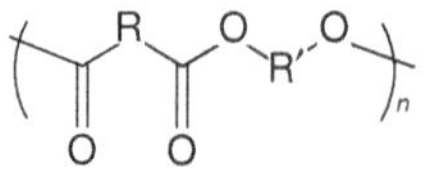

R　O　R′　O　O　O　n

(B)

O　COOH　H　N　H　N　HOOC　O　O　n

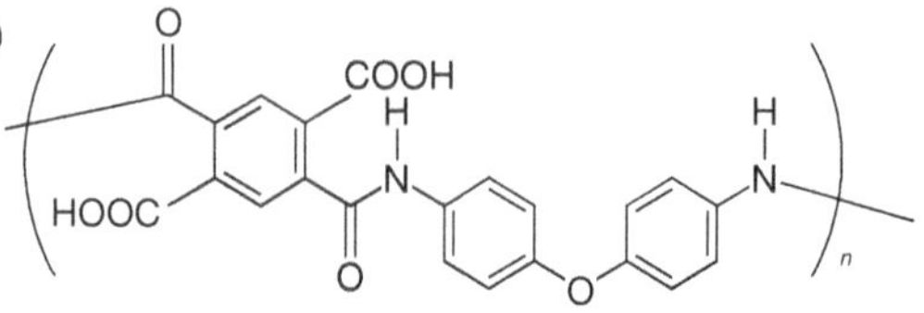

1 段階目の反応で下記の構造も生成するが，
最終生成物は同一の構造の高分子となる

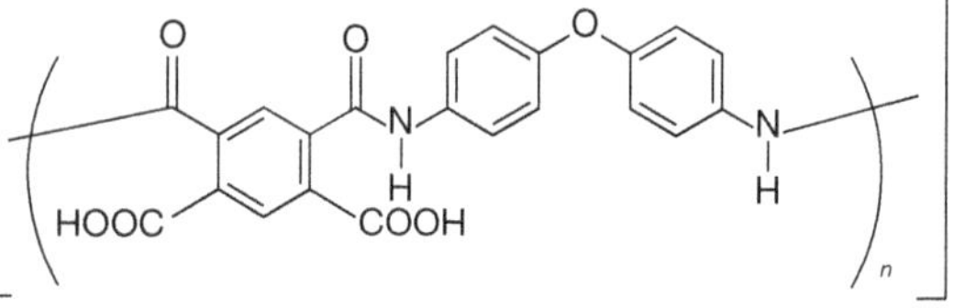

O　O　N　H　O　N　H　HOOC　COOH　n

(C)

O　O　N　N　O　O　O　n

(D)

O　O　O　n

(E)

O　O　N　R　N　H　H　O　R′　O　n

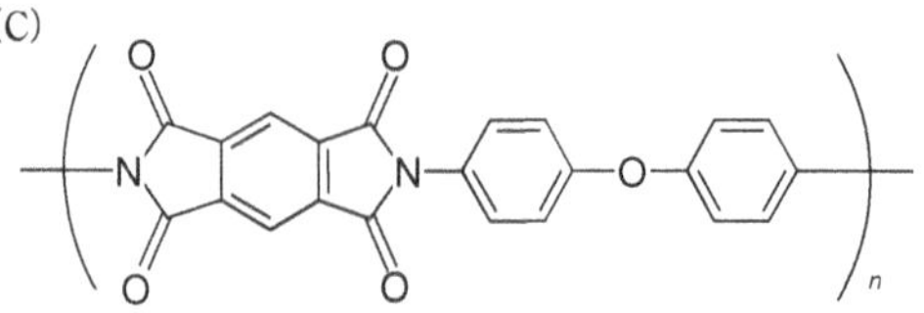

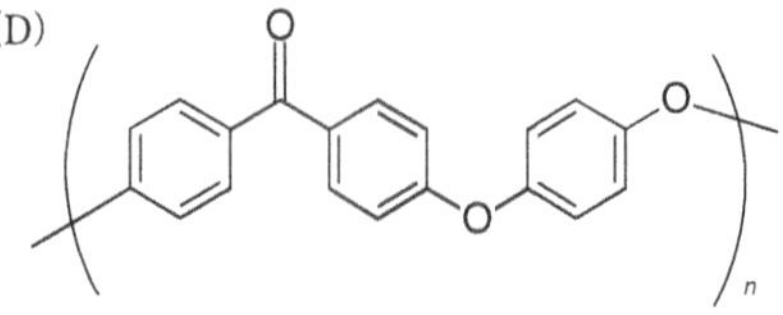

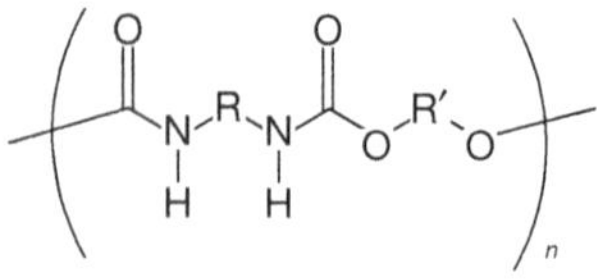

(F)

O　O　O　n

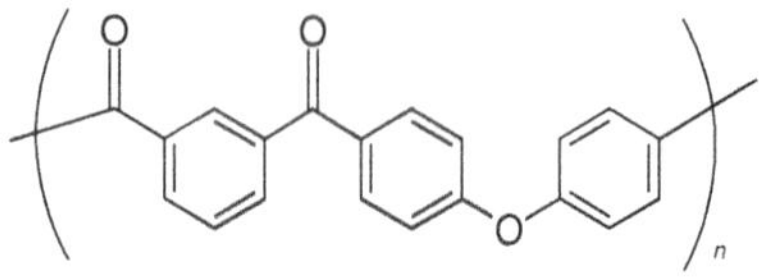

(G)

n

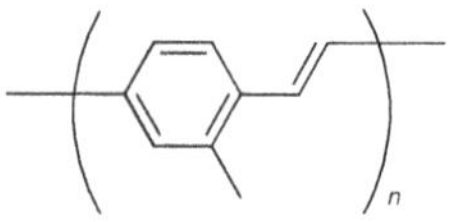

(H)

S　n

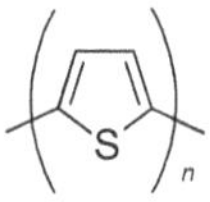

(I)

O　n

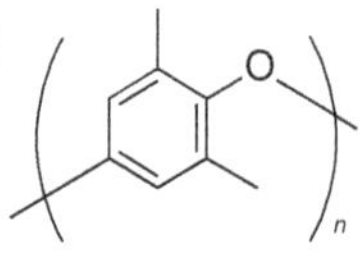

基本問題

[基本問題3.27]
教科書p.91,
p.108の演習問題3.7

ジアミンとジカルボン酸からポリアミドが生成する反応の平衡定数が300，ジオールとジカルボン酸からポリエステルが生成する反応の平衡定数が1であるとき，それぞれの反応により到達する最大の数平均重合度を求めなさい．ただし，基本となる関係式や計算の過程を明記すること．

[基本問題3.28]
教科書p.51, 90

ポリエチレンテレフタレート(PET)は，ジカルボン酸とジオールの重縮合によって合成される．この反応式を書きなさい．また，ジカルボン酸とジオールを等モルずつ用いて重合反応を行ったとき，数平均重合度が200に達するための反応率を求めなさい．

[基本問題3.29]

ポリエチレンテレフタレート(PET)に関する以下の問に答えなさい．

(1) PET合成の原料となるモノマーのエチレングリコールとテレフタル酸のモル比が1：1であると仮定し，モノマーの反応率pを用いて数平均重合度DP_nを表しなさい．

(2) PETを合成するために，テレフタル酸ではなく，テレフタル酸ジメチルを用いることがある．反応の進行において，エステルを用いるとどのような違いが生じるかを説明しなさい．

(3) エチレングリコールとテレフタル酸のモル比が1：1.01(テレフタル酸が1%過剰に存在する)の条件でPETを合成するとき，理論的に到達する最大のDP_nを求めなさい．

[基本問題3.30]

逐次重合によってさまざまな構造の高分子を合成することができる．以下の反応式の空欄に当てはまる生成高分子の化学構造式を書き，その総称を次の語群から選びなさい．(例題3.13に記載済みの反応も含む)

[**生成高分子の総称**：ノボラック樹脂，ポリアミド，ポリイミド，ポリイミドイミン，ポリイミン，ポリウレア，ポリウレタン，ポリエステル，ポリエーテルケトン，ポリエーテルスルホン，ポリカーボネート，ポリチオフェン，ポリフェニレンオキシド，ポリフェニレンビニレン，レゾール樹脂]

重縮合

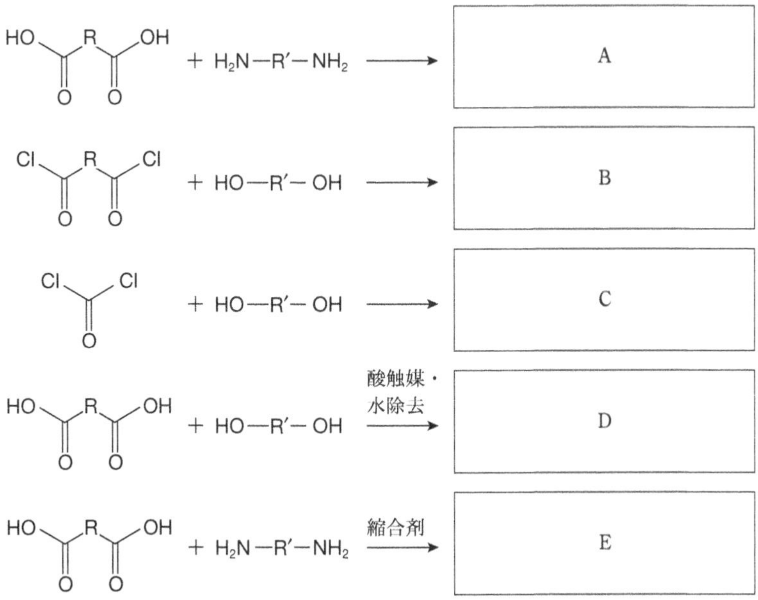

HOOC–R–COOH + H_2N–R′–NH_2 ⟶ [A]

ClOC–R–COCl + HO–R′–OH ⟶ [B]

ClCOCl + HO–R′–OH ⟶ [C]

HOOC–R–COOH + HO–R′–OH ⟶(酸触媒・水除去) [D]

HOOC–R–COOH + H_2N–R′–NH_2 ⟶(縮合剤) [E]

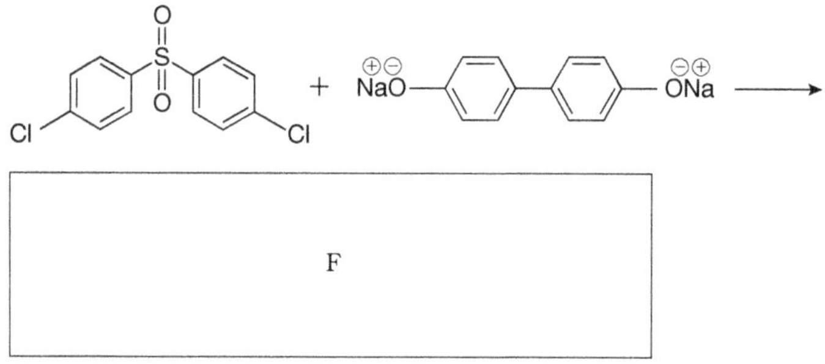

$Cl-C_6H_4-SO_2-C_6H_4-Cl$ ＋ $Na^{\oplus}\,{}^{\ominus}O-C_6H_4-C_6H_4-O^{\ominus}\,Na^{\oplus}$ ⟶

F

$Cl-C_6H_4-Cl$ ＋ Na_2S ⟶ G

重付加

$O=C=N-R-N=C=O$ ＋ $HO-R'-OH$ ⟶ H

$O=C=N-R-N=C=O$ ＋ $H_2N-R'-NH_2$ ⟶ I

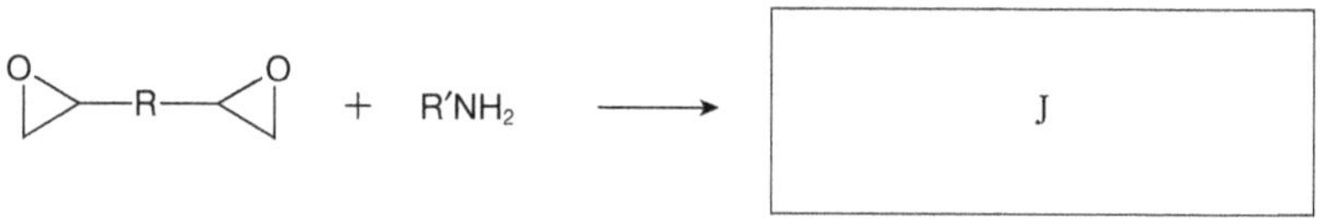

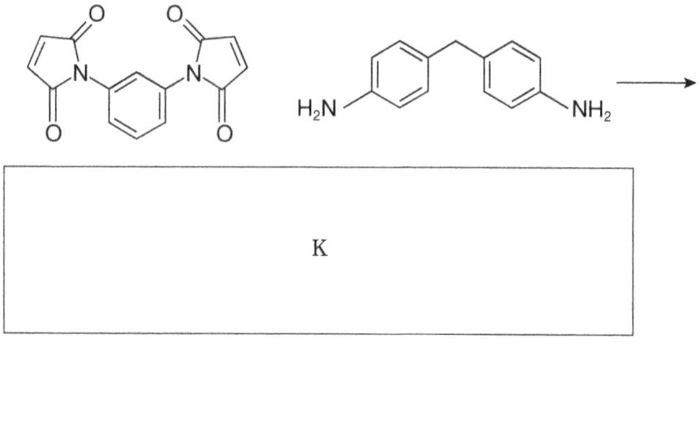

(epoxide)–R–(epoxide) ＋ $R'NH_2$ ⟶ J

(bismaleimide) ＋ $H_2N-C_6H_4-CH_2-C_6H_4-NH_2$ ⟶

K

付加縮合

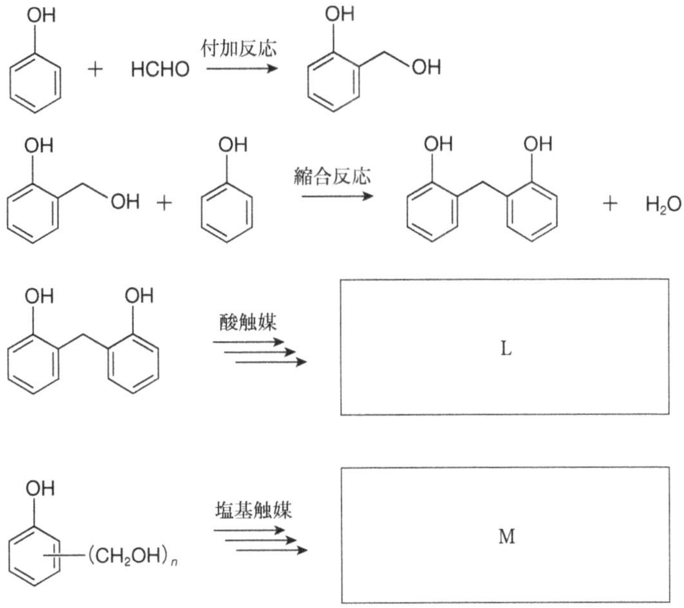

OH + HCHO —付加反応→ (OH, CH₂OH)

OH ... OH + OH —縮合反応→ ... + H_2O

—酸触媒→ L

$(CH_2OH)_n$ —塩基触媒→ M

その他

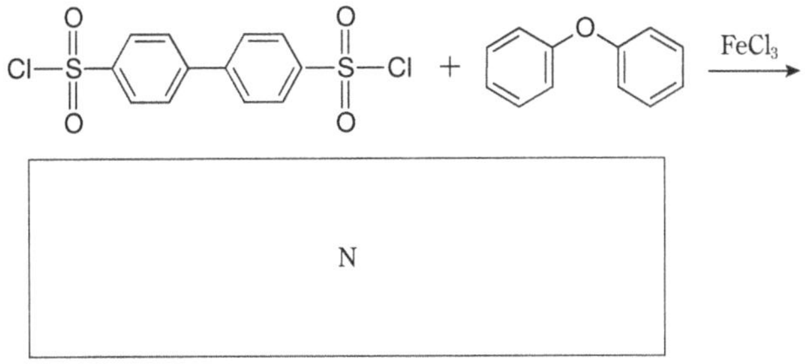

Cl—S(=O)(=O)— ... —S(=O)(=O)—Cl + ... —$FeCl_3$→

N

[基本問題3.31] 教科書p.108の演習問題3.6　開環重合あるいは重縮合を用いたポリアミドの工業的な製造方法について，それぞれ具体的な例をあげて反応の特徴を説明しなさい．

[基本問題3.32]　逐次重合と連鎖重合を用いたポリアミドの合成のための化学反応式を示しなさい．

[基本問題3.33]

高分子合成に関する以下の問に答えなさい.

（1）次に示すモノマーの組み合わせから得られる高分子の化学構造式を書きなさい.ここで，Xはハロゲンである.また，高分子量体を合成するために最も適したXを，フッ素，塩素，臭素，ヨウ素原子の中から選び，その理由を説明しなさい.

X–C₆H₄–CO–C₆H₄–X ＋ KO–C₆H₄–OK ⟶ [　　　　]

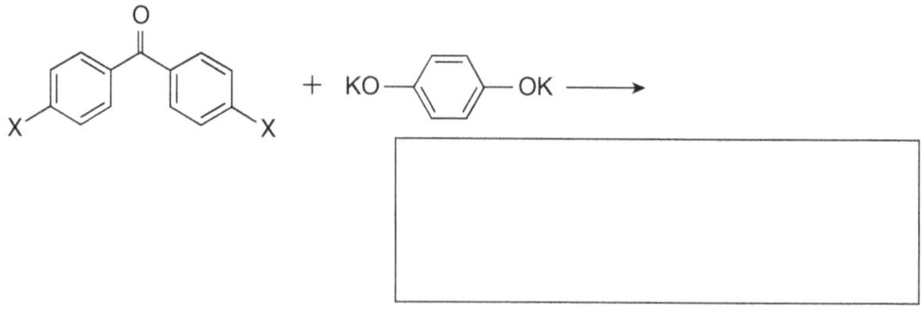

（2）次に示すジクロロメタンとビスフェノールAの重合において，ジクロロメタンを過剰に用いても高分子量の生成物が得られる.その理由を説明しなさい.

CH_2Cl_2 ＋ HO–C₆H₄–C(CH₃)₂–C₆H₄–OH $\xrightarrow{KOH}$ (C₆H₄–C(CH₃)₂–C₆H₄–O–CH₂–O)$_n$

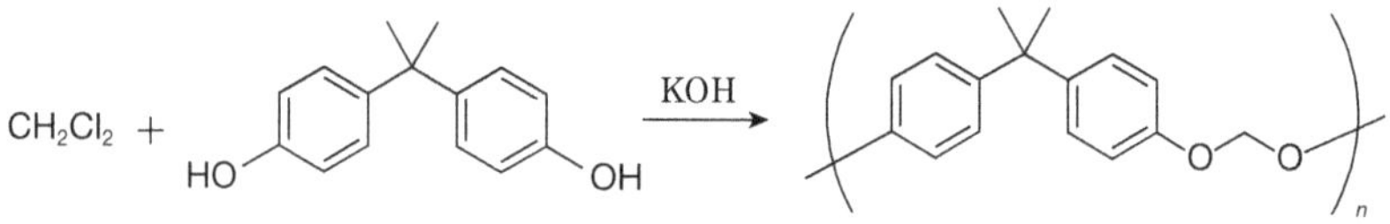

[基本問題3.34]
教科書p.93–94

次の高分子合成反応(a)，(b)について，以下の問に答えなさい.ただし，反応式(a)に含まれるXはハロゲン元素を示す.

(a)

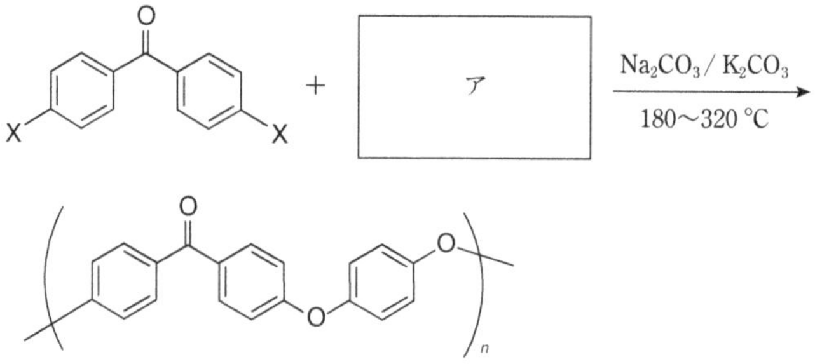

X–C₆H₄–CO–C₆H₄–X ＋ [ア] $\xrightarrow[180〜320\ ℃]{Na_2CO_3\,/\,K_2CO_3}$ (C₆H₄–CO–C₆H₄–O–C₆H₄–O)$_n$

(b)

[イ] $\xrightarrow{AlCl_3}$ (C₆H₄–O–C₆H₄–CO)$_n$

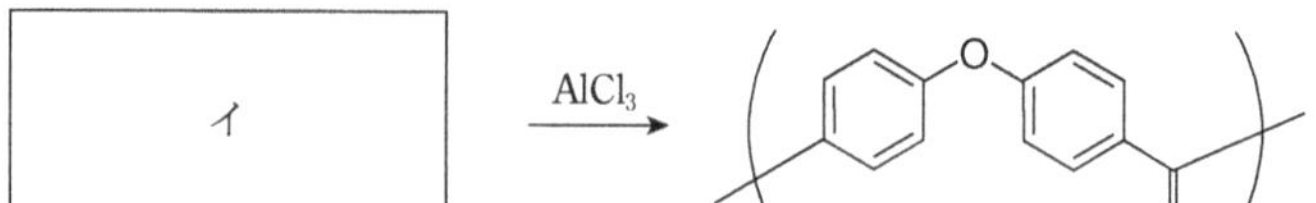

（1）反応式の空欄 ア と イ に当てはまるモノマーの化学構造式を答えなさい.

（2）反応(a)によって合成される高分子の総称(例：ポリエステル，ポリイミドなど)を答えなさい.また，この高分子はポリスチレンなどのビニル高分子と異なる特徴をもっている.具体的な特徴をあげ，繰り返し単位との関連を説明しなさい.

（3）反応(b)で用いられている反応の名称を日本語で答えなさい.また，この反応は芳香環への多置換反応を起こしにくいことが知られている.その理由を説明しなさい.

（4）反応(a)と反応(b)はいずれも芳香族置換反応であるが，異なる反応機構で進行する.その違いを説明しなさい.

（5）反応(a)の置換基Xを変えると，芳香族置換反応の反応性はどのように変化するかを，理由とともに示しなさい.

[基本問題3.35]　フェノール樹脂に関する次の文章を読み，以下の問に答えなさい．

フェノール樹脂は，代表的な熱硬化性樹脂の1つである．フェノール樹脂はフェノールと［ ① ］の付加縮合で合成され，反応には酸触媒あるいは塩基触媒が用いられる．酸触媒を用いる反応では，求電子置換反応によってフェノールにメチロール基が導入される．メチロール基が酸触媒の作用によって，さらにフェノールと反応し，［ ② ］と呼ばれる分岐構造を含む比較的高分子量の生成物が得られる．塩基触媒による反応では，フェノールから［ ③ ］アニオンが生成し，これが［ ① ］に求核置換する．この反応を繰り返して得られるオリゴマーは［ ④ ］と呼ばれ，200～500程度の分子量をもつ．［ ④ ］を加熱すると，不溶不融の樹脂が生成し，［ ⑤ ］として利用されている．［ ② ］に含まれるメチロール基の数は少なく，［ ⑥ ］などの硬化剤を加えて加熱することで硬化反応が進行し，半導体封止材やエポキシ樹脂硬化剤として利用されている．

(1) 空欄［①］～［⑥］に当てはまる語句を答えなさい．
(2) メチロール基の化学構造式を書きなさい．

[基本問題3.36]　主鎖に多重結合を含む高分子は，反応性高分子や機能性高分子として有用であり，さまざまな重合反応によって合成されている．次の反応式(i)～(iii)の空欄 A ～ C に当てはまるモノマーあるいは高分子(繰り返し単位)の化学構造式を書きなさい．

(i) $C_8H_{17}O$, Br, Br, OC_8H_{17} ＋ A —Pd 触媒, −HBr→ $C_8H_{17}O$, CH＝CH, OC_8H_{17}, n

(ii) B —アニオン開始剤→ n

(iii) —Cp_2Ti→ C

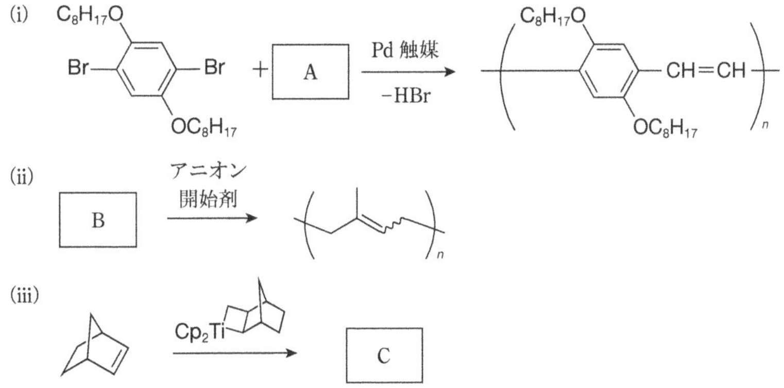

[基本問題3.37]　次の文章の空欄［①］～［⑥］に当てはまる語句を答えなさい．
教科書p.81, 90

1935年，デュポン社のCarothersは，ヘキサメチレンジアミンと［ ① ］を［ ② ］させることによりナイロン6,6を合成し，それより10年前にStaudingerが提唱した［ ③ ］を確実なものにした．ナイロンは，現在では繰り返し単位が［ ④ ］結合で連結された高分子を表す一般名称として使われている．一方，シクロヘキサノンオキシムを［ ⑤ ］転移して得られる［ ⑥ ］を開環重合することによって得られる高分子はナイロン6と呼ばれる．

[基本問題3.38]　同じ重量のアジピン酸ジクロリド(分子量183)とヘキサメチレンジアミン(分子量116)を用いて溶液重合を行ったところ，高分子量のナイロン6,6を得ることができなかった．化学反応式を用いてその理由を説明しなさい．また，予想される数平均重合度を答えなさい．なお，環化反応は起こらないものとする．

応用問題

[応用問題3.25]　2種類の2官能性モノマー(AA型モノマーとBB型モノマー)による重縮合では，官能基の比rが生成高分子の分子量に大きく影響する．生成高分子の数平均重合度DP_nは，最初に存在した分子の数と未反応の官能基をもつ分子の数の比で表すことができ，反応が完全に進行した場合には，$DP_n = (1+r)/(1-r)$で表される．ここで，反応率pが1以下の場合のDP_nを式で表しなさい．

[応用問題3.26]　2種類の2官能性モノマー(AA型モノマーとBB型モノマー)の逐次重合においては，AとBの間で反応が進行して新しい結合ができて高分子が生成する．官能基AとBの数をそれぞれN_AとN_B(ここで，$N_A/N_B = r < 1$とする)とし，時間t経過後のAの反応率をp_Aとするとき，以下の問に答えなさい．ただし，官能基の反応性は重合度に関係なく一定であり，環化物は生成しないと仮定する．

(1) 最初に存在しているモノマーの総数を示しなさい．

(2) 時間t経過後の未反応の官能基Aの数と官能基Bの数を示しなさい．

(3) 時間t経過後の生成高分子の数平均重合度を示しなさい．

(4) 官能基BをAに比べて1%過剰に用い，官能基Aを完全に反応させた場合の生成高分子の数平均重合度を求めなさい．

[応用問題3.27]　ナイロン6,6を室温下，有機溶媒と水を用いた界面重縮合によって合成したい．以下の問に答えなさい．

(1) 下の試薬および有機溶媒の中から適当なものを選び，連続的に重縮合を行ってナイロン6,6を合成する方法を図示しなさい．用いる試薬を図に書き込むこと．

[**試薬**：塩酸，塩化ナトリウム，水酸化ナトリウム

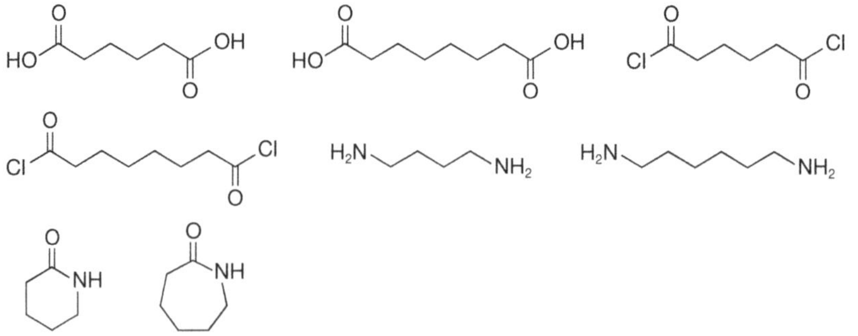

HO–CO–(CH$_2$)$_4$–CO–OH　　HO–CO–(CH$_2$)$_6$–CO–OH　　Cl–CO–(CH$_2$)$_4$–CO–Cl

Cl–CO–(CH$_2$)$_6$–CO–Cl　　H_2N–(CH$_2$)$_4$–NH_2　　H_2N–(CH$_2$)$_6$–NH_2

2-ピペリドン(構造式)　　ε-カプロラクタム(構造式)]

[**有機溶媒**：エタノール，ジメチルスルホキシド，テトラヒドロフラン，ヘキサン]

(2) 反応容器にどちらの溶液を先に入れるべきかについて，理由とともに答えなさい．

(3) 界面で起こっている反応を反応式で示しなさい．

[応用問題3.28] 次の文章の空欄［①］～［⑥］に当てはまる語句を下の語群の中から選びなさい．

右の化学構造式で示される芳香族化合物は，芳香族求核置換による重縮合の原料モノマーとして用いられる．芳香族化合物の置換基Xとして，［ ① ］基や［ ② ］基をもつモノマーと，ビスフェノールAのナトリウム塩を重縮合させると，芳香族［ ③ ］が生成する．しかしながら，150℃の高温条件を要するため，［ ④ ］反応による副反応が起こり，高分子量体が生成しにくい．そこで，上の化合物のCl基のオルト位に電子［ ⑤ ］基であるニトロ基を導入すると，ニトロ基の［ ⑥ ］効果によってモノマーが活性化されるので，重縮合は副反応を起こすことなく室温で進行し，高分子量体の芳香族［ ③ ］を生成する．

Cl—⟨benzene⟩—X—⟨benzene⟩—Cl

［**語群**：アミド交換，アミノ，エステル交換，エーテル交換，求引性，共鳴，供与性，カルボニル，シアノ，スルホニル，メチレン，π電子，ポリエステル，ポリエーテル，ラジカル］

[応用問題3.29] 次の文章を読み，以下の問に答えなさい．

ジイソシアネートとジオールを無水条件で反応させたところ，(A)ゴム状の高弾性ポリウレタンが生成した．一方，過剰のジイソシアネートを用い，水を添加して同様の反応を行ったところ，(B)スポンジ状のポリウレタンが得られた．

(1) ジイソシアネートとジオールからポリウレタンが生成する化学反応式を示しなさい．ただし，原子間の結合を明示し，イソシアネートやヒドロキシ基以外の部分を，それぞれRおよびR′で示すこと．
(2) 下線部(A)の性質を示すために必要なポリウレタンの分子構造について説明しなさい．
(3) 下線部(B)のスポンジ状のポリウレタンは，反応中に発生した気体がポリウレタン中に取り込まれることで生成する．この気体の名称を答えなさい．また，その気体が発生する化学反応式を書きなさい．

[応用問題3.30] ホスゲンを使用しないポリカーボネートの工業的合成法としてエステル交換法がある．その反応を化学反応式で示しなさい．

[応用問題3.31] ナイロンの合成方法にはいくつかの種類が知られている．以下の問に答えなさい．
(1) ナイロン6,6は対応するナイロン塩の溶融重合によって製造することができる．次の式の空欄［ア］～［ウ］に当てはまる化学構造式を書きなさい．

H_2N～～～～～～NH_2 ＋ ［ア］ ⟶ ［イ］ —加熱・脱水→ ［ウ］

モノマー　　ナイロン塩　　ナイロン6,6

(2) ナイロン6の合成方法の1つに，6-アミノヘキサン酸(融点204～205℃)を用いた固相重合(170℃，減圧)がある．この方法では，配向性の高いナイロン6が得られる．高配向性のナイロン6が生成する理由を，固相重合の特性から説明しなさい．

[応用問題3.32]　次の縮合反応は連鎖機構で進行し，狭い分子量分布をもつ芳香族ポリアミドが生成する．以下の問に答えなさい．

C_8H_{17} 塩基 開始剤 中間体 O_2N C_8H_{17} n

(1) この重合では，中間体どうしの自己縮合反応が抑制されている．その理由を説明しなさい．
(2) 開始剤として適当な化合物の化学構造式を示しなさい．

[応用問題3.33]　ノボラック樹脂とレゾール樹脂の生成反応と基本構造，特徴，応用例についてまとめなさい．
p.108の演習問題3.8

[応用問題3.34]　フェノールとホルムアルデヒドを用いたフェノール樹脂の合成反応に関して，酸性条件下，および塩基性条件下で得られるオリゴマーの名称をそれぞれ書き，構造の違いについて化学構造式および化学反応式を用いて説明しなさい．さらに，これらのオリゴマーを硬化する方法を示しなさい．

発展問題

[発展問題3.22]　遷移金属触媒を用いるカップリング反応(重縮合反応)が機能性高分子の合成に応用されている例を調べなさい．

[発展問題3.23]　エポキシ樹脂およびその硬化物の生成反応，特徴，応用例についてまとめなさい．
教科書p.108の演習問題3.10

[発展問題3.24]　カリックスアレーンは環状構造をもつフェノール樹脂の一種である．カリックスアレーンの構造，合成法，応用例についてまとめなさい．

[発展問題3.25]　工業的な重縮合の重合プロセスとして，溶融重合，溶液重合，界面重合，固相重合が用いられている．これらの重合プロセスの特徴をそれぞれまとめなさい．

[発展問題3.26]　逐次重合による高分子生成反応を統計論的に取り扱ったFloryの理論は，環状高分子は生成しないという前提に基づいたものであったが，実際の重縮合反応では，環状高分子が多く生成していることが確認されている．重縮合反応中の環状高分子の生成について，生成機構や環状化合物の生成を確認する方法について調べてまとめなさい．

[発展問題3.27]　2010年のノーベル化学賞の受賞対象となった鈴木・宮浦カップリングが，共役高分子の合成にどのように利用されているかを調べてまとめなさい．

3.5　高分子の反応

ポイント
- 高分子反応の特徴と反応例
- クリック反応の利用
- 架橋構造の分類と高分子ゲル
- 高分子の分解反応の分類
- 高分子の熱分解(反応機構と分解生成物)

[例題3.14]
教科書 p.100

ポリビニルホルマール(ビニロン)の合成方法について，原料モノマーからポリビニルホルマールを合成するまでの一連の反応を示し，合成経路を説明しなさい．

[解答]

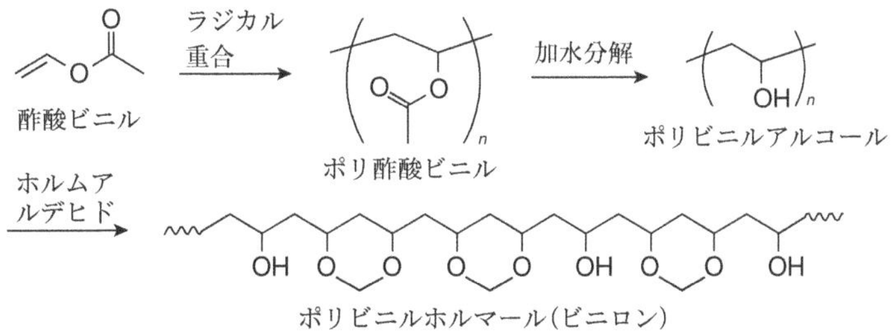

酢酸ビニル　—ラジカル重合→　ポリ酢酸ビニル　—加水分解→　ポリビニルアルコール

—ホルムアルデヒド→　ポリビニルホルマール(ビニロン)

日本で開発された合成繊維であるポリビニルホルマール(ビニロン)は，ポリビニルアルコールのホルマール化によって合成される．ホルマール化反応は，ポリビニルアルコールの隣接したヒドロキシ基をホルミル化する反応であり，ランダムな位置で起こるので，未反応のヒドロキシ基が残り，反応率は86%以上にはならない．また，ポリビニルアルコールの合成にも高分子反応が用いられている．ポリビニルアルコールをモノマーから直接重合によって合成することはできず，ポリ酢酸ビニルの加水分解を経由することでのみ合成可能である．ポリビニルアルコールの原料モノマーに相当するビニルアルコールが安定に存在できないため(ケト－エノール互変異性の平衡がアセトアルデヒド側にかたよっているため)である．

[例題3.15]
教科書 p.103–104

化学架橋ゲルと物理架橋ゲルについてそれぞれ例をあげて説明しなさい．図や式を用いて説明してもかまわない．

[解答]

化学架橋ゲルは化学反応によって架橋点が形成されたゲルであり，例えば，ポリビニルアルコールにホウ酸や多官能性のアルデヒドを反応させると，ヒドロキシ基との反応によって架橋し，ゲルが生成する．イオン結合を用いて架橋することもできる．ポリアクリル酸はアルカリ土類金属などの多価イオンの存在下でゲル化する．また，反対の電荷をもつ2種類の高分子電解質の溶液を混合すると，ポリイオンコンプレックスゲルが得られる．

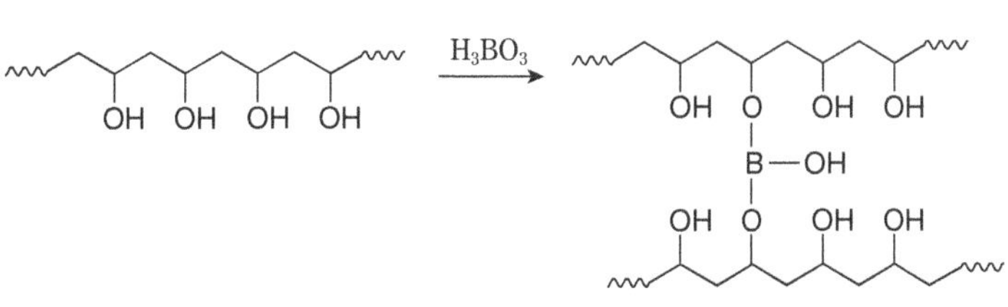

—H_3BO_3→

一方，水素結合，配位結合，ファンデルワールス力などの非共有結合による分子間相互作用や，分子配向あるいはヘリックス形成などによって架橋点が形成されているゲルを物理架橋ゲルと呼ぶ．寒天やゼリーなどの天然高分子ゲルは典型的な物理架橋ゲルの例である．物理架橋ゲルは温度，溶媒組成，pHなどの変化に応じて，流動性のないゲル状態と流動性のあるゾル状態の両方をとることができるが，化学架橋ゲルは不可逆的な反応によって生成し，可溶化できない．

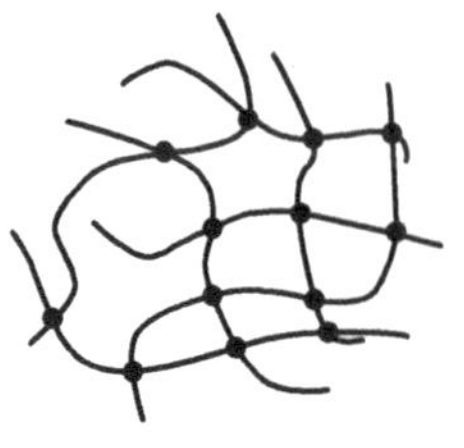

化学的な架橋
（共有結合，不可逆的）

物理的な架橋
（非共有結合，可逆的）

［例題3.16］
教科書p.106–107

ポリメタクリル酸メチルを高温で加熱すると，どのようなことが起こるかを説明しなさい．ただし，天井温度という用語を必ず用いること．

［解答］

ポリメタクリル酸メチルを高温で加熱すると，熱分解が進行し，まず高分子鎖の共有結合が切断され，ラジカルが生成する．メタクリル酸メチルは1,1–二置換型エチレンモノマーであり，高分子の置換基間の立体障害のために重合熱(ΔH)の絶対値が小さく，そのためメタクリル酸メチルの重合の天井温度は低いことが知られている．熱分解温度は天井温度より高いため，熱分解中に高分子鎖が切断して生じたポリメタクリル酸メチルの末端からメタクリル酸メチルモノマーが次々と脱離(解重合)して連鎖的に分解が進行し，100%近い収率でモノマーが回収される．

基本問題

［基本問題3.39］
教科書p.100

ポリビニルアルコールからポリビニルブチラールを合成する反応経路を書きなさい．また，ポリビニルブチラールの特徴や用途を示しなさい．

［基本問題3.40］
教科書p.100

ポジ型，ネガ型のフォトレジストの代表的な反応例について，それぞれ化学反応式を用いて説明しなさい．

［基本問題3.41］
教科書p.22, 103

天然ゴムの繰り返し単位を二重結合のシス・トランス異性がわかるように書きなさい．また，加硫したポリイソプレンの架橋点付近の化学構造式を示しなさい．

［基本問題3.42］
教科書p.106–103,
p.108の演習問題3.11

ポリメタクリル酸メチルとポリ塩化ビニルの熱分解生成物をそれぞれ示しなさい．

応用問題

[応用問題3.35] 教科書p.48−49, p.52の表3.2，p.105−107

ビニル高分子の分解挙動を3種類に分類し，それぞれの分解挙動を示す代表的な高分子と分解反応の特徴を説明しなさい．

[応用問題3.36] 教科書p.106−107

ポリ(α−メチルスチレン)，ポリ乳酸，ポリアクリル酸*tert*−ブチルの化学構造式，および，熱分解生成物の化学構造式をそれぞれ書きなさい．ポリアクリル酸*tert*−ブチルの熱分解は，100℃，酸触媒条件で行うものとする．

[応用問題3.37] 教科書p.108の演習問題3.9

ポリビニルアルコールのホルマール化が，分子内の隣接した2つのヒドロキシ基間でのみ不可逆的に起こるときのヒドロキシ基の最高反応率を求めなさい．また，反応が可逆的に起こると，最高反応率はどのように変化するかを答えなさい．

[応用問題3.38] 教科書p.99

酢酸を触媒として用いたポリアクリルアミドの加水分解の反応速度を求めたところ，反応の進行にともなって徐々に加速することがわかった．この理由を説明しなさい．

発展問題

[発展問題3.28]

高分子反応を利用するとセルロースをさまざまな形で機能化することができる．次の①〜⑥の反応によってどのような高分子が合成され，高分子材料としてどのように利用されているかを，それぞれまとめなさい．

① アセチル化，② 硝酸化，③ スルホン化，④ カルボキシメチル化，⑤ 水酸化ナトリウム/二硫化炭素による処理，⑥ 銅アンモニア液による処理

[発展問題3.29] 教科書p.102−103

クリック反応を利用したブロック共重合体の合成経路を分類し，それぞれの具体的な合成例を調べなさい．

[発展問題3.30]

最近，規則正しい網目構造もつネットワークポリマーの一種である，テトラゲルと呼ばれる新しい高分子材料が合成されている．テトラゲルの合成方法を調べて，どのような反応が利用されているかを説明しなさい．また，一般的な架橋高分子と比べて，物性がどのように異なるかを調べなさい．

[発展問題3.31]

炭素繊維を用いた繊維強化プラスチックはCFRPと呼ばれる炭素繊維複合材料の1つである．CFRPの製造方法，特徴，用途について，具体的な事例を調べてまとめなさい．

第３章　用語説明(50音順)

頭－頭結合
教科書p.22, 66

ビニルモノマーの成長反応では，置換基の立体障害を避けるために頭－尾結合が優先して生成するが，塩化ビニルなどの非共役モノマーのラジカル重合では頭－頭結合が数％程度含まれ，高分子の熱安定性などに影響する．共役モノマーの成長反応では頭－尾結合のみが生成する．

イオンペア（フリーイオン）
教科書p.74

アニオン重合やカチオン重合の成長末端の活性種では，非極性溶媒中で近い距離に対イオンが存在し(接触イオンペアあるいは溶媒分離イオンペアと呼ぶ)，反応はその影響を強く受ける．一方，極性溶媒中では活性種はイオン間に多数の溶媒が割り込んだフリーイオンとして存在し，対イオンの影響を受けにくくなる．

一次ラジカル停止
教科書p.70

成長ラジカルは２分子間で起こる(再結合停止，不均化停止)が，開始剤の分解速度が大きいと一次ラジカル濃度が高くなり，成長ラジカルとの間で停止反応が進行する．このとき，重合速度式の開始剤濃度の依存次数は0.5より小さくなり，完全に一次ラジカル停止のみが起こると，重合速度は開始剤濃度に依存しなくなる．

エポキシ樹脂
教科書p.105

分子内にエポキシ基と呼ばれる３員環の反応性基を２つ以上含む熱硬化性の高分子やオリゴマーのこと．ポリアミン，ポリチオール，酸無水物，ポリフェノールなどの硬化剤と反応し，不溶不融の硬化物となる．優れた耐薬品性，耐腐食性，耐熱性，機械的特性，電気特性，接着性を示し，塗料，接着剤，封止材などに用いられる．

オリゴマー
教科書p.69

比較的低分子量の重合体．高分子とオリゴマーの間に明確な区切りはなく，ダイマー(２量体)以上，分子量数千以下のものを指すことが多い．直鎖状と環状のオリゴマーがある．液状の生成物として得られることが多く，反応の原料や中間体(反応性オリゴマー，界面活性剤原料，石油樹脂，ワックス，粘着剤など)として用いられる．

化学増幅レジスト
教科書p.100

光化学反応の量子収率は１以下となるが，光反応生成物が別の反応に対する触媒として作用する場合は，最終生成物に対する見かけの量子収率は１を超えることになる．この考え方をフォトレジストに適用して露光により触媒を発生させ，触媒反応を利用することで高感度化した化学増幅レジストが開発され，実用化されている．

解重合
教科書p.106

高分子が分解する際に，成長反応の逆反応である反成長反応が優先的に起こり，ビニルモノマーや環状モノマー(ラクチドなどの環状オリゴマーを含む)が生成する反応．連鎖重合の天井温度が低い場合，生成する高分子を熱分解すると解重合が起こりやすく，高分子をモノマーに変換してリサイクルするシステムに適している．

架橋
教科書p.103–105

直鎖状高分子の分子間で化学結合をつくること．共有結合が主に利用されるが，イオン結合や水素結合も含まれる．架橋構造のことを橋かけ構造ともいう．架橋剤を用いる方法と，紫外線，電子線，放射線を用いる方法がある．架橋した高分子は三次元網目構造をとり，溶解性が低下し，機械的強度が増す．

かご効果
教科書p.62

開始剤分子の周りは溶媒分子で取り囲まれており，生成した一次ラジカルの一部は開始反応に関わることなく，再結合あるいは不均化反応によって失活する．これをかご効果と呼び，開始剤効率と密接に関係している．アゾ開始剤では重要であり，粘性が高いとかご効果はより顕著になり，開始剤効率が低下する．

共役高分子
教科書p.94

主鎖骨格の形成に関わる電子が，局在化することなく，主鎖全体に広がっている高分子．非局在化する電子の種類によって，π共役高分子とσ共役高分子などに分類される．π共役高分子として，ポリアセチレン，ポリパラフェニレン，ポリチオフェンなどの有機高分子が知られている．σ共役高分子には，ポリシランなどの非炭素骨格をもつ高分子が含まれる．

クリック反応
教科書p.101－102

米国スクリプス研究所のSharplessによって提唱された概念であり，高収率で生成物を与え，簡単に分離可能で，副生成物を生じず，簡単な反応工程が用いられ，特殊な装置や熟練した技術を必要としない反応をクリック反応と総称する．アセチレンとアジドの環化付加反応は，クリック反応の最も代表的な例であり，高分子反応にも応用され，機能性高分子の合成に利用されている．

三酢酸セルロース
教科書p.47, 98

トリアセチルセルロースとも呼ばれる．セルロースの繰り返し単位のグルコースに含まれる3つのヒドロキシ基をすべてアセチル化した高分子で，アセテート繊維やフィルム(TACフィルム)として用いられる．部分的にアセチル化したものも，繊維やフィルムなどに用いられる．半合成高分子として昔から使用されているが，生分解性に優れた高分子として，これまでとは異なる観点から再び注目されている．

2-シアノアクリル酸エステル
教科書p.73

電子求引性のシアノ基とエステルを置換基として含む1,1-二置換エチレンモノマーで，高いアニオン重合性をもつ．空気中に含まれる水分で重合開始が進行し，液状モノマーが瞬時に固体状高分子に変わることを利用して瞬間接着剤に応用されている．エチルエステルや*n*-ブチルエステルがよく用いられる．

シングルサイト触媒
教科書p.79

1970年代後半にKaminskyによって開発されたメタロセン化合物を使用する配位重合用の分子性触媒で，有機溶媒に可溶で，活性点が均一であるなどの特徴をもつ．メタロセン触媒の別名．チーグラー・ナッタ触媒に比べて狭い分子量分布をもつ高分子が得られ，また，組成が均質な共重合体の合成に適している．

炭素繊維
教科書p.107

強度が大きく，弾性率も高い繊維であり，耐熱性，耐衝撃性，耐薬品性に優れる．炭素繊維は，原料の種類によって分類され，ポリアクリロニトリル繊維から製造されるPAN系炭素繊維と，タール蒸留残渣から製造されるピッチ系炭素繊維がある．繊維を800～3000℃で段階的に加熱処理して繊維形状を保ったまま炭素化することによって得られる．

テロメリゼーション
教科書p.69

連鎖移動定数の大きい連鎖移動剤(テロマー)を用いて重合を行うと，分子量が極端に小さいオリゴマーが生成する．分子量が低い場合，例えば生成物がモノマーと連鎖移動剤の1：1付加物やダイマー(2量体)などの場合には，生成物を蒸留によってさらに分離精製できることがあり，化学品の中間体や原料合成に利用されている．

天井温度
教科書p.49

成長速度と反成長速度が等しくなる温度で，これ以上の温度では高分子は生成しない．1,1-二置換エチレンモノマーの重合では一置換エチレンモノマーの重合に比べて発熱量が小さく，天井温度が低くなりやすい．熱分解条件が天井温度より高い場合に解重合が進行し，モノマーが生成する．

熱可塑性高分子
教科書p.53, 181

加熱により軟化した状態で外力により変形流動し，外力を除去するとその形状を保持し，さらに冷却し固化すれば十分な強度をもつ高分子．熱可塑性高分子は，射出成形，押出成形などが可能で，成形加工が容易であるため，日用品，家庭用雑貨，包装資材，工業用品，機械部品，電子部品などに利用されている．

半減期
教科書p.61

物質が分解して半分の量になるまでの時間を半減期と呼ぶ．開始剤が10時間で半分になる温度を10時間半減期温度と呼び，各重合温度で適切な分解速度を示す開始剤を選択する際の目安となる．半減期が極端に短い条件で重合を行うと，重合初期の短時間内で開始剤が消費されてしまい，高分子が得られないことがある．

β水素移動
教科書p.77

カチオン重合の活性末端であるカルボカチオンは不安定で，β位の水素がプロトンとして移動し，高分子の末端に不飽和基が導入される．カチオン重合で高分子量体が生成しにくいのは，β水素移動が起こりやすいためである．ルイス酸を添加してカルボカチオンを安定化すると，リビング重合が可能になる．

ポリイミド
教科書p.53, 92−93

芳香族テトラカルボン酸二無水物と芳香族ジアミンの反応で生成するアミドを高温で脱水してイミド化して得られる．耐熱性などに優れたスーパーエンジニアリングプラスチックであり，航空機部品や宇宙用材料として利用されている．

ポリノルボルネン
教科書p.81, 119

グラブス触媒を用いて環状オレフィンモノマーであるノルボルネンを開環メタセシス重合すると生成する高分子．主鎖に含まれる炭素−炭素二重結合を水素添加すると，高透明性，耐熱性，低吸湿性に優れた特性をもつ環状オレフィン高分子(COP)が得られる．

モノマー
教科書p.47

単量体と呼ばれることもある．重合やオリゴマー化することによって，高分子やオリゴマーを与える繰り返し単位となる原料化合物で，通常は低分子(分子量の小さい)化合物である．重合の方法や分子の形によって，さまざまな種類のものがある．鎖末端に重合可能な二重結合をもつ高分子をマクロモノマーと呼び，グラフト高分子の原料となる．

レドックス反応
教科書p.61

酸化剤と還元剤を組み合わせた反応で，電子の授受によりラジカルが発生することを利用して，ラジカル重合開始系として用いられる．レドックス反応の活性化エネルギーは低く，化合物を混合すると直ちに反応が進行するため，低温重合に適している．酸化剤として過酸化物を用いることが多い．

連鎖移動反応
教科書p.68−69, 77

重合中に成長ラジカルなどの活性種が成長反応を起こす代わりに，別の化合物から水素を引き抜くなどして，成長活性種が別の分子に移動することを連鎖移動反応と呼び，連載移動反応を起こしやすい化合物を連鎖移動剤と呼ぶ．カチオン重合ではβ水素移動が起こりやすい．連鎖移動剤は，分子量調整剤として使用され，重合の再開始が起こらない場合は，禁止剤として作用する．

第4章　高分子の分子構造制御

[教科書の目次]

[第４章で押さえておきたいこと]

・リビング重合の定義と特徴
・リビング重合による高分子構造の精密制御

Szwarcによるリビングアニオン重合の発見以来，リビング重合に注目が集まった．それは，生成高分子の末端構造が明確で分子量分布が狭いためである．一方で，利便性の高いラジカル重合をリビング重合として実現することは，その成長末端ラジカルの活性が高すぎることから，一般には困難であると考えられてきた．ところが，ドーマント種の概念が導入されて一気にリビングラジカル重合が開花し，多様な高分子を設計して精密合成することが可能となった．本章では，リビング重合の本質を理解し，この手法が高分子の構造を精密に制御するうえで重要な役割を果たすことを学ぶ．

4.1　リビング重合

ポイント

- リビングポリマー(リビングアニオン重合)の発見
- リビング重合の定義と特徴
- さまざまな反応機構によるリビング重合
- リビングラジカル重合の分類と特徴

[例題4.1]　リビング重合の特徴をまとめなさい．

教科書p.111

[解答]

・生成高分子の数平均重合度DP_nが，反応率に比例して増大する．

$$DP_n = \frac{[\mathrm{M}]_0}{[\mathrm{I}]_0} \times \frac{\text{反応率(\%)}}{100}$$

ここで，$[\mathrm{M}]_0$と$[\mathrm{I}]_0$は，それぞれモノマーと開始剤の初期濃度である．

・生成高分子の数平均分子量M_nは，モノマーと開始剤の比によって制御できる．

・すべてのモノマーが消費された後に新たなモノマーを添加すると，再び重合が進行して，高分子のM_nはさらに増大する．

・すべての高分子は，片方の末端(開始末端)に開始剤の一部の構造(開始剤切片)を含む．

・開始反応が成長反応に比べて十分速いと，生成高分子の分子量分布はポアソン分布に従い，多分散度(M_w/M_n)は1に近くなる．

$$\frac{M_w}{M_n} = \frac{1+DP_n}{DP_n}$$

[例題4.2]　金属ナトリウム/ナフタレンおよび*n*-ブチルリチウムをそれぞれ開始剤として用いたスチレンのリビングアニオン重合の開始反応機構を示し，さらに重合中に生成するリビングポリマーの化学構造式を書きなさい．

教科書p.109−110

[解答]　金属ナトリウム/ナフタレン

n-ブチルリチウム

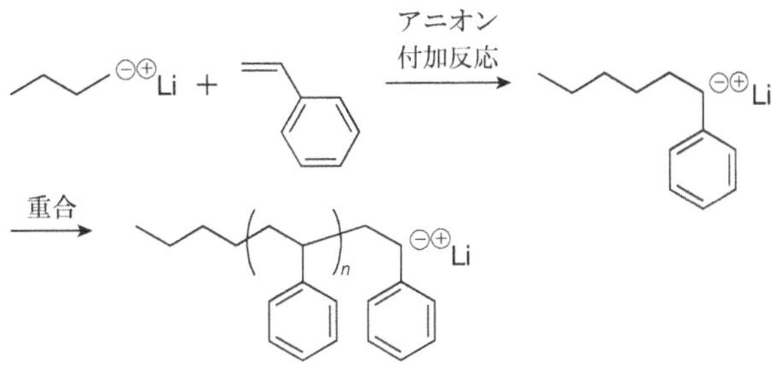

アニオン付加反応

重合

[例題4.3]
教科書p.113-115

リビングラジカル重合の具体的な方法を3種類あげて，ドーマント種と活性種の構造を含む反応式をそれぞれ書きなさい．

[解答]

・ニトロキシドなどの安定ラジカルと成長ラジカル間の解離と結合を利用する方法(ラジカル解離型)

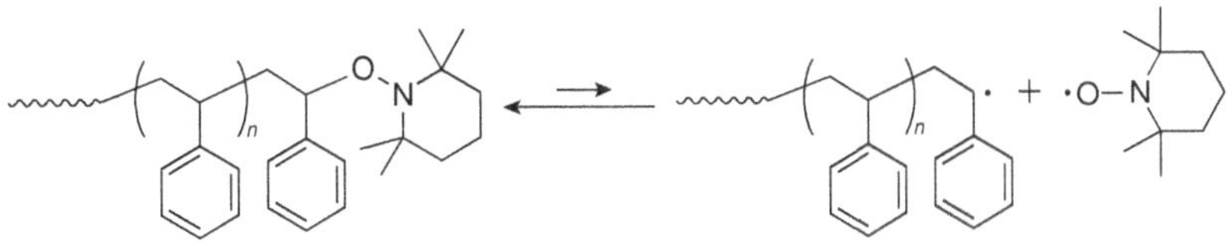

・遷移金属触媒による成長末端のハロゲン原子移動を利用する方法(原子移動型)

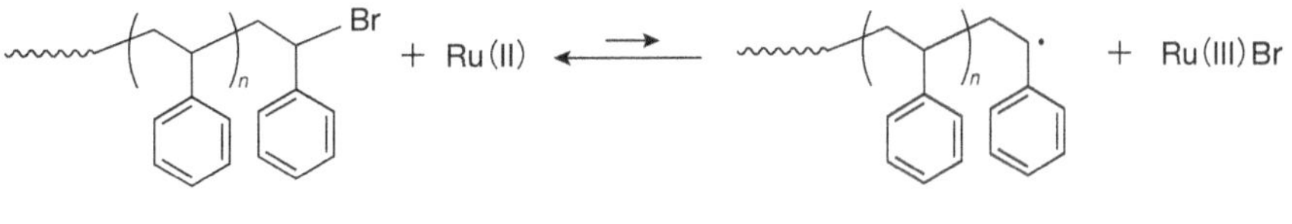

・成長活性種とドーマント種の速い交換反応による可逆的な連鎖移動反応を利用する方法(連鎖移動型)

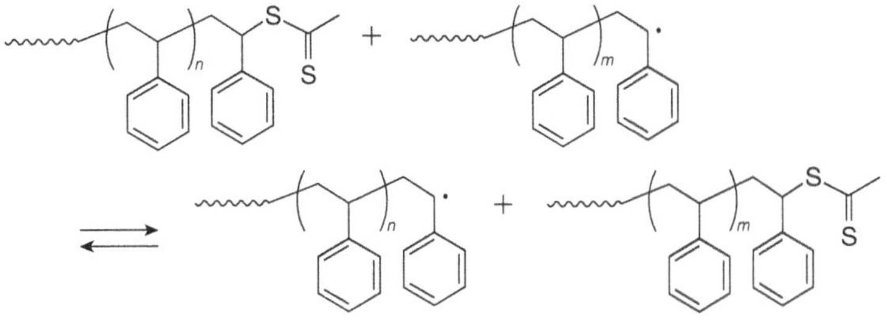

基本問題

[基本問題4.1]
教科書p.111

高分子合成にリビングラジカル重合を用いると，分子量や分子量分布を制御できる．理想的なリビング重合で生成する高分子の数平均重合度DP_nを，初期モノマー濃度$[M]_0$，初期開始剤濃度$[I]_0$および反応率pを用いて式で表しなさい．また，多分散度M_w/M_nとDP_nの関係式を示しなさい．

[基本問題4.2]
教科書p.111

リビングアニオン重合およびリビングカチオン重合における主な副反応(リビング重合に本来不要な停止反応や連鎖移動反応)について，それぞれ説明しなさい．

[基本問題4.3]
教科書p.109, 112

次の文章を読み，以下の問に答えなさい．

1950年代にSzwarcによって発見されたリビング重合は，[①] 反応や [②] 反応が進行しない連鎖重合である．すべてのモノマーが消費された後も，成長末端が重合活性を保ち続けているため，(A)生成する高分子はリビングポリマーと呼ばれる．1990年代以降の研究によって，(B)ドーマント種(休止種)を活用するリビング重合が見いだされ，(C)ラジカル重合においてもリビング重合による精密な高分子構造制御が可能になっている．

(1) 空欄 [①] および [②] に当てはまる語句を答えなさい．
(2) 下線部(A)に関連して，*sec*-ブチルリチウムを開始剤として用いるスチレンのリビングアニオン重合で生成するリビングポリマーの化学構造式を書きなさい．ただし，開始末端や成長アニオンの構造も示すこと．
(3) 下線部(B)に関して，ドーマント種を活用するリビング重合では，ドーマント種と活性種の間の平衡はドーマント種側にかたよっている必要がある．その理由を述べなさい．
(4) リビングラジカル重合の例を3つあげ，それぞれの重合の特徴を説明しなさい．

[基本問題4.4]

ポリスチレン−ポリイソプレン−ポリスチレンの組み合わせからなるトリブロック共重合体の合成法について，2通りの方法をあげて具体的な反応経路を示しなさい．合成に用いる開始剤も示すこと．

[基本問題4.5]

次の文章を読み，以下の問に答えなさい．

ラジカル重合で見られるように，均一系の連鎖重合で生成する高分子の多分散度 M_w/M_n は，2付近の値をとることが多い．一方，配位重合では，[①] 触媒で見られるように重合活性種が不均一系となり，生成する高分子の分子量分布は広くなる．しかしながら，(A)配位重合でも均一系触媒を用いると，比較的狭い分子量分布をもつ高分子が合成できる．一方，重縮合で得られる高分子の分子量分布は，反応率 p を用いて [②] という式で表される．すなわち，反応率が [③] に近づくと，M_w/M_n の値は [④] に近づく．ただし，連鎖的重縮合(連鎖縮合重合)では，リビング重合と同じ挙動を示す．リビング重合では，反応機構が付加重合であるか，縮合重合であるかによらず，(B)数平均重合度 DP_n は同じ関係式で表される．リビング重合で生成する高分子の数は重合中一定であり，(C)成長末端は重合中ずっと活性を保っている．リビング重合では，[⑤] 反応が成長反応に比べて十分速い場合に，分子量分布の狭い高分子が生成する．理想的には [⑥] 分布となることが知られ，多分散度は [⑦] という式で表すことができる．

(1) 空欄 [①]～[⑦] に当てはまる言葉や数値，式を答えなさい．
(2) 下線部(A)に示す触媒はどのように呼ばれているか，名称を書きなさい．
(3) 下線部(B)の関係式を示しなさい．
(4) 下線部(C)に関連して，重合終了後にさらに同じあるいは異なるモノマーを添加したときに見られるリビング重合の特徴をそれぞれ示しなさい．

応用問題

[応用問題4.1]
教科書p.113-116

ラジカル解離型，原子移動型および連鎖移動型の3種類のリビングラジカル重合の特徴について，適用可能なモノマー，重合温度，酸素の影響，生成高分子の末端基構造とその安定性，未解決の問題をそれぞれ比較して説明しなさい．

[応用問題4.2]
教科書p.119

ノルボルネンの開環メタセシス重合によって環状オレフィン高分子が合成できる．触媒の化学構造式ならびに合成のための一連の反応式を示し，合成経路を説明しなさい．また，最終生成高分子の性質の特徴について述べなさい．

[応用問題4.3]

次の①～③の重合反応において，生成する高分子の数平均重合度DP_nは，モノマー濃度，開始剤濃度，あるいは重合反応率と，どのような関係式で表されるかをそれぞれ示しなさい．記号や略号を使う場合は定義すること．

①アゾ開始剤を用いるメタクリル酸メチルのラジカル重合
②アジピン酸とヘキサメチレンジアミン(モル比1：1)の重縮合によるポリアミドの合成
③スチレンのリビングアニオン重合

[応用問題4.4]

p-ヒドロキシスチレンのアニオン重合を行っても，ポリ(*p*-ヒドロキシスチレン)は生成しない．その理由を説明しなさい．一方，*p*-ヒドロキシスチレンをあらかじめ別のモノマーに誘導すればアニオン重合によって高分子を得ることができる．ポリ(*p*-ヒドロキシスチレン)を合成する反応を具体的に説明しなさい．

[応用問題4.5]
教科書p.145の演習問題4.2

リビングアニオン重合，リビングカチオン重合，リビングラジカル重合について，リビング重合の障害となる各反応の特性とリビング化の方法をそれぞれ説明しなさい．

[応用問題4.6]

リビング重合に関する以下の問に答えなさい．
(1) リビング重合の定義を示しなさい．
(2) リビング重合の特徴を3つあげなさい．
(3) リビング重合であることを実証するためには，重合挙動に関してどのようなことを調べればよいかを，次の語句を用いて説明しなさい．
[モノマー，開始剤，リビングポリマー，重合度]

発展問題

[発展問題4.1]
教科書p.145の演習問題4.1

Szwarcによるリビングポリマーの発見(1956年)から現在までの，リビングアニオン重合，リビングカチオン重合，リビング開環重合ならびにリビングラジカル重合の発展の歴史をまとめなさい．

[発展問題4.2]

リビングラジカル重合が工業的に応用されている事例を探し，どのような反応が，どのような用途や目的に用いられているかを調べなさい．

[発展問題4.3]

触媒としてアルミニウムポルフィリン錯体を用いるリビング開環重合(イモータル重合，immortal polymerization)の反応機構を調べなさい．また，付加開裂型可逆的連鎖移動重合(RAFT重合)と共通する点や，リビング重合全体の中での位置づけの違いを説明しなさい．

4.2　高分子構造の精密制御

ポイント

- 高分子の末端構造の制御
- ブロック共重合体の合成方法
- 分岐構造の制御方法
- デンドリマーの合成方法
- グラフト共重合体の合成方法
- 立体規則性の精密制御

[例題4.4]
教科書 p.130－132

ポリスチレン－ポリイソプレン－ポリスチレンの配列をもつトリブロック共重合体について以下の問に答えなさい.

(1) このトリブロック共重合体を合成するための化学反応式を3種類書きなさい. 開始剤および末端構造を明記すること.
(2) 一般的なブロック共重合体のミクロ相分離構造について説明しなさい.
(3) このトリブロック共重合体の物性について説明しなさい.

[解答]

(1) 方法1：1官能性開始剤を用いて，スチレン，イソプレン，スチレンの順に3段階に分けてモノマーを添加して重合する.

Li → スチレン → Li ($n-1$) → イソプレン →

(n)($m-1$) Li → スチレン →

(n)(m)($l-1$) Li → メタノール →

(n)(m)(l) H

方法2：2官能性開始剤を用いて，まずイソプレンを重合し，次にスチレンを重合する．

イソプレン

スチレン

メタノール

方法3：1官能性開始剤を用いて，スチレン，イソプレンの順番で重合して得られる高分子の成長末端のアニオンと反応するカップリング剤を用いる．

イソプレン

$(CH_3)_2SiCl_2$

(2) ブロック共重合体は，ランダム共重合体や交互共重合体と異なり，同じモノマーが連なった長い連鎖を含むため，それぞれのモノマーの単独重合体がもつ性質をあわせもつ．構造の異なる高分子は互いに混ざらず(非相溶であるため)に相分離するが，ブロック共重合体は異なる連鎖が共有結合でつながっているため，巨視的な相分離構造をとることができず，高分子の大きさのオーダー(数nmから数十nm)のミクロ相分離構造を形成する．

(3) ポリスチレン−ポリイソプレン−ポリスチレンの配列をもつトリブロック共重合体のミクロ相分離構造では，室温以上のガラス転移温度を示すポリスチレンドメインが疑似的な架橋点となり，もう一方のポリイソプレンはゴム状の連続相となる．このとき，イオウ架橋したジエン高分子と同様のゴム弾性を示し，ポリスチレンのガラス転移温度以上まで加熱すると材料全体が流動性を示すことから，熱可塑性エラストマーと呼ばれる．化学架橋したゴムと異なり，成形加工やリサイクルが可能である．

基本問題

[基本問題4.6]
教科書p.128

ナトリウムとナフタレンを用いてスチレンのアニオン重合を行うと，リビングポリマーが得られる．開始反応機構を示しなさい．また，この方法を用いて，両末端にカルボキシ基を有するポリスチレンを合成する方法を，反応式を用いて示しなさい．

[基本問題4.7]
教科書p.145の
演習問題4.8

ラジカル重合と配位重合によって得られるポリエチレンの構造や性質の違いを説明しなさい．

[基本問題4.8]
教科書p.145の
演習問題4.5

星型高分子，デンドリマー，ハイパーブランチ高分子について，それぞれの合成方法や特徴を説明しなさい．

[基本問題4.9]

グラフト共重合体の合成方法であるgrafting from法，grafting on法，grafting through法についてそれぞれ説明しなさい．

[基本問題4.10]

次の高分子の構造や合成方法について，具体的な例をあげて説明しなさい．
①イソタクチック高分子，②交互共重合体，③多分岐高分子

応用問題

[応用問題4.7]

スチレンと*p*-シアノスチレンのAB型ブロック共重合体をアニオン重合で合成したい．どちらのモノマーを先に重合すべきかについて，理由とともに答えなさい．

[応用問題4.8]
教科書p.145の
演習問題4.3

スチレン，*p*-メトキシスチレン，*p*-シアノスチレンのABC型トリブロック共重合体をリビングアニオン重合で合成する場合の手順について，理由とともに説明しなさい．

[応用問題4.9]
教科書p.117-118

n-ブチルリチウムを開始剤としてメタクリル酸メチルのアニオン重合を行うとき，まず開始剤を溶かした溶液に等モルの1,1-ジフェニルエチレンを反応させてから，大量のメタクリル酸メチルを添加すると，副反応が抑制され，よく制御されたリビング重合が進行する．抑制される副反応を示しなさい．また，1,1-ジフェニルエチレンの添加がその副反応を抑制する働きを説明しなさい．

[応用問題4.10]

異なる立体規則性をもつポリプロピレンおよびポリスチレンの合成方法および性質や用途の違いを説明しなさい．

[応用問題4.11]
教科書p.143,
p.145の演習問題4.7

立体規則性ポリメタクリル酸メチル(PMMA)について，以下の問に答えなさい．

(1) イソタクチックPMMAとシンジオタクチックPMMAのトリアッド(三連子)を，立体構造の違いがわかるように書きなさい．

(2) 立体規則性PMMAの^{1}H NMRスペクトルを右に示す．(A)がイソタクチックPMMA，(B)がシンジオタクチックPMMAであること

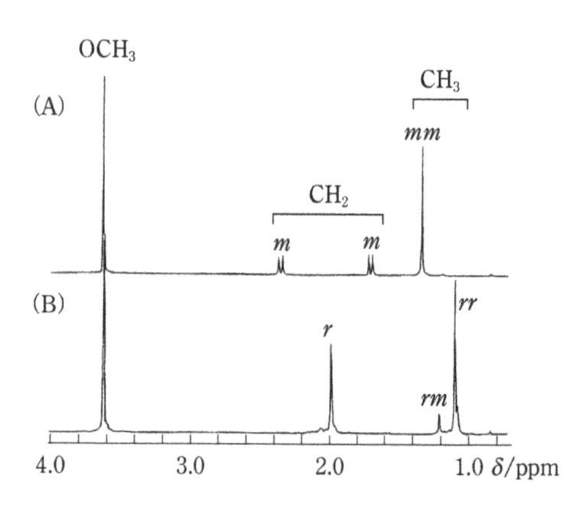

を，高分子の構造と関連づけて説明しなさい．

発展問題

[発展問題4.4] 高分子鎖を材料表面に固定化(グラフト化)することにより，材料表面の性質を制御することができる．ここで，高分子鎖が高密度に存在すると，高分子鎖は表面から垂直方向に伸長された形態となり，これを濃厚高分子ブラシと呼ぶ．濃厚高分子ブラシの合成方法，性質，材料表面特性などについて調べなさい．

[発展問題4.5] 有機亜鉛触媒を用いてプロピレンオキシドのラセミ体(D体とL体の等量混合物)をアニオン開環重合すると，立体選択的アニオン開環重合が進行し，どちらか一方の立体中心を多く含む高分子が生成(不斉選択重合)する．この重合の反応機構を調べなさい．

[発展問題4.6] ビニルモノマーのテンプレート(鋳型)重合の研究例を調べて，要点をまとめなさい．

教科書p.145の
演習問題4.4

[発展問題4.7] *tert*-ブチルリチウムとかさ高い置換基を含むアルミニウム化合物(メチルアルミニウムビス(2,6-ジ-*tert*-ブチルフェノキシド，$CH_3Al(ODBP)_2$)を組み合わせたアニオン重合によってヘテロタクチックポリメタクリル酸メチルが合成できることが知られている．ヘテロタクチック高分子が生成するための成長反応機構を調べなさい．

[発展問題4.8] 繰り返し単位が分子間力によって連結している超分子ポリマーが研究されている．共有結合によって連結している一般的な高分子と超分子ポリマーの性質の違いについて説明しなさい．

第４章　用語説明（50音順）

イニファーター
教科書 p.122

ラジカル重合で生成する高分子の末端構造を制御するために1982年に提案された概念で，連鎖移動と一次ラジカル停止の機能をあわせもつ開始剤(iniferter; initiator-transfer agent-terminator)のこと．高分子の両末端に開始剤切片を導入できる．停止末端が解離可能なときにリビング重合のモデルとなり，ドーマント種を用いるリビングラジカル重合の先駆けとなった．

環状オレフィン高分子
教科書 p.119

ノルボルネンなど環状オレフィンの開環メタセシス重合で生成する高分子の主鎖に含まれる二重結合を水素添加して得られる透明性，耐熱性，耐吸湿性，低複屈折性および成形加工性に優れた高分子．COPと略される．環状オレフィンの付加重合によっても同様の高分子が得られる．光学レンズなどの精密工学部品に利用されている．

グリニャール試薬
教科書 p.73, 117

R−MgXで表される求核剤，塩基，還元剤として使用される有機金属試薬(Rはアルキル基やフェニル基など，Xはハロゲン)．強い求核性をもち，メタクリル酸エステルなどのアニオン重合開始剤として用いられる．リビングアニオン重合による分子量と分子量分布の制御や立体規則性高分子の合成に利用されている．

グループトランスファー重合
教科書 p.118

ケテンシリルアセタールのメタクリル酸エステルへのマイケル付加を利用した重合方法であり，ドーマント種を利用するリビング重合の１つ．1980年代に見つかり，高分子の成長末端から付加するモノマーへトリメチルシリル基が移動することから，グループトランスファー重合と命名された．常温で重合制御が可能な点に特徴がある．

原子移動ラジカル重合(ATRP)
教科書 p.115, 126

遷移金属錯体によって触媒される可逆的な原子の移動をともなって，可逆的な成長ラジカルの不活性化(すなわちドーマント化)が行われる，リビングラジカル重合の代表例の１つで，1995年に澤本らとMatyjaszewskiによってそれぞれ独立に発見された．遷移金属触媒リビングラジカル重合とも呼ばれる．最近，国際純正・応用化学連合(IUPAC)の命名法委員会は，リビングラジカル重合を可逆的不活性化ラジカル重合(reversible-deactivation radical polymerization, RDRP)と呼ぶことを推奨している．

コンバージェント法
教科書 p.115, 126

デンドリマーの合成法の１つで，外側から内側に向けて段階的にデンドロン(デンドリマーを構成する部品)を合成し，最後に複数のデンドロンをコアで結合する．1985年にTomaliaが報告したコアから外側に向かって分岐を増やしていくダイバージェント法と比べて，1990年にFréchetらが考案したコンバージェント法は欠陥のない分子や非対称構造をもつ分子などデンドリマーの精密合成に適している．

直鎖状低密度ポリエチレン
教科書 p.79, 134

メタロセン触媒などを用いた配位重合によって合成されるエチレンと1-オレフィンの共重合体のことであり，LLDPEと略される．JIS規格では，リニアポリエチレン(直鎖状低密度ポリエチレン)を密度0.910〜0.925の直鎖状ポリエチレンコポリマー(共重合体)と定義している．分岐数はエチレンモノマー1000に対して10〜30程度であり，分岐数が増すと密度は低下する．コモノマーとして，1-ブテン，1-ヘキセン，4-メチル-1-ペンテン，1-オクテンなどが用いられる．

テレケリック高分子
教科書 p.129

鎖状高分子の両末端に反応性基をもち，ブロック共重合体やネットワーク高分子の原材料の一部として用いられる．リビング重合によって効率よく合成することができる．１官能性開始剤を用いて開始末端に官能基を導入し，同じ官能基を含む停止剤との反応によって合成する方法と，2官能性開始剤を用いたリビング重合の高分子鎖両末端と停止剤との反応で合成する方法がある．

デンドリマー
教科書 p.135–138

中心から規則正しく分岐した構造をもつ多分岐高分子で，単一の分子量をもつ合成高分子の一種．ギリシャ語で木を意味する言葉にちなんで命名された．コア(中心部分)とデンドロン(側鎖部分)で構成され，分岐の回数を世代(generation)と呼ぶ．外側ほど鎖の密度が高い，デンドリマー表面に多くの末端官能基を含む，内部に物質を取り込みやすい，鎖状高分子に比べて溶液粘度が低いなどの特徴をもつ．

トポケミカル重合
教科書 p.144

モノマー結晶の基本構造を保ったまま高分子が生成する固相重合反応をトポケミカル重合と呼ぶ．結晶内で進行するトポケミカル反応では，分子の運動性は強く束縛され，分子固有の化学的な性質だけでなく，分子の位置関係(topology)が反応や生成物の構造に影響し，出発物質の結晶構造から生成物の化学構造を予測できる．ジアセチレンやジエンモノマーのトポケミカル重合によって高分子結晶が得られる．

ドーマント種
教科書 p.112–113

高分子鎖末端の不安定な成長活性種を共有結合などの安定な構造であるドーマント種に一次的に変換し，成長活性種とドーマント種間の平衡を利用して成長活性種を可逆的に生成させることで副反応や活性種の失活を抑制でき，リビング重合の新しい概念の基本となっている．リビング重合の反応制御では，平衡がドーマント種側にかたよっていることや，相互の交換反応が速やかに起こることが重要である．

トリブロック共重合体
教科書 p.130–132

モノマーAの連鎖からなるセグメントがBのセグメントの両端2箇所で結合した高分子をＡＢＡ型トリブロック共重合体と呼ぶ．ジブロック共重合体と同様の相溶化剤として用いられるだけでなく，外側のセグメントが結晶性や高いガラス転移温度の高分子，内側のセグメントがゴム状高分子であるトリブロック共重合体は，熱可塑性エラストマーの性質を示す．

ニトロキシド介在重合(NMP)
教科書 p.113, 124

ニトロキシド媒介ラジカル重合とも呼ばれる．1980年代に原理が見つかり，1993年のGeorgesらが発表した論文を契機に世界中で研究が展開された，スチレン誘導体の精密重合に有効なリビングラジカル重合である．ドーマント種であるアルコキシアミンの炭素－酸素間の結合が可逆的にラジカル解離して成長ラジカルと安定ラジカルであるニトロキシドが生成する．TEMPO(2,2,6,6-テトラメチルピペリジン-1-オキシル)だけでなく，SG1(*N-tert*-ブチル-*N*-(1-ジエチルホスホノ-2,2-ジメチルプロピル)アミノキシル)などさまざまなニトロキシドが開発されている．

濃厚高分子ブラシ
教科書 p.140

材料表面に鎖状高分子が垂直に高密度で固定された材料のことで，材料の耐摩耗性を向上させ，親水性や生体適合性の発現にも利用され，CPB(concentrated polymer brush)と略される．高分子，無機，金属材料などの基板表面に，リビングラジカル重合の開始点となる官能基を導入し，リビング重合によって高分子鎖(グラフト鎖)を高密度で並べて成長させることによってCPBが得られる．

ハイパーブランチ高分子
教科書 p.30, 135, 138

多分岐高分子の一種であり，規則正しい分岐構造をもつデンドリマーとは異なり，分岐点の位置は不規則である．合成方法についても，デンドリマーが逐次反応を繰り返し行って得られるのに対し，ハイパーブランチ高分子は連鎖重合によって簡便に合成することができるので，工業的な利用に適している．

付加開裂型可逆的連鎖移動重合(RAFT重合)
教科書p.115

高分子末端の成長ラジカルとドーマント高分子の末端官能基との間で起こる可逆的な連鎖移動を利用するリビングラジカル重合．オーストラリアの研究グループによって1998年に開発された．多くのモノマーに適用でき，通常の重合反応系にRAFT剤(可逆的連鎖移動剤)を添加するだけで高分子構造制御が可能になるため，リビングラジカル重合の中で現在最も広く用いられている制御法である．カチオン機構によるRAFT重合も知られている．

包接重合
教科書p.144

尿素やステロイドの結晶(ホスト化合物)が低分子化合物を取り込んで包接化合物(科学用語では，包摂ではなく包接と表記する)をつくることは古くから知られ，包接化合物中で進行する重合を包接重合と呼ぶ．包接化合物の結晶中のチャネルと呼ばれる微小空間に選択的に取り込まれたモノマーが重合する．反応空間内での分子運動に制約が生じるため，チャネル構造に応じて生成する高分子の構造を制御できる．

星型高分子
教科書p.134-135

分岐が1点に集中している分岐高分子を星型高分子と呼ぶ．分岐数は3本以上で，さまざまなものがある．合成法としては，多官能性開始剤を用いる方法，リビングポリマーを多官能性カップリング剤で停止する方法，リビング重合の最後に多官能性モノマーを添加する方法，マクロモノマーを重合する方法(この場合，厳密にはくし型高分子が生成)などがある．直鎖状(分岐のない)高分子と比べて，溶液中での分子鎖の広がりや絡み合いに違いがみられる．

マクロモノマー
教科書p.129

鎖の末端に重合性官能基(ビニル基など)を含む高分子のこと．単独重合すると星型，くし型あるいはブラシ型高分子が生成する．マクロモノマーを他のモノマーと共重合すると，グラフト共重合体が合成できる．連鎖移動反応で高分子の末端に導入された官能基を重合性官能基に変換する方法と，リビングラジカル重合を利用して重合性官能基を導入する方法があり，後者が高分子の精密構造制御の点で優れている．

リビング重合
教科書p.109-113

1956年にSzwarcが金属ナトリウム，ナフタレン，スチレンをテトラヒドロフラン中で混合する反応系で，成長カルボアニオンが反応溶液中で活性を保ち続けることを見いだし，リビングポリマーと名付けたことに始まり，停止反応や連鎖移動反応を含まない連鎖重合をリビング重合と呼ぶことが定められた．ドーマント種を用いるリビングラジカル重合の出現により，現在ではリビング重合は「連鎖重合のうち，停止反応や不可逆な連鎖移動反応が起こらない重合」であると再定義されている．

連鎖的縮合重合
教科書p.119-121

リビング重合は連鎖重合を対象とするものであったが，逐次重合の1つである重縮合でも，一部の活性化された成長末端だけがモノマーと反応するように工夫を加えると，重合が連鎖的に進行し，リビング重合の特徴を示すようになる．これによって，ビニルポリマー以外の多くの機能性ポリマー(ポリアミド，ポリエステル，ポリチオフェンなど)の分子量制御やブロック共重合体の合成が可能になっている．

第3章・第4章 総合問題

[総合問題1] 次の文章を読み，以下の問に答えなさい．

高分子の合成に用いられる重合反応は，[①] 重合と [②] 重合に大別される．[①] 重合に分類される反応の1つに [③] があり，ポリアミドや(A)ポリエステルが [③] により工業生産されている．いずれも，(B)高分子量の生成物を得るための工夫がなされている．一方，[②] 重合の1つである [④] 重合は(C)開始剤を用いて行われ，4種類の素反応の組み合わせで高分子が生成する．[④] 重合は，成長活性種の反応性が高く，多くの種類のモノマーに適用できる．2種類以上のモノマーを共重合してランダム共重合体を得ることができるが，反応の選択性は低く，生成高分子の立体規則性は [⑤] 構造となる．

(1) 空欄 [①]～[④] に当てはまる語句を次の語群から選びなさい．
[**語群**：アニオン，界面，カチオン，重縮合，重付加，逐次，配位，ラジカル，連鎖]

(2) 下線部(A)に関して，右の化学構造式をもつ高分子の名称と，合成に用いられるモノマー(2種類)の化学構造式を示しなさい．

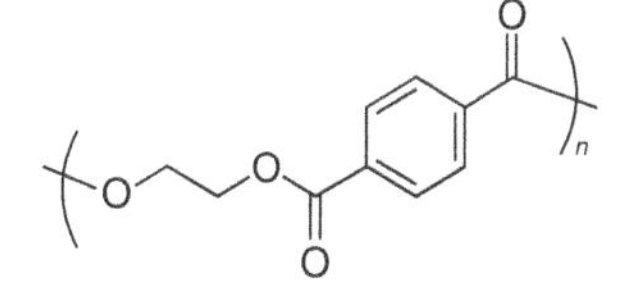

(3) 下線部(A)に関して，数平均重合度をDP_n，反応率をpとするとき，DP_nの式をpを用いて表しなさい．

(4) 下線部(B)に関して，当てはまらないものを次のア～オから1つ選び，番号を答えなさい．
ア：反応する官能基のモル比を等しくする
イ：環化反応を防ぐ
ウ：連鎖移動剤を加える
エ：脱離成分を系外に取り出す
オ：高純度のモノマーを用いる

(5) 下線部(C)に関して，当てはまる開始剤を次のカ～コからすべて選びなさい．
[カ：臭化水素，キ：アゾビスイソブチロニトリル，ク：過酸化ベンゾイル，ケ：*n*-ブチルリチウム，コ：水]

(6) 空欄 [⑤] に当てはまる語句を次の語群から選びなさい．
[**語群**：アタクチック，イソタクチック，シンジオタクチック，ヘテロタクチック]

[総合問題2] 次の文章を読み，以下の問に答えなさい．

[①] 重合の1つである [②] 重合は，開始剤が熱や光によって分解することで始まり，[③]，[④]，[⑤]，[⑥] の4つの素反応からなる重合である．代表的な開始剤として [⑦] があり，60～70℃付近まで加熱すると分解が始まる．また，(A)低温でも分解が始まる [⑧] 開始剤がある．重合の [⑤] には，大きく分けて2種類あり，スチレンの重合では [⑨] によって，メタクリル酸メチルの重合では [⑨] と [⑩] の両方が競争して起こる．(B)全重合速度は，開始剤濃度の [⑪] 次に比例することが知られている．2種類のモノマー(M_1とM_2)を重合する共重合では，[⑫] と呼ばれるr_1およびr_2の値が重要である．$r_1>1$，$r_2<1$の場合は，M_1が高分子鎖に組み込まれやすくなる．(C)r_1とr_2がともに0に近いとき，[⑬] 共重合体

が得られる．また，ビニルモノマーの［ ⑭ ］を表すQ値，および［ ⑮ ］を表すe値と仕込み組成比から共重合体組成を予測することもできる．

(1) 空欄［ ① ］～［ ⑬ ］に当てはまる語句や数字を答えなさい．
(2) 下線部(A)の開始剤の例を1つあげなさい．
(3) 下線部(B)の比例関係が得られることを素反応機構から説明しなさい．
(4) 下線部(C)の共重合体が得られるモノマーの組み合わせを具体的に示しなさい．

［総合問題3］

以下の説明に当てはまる高分子の名称と化学構造式を，A群とB群からそれぞれ選びなさい．

高分子の説明	A群(名称)	B群(構造)
(1) ラジカル重合によって合成されるアタクチック構造の高分子が透明なプラスチックとして広く利用されているが，遷移金属触媒を用いて合成されるシンジオタクチック構造をもつ高分子はエンジニアリングプラスチックとして使用される．		
(2) 透明性，耐熱性，耐衝撃性に優れた高分子で，150℃付近にガラス転移温度をもち，光ディスク基板やレンズなどの光学材料として使用されている．重縮合によって合成され，毒性の高いホスゲンを用いない合成経路も最近開発されている．		
(3) 代表的な生分解性高分子材料の1つで，当初は生体内分解性の医用材料として開発された高分子であるが，現在では石油を原料としないバイオベース・プラスチックとしての利用に関心が集まっている．		
(4) ポリ酢酸ビニルから高分子反応によって合成される高分子で，接着剤，分散剤，フィルム，繊維として利用されている．エレクトロニクス分野では，偏光板用の高分子材料として使用されている．		

A群(名称)：(ア) セルロース，(イ) 芳香族ポリアミド，(ウ) ポリアクリル酸n-ブチル，(エ) ポリエチレン，(オ) ポリエチレンテレフタレート，(カ) ポリ塩化ビニル，(キ) ポリカーボネート，(ク) ポリ酢酸ビニル，(ケ) ポリスチレン，(コ) ポリチオフェン，(サ) ポリ乳酸，(シ) ポリビニルアルコール，(ス) ポリ(N-ビニルカルバゾール)，(セ) ポリフェニレンビニレン，(ソ) ポリプロピレン，(タ) ポリメタクリル酸メチル

B群(化学構造式)：

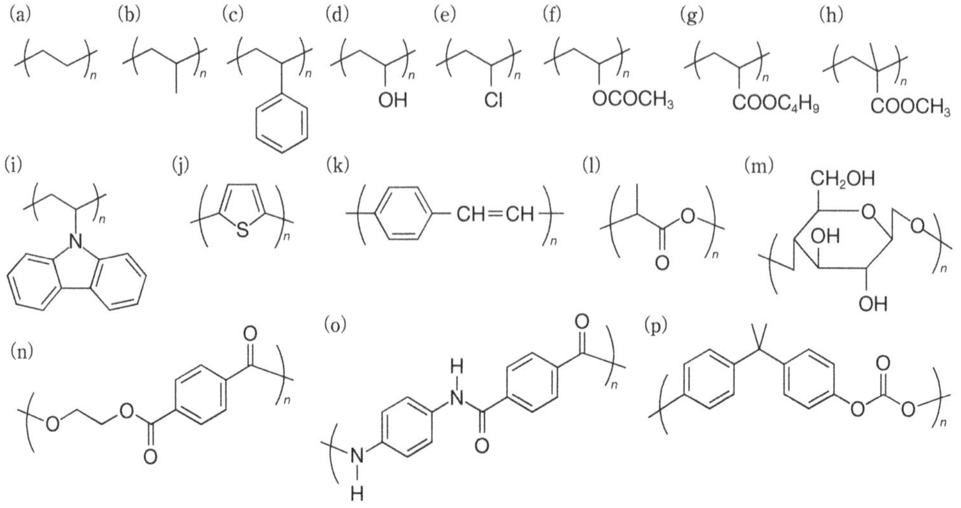

(a) (b) (c) (d) OH (e) Cl (f) $OCOCH_3$ (g) $COOC_4H_9$ (h) $COOCH_3$

(i) N (j) S (k) CH=CH (l) O O (m) CH_2OH OH O O OH

(n) O O O O (o) H N N H O O (p) O O O

[総合問題 4] 次の文章を読み，以下の問に答えなさい．

開環重合によって生成する高分子の繰り返し単位の骨格には，炭素以外の元素や官能基が含まれ，ビニルモノマーの付加重合で得られない構造の高分子を合成することができる．(A)環状モノマーの重合反応性は，モノマーの環構造によって大きく異なり，特に環員数が重合反応性に大きく影響する．3員環構造をもつエチレンオキシドやプロピレンオキシドに塩基やルイス酸を作用させると，それぞれ [①] 開環重合や [②] 開環重合が進行し，高分子量体が得られる．また，テトラヒドロフランをブレンステッド酸やルイス酸を用いて開環重合するとポリエーテルが生成する．両末端にヒドロキシ基をもったポリエーテルは [③] の合成に利用されている．(B)ε-カプロラクタム，ラクチド(乳酸2量体)，ノルボルネンの開環重合によりそれぞれ工業的に重要な高分子が生産されている．

(1) 空欄 [①]～[③] に当てはまる語句を答えなさい．
(2) 下線部(A)の理由を述べなさい．
(3) 下線部(B)に示すモノマーから生成する高分子の化学構造式をそれぞれ記しなさい．末端基構造は無視してよい．

[総合問題 5] (i)～(vii)に示す各モノマーを出発物質として合成される高分子の繰り返し単位の化学構造式を A ～ G に書き，その高分子の説明として最も適しているものを(ア)～(ケ)の中から1つ選びなさい．ただし，生成反応が2段階以上の場合は，最終生成物として得られる高分子を書くこと．

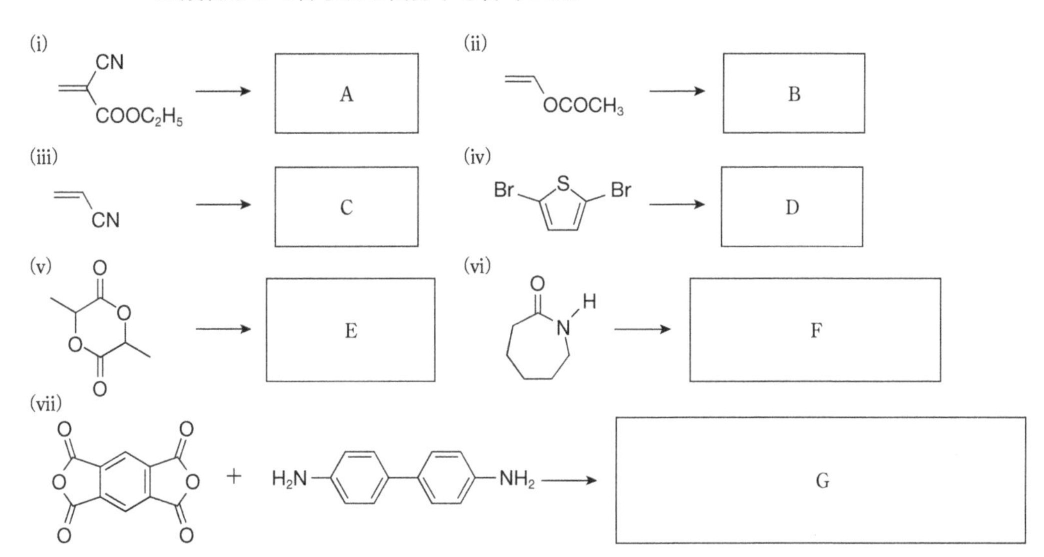

高分子の説明：

(ア) 代表的なポリアミドの1つであり，衣料用繊維や釣り糸などに用いられる．類似の構造をもつ高分子が逐次重合でも合成できる．
(イ) 合成高分子の一種であるが，糖類の発酵作用により得られる物質を原料として合成される生分解性プラスチックである．
(ウ) 熱可塑性ポリウレタンと呼ばれ，機械強度，摩耗性，耐衝撃性に優れている．熱により成形加工できる．
(エ) わずかな水分によってごく短時間で重合が進行し，接着剤として利用されている．
(オ) 共役系高分子の一種で，有機トランジスタ材料やエレクトロルミネッセンス材料に用いられる．

(カ)酸素を遮断して1000℃で焼成すると炭素繊維が得られる．共重合体はアクリル繊維として利用される．

(キ)芳香環とイミド環を含み，耐熱性に優れる．フィルムやプリント配線基板の絶縁層として利用される．

(ク)ラジカル重合や配位重合によって工業生産され，容器や包装用フィルムとして利用される．耐薬品性に優れるが，耐熱性に欠ける．

(ケ)水溶性の結晶性高分子で，ラジカル重合で得られた高分子を加水分解することによって合成される．接着剤や乳化剤として利用され，ビニロンや偏光フィルムの原料でもある．

[総合問題6]

以下の問に答えなさい．

(1) エチレンのラジカル重合では，低密度ポリエチレン(LDPE)が得られる．このLDPEは分岐構造として，長鎖アルキル基(長鎖分岐)，*n*-ブチル基(C4分岐)，エチル基(C2分岐)を含んでいる．これらの分岐構造が生成する反応機構をそれぞれ示しなさい．

(2) プロピレンのラジカル重合を試みたところ，高分子量体を得ることができなかった．その理由を説明しなさい．説明の中で，水素引き抜きと共鳴安定化の用語を必ず用いること．

(3) 3-メチル-1-ブテンのカチオン重合では，異性化をともなう成長反応が一部で起こることが知られている．成長カチオンの異性化の反応機構を示し，異性化をともなう成長反応によって生成する繰り返し単位の化学構造式を示しなさい．

[総合問題7]

次の文章を読み，以下の問に答えなさい．

重合反応は，重合機構の違いにより，[①]重合と[②]重合に分類される．[①]重合では大きな分子量をもつ高分子が直ちに生成し，反応率が上がっても分子量は変わらない(図のタイプI)．一方，[②]重合では，高い反応率で初めて大きな分子量をもつ高分子が生成する(図のタイプII)．これらと異なり，生成高分子の分子量が反応率に比例して増える反応挙動を示す重合がある(図のタイプIII)．これは[①]重合の一種であるが，特に[③]重合と呼ばれる．

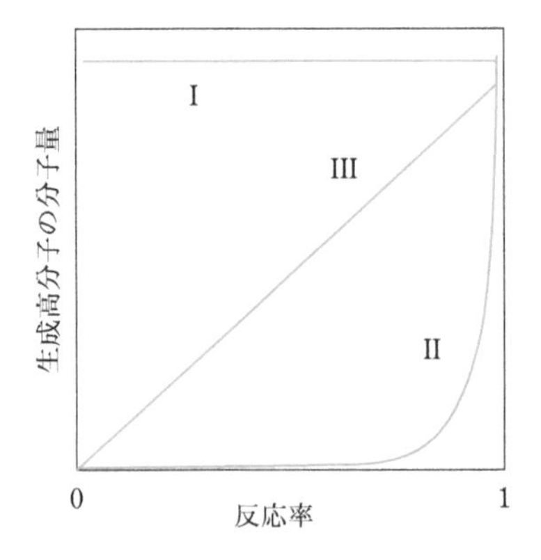

(1) 空欄[①]～[③]に当てはまる語句を答えなさい．

(2) 次の(i)～(iv)の重合は，図のタイプI～IIIのうちのどれに対応するかを答えなさい．

(i) HO–C₆H₄–C(CH₃)₂–C₆H₄–OH ＋ C₆H₅–O–C(=O)–O–C₆H₅ →(200～300℃)

(ii) $CH_2=CH–O–C(=O)–CH_3$ →(過酸化ベンゾイル, 60℃)

(iii) $CH_2=CH–C_6H_5$ →(*n*-ブチルリチウム, THF, −78℃)

(iv) C₆H₅–CH=CH–(ピラジン環)–CH=CH–C₆H₅ →(光)

(3) 問(2)の(i)に示した重合で生成する高分子の繰り返し単位の化学構造式を書きなさい.

(4) 問(2)の(iii)に示した重合を，以下の①あるいは②の処理によって停止したときに生成する高分子の末端基構造をそれぞれ書きなさい.

① メタノールを添加

② 1,1－ジフェニルエチレンを添加した後に酸性水溶液を添加

[総合問題8] 次の(i)～(v)の反応について，以下の問に答えなさい.

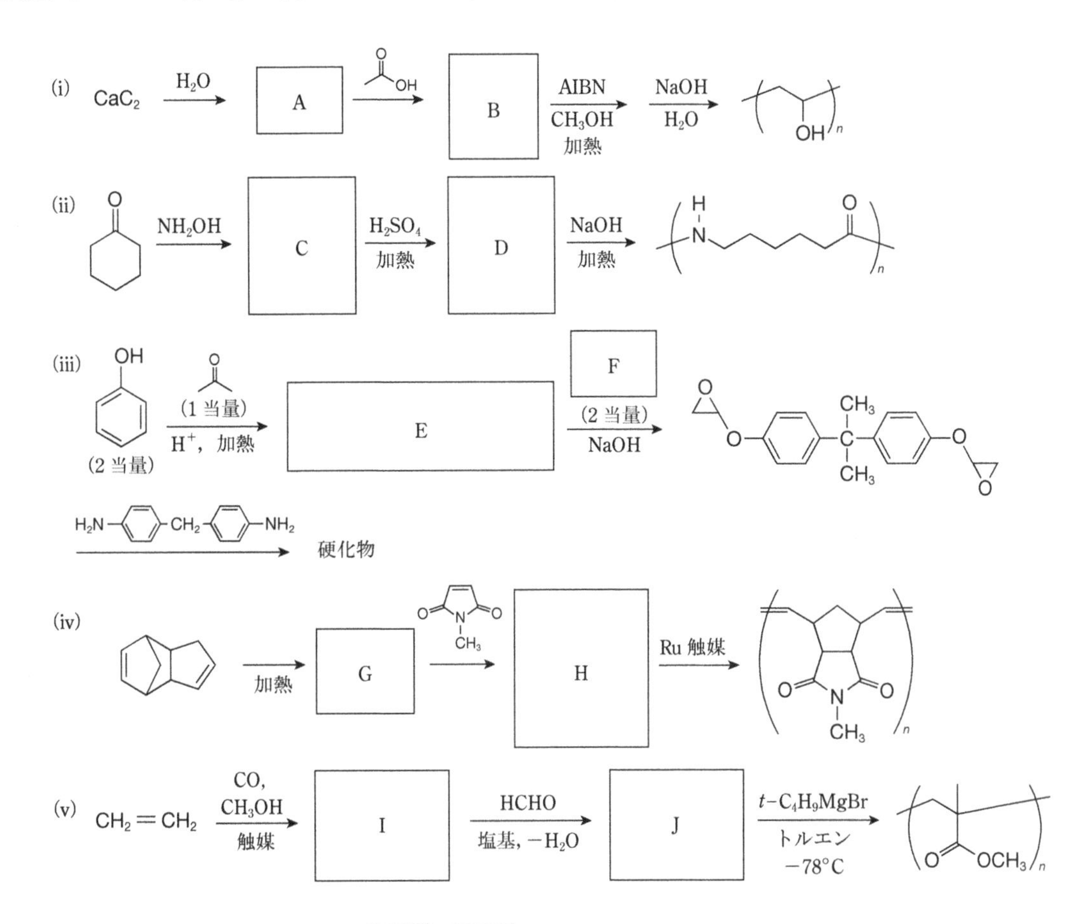

(1) 反応式の空欄 A ～ J に当てはまる化学構造式を答えなさい.

(2) 反応式(i)～(v)に示した重合反応(高分子が生成する反応段階)の様式を，付加重合，開環重合，重付加に分類しなさい.

(3) 反応式(i)～(v)に示した重合反応の説明として最も適切なものを次の①～⑤から1つずつ選びなさい.

① リビング重合が進行し，分子量の揃ったイソタクチック高分子が得られる.

② 初期に生成した線状高分子がさらに反応して徐々に分岐が生じ，最終的に機械的強度の高い架橋高分子が得られる.

③ 得られた高分子は，1～3%の頭－頭結合を含んでいる.

④ メタラシクロブタン環を経由する結合の組み換えによって重合が進行する.

⑤ 繊維やエンジニアリングプラスチックとして用いられる高分子が得られ，工業製品に利用されている.

(4) (v)に示した重合反応に用いるモノマーJをスチレンと等モルで混合して，ラジカル重合あるいはアニオン重合したとき，それぞれ生成する高分子の特徴として

最も適切なものを，次の⑥～⑨よりそれぞれ1つ選びなさい．
⑥ モノマーJの高分子とポリスチレンが連結したブロック共重合体である．
⑦ 1：1組成に近いランダム共重合体である．
⑧ ほぼモノマーJの繰り返しのみからなる単独重合体に近い高分子である．
⑨ モノマーJとスチレンが交互に重合した1：1交互共重合体である．

[総合問題9] 次の文章を読み，以下の問に答えなさい．

ポリ酢酸ビニルは，酢酸ビニルを乳化重合あるいは溶液重合することにより，工業的に製造されている．原料モノマーとして用いられる酢酸ビニルは，次の反応によって合成できる．まず，(A)ワッカー法によりエチレンから合成したアセトアルデヒドを酸化することで，酢酸が得られる．さらに，酸素存在下で，触媒を用いて酢酸をエチレンと反応することによって，酢酸ビニルが製造される．

酢酸ビニルの重合では，成長活性種が高活性であり，連鎖移動反応を起こしやすいため，分岐構造を含む高分子が生成する．成長活性種が高分子鎖から水素を引き抜くことによって生じる分岐構造には，長鎖分岐と(B)短鎖分岐が含まれる．ここで，(C)重合反応率が高くなるとポリ酢酸ビニルの重合度(分子量)は大きくなるが，ポリ酢酸ビニルを加水分解して誘導されるポリビニルアルコールの重合度はほぼ一定である．連鎖移動反応で生成するポリ酢酸ビニルの分岐の数は，重合度の数%以下にすぎない．さらに高度に分岐した構造をもつ高分子として，(D)ハイパーブランチ高分子やデンドリマーが知られている．

ポリビニルアルコールをさらにホルムアルデヒドと反応させると[①]が，ブチルアルデヒドと反応させるとポリビニルブチラールが得られる．ポリ酢酸ビニルは接着剤や塗料などの用途に，ポリビニルアルコールは紙加工剤，接着剤，[②]として利用されている．[①]は強度や耐摩耗性に優れた繊維となる．一方，ポリビニルブチラールは透明性や[③]に優れ，自動車用の安全ガラス(フロントガラス)の中間膜などに利用されている．

酢酸ビニルをエチレンと共重合すると，柔軟性に優れたエチレン－酢酸ビニル共重合体が得られ，接着剤，紙容器類のコーティング材，人工芝に利用されている．また，ポリ酢酸ビニルを部分的に加水分解すると，ビニルアルコール－酢酸ビニル共重合体が得られ，(E)未反応の酢酸ビニル単位の量が増加するほど共重合体の融点が低下する．

(1) 空欄[①]～[③]に当てはまる語句を答えなさい．
(2) 下線部(A)の反応には$PdCl_2$と$CuCl_2$が用いられ，反応式は次のように表される．この反応における$PdCl_2$および$CuCl_2$の役割を説明しなさい．説明のために必要な反応式も示すこと．

$$2CH_2=CH_2+O_2 \xrightarrow{PdCl_2/CuCl_2} 2CH_3CHO$$

(3) 下線部(B)の短鎖分岐が生成する反応式を示しなさい．
(4) 下線部(C)に示す現象が観察される理由を，生成高分子の分岐構造と関連づけて説明しなさい．
(5) 下線部(D)に示すハイパーブランチ高分子やデンドリマーの構造や合成方法の違いを説明しなさい．
(6) 下線部(E)の結果が得られる理由を説明しなさい．

[総合問題10] 次の文章を読み，以下の問に答えなさい．

高分子の分子量や分子量分布は，重合の反応機構によって異なる特徴を示す．ラジカル重合では，連鎖移動反応が無視できる場合，生成高分子の数平均重合度DP_nは，重合速度R_pと開始速度R_iの比あるいはR_pと停止速度R_tの比で表され，$DP_n = R_p/R_i = R_p/R_t$ = [①] となる．ここで，[M]および[I]はそれぞれモノマー濃度および開始剤濃度，k_d，k_p，k_tは，それぞれ開始剤の分解反応，成長反応，停止反応の速度定数，fは開始剤効率である．この式は，DP_nがモノマー濃度の [②] 次に，開始剤濃度の [③] 次に比例することを示す．一方，重縮合では，反応過程で生成するオリゴマーや高分子がモノマーと同じ反応性を示し，環状高分子を生成しないと仮定すると，生成高分子のDP_nは，反応前の分子数N_0と反応後の分子数Nの比で表され，反応率をpとすると$DP_n = N_0/N$ = [④] が得られる．重縮合で1000量体を得るには反応率が [⑤] に達する必要がある．また，高分子の多分散度は，$M_w/M_n = 1 + p$で表され，pが1に近づくと最も確からしい分布の高分子が生成し，M_w/M_nの値は2に近づく．

連鎖重合の中で，連鎖移動反応や停止反応が起こらず，開始と成長反応のみが起こるものをリビング重合と呼び，成長反応に比べて開始反応が十分速いと，リビング重合で生成する高分子のDP_nは[M]，[I]ならびにpを用いて [⑥] のように表せる．高分子の分子量分布はポアソン分布に従い，DPが十分大きいとM_w/M_nの値は [⑦] に近づく．

(1) 例にならって，ラジカル重合の開始反応と停止反応を書きなさい．上記の文章にない記号はそれぞれ定義すること．

【例】 成長反応：$P\cdot + M \xrightarrow{k_p} P\cdot$

ここで，P・は成長ラジカル，Mはモノマーである．

(2) 空欄 [①]～[⑦] に当てはまる式や数値を答えなさい．

(3) 重縮合とリビング重合で生成する高分子の反応率pと数平均重合度DP_nの関係を，例にならってそれぞれ図に示しなさい．

【例：通常のラジカル重合】

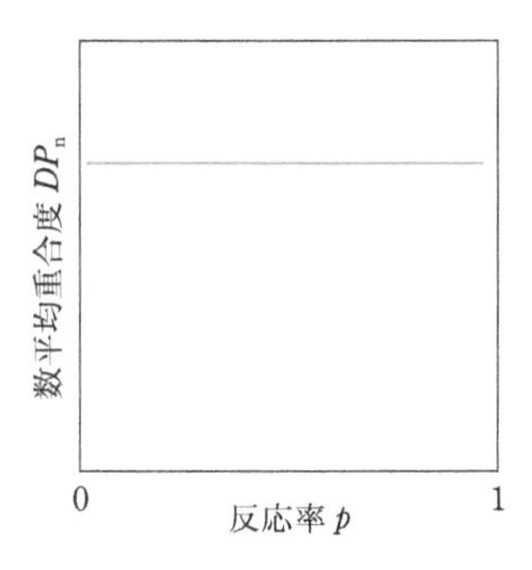

[総合問題11]

以下に示す反応式の A ～ E に当てはまる高分子化合物とそれらを生成する反応について，以下の問に答えなさい．

ε-カプロラクタム —開環重合→ A

テレフタル酸ジクロリド ＋ 1,4-フェニレンジアミン —重縮合→ B

酢酸ビニル —ラジカル重合→ C —加水分解→ D —アセタール化→ E

(1) A，BおよびDの高分子について，それぞれ繰り返し単位の化学構造式を示しなさい．また，それらの名称をそれぞれ答えなさい．
(2) Cは分岐構造を含む．Cの分岐生成過程について，反応式を用いて説明しなさい．
(3) Dは対応するビニルモノマーから直接合成することができない．その理由を説明しなさい．
(4) DからEへの反応によって，高分子化合物の性質がどのように変化するかを述べなさい．
(5) 高分子化合物A～Cを，結晶性高分子と非晶高分子に分類しなさい．
(6) これら高分子化合物のうち，Bは最も高い融点を示す．その理由を述べなさい．

[総合問題12]

スチレンの重合に関する以下の問に答えなさい．
(1) 開始剤として過酸化ベンゾイルを用いたスチレンの重合の開始反応を化学反応式で示しなさい．
(2) 開始剤として過酸化ベンゾイルを用いたスチレンの重合の停止反応を化学反応式で示しなさい．
(3) 開始剤として過酸化ベンゾイルを用いたスチレンの重合に四塩化炭素を加えた場合に起こる連鎖移動反応を化学反応式で示しなさい．また，生成するポリスチレンの数平均重合度DP_nは，連鎖移動定数C_{tr}，モノマー濃度[St]，四塩化炭素濃度$[CCl_4]$とどのような関係があるか，式で示しなさい．
(4) 開始剤として*sec*-ブチルリチウムを用いたスチレンのリビングアニオン重合をトルエン中で行ったとき，重合中の溶液は赤色を呈し，メタノールを加えると無色透明に変化した．この変化を，起こっている反応に基づいて説明しなさい．
(5) 開始剤として*sec*-ブチルリチウム(0.500 mmolを使用)を用いたスチレン(150 mmolを使用)のリビングアニオン重合を反応率70.0%で反応を停止したときに予想されるポリスチレンの分子量を求めなさい．スチレンの分子量を104とする．また，開始末端の分子量は無視してよい．
(6) 開始剤として*sec*-ブチルリチウムを用いたスチレンとブタジエンのリビングアニオン重合を利用して熱可塑性エラストマーを合成したい．ポリスチレンとポリブタジエンのABA型トリブロック共重合体を合成するために，$(CH_3)_2SiCl_2$を重合停止剤として用いる場合の具体的な反応の手順(モノマーおよび停止剤添加の順番)を簡潔に説明しなさい．
(7) 配位重合によりスチレンを重合するとイソタクチックポリスチレンやシンジオタクチックポリスチレンが生成する．これらの立体規則性高分子の立体構造をそれぞれ三連子(トリアッド)で示し，さらに物性の相違点を説明しなさい．
(8) スチレンとメタクリル酸メチルの1：1混合物(モル比)に，二塩化スズ/水あるいは臭化フェニルマグネシウムをそれぞれ加えたときにどのような構造の高分子が生成するかを理由とともに述べなさい．

[総合問題13]

次の文章を読み，以下の問に答えなさい．

合成樹脂は熱的性質により熱可塑性樹脂と熱硬化性樹脂に分類される．代表的な熱可塑性樹脂として，ポリエチレン，ポリプロピレン，ポリ塩化ビニル，ポリスチレンがあげられる．いずれも熱を加えることにより流動性を示す．一方，熱硬化性樹脂を加熱すると三次元網目構造をもつ硬化物が生成する．硬化物をさらに加熱しても高分子は流動性を示さない．代表的な熱硬化性樹脂として，フェノール樹脂やメラミン樹脂，エポキシ樹脂があげられる．

(1) 開始剤として2,2′-アゾビスイソブチロニトリルを用いたスチレンのラジカル重合の開始反応について，反応式で示しなさい．

(2) モノマーとしてスチレンと無水マレイン酸を，開始剤として2,2′－アゾビスイソブチロニトリルを用いてラジカル共重合したときに生成する共重合体の繰り返し単位の化学構造式を示しなさい．

(3) ポリプロピレンは結晶性高分子であり，ポリ塩化ビニルは非晶高分子である．結晶性の違いは，高分子の光学的な性質にどのような影響を及ぼすかを説明しなさい．

(4) 熱可塑性樹脂の成形方法として，プレス成形，押出成形，ブロー成形が利用されている．これら3種類の成形方法の特徴を簡潔に説明しなさい．

(5) 2官能性のエポキシ化合物とジアミンやポリアミンのような硬化剤との反応によって得られるエポキシ樹脂は，接着剤や繊維強化プラスチック(FRP)用のマトリックス樹脂として利用されている．エポキシ樹脂のどのような特性がこれらの用途に生かされているかを答えなさい．

[総合問題14]　次の文章の空欄［①］～［⑤］に当てはまる用語を答え，以下の問に答えなさい．

A：ポリエチレンには，高圧送電用の絶縁被覆材料や白色のレジ袋に用いられる［①］ポリエチレン，半透明のレジ袋に用いられる［②］ポリエチレン，飲料用の紙パックなどのラミネートフィルムに用いられる［③］ポリエチレンの3種類が存在する．

B：ポリ塩化ビニルには，上下水道管などのパイプに利用される［④］ポリ塩化ビニルと，ホースやフィルムなどに使われる［⑤］ポリ塩化ビニルがある．

(1) Aに示した3種類のポリエチレンの合成方法ならびに分岐構造と結晶性の違いについて説明しなさい．

(2) ポリプロピレンは，立体規則性の違いによって結晶性ポリプロピレンと非晶ポリプロピレンに分類できる．結晶性を示すポリプロピレンの立体規則性の名称をすべて答えなさい．

(3) ラジカル重合で合成されたポリスチレンが透明な理由について，一次構造と高次構造の観点から説明しなさい．

(4) Bに示した2種類のポリ塩化ビニルのガラス転移温度を調整するために添加される物質の一般名称を答えなさい．また，用いられている代表的な化合物名を答えなさい．

(5) 次の5種類の高分子について，繰り返し単位の化学構造から融点を推測し，高い順に並べなさい．

$$-\!\left(\mathrm{CH_2-CH_2}\right)_n\!- \qquad \left[\left(\mathrm{CH_2}\right)_5\!-\!\underset{\|}{\mathrm{C}}\!-\!\overset{\mathrm{H}}{\mathrm{N}}\right]_n \qquad \left[\left(\mathrm{CH_2}\right)_{10}\!-\!\underset{\|}{\mathrm{C}}\!-\!\overset{\mathrm{H}}{\mathrm{N}}\right]_n \qquad \left(p\text{-}\mathrm{C_6H_4}\!-\!\mathrm{C(=O)}\!-\!\mathrm{NH}\right)_n \qquad \left(m\text{-}\mathrm{C_6H_4}\!-\!\mathrm{C(=O)}\!-\!\mathrm{NH}\right)_n$$

PE　　PA6　　PA11　　*p*-PPA　　*m*-PPA

[総合問題15]　次の文章を読み，以下の問に答えなさい．

反応によって生成した化学種が，活性な反応体としてさらに次の反応に関わることによって繰り返し起こる反応を連鎖反応という．連鎖反応は，(A)開始反応，成長反応，停止反応の組み合わせによって進行し，連鎖反応によって高分子が生成する反応を連鎖重合という．(B)ラジカル重合は，連鎖重合を利用した高分子合成法の1つである．一方，代表的な逐次重合として(C)重縮合や付加縮合が知られている．(D)エンジニアリングプラスチックの多くは重縮合によって合成されている．合成繊維として使用される(E)ナイロン6，ポリアクリロニトリルおよびポリエチレンテレフタレートの合成には，それぞれアニオン開環重合，ラジカル重合および重縮合が用いられる．

(1) 連鎖重合では，下線部(A)の反応以外に連鎖移動反応が含まれることがある．連鎖移動反応の機構と役割を述べなさい．
(2) 下線部(B)について，国内で大量に(年間50万トン以上)工業生産されている高分子の名称を3種類書きなさい．
(3) 下線部(C)の重縮合で，反応率pが99.9%に達したときの高分子の重合度DP_nを求めなさい．ただし，環状高分子は生成しないものとする．
(4) 下線部(D)のエンジニアリングプラスチックの物性に関する特徴を，汎用プラスチックと対比して説明しなさい．
(5) 下線部(E)の高分子の原料モノマーの化学構造式をそれぞれ記しなさい．ただし，原料は1種類とは限らない．

[総合問題16]

1-ブテン，イソブテン，ブタジエン，無水マレイン酸は，いずれも石油を原料とする炭素数4のモノマーである．これらのモノマーに関する以下の問に答えなさい．

(1) 無水マレイン酸とイソブテンはいずれも単独でラジカル重合しない．その理由をそれぞれ説明しなさい．
(2) 無水マレイン酸とイソブテンをラジカル共重合すると，高分子量の共重合体が容易に生成する．生成する共重合体の繰り返し単位の化学構造式を示しなさい．また，高分子量の共重合体が生成する理由を述べなさい．
(3) 三塩化アルミニウムを触媒に用いてイソブテンの重合を行うとポリイソブテンが生成する．この重合の開始反応における水の役割を説明しなさい．
(4) 1-ブテンとエチレンの共重合によって製造される高分子の名称，構造ならびに特徴を示しなさい．
(5) ポリエチレンやイソタクチックポリプロピレンが結晶性高分子であることと対照的に，ポリイソブテンは室温以下のガラス転移温度をもつ高粘性の液状高分子である．高分子の構造と結晶性の関係を説明しなさい．
(6) 無水マレイン酸は2-ブテンの酸化によって製造されている．同様にイソブテンを酸化して得られるモノマーから製造される高分子の名称と用途の具体例を示しなさい．

[総合問題17]

次の文章を読み，以下の問に答えなさい．

ポリスチレンは，ラジカル重合，アニオン重合，カチオン重合のいずれの方法を用いても合成することができるが，(A)スチレンとメタクリル酸メチルの共重合体を作製する場合には，重合法によって得られる高分子の組成が大きく異なる．また，(B)リビング重合を利用すると，精密に構造制御された高分子を合成することができ，(C)分子量の制御が可能になる．リビング重合によって合成された(D)ブロック共重合体は，固体状態で(E)ミクロ相分離構造と呼ばれる高次構造を形成する．

(1) 下線部(A)について，スチレンとメタクリル酸メチル(モル比1：1)を用いて，ラジカル重合，アニオン重合，カチオン重合で高分子を合成するとき，用いることが適切な開始剤をそれぞれ1種類ずつ示し，どのような高分子が生成するかを理由とともに示しなさい．
(2) 下線部(B)について，リビング重合の定義を書きなさい．
(3) 下線部(C)について，リビング重合で生成する高分子の分子量分布M_w/M_nと数平均重合度DP_nの関係を式で示しなさい．

(4) 下線部(D)について，リビングアニオン重合によってポリスチレンとポリメタクリル酸メチルのブロック共重合体を合成するときには，スチレンを先に重合する必要がある．その理由を述べなさい．
(5) 下線部(E)について，ミクロ相分離構造が形成される理由を述べ，具体的な構造の例を示しなさい．

[総合問題18] 次の文章を読み，以下の問に答えなさい．

ポリエチレンは，エチレンの重合によって合成され，重合法によって物性が異なる．ポリエチレンは(A)高密度ポリエチレンと低密度ポリエチレンに分類され，いずれもプラスチック製品として利用されている．高密度ポリエチレンは [①] 触媒を用いた [②] 重合によって合成される．

(1) 空欄 [①] と [②] に当てはまる語句を答えなさい．
(2) 下線部(A)について，それぞれの分子鎖の分岐構造の差異を示し，結晶性，透明性，強度の高低の違いを答えなさい．

[総合問題19] 次の文章を読み，以下の問に答えなさい．

熱可塑性プラスチックは，汎用プラスチックとエンジニアリングプラスチックに分類することができる．汎用プラスチックは，重量にして全プラスチック生産量の約8割を占め，低価格であるために日用品や包装材料などの一般的用途に用いられる．一方，(A)エンジニアリングプラスチックは，汎用プラスチックと比べて優れた機械的性質や耐熱性をもっている．一般に，エンジニアリングプラスチックは，強度が50 MPa以上，曲げ弾性率が2.4 GPa以上の機械的性質をもち，連続使用温度が100°C以上であることが多い．さらに，エンジニアリングプラスチックのうち，(B)150°C以上の高温でも長時間使用できるものは，スーパーエンジニアリングプラスチックと呼ばれる．

ポリエチレンは，汎用プラスチック生産量の約3割を占め，私たちの日常生活を支える重要なプラスチックの1つである．ポリエチレンは，1930年代に他の化合物の合成反応中に偶然発見され，1940年頃から(C)高圧法による低密度ポリエチレン(LDPE)の生産が始まった．続いて1953年には，ドイツのZieglerの研究によって有機金属触媒による低圧合成法が発見され，LDPEより強度の高い高密度ポリエチレン(HDPE)の製造が始まった．さらに，1970年以降は，1-ブテンや1-オクテンなどを共重合させた直鎖状低密度ポリエチレン(LLDPE)の生産が始まり，1980年にドイツのKaminskyによって発見されたメタロセン触媒による重合方法もポリエチレンの製造に応用された．(D)これら3種類のポリエチレンはそれぞれ特徴ある分岐構造をもっている．表に示す物理的性質の比較から明らかなように，(E)各ポリエチレンの密度，融点，引張り弾性率はそれぞれ異なることがわかる．

3種類のポリエチレンの物理的性質の比較

名称	略号	密度 (kg cm^{-3})	融点 (°C)	引張り弾性率 (MPa)
低密度ポリエチレン	LDPE	910～925	107～120	180～270
直鎖状低密度ポリエチレン	LLDPE	918～940	122～124	260～520
高密度ポリエチレン	HDPE	941～965	120～140	590～1270

(1) 次の(ア)～(カ)に示す高分子材料の中から，下線部(A)のエンジニアリングプラスチックに相当するものを選びなさい．また，選んだプラスチックの中で，下線

部(B)のスーパーエンジニアリングプラスチックに相当するものを答えなさい.
[(ア) ポリイミド, (イ) ポリ塩化ビニル, (ウ) ポリウレタン, (エ) ポリカーボネート, (オ) ポリ酢酸ビニル, (カ) ポリメタクリル酸メチル]

(2) 下線部(C)の低密度ポリエチレン合成のための重合反応中に起こるバックバイティングについて説明しなさい.

(3) 下線部(D)に関して, LDPE, LLDPEおよびHDPEの分岐構造を, 違いがわかるようにそれぞれ図示しなさい.

(4) 下線部(E)に関して, LDPE, LLDPEおよびHDPEの物理的性質に違いが生じる理由を説明しなさい.

(5) ポリエチレンを酸化すると主鎖の一部にカルボニル基を含む高分子が生成し, この高分子は光劣化しやすいことが知られている. この光劣化反応について反応式を用いて説明しなさい.

[総合問題20] ポリエチレンは, ラジカル重合で合成した場合と配位重合で合成した場合で, 得られる高分子の構造や物性が異なる. それぞれの特徴を説明しなさい.

[総合問題21] 次に示す(i)～(iii)の高分子合成反応について, 以下の問に答えなさい.

(i) OH + A ⟶ フェノール樹脂

(ii) Cl, O, O, Cl + H_2N—⟨benzene⟩—NH_2 ⟶ B

(iii) OCN, NCO (C) + H_2N, NH_2 (D) ⟶ E

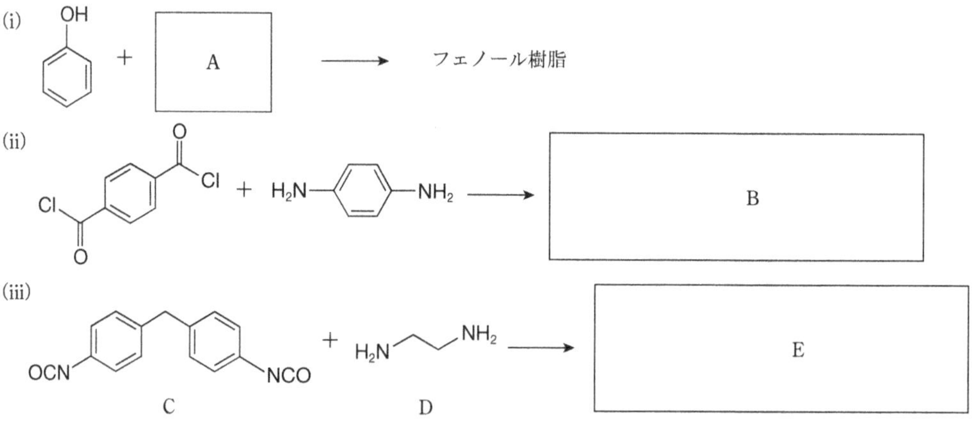

(1) 低分子化合物Aならびに生成する高分子BとEの化学構造式をそれぞれ示しなさい. ただし, 高分子の化学構造式において, 末端基は無視してかまわない.

(2) モノマーCとモノマーDの重付加を行う際に, これらのモノマーを等モルで混合し, 反応率が0.95の場合に生成する高分子の数平均重合度を答えなさい. ただし, 環状化合物は生成しないこととする.

(3) モノマーCとモノマーDの重付加を行う際に, 片方のモノマーを1%過剰に用いた場合, 生成する高分子が到達できる最高の平均重合度を答えなさい. ただし, 環状化合物は生成しないものとする.

[総合問題22] 高分子合成に関する以下の問に答えなさい.

(1) エチレンの高温・高圧条件下におけるラジカル重合から低密度ポリエチレンが得られる. このポリエチレンに含まれるブチル基やエチル基分岐の生成の反応機構を示しなさい.

(2) リビングラジカル重合は, 一般的なフリーラジカル重合の反応機構と比べて, どのような点が異なるかを説明しなさい.

(3) イソブテンのカチオン重合を行ったところ, 重合速度は予想どおりであったが, 生成高分子の分子量は用いた開始剤とモノマーのモル比から予想される値より低いものとなった．重合中に起こっている反応を説明しなさい．

(4) ポリジメチルシロキサンを合成するためには，重合方法が異なる2種類の合成経路が知られている．それらの反応式を示し，狭い分子量分布をもつ高分子を合成するためには，どちらが適しているかを理由とともに答えなさい．

[総合問題23] 高分子合成に関する以下の問に答えなさい．

(1) 以下の高分子A～Dの原料となる環状モノマーの化学構造式をそれぞれ1つずつ示しなさい．

A: $-[C(=O)-(CH_2)_5-NH]_n-$

B: $-[N(C(=O)CH_3)-CH_2-CH_2]_n-$

C: $-[O-(CH_2)_2-O-CH_2]_n-$

D: $-[CH=CH-(CH_2)_2]_n-$

(2) ジビニルベンゼンで架橋したポリスチレンを化学修飾することにより，さまざまな用途に用いることができる．以下の①～③の用途に用いる高分子を合成するための化学修飾の方法を，必要な試薬とともに示しなさい．

①：Merrifield法によるペプチドの固相合成用樹脂

②：ナトリウムイオンやカリウムイオンを吸着する強酸性陽イオン交換樹脂

③：塩化物イオンや臭化物イオンを吸着する強塩基性陰イオン交換樹脂

(3) $SnCl_4$と水を用いるスチレンのカチオン重合では，大きな分子量のポリスチレンを得ることが難しい．その理由について，化学構造式を用いて説明しなさい．

(4) 次の語句についてそれぞれ50字程度で説明しなさい．

① Q値とe値，② 天井温度，③ 不均化，④ ノボラック

[総合問題24] 次のA～Eの重合反応について，以下の問に答えなさい．

A：過酸化ベンゾイル(BPO)によるスチレンの重合

B：減圧下，250℃におけるジフェニルカーボネートとビスフェノールAの重合

C：微量の水存在下，三フッ化ホウ素ジエチルエーテル錯体によるイソブテンの重合

D：トルエン中，−78℃での*tert*-C_4H_9MgBrによるメタクリル酸メチルの重合

E：$TiCl_3-Al(C_2H_5)_3$によるプロピレンの重合

(1) A～Eの重合によって生成する高分子の化学構造式を示しなさい．また，それぞれの重合について，次の反応機構から最も適切なものを選びなさい．

[**反応機構**：ラジカル重合，アニオン重合，カチオン重合，配位重合，重縮合，重付加]

(2) Aの重合で得られるポリスチレンの多分散度M_w/M_nは1.5～2付近の値である．一方，開始剤としてナトリウムとナフタレンを用いてスチレンを重合すると，分子量分布の狭いポリスチレンが得られる．この狭いポリスチレンが得られる重合の開始反応を書き，分子量分布が狭くなる理由を述べなさい．

(3) Bの重合が進行し，官能基の反応率が99%のときの生成高分子の数平均重合度DP_nを求めなさい．また，この重合が十分に進行したときのM_w/M_nはどのような値となるかを答えなさい．

(4) Cの重合を低温で行うと，生成高分子の重合度が大きくなる．その理由を説明しなさい．

(5) A，D，Eの重合でそれぞれ得られる高分子の立体規則性はどのようなものであるかを，次の語群の中から選びなさい．

[**語群**：アタクチック，イソタクチック，シンジオタクチック，ヘテロタクチック]

[総合問題25]　ポリスチレン(Aブロック)とポリブタジエン(Bブロック)からなるABA型トリブロック共重合体は，熱可塑性エラストマーとして知られている．以下の問に答えなさい．

(1) 上記のABA型トリブロック共重合体をアニオン重合で合成する反応経路を書きなさい．

(2) 上記のABA型トリブロック共重合体が熱可塑性エラストマーとしての性質を示す理由を説明しなさい．

[総合問題26]　重合に関する以下の問に答えなさい．

(1) 過酸化ベンゾイルを開始剤とするスチレンのラジカル重合の開始反応，成長反応，停止反応を反応式で示しなさい．

(2) (1)の重合系に，1-ドデカンチオールを連鎖移動剤として加えたときに起こる連鎖移動反応を反応式で示しなさい．

(3) ブタジエン，α-シアノアクリル酸メチル，メタクリル酸メチルをアニオン重合性の高いものから順に並べ，その順番になる理由を説明しなさい．

(4) ナトリウム/ナフタレンを開始剤としてスチレンを重合した後，エチレンオキシドを加えて開環重合し，最後に酢酸を加えたときの生成高分子の化学構造式を書きなさい．ただし，末端基構造も含めて示すこと．

(5) イソフタル酸ジクロリド(M_1)と4,4′-オキシジアニリン(M_2)の重縮合を，塩化リチウムを含む*N,N*-ジメチルアセトアミド中で行った．このとき，M_1とM_2を等モル用いて重合した場合に，数平均重合度が50に達する反応率を求めなさい．

塩化リチウム
N,N-ジメチルアセトアミド

(6) (5)に示した反応で，M_1をM_2に対して1%過剰に用い，M_2の反応率が0.99の場合に生成する高分子の数平均分子量を求めなさい．

[総合問題27]　次の(i)～(vi)の重合反応に関して，以下の問に答えなさい．

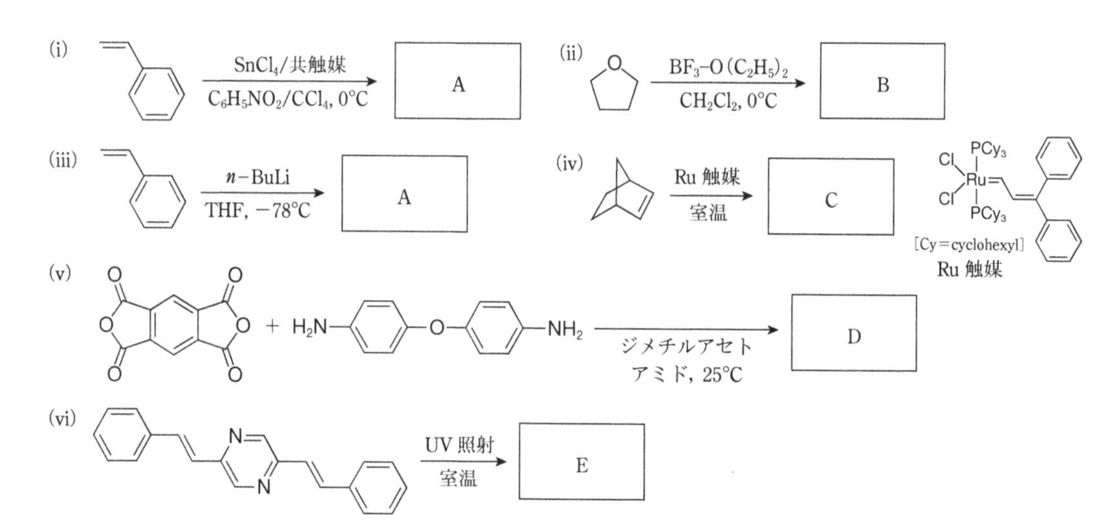

(1) 空欄 A ～ E に当てはまる高分子の化学構造式をそれぞれ示しなさい．

(2) (ii)，(iii)，(iv)の重合反応における成長末端の構造を化学構造式でそれぞれ示しなさい．

(3) (i), (ii), (v), (vi)の重合反応のモノマーの反応率と生成高分子の分子量の関係は，図に示したタイプI〜タイプIIIのいずれに近いものとなるかをそれぞれ答えなさい.

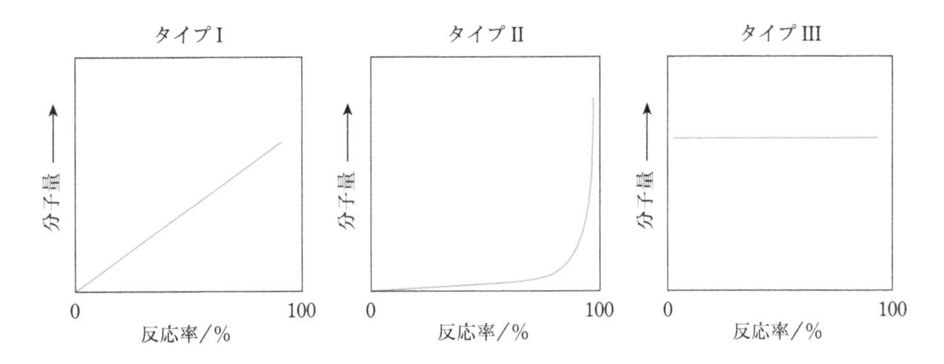

(4) (v)の重合反応で得られる高分子Dを高温で加熱すると，耐熱性高分子に変化する．この耐熱性高分子の化学構造式を示しなさい.

[総合問題28] 次のA〜Eの高分子に関して，以下の問に答えなさい.

A　B　C　D　E

(1) アニオン重合で高分子Aを合成する場合と，ラジカル重合で高分子Bを合成する場合に，最も適切な開始剤を次の化合物F〜Jの中からそれぞれ1つずつ選びなさい.

F: $(CH_3)_3COLi$　G: $(CH_3)_3CLi$　H: $(CH_3)_3C{-}C(=O){-}O{-}O{-}C(=O){-}C(CH_3)_3$　I: $(CH_3)_3C{-}O{-}O{-}C(CH_3)_3$　J: $(CH_3)_3CCl + AlCl_3$

(2) 高分子Cはビニルアルコールから直接合成することができないが，別のモノマーKをラジカル重合して得られる高分子を，さらに高分子反応することによって合成される．モノマーKとして適切な化合物を1つあげ，その名称と化学構造式を示しなさい.

(3) 高分子Dと高分子Eは，それぞれ次の特徴をもつ開環重合によって合成される．高分子Dと高分子Eを合成するための開環重合に用いるモノマーの名称と化学構造式をそれぞれ示しなさい.

高分子D：6員環化合物の開環重合
高分子E：炭素原子数が7の炭化水素環状化合物のオレフィンメタセシス反応による開環重合

[総合問題29] 高分子合成に関する以下の問に答えなさい.

(1) フェノール樹脂は，フェノールとホルムアルデヒド間の付加反応と縮合反応の繰り返しで合成される．アルカリ性と酸性の条件でそれぞれ異なる構造のフェノール樹脂が形成される．それらの生成過程を説明しなさい.

(2) リビングラジカル重合を反応機構で分類すると，大きく3つに分けられる．そのうちの1つについて重合方法を説明しなさい.

(3) レドックス系開始剤の例を具体的に1つあげなさい．また，レドックス系開始剤を用いる際の利点を述べなさい．

［総合問題30］ 以下に示す反応式の空欄 A ～ E に，それぞれ適切な高分子の化学構造式を書きなさい．

(i) 1) NaOH 2) H^+ → A

(ii) グラブス触媒 室温 → B

(iii) O O O O + H_2N—O—NH_2 室温 →

C $-H_2O$ 300°C → D

(iv) OH $CuCl/O_2$ → E

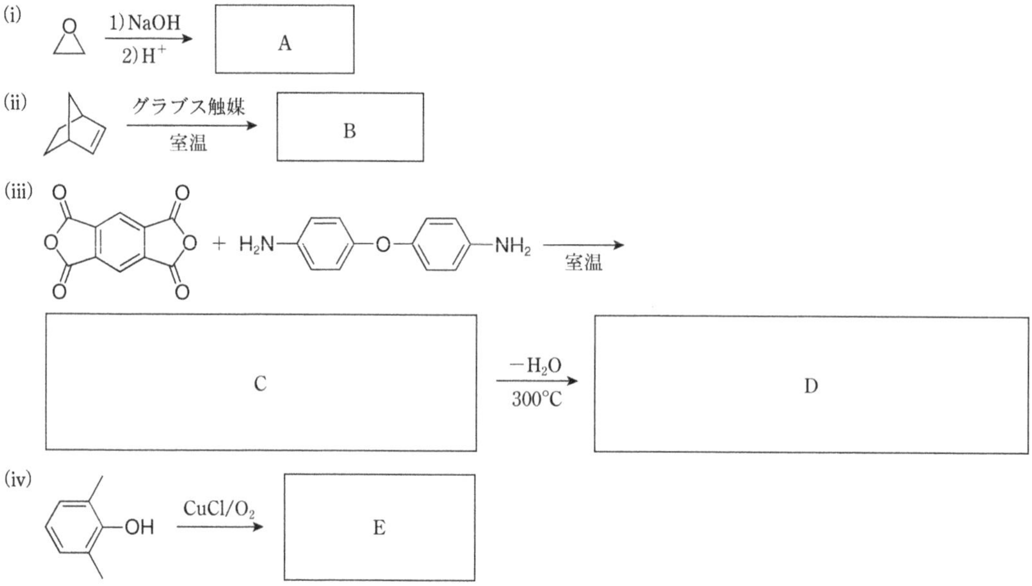

［総合問題31］ 以下に示す反応式の空欄 A ～ I にそれぞれ適切なモノマーの化学構造式を書きなさい．

(i) A グラブス触媒 脱エチレン → C_8H_{17} C_8H_{17} n

(ii) B 過酸化ベンゾイル → Cl n

(iii) C H_2SO_4 → O O n

(iv) D + E 脱フェノール → O O O n

(v) F + G → ポリマー(中間体)

脱水 300°C → O O N N O O O n

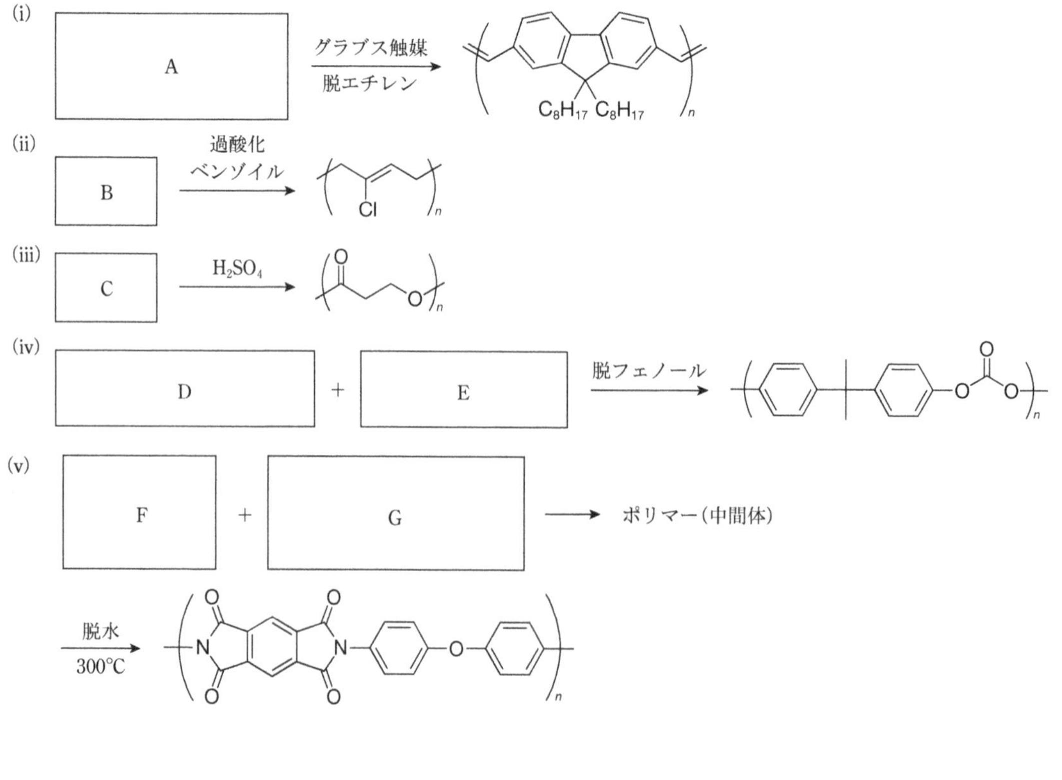

(vi) H —($-N_2$ クルチウス転移)→ I —(H_2N〜〜NH_2)→ （生成物構造：H, N, O, O, N, H, N, H, H, N, n）

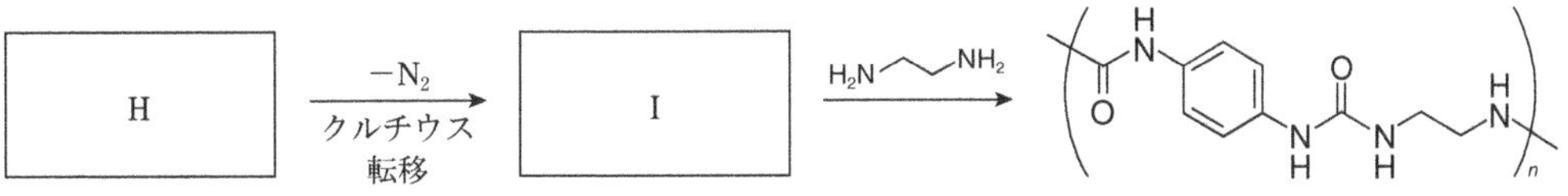

[総合問題32] 以下に示す反応式の空欄 A 〜 H にそれぞれ適切なモノマーあるいは原料の化学構造式を書きなさい.

(i) A + B（炭素数2の化合物）—重付加→ （生成物構造：O, OH, O, OH, H, N, N, H, n）

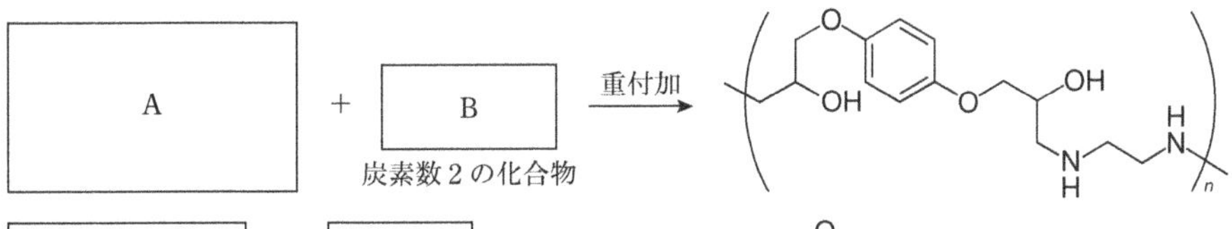

(ii) C + D（炭素数6の化合物）—重付加→ （生成物構造：O, O, n）

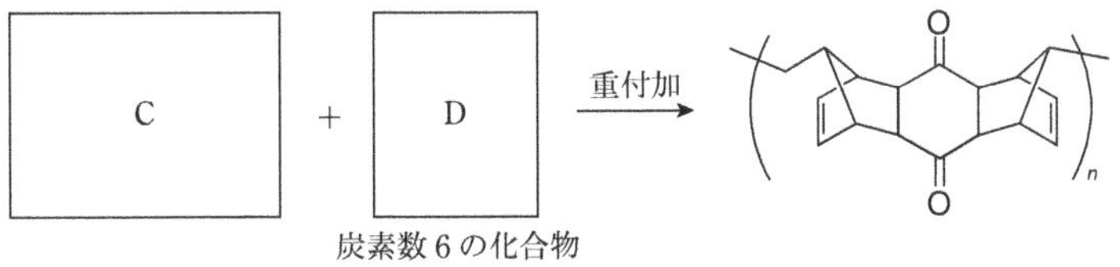

(iii) E（6員環化合物）—開環重合→ （生成物構造：O, O, n）

(iv) F（5員環化合物）—開環重合→ （生成物構造：N, O, n）

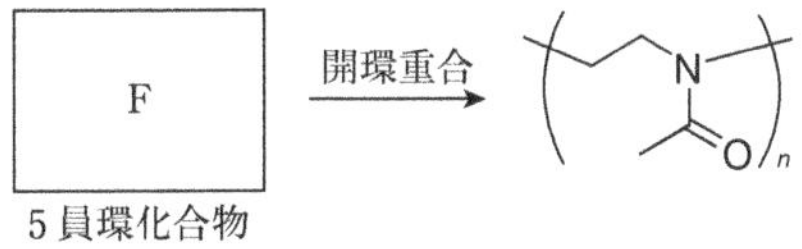

(v) G —（フラン／ディールズ・アルダー付加）→ H（1:1付加体）—開環メタセシス重合→ （生成物構造：O, O, O, O, n）

G —（スチレン／ラジカル共重合）→ 交互共重合体

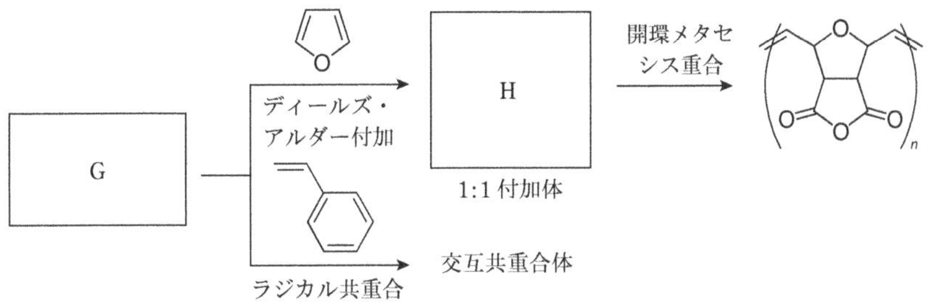

[総合問題33] 以下に示す反応式の空欄 A 〜 D にそれぞれ適切なモノマーの化学構造式を書きなさい.

(i) A + HO〜〜OH → （生成物構造：O, N, H, O, N, H, O, O, n）

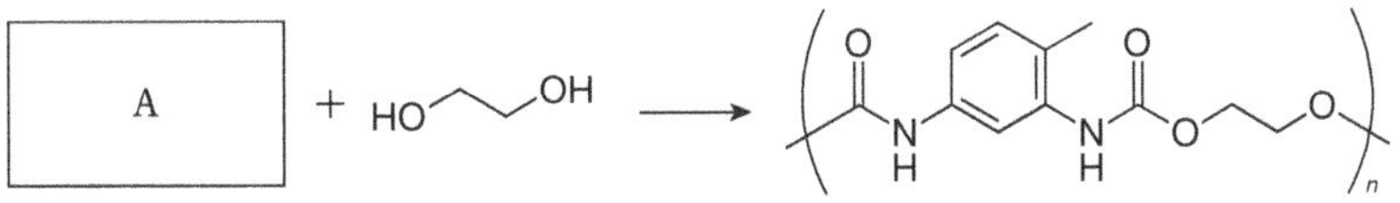

(ii) B + アニリン（NH_2）→ （生成物構造：OH, O, N, OH, O, n）

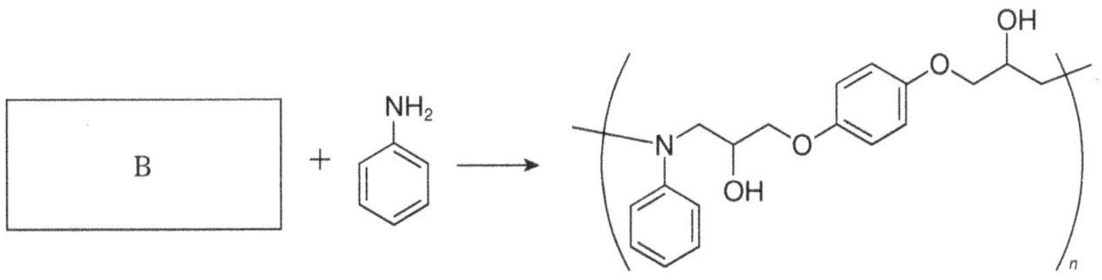

(iii) C + D —($-C_6H_5OH$)→ （生成物構造：O, O, O, n）

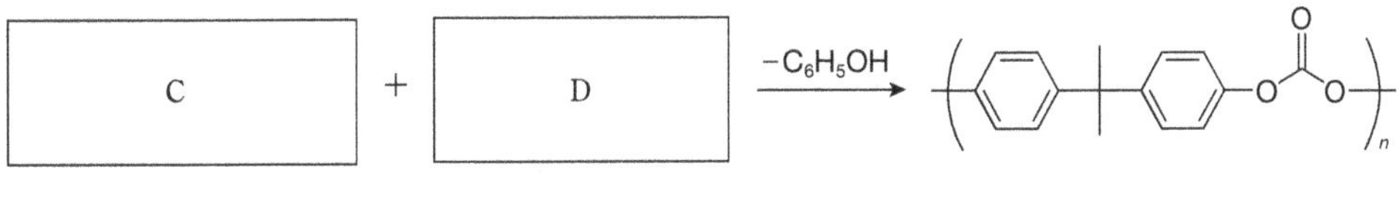

[総合問題34] 以下に示す反応式の空欄 A ～ E にそれぞれ適切な化学構造式を書きなさい.

(i) (ナフタレン) + Na →(THF) [A] →(スチレン, THF) [B]

2 [B] → [C] →(スチレン(過剰), THF) ポリスチレン

(ii) OCN—C₆H₄—CH₂—C₆H₄—NCO + HO—CH₂CH₂—OH → [D]

(iii) $CH_2=C(CH_3)COOCH_3$ →(過酸化ベンゾイル, 加熱) [E]

[総合問題35] 以下に示す反応式の空欄 A ～ F にそれぞれ適切な化学構造式を書きなさい.

(i) [A] + [B] →(重付加) $\left[NH-(CH_2)_6-NH-C(=O)-O-(CH_2)_2-O-C(=O) \right]_n$

(ii) HO—C₆H₄—C(CH₃)₂—C₆H₄—OH + [C] →(脱フェノール) $\left[C_6H_4-C(CH_3)_2-C_6H_4-O-C(=O)-O \right]_n$

(iii) n-Bu$\left(CH_2-CH(C_6H_5) \right)_{n-1}$—$CH_2-\overset{\ominus}{C}H(C_6H_5)\ \overset{\oplus}{Li}$ →([D]) →(H_3O^+) n-Bu$\left(CH_2-CH(C_6H_5) \right)_n$—$CH_2-CH_2-OH$

(iv) [E] →(連鎖重合) $\left[CH_2-CH(CH_3)-O \right]_n$

(v) (ジシクロペンタジエン) →(1)開環メタセシス重合, 2)二重結合への水素添加) [F]

[総合問題36] 以下に示す反応式の空欄 A ～ H にそれぞれ適切な化学構造式を書きなさい.

(i) A $\xrightarrow[\text{加熱}]{NaOH}$ $-\!\!\left(C(=O)-(CH_2)_5-N(H)\right)\!\!-_n$

(ii) B $\xrightarrow{H^+}$ $-\!\!\left(CH_2-CH_2-O\right)\!\!-_n$

(iii) C ＋ D $\xrightarrow{K_2CO_3}$ $-\!\!\left(C_6H_4-C(=O)-C_6H_4-O-C_6H_4-O\right)\!\!-_n$

(iv) E ＋ F $\xrightarrow{AlCl_3}$ $-\!\!\left(C(=O)-C_6H_4-C(=O)-C_6H_4-O-C_6H_4\right)\!\!-_n$

(v) G ＋ H $\xrightarrow[\text{加熱 200～300°C}]{\text{脱フェノール}}$ $-\!\!\left(C_6H_4-C(CH_3)_2-C_6H_4-O-C(=O)-O\right)\!\!-_n$

[総合問題37] 以下に示す反応式の空欄 A ～ D にそれぞれ適切な化学構造式を書きなさい.

(i) $C_6H_5C(=O)-O-O-C(=O)C_6H_5$ ＋ $C_6H_5N(CH_3)_2$ ⟶ A（ラジカル）＋ B（対アニオン）＋ $C_6H_5\dot{N}H(CH_3)_2^{\oplus}$

A ＋ $CH_2=CH-C_6H_5$ ⟶ ポリマー

(ii) $CH_2=CH-OCH_3$ ＋ HCl ⟶ C $\xrightarrow{ZnCl_2}$ D ＋ $^{\ominus}ZnCl_3$（対アニオン）

D ＋ $CH_2=CH-OCH_3$ ⟶ ポリマー

[総合問題38]　以下に示す反応式の空欄 A ～ D にそれぞれ適切な化学構造式を書きなさい.

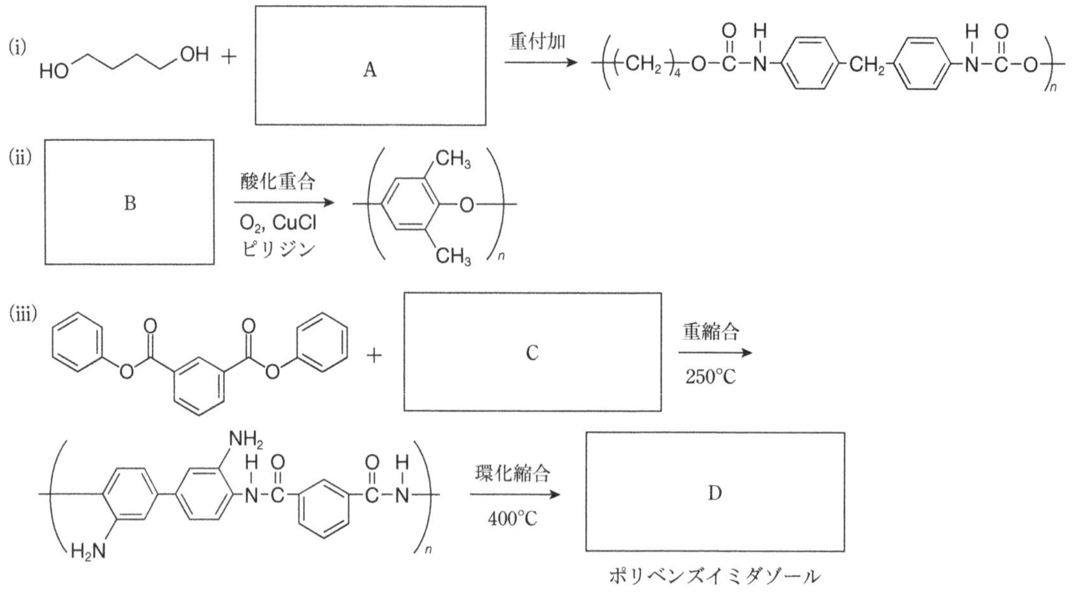

(i) HO～～OH ＋ A $\xrightarrow{\text{重付加}}$ $-\!\!\left[(CH_2)_4-O-\overset{O}{\overset{\|}{C}}-\overset{H}{\overset{|}{N}}-C_6H_4-CH_2-C_6H_4-\overset{H}{\overset{|}{N}}-\overset{O}{\overset{\|}{C}}-O\right]_n\!\!-$

(ii) B $\xrightarrow[\text{O}_2\text{, CuCl ピリジン}]{\text{酸化重合}}$ （CH_3, CH_3 置換ベンゼン環–O–）$_n$

(iii) イソフタル酸ジフェニル ＋ C $\xrightarrow[250°C]{\text{重縮合}}$

（NH_2, H_2N 置換ビフェニル–N(H)–C(=O)–ベンゼン環–C(=O)–N(H)–）$_n$ $\xrightarrow[400°C]{\text{環化縮合}}$ D

ポリベンズイミダゾール

第 5 章　高分子の高次構造

[教科書の目次]

[第 5 章で押さえておきたいこと]

・高分子は溶液中や非晶状態でどのような形態(コンホメーション)をとるのか
・固体状態にある高分子は，その分子構造や立体的要因に応じて，結晶性高分子と非晶高分子に分類されること
・それぞれの集合構造や集合形態の解析に必要な分析手法
・高分子を材料化するための成形加工

前章までで学んだ手法により合成された高分子が，溶液中や固体状態でどのような形態をとるのかを定量的に解き明かすのが本章の目的である．いくつかの数式が登場するが，意味を考えれば理解できないほど難解なものではないので，自ら数式を紙に書いて理解を深めてもらいたい．

5.1　溶液，融体，非晶の構造

ポイント
- 高分子の理想鎖と実在鎖(高分子鎖のモデル)
- 末端間距離と回転半径の定義と相互の関係
- 溶液中での高分子鎖の広がり
- 良溶媒，シータ溶媒，貧溶媒，第２ビリアル係数
- 混合，溶解，相分離

[例題5.1]
教科書p.147－148，p.188の演習問題5.1

線状高分子の主鎖がC−C結合でできているとき，高分子は糸まり(ランダムコイル)の形態をとり，図に示す結合長b，結合角θ，および内部回転角ϕの3種類のパラメータで構造が決まる．図の$\mathbf{b}_i$はi番目の炭素から$i+1$番目の炭素までのベクトルを示す．ここで，θは一定値($\theta=109.5°$)をとるものとし，ϕは0°から180°までの任意の値をとるとき，分子鎖末端の統計的平均量である二乗平均末端間距離$\langle r^2\rangle$は結合数nを用いて次の式で表される．

$$\langle r^2\rangle = nb^2\frac{1-\cos\theta}{1+\cos\theta}$$

まず$\langle r^2\rangle$を定義し，そこから上の式を誘導しなさい．また，θが任意の値をとるとき，$\langle r^2\rangle$はどのように表されるかを式で示して説明しなさい．

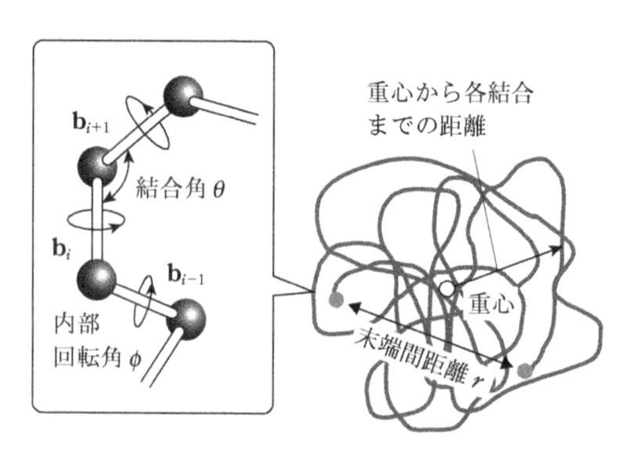

[解答]

$\langle r^2\rangle$は次のように定義される．

$$\langle r^2\rangle = \langle \mathbf{r}\cdot\mathbf{r}\rangle = \sum_{i=1}^{n}\langle \mathbf{b}_i{}^2\rangle + 2\sum_{i<j}\sum\langle \mathbf{b}_i\cdot\mathbf{b}_j\rangle$$

この式を変形すると，

$$\langle r^2\rangle = nb^2\frac{1-\cos\theta}{1+\cos\theta}$$

の関係が得られる．この式で表される鎖は自由回転鎖と呼ばれる．この式に，結合角$\theta=109.5°$，すなわち$\cos(109.5°)=-1/3$を導入すると，

$$\langle r^2\rangle = nb^2\frac{1-\cos\theta}{1+\cos\theta} = 2nb^2$$

の関係が得られる．

また，内部回転角に束縛条件を加えると，

$$\langle r^2 \rangle = nb^2 \frac{1-\cos\theta}{1+\cos\theta} \cdot \frac{1+\langle \cos\phi \rangle}{1-\langle \cos\phi \rangle}$$

が得られる．ここで，$\langle \cos\theta \rangle$ は $\cos\theta$ の統計平均を示している．θ を任意の値とすると，θ の平均値は $0°$ から $180°$ までの平均値である $90°$ とみなすことができるので，この場合には $\langle \cos\theta \rangle = 0$ となり，最終的に次の式が得られる．

$$\langle r^2 \rangle = nb^2$$

この式で表される鎖は自由連結鎖と呼ばれ，仮想的なモデルの 1 つである．

[例題5.2]
教科書p.147－151

次の文章の空欄［ ① ］～［ ④ ］に当てはまる語句を，下の語群から選びなさい．

多くの原子が結合してできている高分子の自由度は大きく，溶液中でさまざまな形態をとり，高分子の広がりを議論するために，二乗平均末端間距離 $\langle r^2 \rangle$ や二乗平均回転半径 $\langle s^2 \rangle$ が用いられる．重合度（分子量）が十分大きいアタクチックポリスチレン鎖の $\langle s^2 \rangle$ の結合数 n の溶媒依存性や温度依存性を調べると，34.5℃のシクロヘキサン中でポリスチレン鎖の $\langle s^2 \rangle/n$ の値は n に依存せず，一定の値となることがわかる．一方，ポリスチレンの良溶媒であるトルエン中では，n の増加にともない $\langle s^2 \rangle/n$ は［ ① ］する．この実験結果より，ポリスチレン鎖は［ ② ］中においてシータ状態となっており，見かけ上遠隔相互作用が働かない［ ③ ］鎖としてふるまうことがわかる．また，$\langle r^2 \rangle$ は n や b^2 と比例関係にあり，$\langle r^2 \rangle = C_\infty nb^2$ と表される．ここで，b は結合長である．比例係数 C_∞ は［ ④ ］と呼ばれ，それぞれ繰り返し単位の化学構造によって決まる高分子鎖の性質を反映するパラメータである．実測した $\langle s^2 \rangle$ から C_∞ の値を見積もることができ，ポリスチレンの C_∞ の値は約11であり，ポリエチレンに対する値6.7に比べて大きい値となる．このことから，ポリスチレンはポリエチレンに比べて置換基の［ ⑤ ］が大きいため，溶液中でより広がった構造をとっていることがわかる．ここで，$\langle s^2 \rangle$ と $\langle r^2 \rangle$ の間には，$\langle s^2 \rangle = \langle r^2 \rangle/6$ の関係がある．

［**語群**：減少，シクロヘキサン，実在，振動，摂動，増加，第 2 ビリアル係数，特性比，トルエン，排除体積パラメータ，膨張因子，メタノール，理想，立体障害，臨界］

[解答]

① 増加，② シクロヘキサン，③ 理想，④ 特性比，⑤ 立体障害

（補足説明）二乗平均末端間距離を表す略号として $\langle r^2 \rangle$ や $\langle R^2 \rangle$ が用いられる．同様に，二乗平均回転半径を表す略号として $\langle s^2 \rangle$，$\langle S^2 \rangle$，あるいは $R_g{}^2$ が用いられる．本書では主に $\langle r^2 \rangle$ や $\langle s^2 \rangle$ を用いている．

基本問題

[基本問題5.1]
教科書p.148－149

高分子の理想鎖の大きさを表すパラメータとして，末端間距離や回転半径の二乗平均である二乗平均末端間距離 $\langle r^2 \rangle$ および二乗平均回転半径 $\langle s^2 \rangle$ が用いられる．結合長が 0.15 nm，結合数が 10^4 である高分子について，次の①～⑤に示す値を計算しなさい．計算に用いた式も示すこと．

① 自由連結鎖の末端間距離 $\langle r^2 \rangle^{1/2}$
② 自由回転鎖の末端間距離 $\langle r^2 \rangle^{1/2}$
③ 自由回転鎖の回転半径 $\langle s^2 \rangle^{1/2}$
④ 平面ジグザグ状に引き伸ばしたとき（結合角 θ を $120°$ とする）の末端間距離
⑤ 結合角 θ を $180°$ として直線状に仮想的に引き伸ばしたときの末端間距離

[基本問題5.2]
教科書p.149

主鎖中の炭素－炭素間の結合数が100であるポリエチレン鎖(分子式：$H\text{-}(CH_2\text{-}CH_2)_{50}\text{-}H$)について，以下の問に答えなさい．

(1) 主鎖の炭素－炭素結合がトランス配座(アンチ配座)と2種類のゴーシュ配座をとることが可能な場合，全部で何通りの異なる分子形態をとることが可能かを式で示しなさい．ただし，ペンタン効果は無視できるものとする．
(2) 主鎖の炭素－炭素結合がすべてトランス配座をとるときの両末端間距離を有効数字2桁で求めなさい．ただし，結合長を0.16 nm，結合角を120°とする．

[基本問題5.3]
教科書p.27－28, 147－149

次の文章を読み，以下の問に答えなさい．

(A)溶液中の高分子鎖は糸まり(ランダムコイル)のような構造をとり，[①]との衝突により刻々とその形態を変えている．このような高分子鎖の熱運動を[②]と呼ぶ．高分子鎖の大きさは，とりうるすべての形態の平均的な大きさとして取り扱われ，高分子鎖の二乗平均末端間距離$\langle r^2 \rangle$が糸まりの大きさを示すパラメータとして用いられる．仮想的な鎖の一種である自由連結鎖を用いると，次の式が成立する．

$$\langle r^2 \rangle = nb^2 \tag{1}$$

ここで，nは結合数，bは結合長である．
　また，結合角を考慮した仮想的な鎖のモデルは[③]と呼ばれ，式(1)にさらに結合角の依存性が加わった[ア]の関係式が成立する．ここで，結合角が109.5°のときには次の式(2)の関係が成立し，このモデルに対する$\langle r^2 \rangle$は自由連結鎖に対する$\langle r^2 \rangle$の2倍となる．

$$\langle r^2 \rangle = 2nb^2 \tag{2}$$

　実際の高分子鎖の内部回転は自由ではなく，内部回転ポテンシャルの影響を受けながら分子形態を変化させている．(B)内部回転角ϕが3つの極小位置のみをとる高分子鎖を，回転異性体近似モデルと呼ぶ．内部回転角の極小位置からのゆらぎは小さく，回転異性体近似モデルは実在の高分子鎖の分子形態を表現するための妥当なモデルである．$\langle r^2 \rangle$あるいは二乗平均回転半径$\langle s^2 \rangle$がnに比例する高分子鎖は，理想鎖あるいは[④]と呼ばれる．[⑤]法を用いると$\langle s^2 \rangle$の値を直接求めることができ，高分子鎖に対して用いた回転異性体近似モデルの妥当性を実験的に検証することができる．

(1) 空欄[①]～[⑤]に当てはまる語句を答えなさい．
(2) 空欄[ア]に当てはまる式を答えなさい．
(3) 下線部(A)について，溶液中以外で高分子鎖が糸まり(ランダムコイル)構造をとっている例をあげなさい．
(4) 下線部(B)について，トランス構造($\phi = 180°$)の次に安定な構造の名称とϕの値を答えなさい．

[基本問題5.4]
教科書p.147－149, 159－160

分子量1.4×10^5のポリエチレンについて，(1)結晶中における繰り返し単位の長さ(繊維周期)，(2)伸びきった分子鎖末端間距離，(3)自由連結鎖と自由回転鎖に対する糸まりの分子鎖末端間距離r，(4)二乗平均回転半径$\langle s^2 \rangle$を計算しなさい．ただし，C－C結合長＝0.154 nm，∠CCC結合角＝110.7°とする．
　また，(5)10^6の分子量をもつ理想的なポリエチレン鎖に対する二乗平均回転半径$\langle s^2 \rangle$を求めなさい．ただし，ポリエチレンの繰り返し単位の分子量を28，繰り返し単位の長さを0.25 nm，特性比C_∞を5.5とする．

[基本問題5.5]
教科書p.150

次の文章を読み，以下の問に答えなさい．

ある高分子を2種類の溶媒Xと溶媒Yに30°Cで溶かし，各高分子濃度cにおける浸透圧πを測定した．横軸をc，縦軸をπ/RTcとして，濃度と浸透圧の関係をプロットしたところ，それぞれ直線Aと直線Bが得られた．ここで，RとTはそれぞれ気体定数と絶対温度である．2つの直線の縦軸の切片はよく一致し，切片の逆数から［ ① ］が，直線の傾きから［ ② ］が求められる．直線Aの傾きは正に大きな値を示した．一方，直線Bの傾きは0であった．溶媒Yはこの高分子に対する［ ③ ］溶媒であることがわかる．

(1) 空欄［①］～［③］に当てはまる語句を答えなさい．
(2) この高分子にとって溶媒Xは良溶媒であることを上記の実験結果に基づいて説明しなさい．
(3) 溶媒Yを用いて同様の測定を80°Cで行うと，直線の傾きはどのように変化すると予想されるか，理由とともに述べなさい．

[基本問題5.6]
教科書p.150

下の表は濃度の異なる7種類のポリスチレンのシクロヘキサン溶液の浸透圧を，異なる温度でそれぞれ測定した結果である．20.0°C，34.5°C，50.0°Cでの測定結果からそれぞれ数平均分子量M_nと第2ビリアル係数A_2を求め，得られた値について説明しなさい．ここで，気体定数Rは82.1 cm^3 atm K^{-1} mol^{-1}とする．

ポリスチレン濃度 c / g mL^{-1}	浸透圧 π / atm (20.0°C)	浸透圧 π / atm (34.5°C)	浸透圧 π / atm (50.0°C)
0.005	0.0061	0.0063	0.0067
0.010	0.0114	0.0124	0.0136
0.015	0.0173	0.0187	0.0203
0.020	0.0215	0.0255	0.0276
0.025	0.0276	0.0316	0.0354
0.030	0.0332	0.0381	0.0421
0.040	0.0405	0.0502	0.0580

[基本問題5.7]
教科書p.151

高分子を溶媒に溶解するとき，似たものどうしは溶けることを数値で表す指標として，溶解度パラメータδが知られている．δに関する以下の問に答えなさい．

(1) 次に示す高分子と溶媒の組み合わせに対して，高分子と溶媒のδ値をデータベースで調べて溶解性を予測しなさい．
　① ポリスチレン－トルエン
　② ポリスチレン－エタノール
　③ ポリメタクリル酸メチル－クロロホルム
　④ ポリ酢酸ビニル－n－ヘキサン
(2) ジオキサンは，ポリイソプレンに対するシータ溶媒（シータ温度＝34°C）である．次のδ値と溶媒の密度（1.03 g cm^{-3}）を用いて，この組み合わせに対する34°Cでのχパラメータを計算しなさい．ただし，気体定数Rは8.314 J mol^{-1} K^{-1}，ジオキサンの分子量は88とする．
　ポリイソプレン：$\delta = 16.5$ (MPa)$^{1/2}$，ジオキサン：$\delta = 20.5$ (MPa)$^{1/2}$
(3) 高密度ポリエチレンのδ値は16.2 (MPa)$^{1/2}$であるが，比較的近いδ値をもつシクロヘキサン（$\delta = 16.8$ (MPa)$^{1/2}$）に室温で不溶であり，高密度ポリエチレンを溶解するためにはデカリンなどの高沸点の溶媒を用いて高温まで加熱する必要がある．この理由を説明しなさい．

[基本問題5.8]
教科書p.147－149, 151－152

スチレンモノマーとメタクリル酸メチルモノマーは，どのような組成でも均一に混ざり合う．一方で，ポリスチレンとポリメタクリル酸メチルは互いに混ざり合わないことが知られている．混合エンタルピーと混合エントロピーの変化に基づいて，その理由を説明しなさい．

[基本問題5.9]
教科書p.155－156

右の図は急冷したポリカーボネートの示差走査熱量(DSC)曲線である．ただし，Aは溶融状態から急冷した試料，Bは急冷後，190°Cで12時間熱処理した試料，Cはアセトン蒸気に暴露した試料である．以下の問に答えなさい．

(1) 急冷試料AのDSC曲線からガラス転移温度T_gを求めなさい．

(2) 試料Aに対して各処理を施したB, CのDSC曲線がAのDSC曲線から変化する理由を説明しなさい．

(3) 試料A, B, CのX線回折プロファイル，応力−ひずみ曲線における変化をそれぞれ予測しなさい．

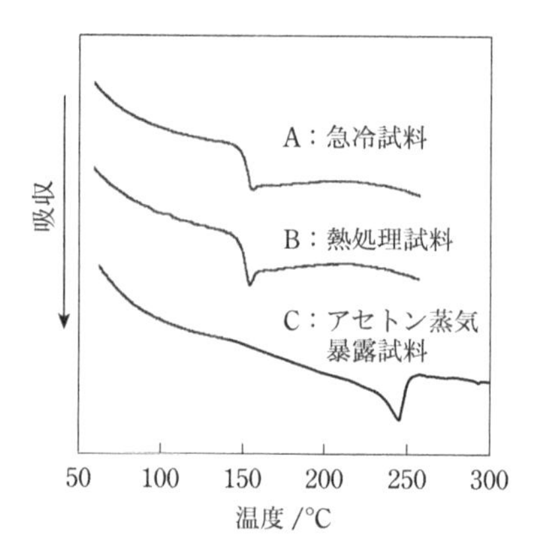

応用問題

[応用問題5.1]
教科書p.149, p.188の演習問題5.1

理想鎖(ガウス鎖あるいは回転異性体近似モデルとも呼ばれる)に対する二乗平均末端間距離$\langle r^2 \rangle$，ならびに糸まりの重心から任意の結合までの距離の二乗平均である二乗平均回転半径$\langle s^2 \rangle$ $(=R_g{}^2)$について，結合数n，結合長b，結合角θ，内部回転角ϕを用いてそれぞれ式で表しなさい．解答にあたって，$\cos\phi$の統計平均を用いること．

[応用問題5.2]

ポリオキシメチレン鎖[$(CH_2O)_n$]の二乗平均末端間距離$\langle r^2 \rangle$に関する以下の問に答えなさい．ただし，重合度nを40とし，すべてのC−O結合長を0.14 nmとする．

(1) 主鎖の結合ベクトルの方向が無秩序である自由連結鎖に対する$\langle r^2 \rangle$を求めなさい．

(2) 主鎖の結合まわりが回転でき，結合角が$\theta = 109.5°$に固定されているとき，$\langle r^2 \rangle$の値を求めなさい．

[応用問題5.3]

下の表はシクロヘキサン中(34.5°C)およびベンゼン中(25°C)で測定した高分子量ポリスチレンの重量平均分子量M_wと回転半径$\langle s^2 \rangle^{1/2}$の関係である．$\log M_w$と$\log \langle s^2 \rangle^{1/2}$との間で成立する直線の傾きは，シクロヘキサン中およびベンゼン中でどのような値となるかを説明しなさい．また，シクロヘキサン中のM_wと$\langle s^2 \rangle^{1/2}$の関係から特性比$C_\infty$を求めなさい．

$M_w \times 10^{-6}$	$\langle s^2 \rangle^{1/2}$ / nm シクロヘキサン中(34.5°C)	$\langle s^2 \rangle^{1/2}$ / nm ベンゼン中(25°C)
8.77 ± 0.3	87.9 ± 2	164 ± 4
15.1 ± 0.5	116 ± 2	227 ± 7
23.5 ± 0.5	145 ± 3	297 ± 9
32.0 ± 0.6	167 ± 4	353 ± 7
39.5 ± 1	183 ± 4	392 ± 8
56.2 ± 1	228 ± 5	506 ± 10

［応用問題5.4］　2種類のモノマーから構成されるランダム共重合体，交互共重合体，ブロック共重合体について，それぞれの自由連結鎖の二乗平均末端間距離$\langle r^2 \rangle$を比較すると，それぞれどのような違いがあるかを，理由とともに答えなさい．2種類の繰り返し単位の数は等しく，それらの間に相互作用はないものとする，

［応用問題5.5］　ポリスチレン($M_w = 1.2 \times 10^7$)の回転半径(二乗平均回転半径の平方根$\langle s^2 \rangle^{1/2} = R_g$)が101 nmであるとき，高分子の占有体積は半径R_gの球の体積に等しいとして，重なり濃度c^*を求めなさい．

［応用問題5.6］　格子モデルを利用した統計力学では，溶液の配置エントロピーSは，溶媒分子と溶質分子を格子に配置する場合の数Wおよびボルツマン定数k_Bを用いて次の式から計算される．

$$S = k_B \ln W$$

ここで，N_1個の成分A(溶媒)と，N_2個の成分B(溶質)からなる低分子混合系に対するモデルを考える．$(N_1 + N_2)$個の格子すべてが，N_1個の成分AとN_2個の成分Bで埋めつくされているとしたときのWとSを求めなさい．ただし，成分Aと成分Bのモル分率をそれぞれx_Aとx_Bとする．また，必要であれば，スターリング(Stirling)の近似式($\ln N! \approx N \ln N - N$)を用いること．さらに，混合エントロピー$\Delta S_{mix}$を求めなさい．

［応用問題5.7］　下の図に線状高分子の主鎖骨格を示す．ここで，$\mathbf{b}_i$ $(1 \leq i \leq n)$ は結合ベクトルで，$|\mathbf{b}_i| = b$，$\mathbf{R}$は末端間ベクトル，nは結合数である．以下の問に答えなさい．

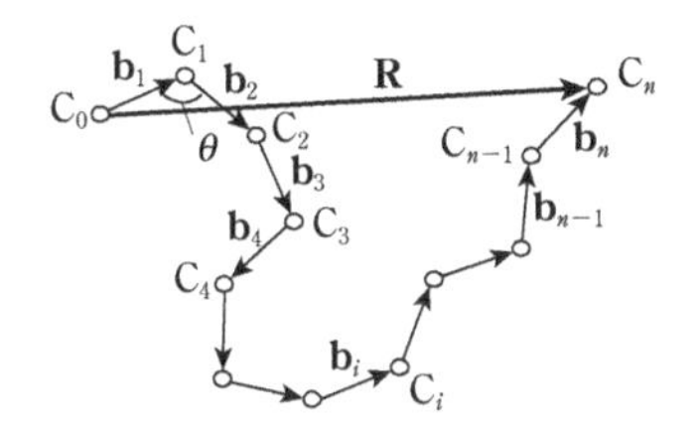

(1) 自由連結鎖の末端間ベクトルの二乗平均量である二乗平均末端距離$\langle r^2 \rangle$と同じ鎖の二乗平均回転半径$\langle s^2 \rangle$を，nとbを用いて表しなさい．

(2) 隣接する結合ベクトル間の角度がθで一定であり，内部回転が自由ですべての角度を等確率でとる自由回転鎖についての$\langle r^2 \rangle$と$\langle s^2 \rangle$を，n，b，θを用いて表しなさい．

(3) (2)と同様の条件で，結合角が109.5°で一定の場合には，どのように表現できるかを示しなさい．

(4) 剛直性高分子や半屈曲性高分子の持続長qについて，定義や特徴を示しなさい．

(5) DNA二重鎖の持続長qは約60 nmである．50000塩基対のDNAを観察すると糸まり状の構造をとっていることがわかった．このことを持続長と関連づけて説明しなさい．

[応用問題5.8]　半屈曲性高分子に関する次の文章を読み，以下の問に答えなさい．

主鎖の内部回転が拘束された高分子鎖の溶液中での挙動には，屈曲性高分子と異なる特徴が見られる．屈曲性高分子では，内部回転が比較的自由に起こり，さまざまな分子形態をとることができるのに対し，内部回転角などに制約の多い高分子鎖がとるコンホメーションは限られ，その結果として，半屈曲性高分子の溶液中での高分子鎖の［ ① ］は，屈曲性高分子鎖のそれと大きく異なっている．糸まり構造をとる屈曲性高分子はもちろんのこと，［ ② ］構造をとる棒状分子までを含めた，あらゆる高分子鎖のふるまいを記述するためのモデルとして，三次元空間曲線を用いて高分子鎖の特性を記述する連続鎖モデルがある．KratkyとPorodによって提案された［ ③ ］鎖は，連続鎖モデルの代表例であり，KP鎖とも呼ばれる．

KP鎖の二乗平均末端間距離$\langle r^2\rangle$と二乗平均回転半径$\langle s^2\rangle$は，それぞれ以下の式で表される．

$$\langle r^2\rangle = [\qquad \mathrm{A} \qquad] \tag{1}$$

$$\langle s^2\rangle = [\qquad \mathrm{B} \qquad] \tag{2}$$

すなわち，連続鎖モデルであるKP鎖の場合は，［ ④ ］qと連続変数である経路長(coutour length)Lの関数として与えられる．連続鎖モデルを考える際に，針金や太いピアノ線を想像してみるとイメージしやすくなる．KP鎖を，さらに一般的に定義すると，鎖の全エネルギーが最小値0のときに直線となる弾性ワイヤーを絶対温度Tにしたときの統計モデルと表現することができる．言い換えると，qは高分子鎖が最初の結合ベクトルの方向にどこまでまっすぐ伸びているのかを表したものである．また，次の式(3)で表される剛直性パラメータλ^{-1}も鎖の硬さの指標としてよく用いられ，このパラメータは［ ⑤ ］と呼ばれる．

$$\lambda^{-1} = \frac{2\alpha}{k_{\mathrm{B}}T} \tag{3}$$

ここで，k_{B}はボルツマン定数，Tは絶対温度である．［ ⑤ ］とqの間には，$\lambda^{-1} = 1/2q$の関係があり，式(2)の両辺を無次元化すると，

$$\lambda^2\langle s^2\rangle = [\qquad \mathrm{C} \qquad] \tag{4}$$

となる．

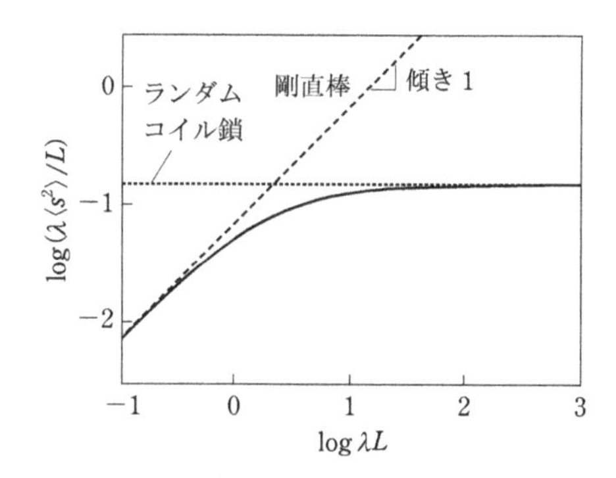

(1) 空欄［ ① ］〜［ ⑤ ］に当てはまる語句を答えなさい．また，空欄［ A ］〜［ C ］に当てはまる式を答えなさい．

(2) 右の図に示すように，糸まり構造の$\lambda\langle s^2\rangle/L$が一定値をとることを説明しなさい．

(3) 右の図の剛直棒に対する$\log \lambda L$と$\log(\lambda\langle s^2\rangle/L)$の間に直線関係が成立することを説明しなさい．

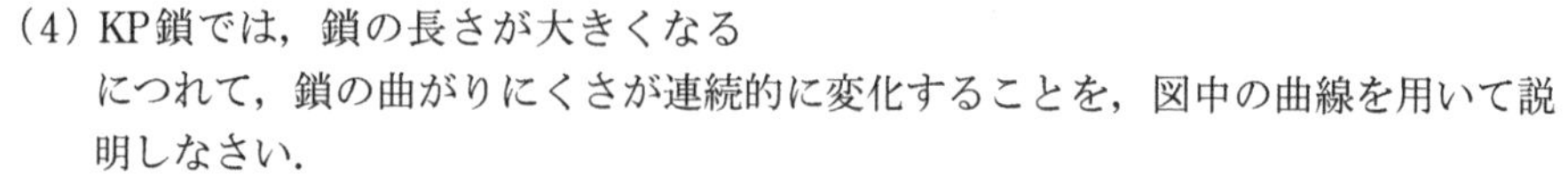

(4) KP鎖では，鎖の長さが大きくなるにつれて，鎖の曲がりにくさが連続的に変化することを，図中の曲線を用いて説明しなさい．

[応用問題5.9]
教科書p.151－152

溶液の浸透圧に関する次の文章を読み，以下の問に答えなさい．

半透膜が溶媒分子のみを透過するとき，溶液の浸透圧は，格子モデルを用いて次のように求めることができる．(N_1+N_2)個の格子にN_1個の溶媒分子とN_2個の溶質分子を配置する仕方の数をWとすると，WはN_1とN_2を用いて，$W=$［ ① ］と表される．エントロピーSとWとの関係を表すボルツマンの式$S=k_B \ln W$（k_Bはボルツマン定数を表す）を用いると，溶媒と溶質の混合による混合のエントロピーΔS_{mix}は［ ② ］と表される．混合のエンタルピーが0である場合，混合のギブズエネルギーΔS_{mix}は溶媒の物質量n_1(モル)と溶質の物質量n_2(モル)を用いて，$\Delta S_{mix}=$［ ③ ］と書ける．ここで，Rは気体定数，Tは絶対温度を表す．これより，混合による溶媒の化学ポテンシャル変化$\Delta\mu_{1,mix}$は，溶質のモル分率$x_1=n_2/(n_1+n_2)$を用いて，$\Delta\mu_{1,mix}=$［ ④ ］と書ける．溶媒のモル体積をV_1で表すと，溶液の浸透圧は$\pi=-\Delta\mu_{1,mix}/V_1$と書けるので，$\pi=$［ ⑤ ］と表される．$x_2$が小さいとき，右辺は$x_2$のべき級数で表すことができる．さらに$x_2$は溶質質量濃度$c$を用いて$x_2=V_2c/M$と表せるので($V_2$と$M$はそれぞれ溶質のモル体積と分子量を表す)，$\pi/RTc$は$c$のべき級数として，$\pi/RTc=$［ ⑥ ］と表される．ここで，$\pi$を$x_2$の二乗の項までで表すものとする．また，$V_1$と$V_2$は等しいと考える．したがって，この溶液の第2ビリアル係数A_2はV_2とMを用いて$A_2=$［ ⑦ ］と表される．これより，A_2は溶質分子の体積に比例することがわかる．

(1) 空欄［①］～［⑦］に当てはまる式を答えなさい．ただし，［②］については，Nが1に比べて十分大きいときに成り立つスターリングの式($\ln N!=N\ln N-N$)を用いて簡略化しなさい．
(2) 分子量が340のある化合物を良溶媒に溶かし，浸透圧を測定したところ，A_2は1.4×10^{-3} cm^3 mol g^{-2}であった．この分子が球状であるとみなし，その半径を求めなさい．ただし，アボガドロ数を6.0×10^{23} mol^{-1}とし，有効数字2桁で答えなさい．

[応用問題5.10]

下の表はイオン液体中でのポリ(メタクリル酸n-ブチル)(数平均分子量$M_n=4.6\times10^4$)の各温度における第2ビリアル係数A_2の値をまとめたものである．以下の問に答えなさい．

温度 T / ℃	20	35	50	65	80
$A_2\times10^5$ / cm^3 mol g^{-2}	4.3	2.3	−0.55	−3.5	−6.7

(1) 表の値からシータ温度を計算しなさい．
(2) この系は上限臨界共溶温度(UCST)と下限臨界共溶温度(LCST)の系のどちらに相当するかを理由とともに答えなさい．
(3) 高分子の濃度cの範囲を$0<c<0.02$ g mL^{-1}として，cとπ/RTcについて予想される関係を図示しなさい．

[応用問題5.11]
教科書p.151−153

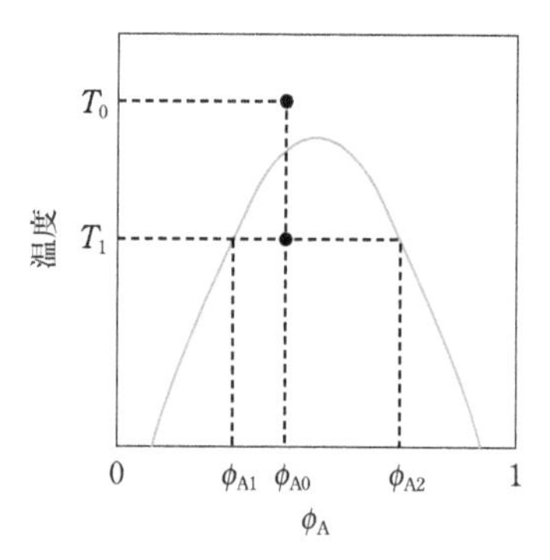

右の図は，非晶高分子Aと非晶高分子Bの2成分で構成される高分子ブレンドの溶融状態での相図である．図中の実線はバイノーダル曲線を表す．フローリー・ハギンスの理論によれば，この系のセグメントあたりの混合のギブズエネルギーΔG_{mix}は次の式で示すことができる．

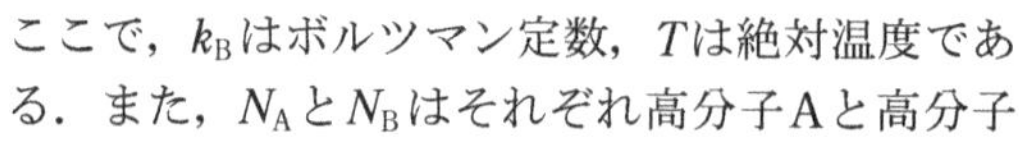

$$\frac{\Delta G_{\mathrm{mix}}}{k_B T}=\frac{\phi}{N_A}\ln\phi+\frac{1-\phi}{N_B}\ln(1-\phi)+\chi\phi(1-\phi)$$

ここで，k_Bはボルツマン定数，Tは絶対温度である．また，N_AとN_Bはそれぞれ高分子Aと高分子Bのセグメント数，ϕは高分子Aの体積分率($0<\phi<1$，$\phi=V_A/(V_A+V_B)$)，V_AとV_Bはそれぞれ高分子Aと高分子Bの体積であり，混合にともなう高分子の体積の変化は無視できるものとする．また，χは高分子Aと高分子Bのセグメントあたりの相互作用を表すフローリー・ハギンスの相互作用パラメータであり，$\chi>0$のとき，高分子Aと高分子Bの間の相互作用が，高分子Aどうしや高分子Bどうしの相互作用に比べて小さいことを示す．以下の問に答えなさい．

(1) 特別な相互作用のない2成分から構成される高分子ブレンド系($\chi>0$)は非相溶となる理由について，熱力学的観点から説明しなさい．
(2) 高分子Aと高分子Bのセグメントサイズが等しく，N_AとN_Bが等しい場合，臨界点における高分子Aの体積分率を答えなさい．
(3) $N_A>N_B$のとき，臨界点のϕ_Aは(2)の場合と比べてどのように変化するかを答えなさい．
(4) 温度T_0において相溶状態にあった高分子ブレンド($\phi=\phi_{A0}$)を温度T_1まで冷却すると相分離が起こる．2相に分離した平衡状態において，それぞれの相における高分子Aの体積分率を図中の記号を用いて答えなさい．
(5) 温度T_1で平衡状態に達した試料をガラス状態となる温度まで急冷し，温度T_1で形成された相分離構造を固定化し，示差走査熱量計(DSC)によってこの試料のガラス転移温度T_gを測定した(昇温条件で決定)．観察される2種類のT_gのうち，低温側で観察されるT_gを，混合前の高分子Aと高分子BのT_g($T_{g,A}$および$T_{g,B}$)ならびに相分離後の高分子Aの体積分率(ϕ_{A1})を用いて式で表しなさい．ただし，$T_{g,A}>T_{g,B}$とする．
(6) χの温度依存性は，多くの場合，次の式で表される．

$$\chi=CT^{-1}+D$$

ここで，CとDは系に依存した定数であり，相図の形はχの温度依存性に応じて変化する．$C>0$の場合，χは温度上昇とともに低下し，高温側に相溶領域をもつ相図が得られ，$C<0$の場合は低温側に相溶領域をもつ相図が得られる．これら2種類の相分離の名称を，略称とともに答えなさい．

発展問題

[発展問題5.1] 分子量Mの単分散ポリスチレンのシータ状態における固有粘度$[\eta]$が$M^{0.5}$に比例することを説明しなさい．必要があれば，式や図を用いてかまわない．ただし，$[\eta]=2.5(N_A/M)(4\pi R_H{}^3/3)$とする．ここで，$N_A$はアボガドロ数，$R_H$は流体力学的半径であり，$R_H$は二乗平均回転半径$\langle s^2\rangle^{1/2}$と比例関係にあるものとする．

[発展問題5.2] 次の文章を読み，以下の問に答えなさい．

サイズ排除クロマトグラフィー(SEC)は，溶液中での高分子鎖の大きさ(広がり)によって，分離が行われる液体クロマトグラフィーであり，分子量や分子量分布の測定に用いられる．SECでは，多孔性ゲルの網目による逆ふるい効果により，広がりが大きい高分子が先に流出し，小さい高分子が後から流出してくる．通常，溶出高分子の検出には示差屈折計が用いられ，純溶媒と溶出液との間の微小な屈折率差が測定され，この差は高分子の質量濃度cに比例する．

(1) 未知試料の分子量を求めるために，まず，複数の標準試料(分子量が既知であり，狭い分子量分布をもつ高分子)を用いて，標準試料の分子量Mと溶出時間tの関係(校正曲線)を作成しておく必要がある．次に，未知試料の測定で得られたクロマトグラムをn等分し，各溶出区分($i=1, 2, 3, \cdots, n$)の溶出時間における高さ(強度)h_iを求める．また，校正曲線から溶出時間t_iにおける分子量M_iが求まる．数平均分子量M_nを，h_iとM_iを用いて式で表しなさい．
(2) 屈曲性高分子の溶液の固有粘度$[\eta]$と，溶液中における高分子鎖の広がりを表す二乗平均回転半径$\langle s^2\rangle$の関係は，$[\eta]M=\psi(6\langle s^2\rangle)^{3/2}$と表される．ここで，$\psi$は定数である．シータ状態では，この式はどのように表せるかを示しなさい．ここで，シータ状態では見かけ上排除体積効果が無視でき，$\langle s^2\rangle$はMに比例するものとする．
(3) SEC測定では，溶出時間が高分子鎖の広がりに依存するので，同一溶媒での溶出時間が同一であれば，高分子の種類によらず，高分子鎖の広がりは同一であるとみなすことができ，$[\eta]M$は一定の値をとる．固有粘度と分子量の関係(Mark-Houwink-櫻田の式)を用いて，Mを式で表しなさい．

[発展問題5.3] ポリ(N-イソプロピルアクリルアミド)は，水中で下限臨界共溶温度(LCST)型の相分離を示すことが知られている．相分離の原理ならびにこの温度応答性高分子の応用例を調べなさい．

[発展問題5.4] 高分子ゲルを用いた機能性材料の応用例について，どのような高分子が用いられているか，ゲルのどのような特徴が利用されているか，などを調べなさい．

5.2　高分子の固体構造，5.3　高分子の結晶構造

ポイント
- 結晶性高分子の特徴
- 高分子単結晶の構造と作製方法
- 代表的な高分子の結晶構造
- X線回折とブラッグの式
- 結晶中の高分子鎖の骨格構造

[例題5.3]
教科書p.159-163

ポリエチレンの単結晶の作製方法，観察方法，分子構造，結晶構造，および結晶密度について説明しなさい．

[解答]

ポリエチレンのキシレン希薄溶液(0.01 wt%)を高温(130℃)で作製した後，80℃で放置すると，溶液がうっすらと濁り始める．これをスライドガラス上に1滴落として，乾燥させたものを電子顕微鏡で観察すると，菱形のポリエチレン単結晶を確認することができる．電子線回折測定によって，薄い菱形の結晶の厚み方向にポリエチレン分子が配列しており，厚さが約10 nmであることがわかる．結晶中でポリエチレン分子鎖はトランスジグザグ構造をとり，C−C結合長は0.154 nm，結合角は110.7°である．原子間力顕微鏡(AFM)によってもポリエチレンの伸びきり鎖構造が確認されている．また，ポリエチレン結晶は直方晶(斜方晶)系に属し，格子定数が$a=0.740$ nm，$b=0.493$ nm，$c=0.253$ nmであることがX線回折測定によって明らかにされている．これらの値からポリエチレン単結晶の単位胞(単位格子)の体積を計算すると0.0925 nm^3となり，1つの単位胞にCH_2単位が4つ含まれることを考慮して結晶密度を計算すると約1.0 g cm^{-3}となる．高密度ポリエチレンおよび低密度ポリエチレンの密度がいずれも1 g cm^{-3}以下である(ポリエチレンは水に浮く)のは，実際のポリエチレンは，大きな自由体積をもち密度の低い非晶領域を30〜60%含んでいるためである．

[例題5.4]
教科書p.160-162

ある高分子の一軸配向試料の延伸軸(c軸)に対して垂直な方向からX線(波長0.154 nm)を入射すると，$2\theta=21.6°$と24.1°の位置にそれぞれ110と200に帰属できる回折像が観察された．この結晶が直方晶(斜方晶)系に属するとして，格子定数aとbを求めなさい．

[解答]

ブラッグの式($2d\sin\theta=\lambda$)を用いて，$2\theta=21.6°$から$d_{110}=0.411$ nmが，$2\theta=24.1°$から$d_{200}=0.369$ nmが得られる．これらの値より，aは$2\times d_{200}=2\times 0.369$ nm $=0.738$ nmと求められる．また，$1/(d_{110})^2=(1/a)^2+(1/b)^2$より，$b=0.495$ nmとなる．

[例題5.5]
教科書p.164

イソタクチックポリ(4−メチル−1−ペンテン)(*it*.P4M1P)の結晶中の高分子骨格構造は右の図に示すような7/2らせん構造をとっている．一方，*it*.P4M1Pの非晶領域の密度は，結晶領域の密度に比べてわずかに高いことが知られている．通常のポリオレフィンの結晶と非晶の密度差との違いを説明し，*it*.P4M1Pの特性が工業的にどのように利用されているかを述べなさい．

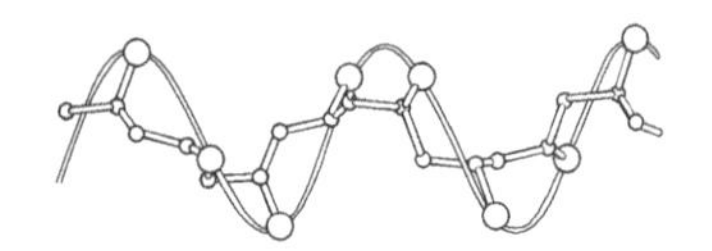

［解答］　*it*.P4M1Pは結晶中で，かさ高い側鎖の立体反発を避けるため，結晶中で7/2らせん構造をとる．このとき，*it*.P4M1Pの結晶の密度は，他のポリオレフィンに比べて低く，非晶部分の密度と比べてもわずかに低いものとなる．これは，らせん構造をとることで*it*.P4M1Pの側鎖が規則的に配列して逆に結晶の中でかさばってしまう結果となった(結晶中での自由体積が増加した)ためである．なお，*it*.P4M1P以外の高分子はほぼすべて，非晶の密度に比べて結晶の密度が高い．これらの特性を生かして，*it*.P4M1Pは結晶性高分子であるにもかかわらず，高い気体透過性を示し，透明性に優れ，例外的に高い融点を有する耐熱性ポリオレフィンとして利用されている．

基本問題

［基本問題5.10］
教科書p.163，p.188の演習問題5.2

ポリビニルアルコール結晶は単斜晶系に属し，$a = 7.83$ Å，b(繊維軸) = 2.52 Å，$c = 5.53$ Å，$\beta = 93°$の単位胞に2つの繰り返し単位が含まれている．この結晶の密度を求めなさい．

［基本問題5.11］

ポリエチレン結晶は直方晶(斜方晶)系に属し，$a = 0.740$ nm，$b = 0.493$ nm，$c = 0.253$ nmの格子定数をもつ．結晶中の分子配列の様子を右の図に示す．図中の値を参考にして，ポリエチレン結晶の密度を計算しなさい．

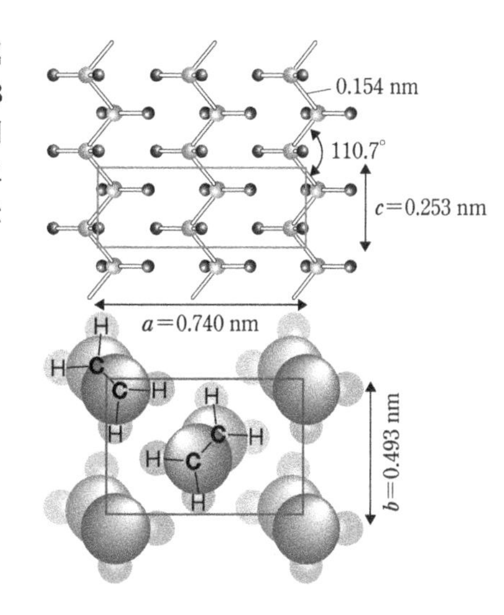

［基本問題5.12］

配向や秩序性が異なる次の①～⑤の集合体に対してX線を照射したとき，それぞれどのような回折像が得られると予想されるか．回折パターンの概略図を示しなさい．

① 平行にシートが配列した試料にシートの横方向(edge)から照射
② 平行にシートが配列した試料にシートの面に対して垂直な方向(through)から照射
③ 棒が六方晶で配列した試料に棒の向きと同じ方向(end)から照射
④ 棒が六方晶で配列した試料に棒の横方向から照射
⑤ 多結晶の試料

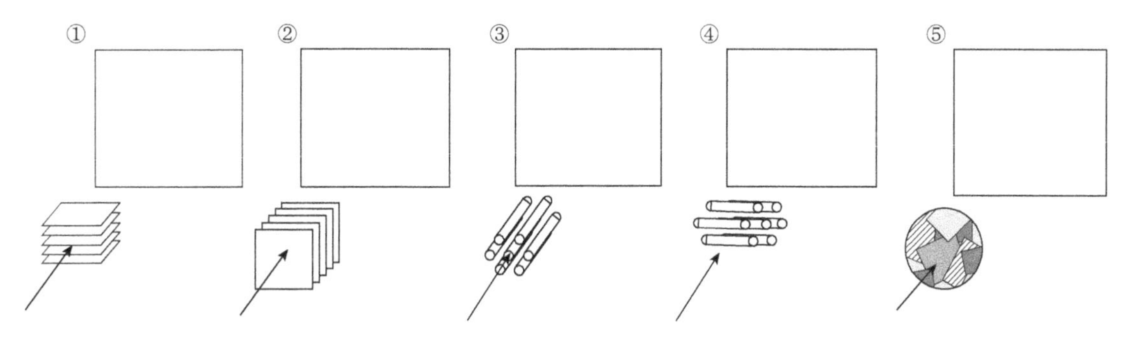

[基本問題5.13]
教科書p.159－163

右の図は200℃から氷水中に急冷した後，100℃で10分間熱処理を行ったイソタクチックポリプロピレン(*it*.PP)のα型結晶のX線回折プロファイルである．赤道方向の各回折ピーク(*hk*0)は，図中のように指数付けされている．このとき，以下の問に答えなさい．ただし，測定に使用したX線波長は0.15418 nm(Cu Kα線)である．

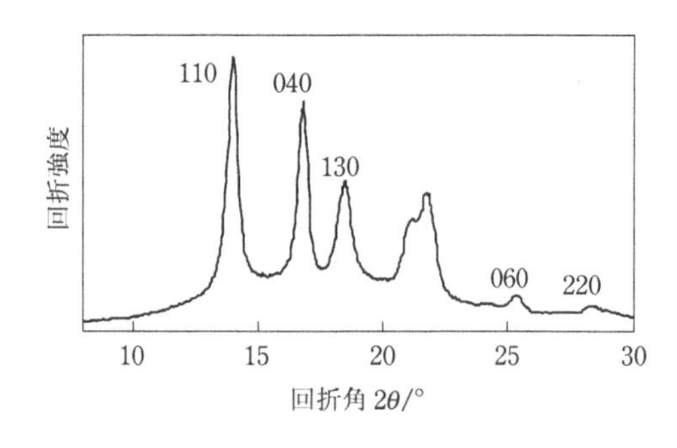

(1) 回折角から，各格子面の面間隔を求めなさい．
(2) この試料を単斜晶($a=0.665$ nm, $b=2.096$ nm, $c=0.659$ nm, $\beta=99.3°$)としたとき，図に示した格子面の面間隔を求め，(1)で得られた値と差異が生じる原因を考察しなさい．
(3) 熱処理温度を150℃に上げるとX線回折プロファイルはどのように変化するかを予想しなさい．
(4) 繊維周期を求めなさい．ただし，C－C結合長＝0.154 nm，∠CCC結合角＝114°とする．
(5) 結晶密度d_cを求めなさい．ただし，単位格子内には*it*.PPの12個の繰り返し単位が含まれているとする．

[基本問題5.14]
教科書p.161, 164

右の図は，イソタクチックポリ(4－メチル－1－ペンテン)を配向結晶化して得られた試料に対して，平板カメラで撮影した繊維図形である．Polanyiの式($I \sin\phi=\lambda$：Iは繊維周期，ϕは仰角，λはX線の波長)を用いて，この試料の繊維周期を求めなさい．なお，試料からカメラまでの距離は52 mm，子午線上における赤道と第1層線の間隔は5.90 mm，測定に使用したX線波長は0.15418 nm(Cu Kα線)とする．

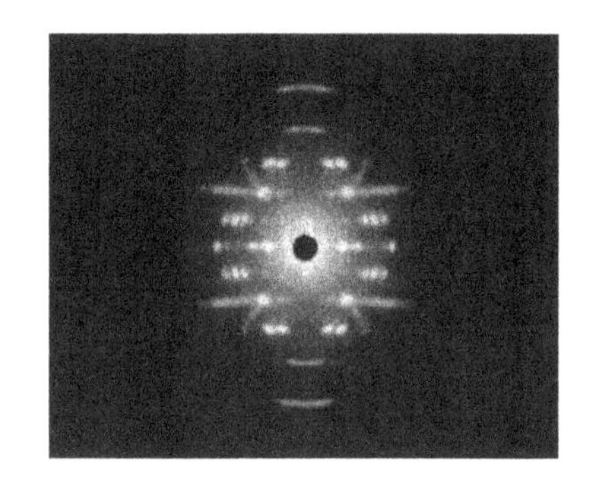

[基本問題5.15]
教科書p.165－168

結晶中で高分子鎖がどのようなコンホメーションをとるのかについては，高分子鎖内および高分子鎖間でのエネルギーの総和が最小となる骨格構造およびパッキングで説明することができる．結晶性の合成高分子や天然高分子には，結晶多形を示すものが少なくない．ナイロン6およびセルロースの結晶多形について，それぞれ説明しなさい．

[基本問題5.16]

ポリ(α－オレフィン)の融点T_mは，側鎖アルキル基の構造によって大きく異なることが知られている．イソタクチックポリ(α－オレフィン)の融点を右の表に示す．これらの融点の違いを説明しなさい．

置換基	融点(℃)
$-CH_3$	165
$-CH_2CH_3$	125
$-CH_2CH_2CH_3$	75
$-CH_2CH_2CH_2CH_3$	－55
$-CH_2CH(CH_3)CH_2CH_3$	196
$-CH_2C(CH_3)_2CH_2CH_3$	350

[基本問題5.17] 教科書p.157－159, 172－174

ポリエチレンの単結晶と球晶構造の共通点および相違点を簡潔に説明しなさい．

応用問題

[応用問題5.12] 教科書p.163－164

イソタクチックポリプロピレンの分子鎖方向の結晶弾性率(34 GPa)が，ポリエチレンの分子鎖方向の結晶弾性率(235 GPa)に比べて明らかに低い理由について，分子鎖のコンホメーションの違いに基づいて説明しなさい．

[応用問題5.13]

100°Cで熱処理したイソタクチックポリプロピレンは結晶中で3/1らせん構造をとる．また，α型結晶は単斜晶に属し，$a = 0.665$ nm，$b = 2.096$ nm，$c = 0.650$ nm, $\beta = 99°$ の格子パラメータをもち，単位胞あたり4本の高分子鎖が含まれる．これらの高分子鎖のらせん向き(右巻き，左巻き)はどのようになっていると考えられるか．次の①～④の可能性から妥当と思われるものを選び，その理由を述べなさい．

① 結晶中に右巻きあるいは左巻きのらせんのいずれかのみが含まれる．
② 結晶中で右巻きと左巻きのらせんがランダムに混ざっている．
③ 2本の右巻きらせんと2本の左巻きらせんが単位胞に含まれている．
④ その他の構造をとっている．

[応用問題5.14] 教科書p.163－164, 173－174

高分子の結晶化に関する以下の問に答えなさい．

(1) 低分子化合物と異なり，合成高分子から結晶化度100%の結晶を得ることは難しい．その理由を述べなさい．
(2) 合成高分子から結晶化度が100%近い結晶を得る方法について述べなさい．
(3) 高分子の結晶化速度は，結晶化温度に依存し，ある条件で最大となる．その条件を理由とともに示しなさい．

[応用問題5.15] 教科書p.159－164, p.188の演習問題5.5

ポリエチレンとイソタクチックポリプロピレンの結晶中での骨格構造と各種物性との関連性について，両者を比較して説明しなさい．

[応用問題5.16]

結晶性高分子の結晶化度に関する以下の問に答えなさい．

(1) X線小角散乱実験から結晶のラメラ厚みlと長周期Lを求めることができる．これらのパラメータを用いて結晶化度X_cを表しなさい．
(2) X線広角回折測定から結晶化X_cを求める方法を回折の概略図を用いて説明しなさい．
(3) 単結晶，伸びきり鎖結晶，球晶を結晶化度の高い順に並べなさい．また，それぞれの作製方法を述べなさい．

[応用問題5.17]

ポリオキシメチレンは，熱可塑性で結晶性のエンジニアリングプラスチックである．三方晶系で，$a = 0.447$ nm, $c = 1.739$ nmの単位格子に9/5らせん構造の骨格を有する分子鎖が1本含まれている．また，融点は180°C，融解エンタルピーは248 J g^{-1}である．以下の問に答えなさい．

(1) ポリオキシメチレン結晶の結晶密度を求めなさい．
(2) ポリオキシメチレン結晶の融解エントロピーを求めなさい．
(3) ポリオキシメチレンから部分結晶性の試料を作製したところ，その密度は1.485 g cm^{-3}であった．非晶の密度を1.425 g cm^{-3}として，この試料の結晶化度を求めなさい．また，融解熱量を予測しなさい．

[応用問題5.18]　右の図は線状低密度ポリエチレン(LLDPE)を延伸・熱処理したフィルムの子午線方向の小角X線散乱曲線である．002反射の半値幅からScherrerの式を用いて求めた微結晶長は10.6 nmであった．以下の問に答えなさい．

(1) 図から長周期(long period)を求めなさい．

(2) 長周期と微結晶長から，このLLDPEの微細構造について説明しなさい．

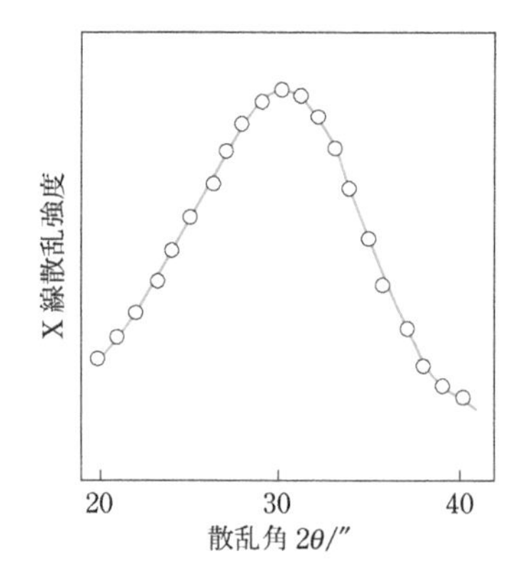

発展問題

[発展問題5.5]　結晶性高分子の結晶子サイズをX線回折測定から見積もる方法を説明しなさい．

5.4 結晶弾性率，5.5 球晶，5.6 結晶化度，5.7 配向構造，5.8 高分子の成形加工

ポイント

- 結晶弾性率
- 結晶成長，球晶，
- 結晶化度
- 高分子の成形加工，紡糸・延伸

[例題5.6]
教科書 p.169 - 172

次の文章の空欄［ A ］〜［ E ］に当てはまる式を，空欄［①］〜［④］に当てはまる語句を答えなさい．

結晶中の分子鎖のヤング率Eを求める方法として，結晶に荷重を加えたときの格子面間隔の変化をX線回折によって測定する方法がある．無荷重下での分子鎖軸方向の面間隔をd_0，X線の波長をλ，それに対応するブラッグ角をθ_0とすると，ブラッグの条件は［ A ］となる．荷重によりブラッグ角がθ_1に変化したとき，面間隔の微小変化量をΔdとすると，$\Delta d/d_0$とブラッグ角の変化との関係は，［ B ］と書ける．ひずみ$\varepsilon = \Delta d/d_0$，応力$\sigma$，ヤング率$E$に対して，フックの法則［ C ］が成立する．ここで，試料に加えた荷重をF，断面積をAとし，結晶相にも試料と同一の応力がかかると仮定すると，応力σは［ D ］と表される．したがって，荷重下のX線回折測定から，結晶弾性率E_cが求まる．

ポリエチレンとイソタクチックポリプロピレンの分子鎖方向の結晶弾性率を比べると，前者が約7倍大きい．これはポリエチレン結晶中での高分子鎖のコンホメーションが［ ① ］であるのに対し，ポリプロピレン結晶では，メチル基間の立体反発が生じるために［ ② ］のコンホメーションをとることが理由である．

試料の非晶部分は，X線回折プロファイルにおいて分子間距離に相当する角度にブロードなピーク，すなわち［ ③ ］を与え，この非晶による散乱強度と結晶による回折強度の比から，試料の結晶化度を求めることができる．また，結晶，非晶および試料全体の密度をそれぞれρ_c，ρ_aおよびρ_sとすると，［ E ］の関係があり，この式から結晶化度が得られる．結晶化度は，［ ④ ］によっても求めることができる．

[解答]

A：$\lambda = 2d_0 \sin\theta_0$，B：$\Delta d/d_0 = (\sin\theta_0 - \sin\theta_1)/\sin\theta_1$，C：$\sigma = E\varepsilon$，D：$\sigma = F/A$，E：$1/\rho_s = (X_c/\rho_c) + (1 - X_c)/\rho_a$，① 平面ジグザグ構造（全トランス構造），②3/1らせん，③（アモルファス）ハロー，④ 示差走査熱量分析（DSC）（あるいは赤外分光法など）

[例題5.7]

イソタクチックポリ（4-メチル-1-ペンテン）（*it.*P4M1P）の（007）面の面間隔は，c軸長の1/7に相当する．一軸配向・結晶化した*it.*P4M1P繊維の無応力下でのX線回折プロファイル上には，子午線方向に$2\theta = 46.70°$にピークが現れる（X線の波長$\lambda = 0.1548$ nm）．これに応力を付加することで，右の図のようにピーク位置が低角度側にシフトした．シフトから結晶格子のひずみεを求め，結晶弾性率を算出しなさい．

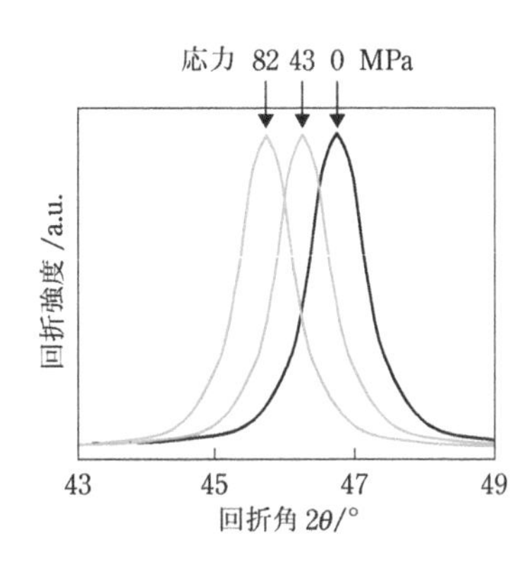

［解答］

図から読み取った値を下の表にまとめる．

応力/MPa	2θ/°	d/nm	ε/%
0	46.70	0.1945	0
43	46.17	0.1966	1.08
82	45.70	0.1985	2.05

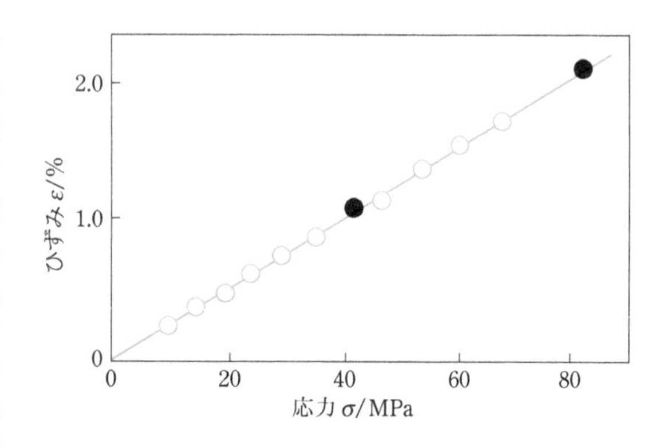

右の図は，*it*.P4M1Pについて実測した結晶格子の応力σ—ひずみε曲線である．応力σを変化させてεを測定すると，両者の間には直線関係が得られ，変形は可逆的となる．この関係は，結晶弾性がエネルギー弾性そのものであることを意味している．設問のシフト値から求められるプロットは図中に●で示した．直線の勾配から，結晶弾性率として4.0 GPaが得られる．この値はポリエチレンの約1/60であり，力の定数の小さい内部回転を通して7/2らせんの骨格の変形が生じた結果として，分子鎖軸方向にきわめて伸びやすいことを示している．

［例題5.8］
教科書p.175, p.188の演習問題5.3

あるイソタクチックポリプロピレンについて密度を測定したところ，0.890 g cm^{-3}であった．結晶化度X_cを求めなさい．ただし，結晶密度を0.936 g cm^{-3}，非晶密度を0.850 g cm^{-3}とする．また，このイソタクチックポリプロピレンの融解熱量ΔHを概算しなさい．ただし，完全結晶の融解熱量ΔH_0を209 J g^{-1}とする．

［解答］

$1/0.890 = X_c/0.936 + (1 - X_c)/0.850$より，$X_c = 0.485$．さらに，$0.485 = \Delta H/209$より，$\Delta H = 101$ J g^{-1}．

［例題5.9］

球晶の成長に関する次の文章を読み，以下の問に答えなさい．

球晶の成長は，結晶核の形成に始まり，微結晶が空間を埋めながら三次元的に外側に向かって成長する．三次元空間を放射状に高分子鎖が密に埋めるために，(A)折りたたみ結晶と非晶部分が積層した構造をとりながら結晶成長が進行する．

結晶性高分子を融点より十分高い温度で溶融させた後に，(B)ある適当な範囲の温度にすると，結晶化が進行する．このとき，結晶化はまず結晶核の形成(一次核形成)に始まり，その核をもとにして結晶が成長し，球晶が生成する．球晶への成長過程では，結晶の成長面上での二次核の形成を経て結晶化が進行する．結晶の成長速度Gは，結晶面上に二次核を形成させるのに必要なエネルギーに関連した項(二次核形成因子K)と，分子鎖を結晶表面に輸送する(拡散させる)のに必要な活性化エネルギーΔEに依存し，次の式で表される．

$$G = G_0 \exp\left(-\frac{\Delta E}{RT} - \frac{KT_m{}^\circ}{RT_c\Delta T}\right)$$

ここで，Rは気体定数，T_cは結晶化温度，(C)$T_m{}^\circ$は平衡融点，ΔTは過冷却度($= T_m{}^\circ - T_c$)である．結晶化速度は，結晶化温度に強く依存し，(D)成長速度を結晶化温度に対してプロットすると，温度に対して上に凸となる曲線を示す．

実際の結晶化においては，結晶化速度だけでなく，結晶の生成頻度も重要である．比較的低温で結晶させると多くの核が形成され，多数の球晶が形成される．その結果，各球晶は大きく成長する前に隣り合う結晶と衝突し，そこで結晶成長は止まることになる．一方，高温で結晶化させると，球晶間の距離が広がり，球晶は大きく成長することができる．

(1) 下線部(A)の構造は，どのように呼ばれるかを答えなさい．
(2) 下線部(B)について，結晶化にどのような温度範囲が必要かを理由とともに述べなさい．
(3) 下線部(C)の平衡融点について，図を用いて説明しなさい．
(4) 下線部(D)について，結晶化温度と結晶化速度(対数)の概略図を示しなさい．

[解答]　(1) ラメラ構造，(2) 融点とガラス転移温度の間で結晶化を行う必要がある．融点以上では結晶成長は起こらず，また，ガラス転移温度以下では結晶成長に必要な高分子鎖の拡散が起こらないため．(3) 結晶性高分子の融点は結晶のサイズに依存し，ラメラ結晶の場合，融点はラメラの厚みに依存することが知られている．溶融させた高分子を結晶化するとき，結晶化温度が高いほどラメラ厚みが大きくなり，融点が高くなる．図に示すように，結晶化温度T_cと融点T_mをプロット(Hoffman–Weeksプロットと呼ばれる)した際に，実験点を高温側に外挿して，対角線($T_m = T_c$)と交差した点は，融点の最大値であり，この温度を平衡融点$T_m°$という．伸びきり鎖(完全結晶)のT_mに相当する．(4)図を参照．

(3)の図

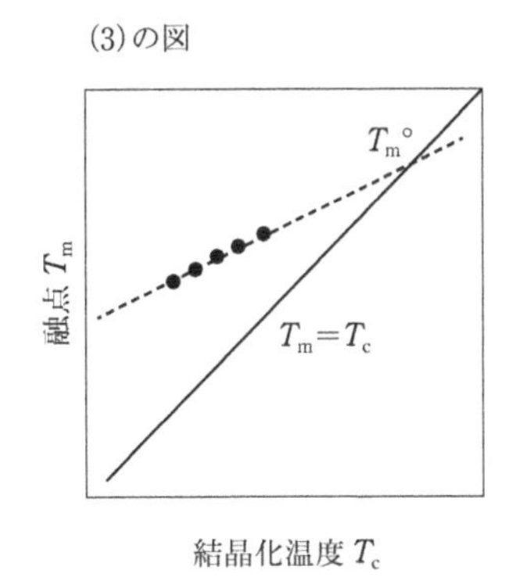

(4)の図

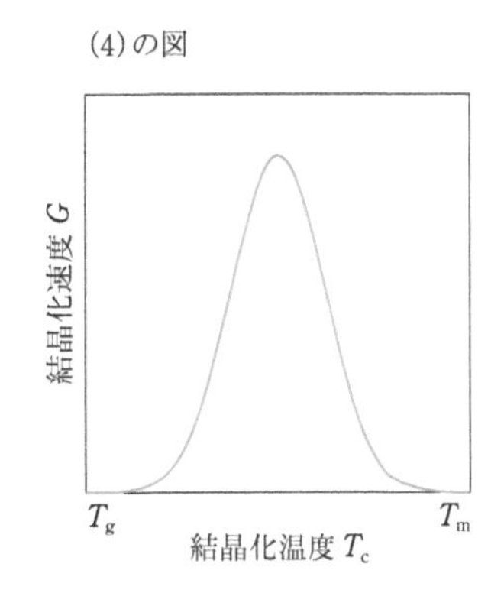

基本問題

[基本問題5.18]
教科書p.169–172

高分子の骨格構造と力学物性について，以下の問に答えなさい．
(1) 高分子材料を高強度・高弾性率化するためには，高分子はどのような骨格構造を備えている必要があるかを説明しなさい．また，一次元構造をもつ分子(線状高分子)でこの要件を満たす新規高分子の骨格構造を考えなさい．ただし，合成上の困難さや構造の安定性は考慮しないこととする．
(2) 試料の巨視的な弾性率が結晶弾性率に一致した場合に，どのような特性が生まれると考えられるか，考察しなさい．

[基本問題5.19]
教科書p.173–174

結晶性高分子を室温で非晶状態にするための溶融成形プロセス(温度，冷却速度など)を提案しなさい．ただし，高分子の融点T_m，ガラス転移温度T_gは室温以上とする．

[基本問題5.20]
教科書 p.174

高分子の融体の結晶化において，結晶化温度が全体の結晶化速度に与える影響について，結晶核の生成速度と結晶の成長速度の関係を説明しなさい．

[基本問題5.21]
教科書 p.175

試料の密度d，結晶密度d_c，非晶密度d_aの間には，次の関係がある．

$$\frac{1}{d}=\frac{X_c}{d_c}+\frac{1-X_c}{d_a}$$

ただし，X_cは結晶化度である．この式を誘導しなさい．

[基本問題5.22]
教科書 p.175

イソタクチックポリプロピレンの密度を測定したところ，0.90 g cm^{-3}であり，重量分率としての結晶化度は50%であった．イソタクチックポリプロピレンの完全結晶の密度が0.95 g cm^{-3}であるとき，非晶の密度を求めなさい．

[基本問題5.23]
教科書 p.172−174, 178−181

ポリエチレンを次の条件で成形したときに生成する高次構造について，模式図を描いて説明しなさい．

①130°Cでキシレンに溶解して得られた希薄溶液を80°Cに冷却し，一定時間経過した後に吸引ろ過を行うことで沈殿物として回収した．
②170°Cで融解した後，徐冷することで室温まで冷却して固体を得た．
③170°Cで融解した後，撹拌しながら冷却して固化物を得た．
④高圧下で溶融させ，そのまま室温まで冷却させた後，除圧することで固体を得た．

[基本問題5.24]
教科書 p.180−181

高分子のシシカバブ構造について説明しなさい．図を用いてもかまわない．

応用問題

[応用問題5.19]

右の図はナイロン6，ポリエチレンテレフタレート(PET)，*cis*−1,4−ポリイソプレン(*cis*−1,4−PIP)の結晶化速度の温度依存性を示したものである．結晶化速度に関する以下の問に答えなさい．

(1) 結晶化速度の温度依存性は，どの高分子に対しても釣鐘型の曲線となり，ある温度で最大の結晶化速度を示す．その理由を説明しなさい．
(2) これら3種類の結晶性高分子の最大結晶化速度とその温度の違いについて，それぞれ高分子の構造ならびに分子間相互作用に基づいて説明しなさい．

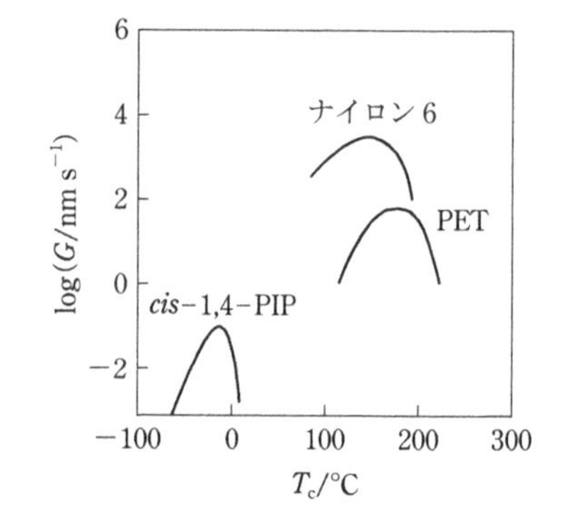

[奥居徳昌，梅本 晋，繊維学会誌，**61**, 157 (2005)の図6を改変]

[応用問題5.20]

異なる分子量(M_w＝8,700〜143,000)をもつある高分子(ガラス転移温度 −20°C)をいったん溶融した後に，融点以下のさまざまな温度で一定に保ったときの結晶化速度の分子量依存性を図(a)に示す．また，図(a)に示したデータの一部を分子量の逆数に対して両対数プロットしたものを図(b)に示す．これらの結果に関して，以下の問に答えなさい．

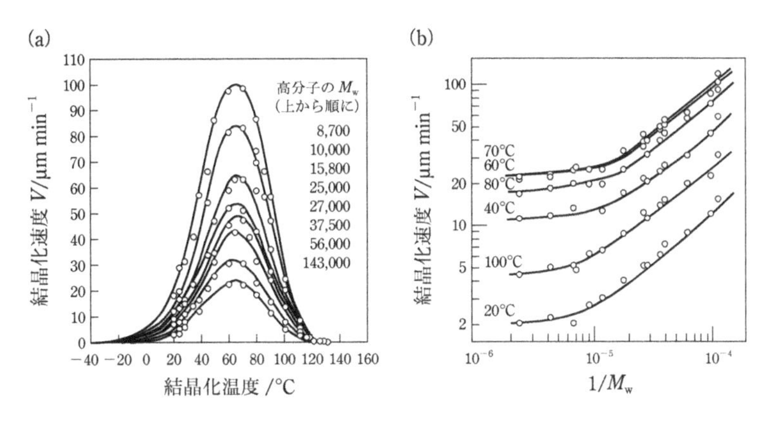

[J. H. Magill, *J. Appl. Phys.*, **35**, 3249 (1964) の図を改変]

(1) 図(a)の結果を用いて，結晶化速度がどのような温度依存性ならびに分子量依存性を示すかを述べなさい．

(2) 上記の温度依存性を生じる理由を説明しなさい．

(3) 図(b)において，高分子量領域で結晶化速度が一定になる理由を述べなさい．

［応用問題5.21］ 下の図はポリエチレンのラマン散乱スペクトルである．Stroblらによれば，CH_2ねじれ運動に由来する1300 cm^{-1}のピークの積分強度$I_{1300\,\mathrm{cm}^{-1}}$を基準として，結晶由来のピーク($CH_2$変角，1416 cm^{-1})の積分強度$I_{1416\,\mathrm{cm}^{-1}}$，非晶由来のピーク(C–C伸縮，1080 cm^{-1})の積分強度$I_{1080\,\mathrm{cm}^{-1}}$と結晶分率$\alpha_c$，非晶分率$\alpha_a$の間にはそれぞれ次の関係がある．

$$\alpha_c = (I_{1416\,\mathrm{cm}^{-1}}/I_{1300\,\mathrm{cm}^{-1}})/0.46$$
$$\alpha_a = (I_{1080\,\mathrm{cm}^{-1}}/I_{1300\,\mathrm{cm}^{-1}})/0.79$$

このとき，α_cとα_aを求めなさい．ただし，$I_{1300\,\mathrm{cm}^{-1}} = 18680$, $I_{1416\,\mathrm{cm}^{-1}} = 5498$, $I_{1080\,\mathrm{cm}^{-1}} = 2766$とする．また，このポリエチレンの種類を推察しなさい．

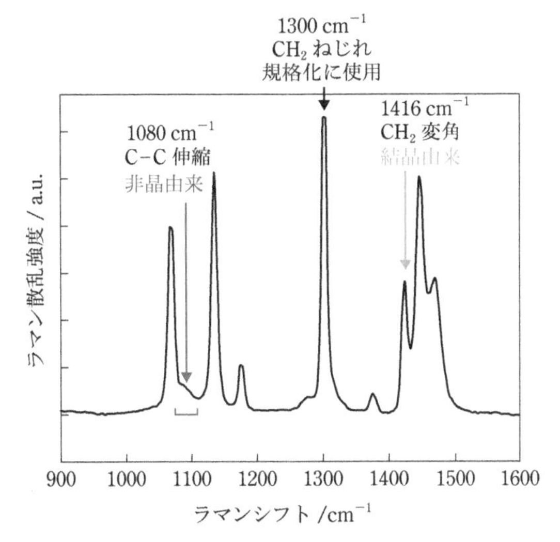

[G. R. Strobl *et al.*, *J. Polym. Sci.*, **16**, 1181 (1978)]

[応用問題5.22]
教科書p.188の
演習問題5.6

下の図において，ポリビニルアルコールやナイロン6の結晶弾性率は比較的高いにもかかわらず，最高試料弾性率(実測値)は低い値にとどまっている．これは，ポリエチレンではゲル紡糸によって数十倍から数百倍の高延伸率の繊維にすることで，結晶弾性率に近い200 GPaを超える最高試料弾性率が得られていることと大きく異なる．この原因を考察しなさい．

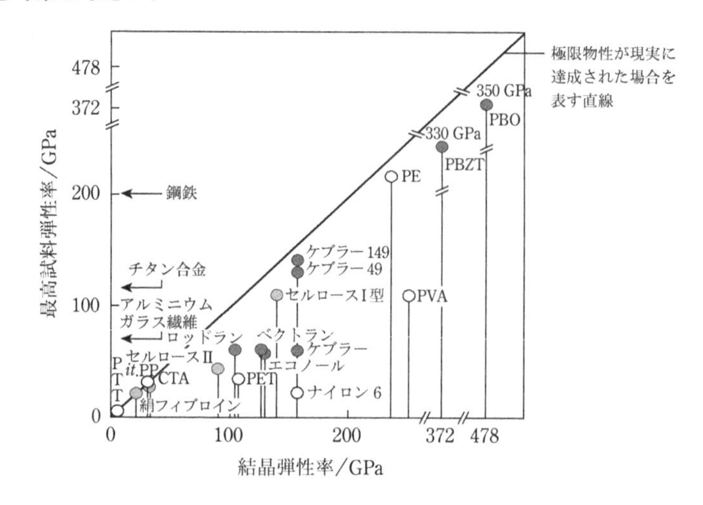

[応用問題5.23]

結晶性高分子に関する以下の問に答えなさい．

(1) ポリビニルアルコールは，立体規則性の違いによらず，結晶化が可能な高分子である．ポリプロピレンと比較して，その理由を説明しなさい．

(2) ポリビニルアルコールの結晶構造は単斜晶系に属し，$a = 0.783$ nm，$b = 0.252$ nm (b軸は繊維軸で，ac面に垂直)，$c = 0.553$ nm，$\beta = 93°$の単位胞に2つの繰り返し単位が含まれている．ポリビニルアルコールの結晶密度を求めなさい．ただし，$\sin 93° = 0.9986$とする．

(3) あるポリエチレン試料の密度を測定したところ，0.95 g cm^{-3}であった．結晶化度(重量分率)を求めなさい．ただし，結晶の密度を1.00 g cm^{-3}，非晶の密度を0.850 g cm^{-3}とする．さらに，ポリエチレンの完全結晶の融解熱ΔH_0を293 J g^{-1}として，この試料の融解熱ΔH(J g^{-1})を求めなさい．

[応用問題5.24]
教科書p.185-186

紡糸に際して，工業的に溶融紡糸，乾式紡糸，湿式紡糸が採用される高分子をそれぞれ2種類ずつあげなさい．

[応用問題 5.25]
教科書 p.181－186

高分子の成形加工のうち，押出成形，射出成形，紡糸は，下の図に示すようにホッパーからペレットあるいは粉末状の樹脂を投入して，ヒーターで加熱して溶融状態とし，同時にスクリューでヘッド部分へ押し出すことで行われる．押出成形，射出成形，紡糸では，その後の成形プロセスにどのような違いがあるか，またそれぞれどのような成形物が得られるかを説明しなさい．

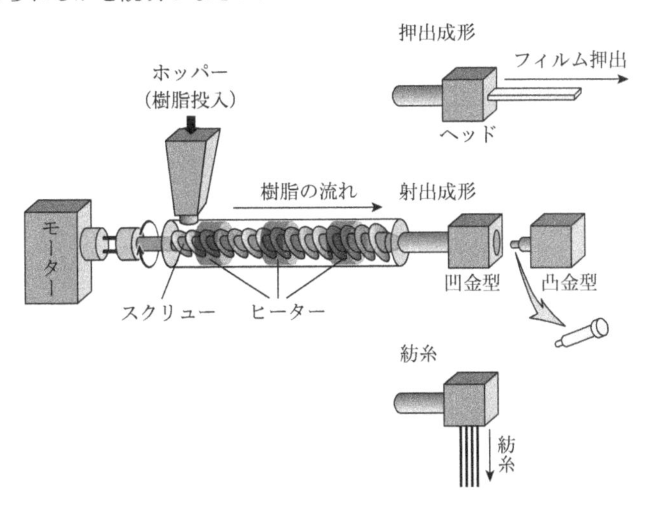

[応用問題 5.26]
教科書 p.183－185

次の製品を作製する代表的な成形方法をあげ，その方法について説明しなさい．
①PETボトル，②ストロー，③ポリ袋，④トレイ

[応用問題 5.27]

カップ容器を160℃で１分間加熱すると，右の写真のように変形した．この理由を，高分子の成形加工と力学物性の観点から考察しなさい．

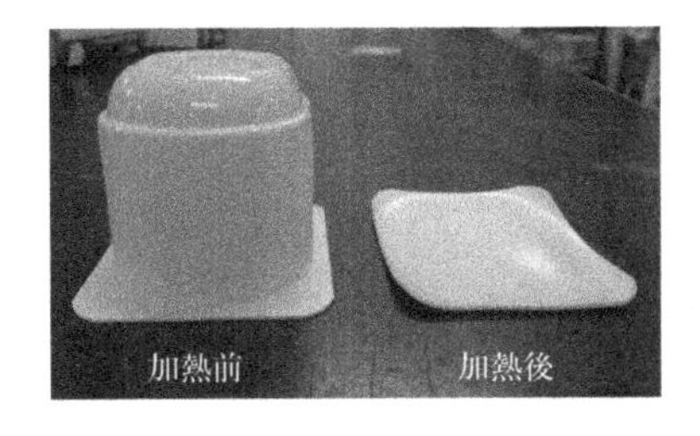

発展問題

[発展問題5.6]
教科書p.177

下の表は密度法，X線回折法，示差走査熱量分析法を用いて，低密度ポリエチレン(LDPE)と高密度ポリエチレン(HDPE)の結晶化度を実験的に求めた結果である．LDPEに対しては，いずれの方法から求めた密度も互いによく一致しているのに対し，HDPEに対する密度は，測定方法によって差が認められる．この理由について，それぞれの分析法の原理や特徴に基づいて説明しなさい．

測定方法	低密度ポリエチレン(LDPE)	高密度ポリエチレン(HDPE)
密度法	0.395	0.593
X線回折法	0.397	0.651
示差走査熱量分析法	0.391	0.692

[発展問題5.7]

右の図は高密度ポリエチレン(HDPE)のX線回折プロファイルである．以下の問に答えなさい．

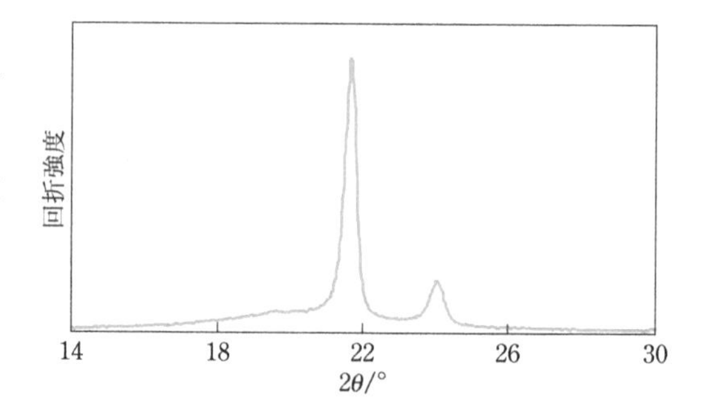

(1) 110反射，200反射のピーク位置の回折角度2θに対して面間隔を求め，それらからa軸長，b軸長を求めなさい．ただし，結晶系は直方晶(斜方晶)($a \neq b \neq c$, $\alpha = \beta = \gamma = 90°$)とし，測定に使用したX線波長は$\lambda = 0.15418$ nm(Cu Kα線)とする．

(2) Scherrerの式を用いて，半値幅から微結晶サイズを求めなさい．

(3) このポリエチレンが低密度ポリエチレンである場合，X線回折プロファイルにはどのような変化が現れるか，考察しなさい．

[発展問題5.8]

エレクトロスピニング法によるナノファイバー作製の方法や応用例について，最近の研究開発の事例を調べてまとめなさい．

第５章　用語説明(50音順)

延伸
教科書p.178

分子配向を制御するために固体状態で塑性的に行う伸長操作のことで，元の長さを1とした伸長率を延伸倍率と呼ぶ．フィルムやシート状成形物では二軸延伸が行われる．延伸は融点とガラス転移温度の間に加熱して行われることが多いが，室温などの低温で行われることもあり，冷延伸と呼ばれる．一軸延伸によって分子配向性を高めることで高弾性率繊維となる．

回転半径
教科書p.38, 149

高分子鎖の糸まりの大きさを表すパラメータであり，糸まりの重心から任意のセグメントの位置までの距離の二乗平均(二乗平均回転半径$\langle s^2 \rangle$)が用いられる．その平方根が半径である．慣性半径とも呼ばれ，R_gの略号も用いられる．$\langle s^2 \rangle^{1/2}$や$R_g$は静的な高分子の大きさを表し，静的光散乱法によって決定される．一方，動的な広がりを表す流体力学的半径R_Hは，動的光散乱法によって求められる．

χ(カイ)パラメータ
教科書p.152

高分子の溶解性や相溶性は，フローリー・ハギンスの格子モデルで説明でき，溶解や混合にともなう自由エベルギーの変化をフローリー・ハギンスの式で表すことができる．χパラメータはその第3項に含まれ，互いに相互作用があり，溶解や混合が起こる場合，すなわち熱力学的に有利な場合に正の値をとる．χパラメータの温度依存性が異なると，相分離は異なる挙動(上限臨界共溶温度あるいは下限臨界共溶温度)を示す．

屈折率
教科書p.134, 163

真空中の光の速度と媒質中での光の速度の比を表す．光線が真空中から媒質中に入射するときの入射角と屈折角の正弦比に等しい．一般的な非晶高分子の屈折率は1.3～1.7の範囲にあるが，さらに高い屈折率をもつ高分子材料がレンズや反射防止膜，透明導電フィルム(タッチパネル)に利用されている．非晶に比べて結晶は高い屈折率をもつので，結晶性高分子は可視光を散乱し，半透明から不透明になることが多い．

結晶化度
教科書p.175-178

固体状高分子のうちの結晶部分の割合である．結晶化度は高分子の分子構造，結晶化の条件(外力，冷却速度，結晶化温度や時間など)によって変化し，結晶化度や結晶部分のサイズ，形，配向などとともに，高分子の物性に影響する．結晶化度の決定には，密度測定，X線回折測定，示差走査熱量分析，赤外吸収スペクトル測定，固体NMR測定などが用いられる．

原子間力顕微鏡(AFM)
教科書p.162, 173, 225

試料の表面と探針の原子間に働く力を検出して画像を得る仕組みの顕微鏡で，絶縁性試料の測定が可能，蒸着などの前処理が不要，大気中や液体中で観察が可能などの特徴をもつ．空間分解能は短針の先端の大きさ(数nm程度)に依存し，原子レベルの分解能があり，結晶中や固体表面の分子の配列が直接観察されている．表面の微細な凹凸形状の観察だけでなく，材料表面材料の粘弾性，電気伝導性，熱伝導性などを微細な領域で評価することもできる．

シータ溶媒
教科書p.150

溶液中の高分子鎖は，シータ溶媒中(あるいはシータ温度)では排除体積効果が働かない状態にあり，このような高分子鎖を非摂動鎖と呼ぶ．理想鎖の二乗平均末端間距離や二乗平均回転半径は，いずれも非摂動鎖に対するものである．実際の高分子は，良溶媒中で溶媒と相互作用を生じ，シータ状態に比べて広がった状態をとっている．そのときの広がり(膨張)の程度を膨張因子αと呼び，$\alpha^2 = \langle r^2 \rangle / \langle r^2 \rangle_0$で表される．

射出成形
教科書p.183–184

ペレットや粉末状の高分子をスクリューでかき混ぜながら加熱して溶融させた後，高圧力で金型内に射出充てんし，圧力をかけたままで冷却固化させてから取り出す成形方法である．生産性の高い成形法の1つで，日用品の加工に使われる．熱可塑性高分子だけでなく，熱硬化性高分子にも適用できる．加圧成形しながら反応を行わせて成形する方法を特に反応射出成形という．高分子に用いられる他の成形方法として，押出成形，圧縮成形，ブロー成形，インフレーション成形，カレンダー成形などがある．

単位胞
教科書p.160

単位格子とも呼ばれる．結晶中の格子点がつくる平行六面体のうち，構造単位として選ばれた最小の大きさの結晶格子のこと．単位胞は結晶構造の周期パターンの基本単位であり，結晶構造は単位胞を三次元的に隙間なく埋めつくしたものである．単位胞の頂点から伸びる3つのベクトルの大きさ(a，b，c)および単位ベクトルがなす角度(α，β，γ)を格子定数と呼ぶ．

特性比
教科書p.147–149

実在する高分子鎖の二乗平均末端間距離$\langle r^2 \rangle$は，$\langle r^2 \rangle = Cnb^2$と表すことができ，この係数$C$を特性比と呼ぶ．高分子の種類ごとに固有の値をとり，個々の高分子鎖の特性を反映するパラメータである．C_∞あるいはC_nと表記されることが多い．ここで，nは結合数，bは結合長である．排除体積効果がないとき，この式のnが大きな高分子鎖の$\langle r^2 \rangle$の分布関数がガウス関数で表せることから，上記の式に従う高分子鎖はガウス鎖と呼ばれる．

二乗平均
教科書p.147

データや変数を二乗した値の算術平均のことであり，その平方根を二乗平均平方根と呼ぶ．統計値の二乗をとることで，量の大きさの平均値を二乗平均平方根として得ることができ，この手法は物理や工学などの分野でよく用いられる．溶液中の高分子鎖の広がりを表す末端間距離や回転半径は，それらの二乗平均あるいは二乗平均平方根で表される．

伸びきり鎖
教科書p.171, 179

ポリエチレンなどの屈曲性の高分子鎖は結晶中で，折りたたみ鎖を含むラメラ構造をとる．結晶性高分子を延伸すると，折りたたまれていた分子鎖が延伸方向に沿って配列し，高分子は伸びきり鎖に近い構造をとる．超高分子量のポリエチレンの準希薄溶液の紡糸(ゲル紡糸)によって高強度繊維が得られている．屈曲性高分子と異なり，剛直高分子は結晶中で伸びきり鎖に近い構造をとることがある．

排除体積効果
教科書p.149

高分子鎖が希薄溶液中で糸まり状の形態をとるとき，高分子鎖の繰り返し構造のある部分(セグメント)がすでに存在している場所を高分子鎖の別のセグメントが同時に占有することができない．そのため，実在鎖としての高分子の糸まりが占める体積は，理想鎖に比べて必然的に大きくなる．シータ状態では見かけ上排除体積効果が消え，高分子鎖は理想鎖としてふるまう．

理想鎖
教科書p.148

ガウス鎖(統計鎖)とも呼ばれる．高分子鎖をモデル化したものとして，酔歩理論に基づく自由連結鎖や結合角の制限を加えた自由回転鎖があり，そこに加えて内部回転角のポテンシャルエネルギーを考慮したモデルが理想鎖である．排除体積効果や分子間の相互作用を考慮しない高分子鎖(非摂動鎖)の形態を示すものとして，末端間距離や回転半径，散乱関数などが数式で表される．

第6章　高分子の固体物性

[教科書の目次]

[第6章で押さえておきたいこと]

・高分子固体の熱的物性
・ガラス転移の特徴
・高分子固体の力学的物性
・高分子表面の性質

本章では，固体としての高分子の物性に関して学ぶ．物性に関する知見は，新しい材料開発を行ううえで特に重要となる．熱的性質のうち，ガラス転移という現象は高分子特有の特性をよく表すものである．また，高分子固体の表面近傍の性質がバルクのそれとは著しく異なることを理解しておくことが，材料設計の際にも重要である．高分子の固体物性を学ぶときには，分子レベルの化学構造と巨視的な物理現象との関連を常に念頭に置くことで理解を深めてほしい．

6.1　高分子の熱的性質

ポイント

- 高分子の化学構造や結晶構造と融点の関係
- 高分子の化学構造とガラス転移温度の関係
- 物理的耐熱性(熱変形温度)と化学的耐熱性(熱分解温度)

[例題6.1]
教科書p.189−199

次の文章の空欄［①］〜［⑧］に当てはまる語句を下の語群から選びなさい．また，空欄［A］に当てはまる式を答えなさい．

結晶性の高分子物質をゆっくり冷却して得られた固体を，低温から加熱していくと，温度上昇とともに［①］状態にあった非晶部分が軟化し［②］状態となる．ここで，自由体積変化の温度依存性が［③］大きくなる温度はガラス転移温度T_gと呼ばれ，一般にT_gの前後で比熱は［④］し，弾性率は［⑤］する．さらに温度上昇を続けると，結晶部分が融解し，この温度は［⑥］と呼ばれる．高分子の融解の［⑦］変化をΔH，融解の［⑧］変化をΔSとすると，T_m＝［A］と表される．

［**語群**：一定，液晶，エンタルピー，エントロピー，ガラス，ギブズエネルギー，結晶，減少(低下)，ゴム，最大化，昇華，徐々に，増大(上昇)，軟化点，不連続に，分解点，融点］

[解答]

①ガラス，②ゴム，③不連続に，④増大(上昇)，⑤減少(低下)，⑥融点，⑦エンタルピー，⑧エントロピー，A：$\Delta H/\Delta S$

[例題6.2]
教科書p.188の演習問題6.1

非晶高分子を高温から冷却して固化させた際の体積と温度の関係を図示し，説明しなさい．

[解答]

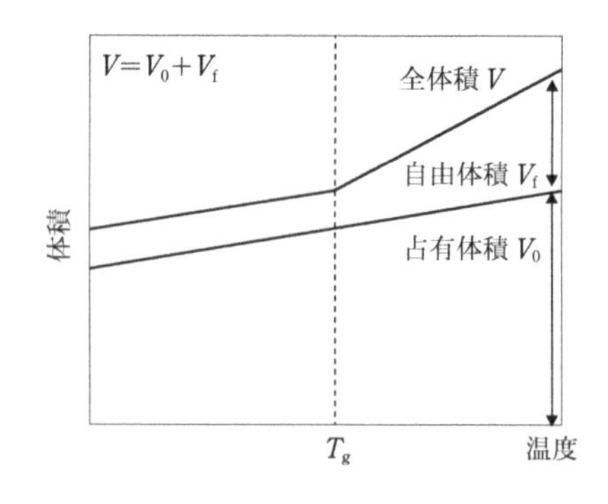

非晶高分子は，ガラス転移温度T_g以上よりずっと高温の領域では，全体が流動している．ある温度になると分子間の絡み合いが固定化され，分子鎖の重心は移動せずに，主鎖がミクロブラウン運動するゴム状領域を示すようになる．T_g以上に相当するこれらの温度領域では，分子鎖の隙間の体積である自由体積V_fは，温度に応じて直線的に変化(温度が低下すると自由体積が減少)する．T_g以下の領域では，主鎖のミクロブラウン運動が凍結され，動きやすい部分，例えば，側鎖全体の回転や側鎖末端の置換基の回転などがそれぞれの運動性に応じて凍結されるようになる．T_g以下では，全体積Vのうちで占有体積V_0(分子自身が占める体積)の割合は，約2.5%で一定である．

[例題6.3]
教科書p.198–199,
p.188の演習問題5.4

ポリ塩化ビニルのガラス転移温度(87°C)を30°Cにするための方法を2種類示しなさい．また，ガラス転移温度が異なるポリ塩化ビニルの一般的な名称や用途について具体的に説明しなさい．

[解答]

方法1：ポリ塩化ビニルに可塑剤を添加する．フタル酸オクチルの添加量に応じて，ポリ塩化ビニルのガラス転移温度は低下する．

方法2：ポリ塩化ビニルを合成する際に，ガラス転移温度を下げる効果のあるモノマーをラジカル共重合する．塩化ビニルは非共役モノマーであるので，アルキルビニルエーテルなどの非共役モノマーを共重合に用いるとよい．

名称や用途：室温で柔らかく変形しやすいものは軟質ポリ塩化ビニルと呼ばれ，包装材や合成皮革，血液バッグなどに利用されている．一方，高いガラス転移温度をもつものは硬質ポリ塩化ビニルと呼ばれ，水道管，建築資材などに用いられている．

基本問題

[基本問題6.1]
教科書p.189–190

右の図に示す溶融紡糸後に氷水中で急冷したポリエチレンテレフタレート(PET)繊維のDSC曲線に関して，以下の問に答えなさい．

(1) このDSC曲線からガラス転移温度T_g，結晶化温度T_c，融点T_mを求めなさい．

(2) このPET繊維について，①延伸するのに適した温度領域，②熱処理するのに適した温度領域，③再び紡糸するのに適した温度領域をA～Dの中からそれぞれ1つずつ選びなさい．

(3) PETの繰り返し単位に含まれる炭素数を変化させずに，芳香族を脂肪族の構造に置き換えた場合に予想される物性変化を，その理由とともに説明しなさい．

[基本問題6.2]
教科書p.176–177

右の図はポリスチレンを急冷した試料および徐冷した試料のDSC曲線である．以下の問に答えなさい．

(1) 急冷した試料のDSC曲線からT_gを求めなさい．

(2) 両者の曲線の違いについて，温度とエンタルピーの関係から説明しなさい．

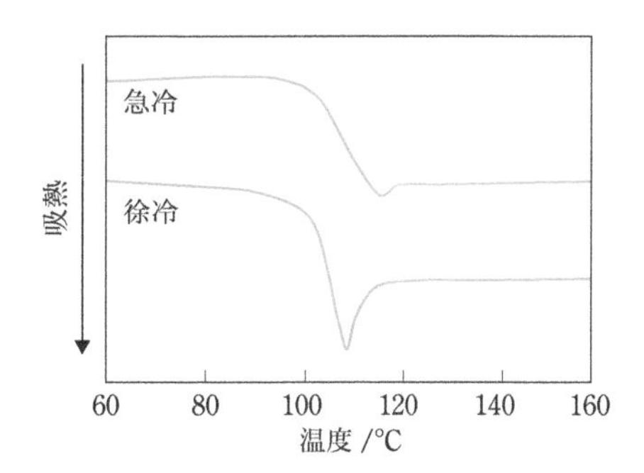

[基本問題6.3]
教科書p.194–196

非晶高分子について，ガラス転移温度T_g付近の温度域における①比容・エンタルピー，②弾性率・屈折率，③定圧比熱・熱膨張率・誘電率の変化をそれぞれ模式的に図示しなさい．

[基本問題6.4]
教科書p.190－192

下の表は，*m*-および*p*-ベンゼンジアミンと*m*-および*p*-ベンゼンジカルボン酸(フタル酸)を組み合わせて生成する4種類の全芳香族ポリアミド(主鎖がベンゼン環とアミド結合のみから構成されているポリアミド，アラミドとも呼ばれる)に対するガラス転移温度T_gおよび融点T_mである．以下の問に答えなさい．

	m-ベンゼンジカルボン酸(*m*-フタル酸)		*p*-ベンゼンジカルボン酸(テレフタル酸)	
	T_g / K	T_m / K	T_g / K	T_m / K
m-ベンゼンジアミン	543	703	563	743
p-ベンゼンジアミン	573	743	793	873

(1) 表に示した全芳香族ポリアミドの置換基の位置が，T_mにどのように影響しているかを示し，その理由について融解エンタルピー変化から説明しなさい．
(2) T_gとT_mの関係を説明しなさい．
(3) *p*-ベンゼンジアミンと*p*-ベンゼンジカルボン酸から得られる全芳香族ポリアミドのT_gおよびT_mは，4種類の異性体の中で最も高い値を示す．高分子の基本骨格を変えずに，これらの値を低下させる方法をあげなさい．

[基本問題6.5]
教科書p.175, 192－193

右の図に関して，以下の問に答えなさい．

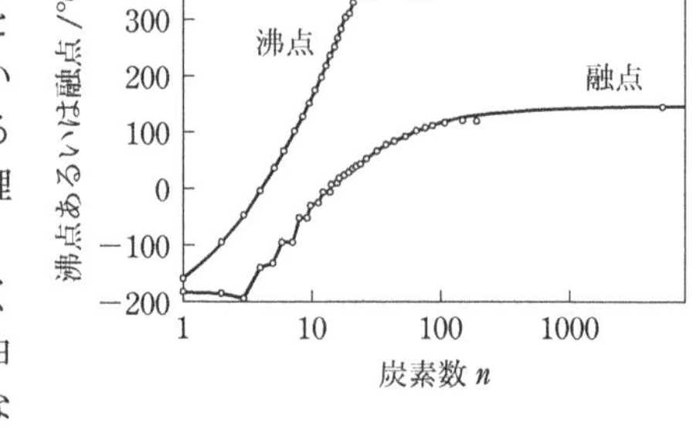

(1) 飽和炭化水素$H(CH_2)_nH$の炭素数nと沸点(1 atm)の関係を示す曲線において，Aは曲線の終点である．nがある値以上になるとデータが得られない理由について簡潔に述べなさい．
(2) 融点を示す曲線において，nが大きくなると融点は一定の値に収束する理由について，次の用語を用いて説明しなさい．
[結晶，折りたたみ，ラメラ]
(3) 次の用語を用いて，高密度ポリエチレンの透明性が低いことを説明しなさい．
[結晶，密度，散乱]

[基本問題6.6]
教科書p.195

次の文章の空欄[①]～[⑤]に当てはまる語句を，下の語群から選びなさい．

高分子物質は，融体からある条件で冷却すると，[①]状態を経て，凍結してガラス状態となる．溶融状態とガラス状態の間の変化を一般にガラス転移という．この転移の本質は凍結現象であり，時間に依存する[②]の1つである．高分子物質のガラス転移は，[③]の凍結および解放に起因する転移であり，ガラス状態は[④]状態にあることを意味する．また，高分子末端の存在はガラス転移に影響するが，[⑤]が十分大きくなるとガラス転移温度は一定値となることが知られている．

[**語群**：加熱速度，過飽和，過冷却，緩和現象，結晶化，鎖末端間距離，重心移動，セグメント運動，体積，非平衡，不連続，分子量，ニュートン運動，平衡，融解現象，冷却速度]

[基本問題6.7]
教科書p.199−200

下の図は二軸延伸された市販のPETフィルムに一定応力を付加した状態での熱機械曲線である．以下の問に答えなさい．

(1) 熱機械曲線(挿入図)から熱変形温度を求め，その前後での線熱膨張係数を定量的に評価しなさい．

(2) 測定条件が熱機械曲線に及ぼす影響について説明しなさい．

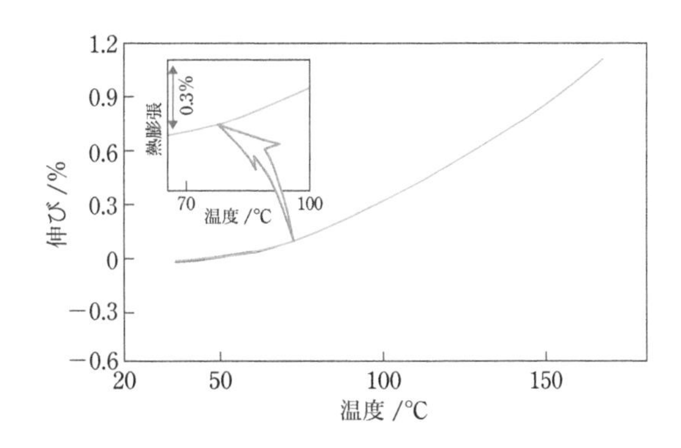

[基本問題6.8]
教科書p.189−203

次の文章を読み，以下の問に答えなさい．

結晶性高分子固体には，結晶領域と非晶領域が含まれる．高分子固体を加熱すると，非晶領域のセグメントが凍結状態から解放される緩和現象が見られ，(A)この温度をガラス転移温度と呼ぶ．さらに加熱すると，結晶領域で融解が起こり，この温度を融点と呼ぶ．(B)非晶領域のみで構成される高分子は融点を示さない．

(1) 下線部(A)について，ガラス転移温度で変化する物性を3つあげなさい．

(2) 下線部(B)に当てはまる高分子は，日用品に適した汎用プラスチックとして日常生活でよく用いられている．次の高分子群の中から，下線部(B)に当てはまる高分子を1つ選び，他の結晶領域を含む高分子と比較して，どのような特徴をもっているかを述べなさい．
[**高分子群**：アタクチックポリスチレン，イソタクチックポリプロピレン，シンジオタクチックポリスチレン，低密度ポリエチレン，ポリテトラフルオロエチレン，ポリビニルアルコール]

(3) 下の表は*cis*-1,4-ポリイソプレンと*trans*-1,4-ポリイソプレンの融解エンタルピーΔH_mと融解エントロピーΔS_mの値を示したものである．それぞれの融点を求め，融点の違いが生じる理由を述べなさい．

高分子	ΔH_m / kJ mol^{-1}	ΔS_m / J K^{-1} mol^{-1}
cis-1,4-ポリイソプレン	4.40	14.0
trans-1,4-ポリイソプレン	12.7	37.0

[基本問題6.9]
教科書p.192−194

trans-1,4-ポリブタジエンは昇温により71°CでI型からII型へ結晶転移し，さらに昇温すると130°Cで融解する．I型結晶，II型結晶，融体の自由エネルギーの温度依存性と予想されるDSC曲線を図示し，この現象を説明しなさい．

[基本問題6.10]
教科書p.197－198

ガラス転移温度T_gの分子量M_n依存性は次の式で表される．

$$T_g = T_g^{\circ} - \frac{B}{M_n}$$

このことについての物理化学的解釈を述べなさい．ただし，T_g°は$M_n = \infty$(分子末端の影響が無視できる)の高分子に対するT_g，Bは高分子の種類に依存する定数である．

[基本問題6.11]
教科書p.198

フタル酸オクチルは，ポリ塩化ビニルとよく混ざり，混合物中で結晶化せず，揮発性も低いという性質を利用して，ポリ塩化ビニルの可塑剤としてよく用いられている．ポリ塩化ビニルのガラス転移温度を室温(25℃)まで下げるためには，フタル酸オクチルをどれだけ添加する必要があるかを，Foxの式を用いて計算しなさい．ここで，ポリ塩化ビニルとフタル酸オクチルのガラス転移温度はそれぞれ87℃と－86℃とする．

応用問題

[応用問題6.1]

結晶性高分子のガラス転移，結晶化，結晶の融解，熱分解現象は，示差走査熱量分析(DSC)(あるいは示差熱分析(DTA))においてそれぞれどのような挙動として表れるかについて，概略図を用いて説明しなさい．

[応用問題6.2]
教科書p.194－196

非晶高分子に関する以下の問に答えなさい．

(1) 直鎖状の非晶高分子について，弾性率の温度依存性を図示し，分子運動との関係を説明しなさい．

(2) 非晶高分子(低分子量，高分子量)，架橋した非晶高分子，熱処理を施した結晶性高分子の弾性率の温度依存性を模式的に図示しなさい．

[応用問題6.3]
教科書p.192－194

ポリエチレンオキシドの平衡融点T_m°は66℃である．仮に試料のラメラ厚さが20 nmのときの結晶が46℃で融解したとすると，10 nmのラメラ厚みをもつ結晶の融点を予測しなさい．

[応用問題6.4]

スチレン(S)とブタジエン(B)の共重合により，－50℃にガラス転移温度T_gを示す共重合体を合成したい．Foxの式を用いて，SとBの仕込み重量比を求めなさい．また，SとBの共重合体の工業的な利用法について述べなさい．なお，SとBのホモポリマーのT_gは，それぞれ100℃，－85℃とする．

[応用問題6.5]

メタクリル酸メチル(MMA)とアクリル酸2-エチルヘキシル(2EHA)のランダム共重合に対して，生成する共重合体のガラス転移温度T_gが－50℃となるようなモノマーの組成(重量比)を考えなさい．また，アクリル酸(AA)を5 wt%加えて，三元共重合とした場合の組み合わせも考えなさい．ただし，MMA, 2EHA, AAのホモポリマーのT_gをそれぞれ105, －70, 105℃とする．

[応用問題6.6]

ある結晶性高分子を溶融状態からガラス転移温度と融点の中間に位置する温度まで直ちに冷却した後，その温度で保持して試料Aを作製した．同様に，溶融状態からガラス転移温度以下の温度まで直ちに冷却した後，その温度で保持して試料Bを作製した．以下の問に答えなさい．

(1) 試料Aと試料Bの結晶化度の違いはどのように予測できるかを理由とともに答えなさい．

(2) 試料Bの熱的性質に関して，十分低温から溶融状態になるまでの温度範囲で示差走査熱量分析(DSC)を用いて調べたときに予想される結果の概略図を示し，特徴を説明しなさい．

(3) 偏光顕微鏡を用いて直交ニコル(クロスニコル)条件下で試料Aを観察すると，同心円状の縞模様が観察された．縞模様が観察された理由を説明しなさい．

(4) 試料Aと試料Bの弾性率の温度依存性を比較したとき，どのような違いがあると考えられるか．理由とともに述べなさい．

[応用問題6.7]
教科書p.188の演習問題6.2

高分子の耐熱性に関して，熱分解温度，融点，熱変形温度，ガラス転移温度が指標となる応用例をそれぞれあげなさい．

発展問題

[発展問題6.1]

下の図は，100%非晶，100%結晶および部分結晶性の高分子について，体積V，比熱C_p，弾性率Gが温度に対してどのように変化するかを仮想的に示したものである．これらの変化についてそれぞれ説明しなさい．

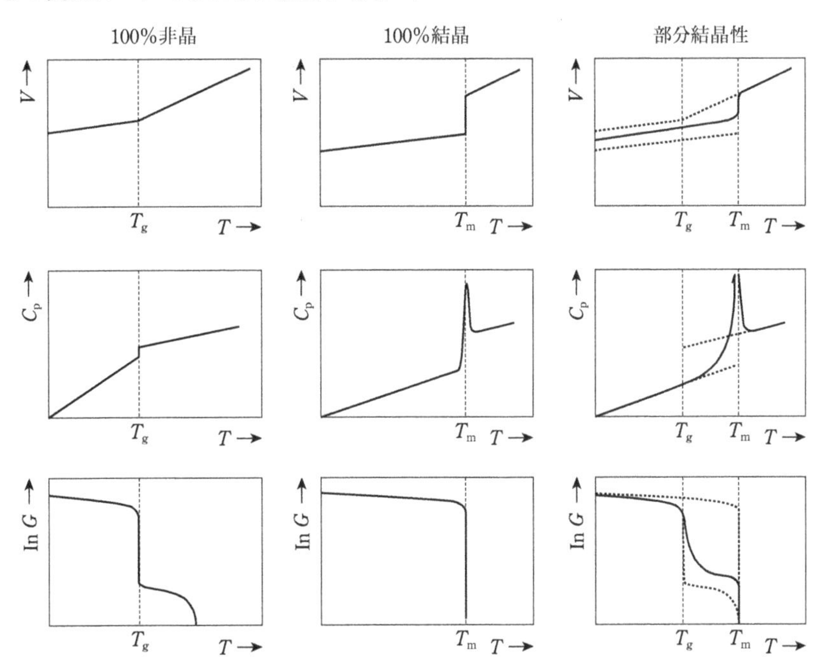

[発展問題6.2]
教科書p.198

Foxの式は，2成分系共重合体の組成とガラス転移温度T_gの関係について，経験的に導き出されたものである．Foxの式以外に，例えば，Gordon-Taylorの式，Barton-Johnstonの式，Kelly-Buecheの式などが提案されている．これらの式の違いを調べて，特徴を比較しなさい．

6.2　高分子の力学的性質，6.3　高分子の粘弾性，6.4　重ね合わせの原理

ポイント

- 引張り変形と応力ーひずみ曲線
- 弾性変形，弾性率，破断強度，破断ひずみ
- 複合材料，繊維強化プラスチック
- 高分子の粘弾性，応力緩和，クリープ
- 時間ー温度重ね合わせの原理

［例題6.4］　右の図は，高分子材料を一定速度で引張ったときの応力ーひずみ曲線である．空欄 A ～ E に当てはまる語句を答え，それぞれの語句について高分子材料の特性との関係を説明しなさい．

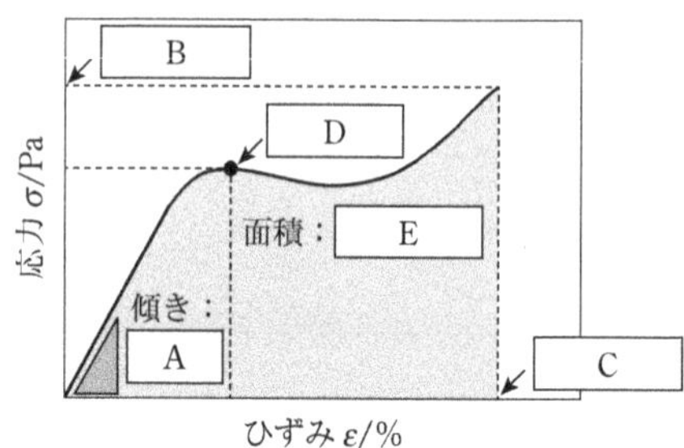

［解答］　A：弾性率(ヤング率)．変形の初期には応力σとひずみεの間に直線関係が見られ，この初期勾配を引張り弾性率という．弾性率の単位は応力と同じPaとなる．直線関係が成立する範囲では，材料は弾性変形を示す．

B：破断強度(引張り強度)．破断強度が降伏点(D)での応力より小さい場合には，降伏点での強度が引張り強度となる．破断強度が大きい材料は高強度材料といえる．

C：破断伸び(破断ひずみ)．破断時の伸びのこと．一般に高弾性率材料の破断伸びは小さく，逆に破断伸びが大きい材料の弾性率は低いことが多い．

D：降伏点．初期の弾性変形の限界を越えると塑性変形が起こり始め，降伏点以降では小さい応力で変形が起こり，図のような曲線となる．応力が極大を示す点を降伏点と呼び，そのときの応力とひずみをそれぞれ降伏応力，降伏ひずみと呼ぶ．

E：破壊エネルギー(靱性エネルギー)．図のσ−ε曲線と横軸(ひずみ軸)で囲まれる面積は，材料の破壊に必要なエネルギーに相当し，材料の強靱性の指標となる．

［例題6.5］　ヤング率Eと剛性率Gをそれぞれ定義し，両者の関係を説明しなさい．

［解答］　物体が外力によって変形するとき，外力を取り除くと変形が完全に戻る場合を弾性変形と呼ぶ．物体の断面積をS，その断面に加わる力をFとするとき，応力σはF/Sで与えられ，物体の大きさに依存しない．次の図に示すように，伸長変形とせん断変形に対して法線応力と接線応力は，それぞれF_n/SとF_p/Sで定義される．一辺の長さがlの立方体に法線応力を加えて伸長するとき，j($j=1, 2, 3$)方向の伸長はひずみεとして定義され，$(l_j-l)/l$で与えられる．このときの応力とひずみの比σ_n/εが，引張り弾性率(ヤング率)Eである．また，せん断変形に対しては，せん断弾性率(剛性率)Gが用いられる．せん断ひずみγは，$x/l=\tan\theta$で定義され，$G=\sigma_p/\gamma$の関係にある．ポアソン比をνとすると，等方性材料に対しては$E=2G(1+\nu)$の関係が成立する．ポアソン比は変形の際のひずみの異方性を表し，変形前後で体積変化がない場合は，$\nu=0.5$となり，EはGの3倍の値となる．

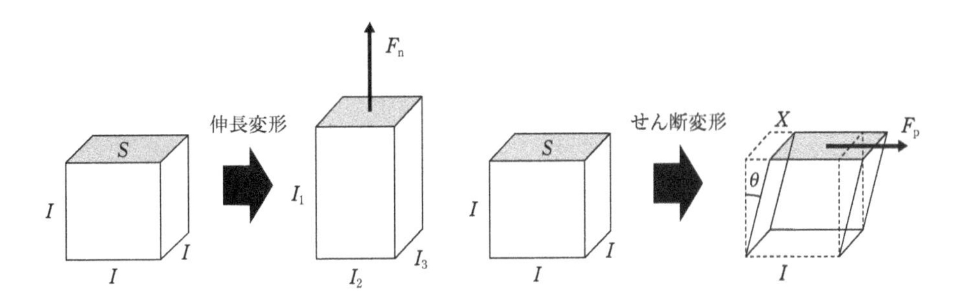

[例題6.6]　次の文章を読み，以下の問に答えなさい．

弾性体は，その応力とひずみの間に［ ① ］関係が成立し，かつ変形を可逆的に行うことができ，この際，エネルギーの［ ② ］をともなわない．一方，粘性体では，変形に必要な応力は［ ③ ］によって決まり，変形に費やしたエネルギーはすべて［ ④ ］に変わる．粘弾性体は，弾性体と粘性体の性質をあわせもち，フック弾性を示すバネと，ニュートン粘性を示すダッシュポットの組み合わせの力学モデルで表すことができる．このうち，バネとダッシュポットを［ ⑤ ］につないだモデルはフォークト(Voigt)モデルと呼ばれる．(A)フォークトモデルは，一定応力を加えたときのひずみ出現の遅れ，すなわち［ ⑥ ］現象をよく表す．もう1つのモデルは，(B)マクスウェル(Maxwel)モデルと呼ばれ，応力緩和の説明に適している．これらとは異なり，(C)粘弾性体に周期的なひずみを加える［ ⑦ ］測定では，正弦波ひずみ$\gamma=\gamma_0 \sin \omega t$を与えたときのひずみと同位相の成分と位相がずれた成分の和として応力が表される．

(1) 空欄［①］～［⑦］に当てはまる語句を答えなさい．
(2) 下線部(A)に関して，フォークトモデルにおいて，時間$t=0$から一定応力σ_0を加え続けたときのひずみγの時間変化を表す式を書きなさい．ただし，ダッシュポットの弾性率をE，ダッシュポットの粘度をη，時間をtとする．
(3) 応力緩和の現象を表すための時間と応力の関係を図で示しなさい．
(4) ωを一定とし，温度を変化させて下線部(A)の測定を行ったところ，貯蔵弾性率E'と損失弾性率E''の比E''/E'がいくつかの温度で最大値を示した．このうち，非晶高分子において最も高温側で観察される温度は一般にどのように呼ばれているか，また，どのような分子運動に基づくものであるかを答えなさい．
(5) 下線部(C)の測定について，測定原理と得られる情報を簡潔に説明しなさい．

[解答]　(1) ① 直線(比例)，②損失(散逸)，③ ひずみ速度，④ 熱，⑤ 並列，⑥ クリープ，⑦ 動的粘弾性

(2) $\varepsilon=\dfrac{\sigma}{E}\left[1-\exp\left(-\dfrac{Et}{\eta}\right)\right]$

(3)

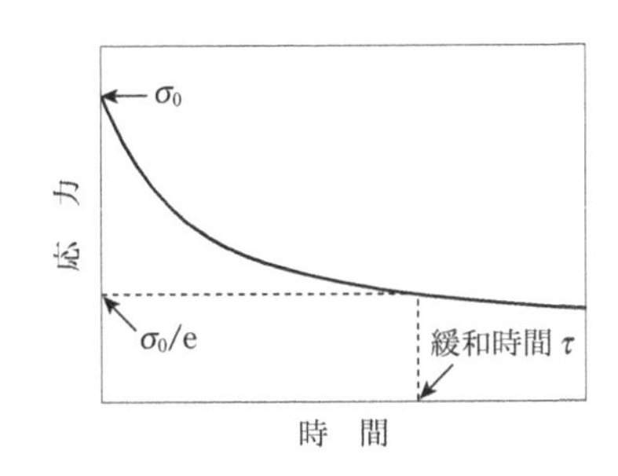

(4) ガラス転移温度，主鎖のミクロブラウン運動

（5）時間によって一定変化（振動）するひずみまたは応力（典型的には正弦波応力など）を，試料に与えることによって発生する応力またはひずみを測定して，試料の力学的な性質を測定する方法．高分子材料の粘弾性の温度や時間依存性を調べることにより，材料の構造や性質を詳しく調べることができる．振動荷重（ひずみ）に対する試料の力学的な性質を温度の関数として測定する熱分析手法の1つでもある．

［例題6.7］　高分子材料のクリープ現象と応力緩和について，それぞれの現象と簡単な原理を説明しなさい．

［解答］　応力緩和は，材料に一定のひずみを与え続けたとき，生じる応力が時間とともに低下していく現象のこと．クリープ現象は，一定の荷重をかけ続けたときにひずみが時間とともに増大していく現象のこと．いずれの現象も，分子レベルで観察すると，コンホメーション変化，分子鎖のすべりや再配置が生じ，エネルギー的に安定な状態に移行している．

基本問題

［基本問題6.12］
教科書p.203−204, p.226の演習問題6.5

右の図はある高分子の室温での引張り試験で得られた応力−ひずみ曲線である．この図より得られる物性値を具体的に数値で示しなさい．また，この高分子はポリメタクリル酸メチルと低密度ポリエチレンのいずれと考えられるか，理由とともに説明しなさい．

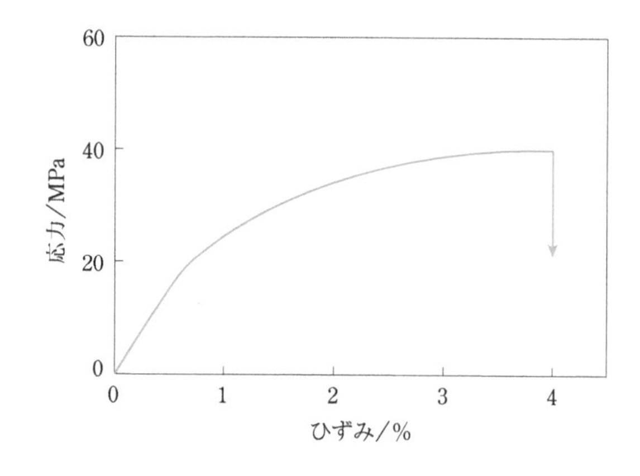

［基本問題6.13］　右の図は，球晶構造を有する結晶性高分子フィルムの引張り試験の結果である．以下の問に答えなさい．

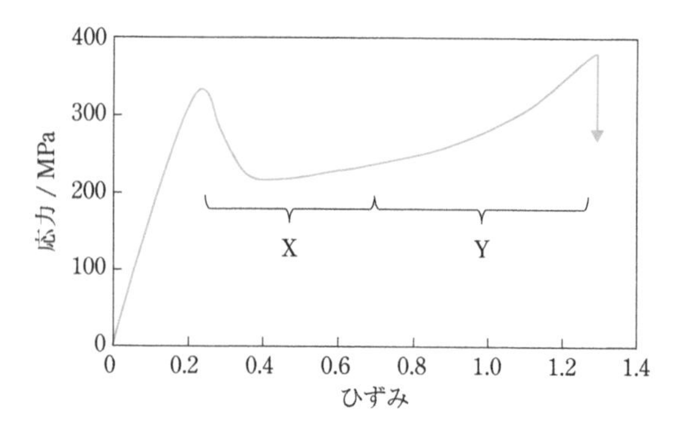

（1）図より弾性率，降伏応力，引張り強度，破断伸びを求めなさい．
（2）弾性率を増加させるためにとることができる手段を2つあげなさい．また，弾性率以外に，その手段により増加する物性をあげなさい．
（3）図中，Xの範囲で応力が低下している．また，Yの範囲で応力が再び上昇している．これらの理由を説明しなさい．
（4）Yの範囲を経た後で試料を引張り試験機からいったん取り外した．その後，改めて引張り試験を行ったとき，最初のフィルムと比較して，増加する物性値をあげなさい．

[基本問題6.14]

高分子材料の伸長変形に対する引張り弾性率(ヤング率)Eとせん断変形に対するせん断弾性率(剛性率)Gをそれぞれ定義しなさい．また，ポアソン比が0.5の場合のEとGの関係を示しなさい．

[基本問題6.15]
教科書p.209

ポアソン比を定義し，材料の変形とどのような関係があるかを説明しなさい．

[基本問題6.16]
教科書p.209,
p.226の演習問題6.4

角柱状(10.0 mm × 10.0 mm × 100 mm)の高分子($M_w > 10^6$, $T_g = 100$℃)を長手方向に10.0%引張り変形させた．この高分子のポアソン比は25℃で0.300である．以下の問に答えなさい．

(1) 25℃での変形にともない，各辺の長さはどのように変化するか，計算しなさい．ただし，弾性変形を仮定する．

(2) 同じ材料を120℃で同じように変形させた場合の各辺の長さを推定し，その理由を説明しなさい．

[基本問題6.17]

高分子の動的粘弾性測定で得られる貯蔵弾性率，損失弾性率およびその損失正接について，図を用いて説明しなさい．

[基本問題6.18]

粘弾性挙動を説明するためのモデルについて，以下の問に答えなさい．

(1) マクスウェルモデルにおいて，粘度ηは一定で，弾性率Eだけが異なる場合，応力緩和曲線はどのように変化するかを図示しなさい．また，このときの緩和時間の変化について説明しなさい．

(2) (1)の条件で，$E = 100$ Pa，$\eta = 20$ Pa·sとしたとき，このモデルの緩和時間τを求めなさい．

(3) フォークトモデルにおいて，ひずみを一定として，時間依存性が観察されないとき，応力の変化について説明しなさい．

[基本問題6.19]

高分子の力学特性は，時間－温度換算則を用いると，限られた温度領域や周波数領域で得られた実験データから，幅広い条件領域で統一的に取り扱えるデータの形に変換することができる．右の図はポリイソブチレン融体の弾性率の時間依存性の実験データである．以下の問に答えなさい．

(1) 図に示すさまざまな温度で測定した弾性率のデータについて，弾性率の時間(周波数)依存性ならびに温度依存性を説明しなさい．

(2) 図に示すデータを用いて，マスターカーブを作成する手順を説明しなさい．ただし，基準温度T_rを25℃とする．

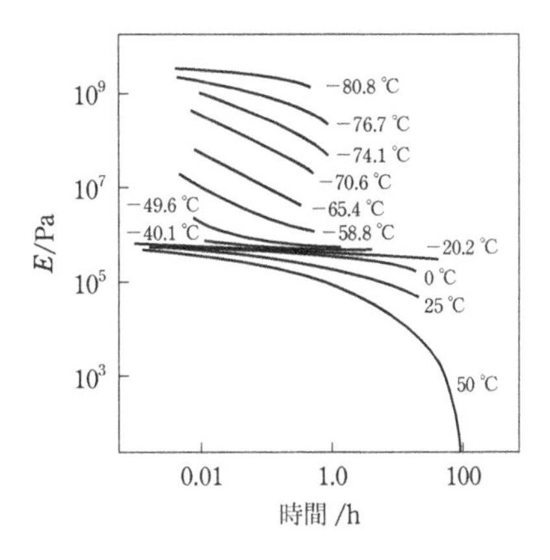

[A. V. Tobolsky, *J. Colloid Sci.*, **10**, 375 (1955)]

[基本問題6.20]

シフトファクターa_Tの温度依存性を示す次のWilliams-Landel-Ferry式(WLF式)は，非晶高分子の粘弾性データのマスターカーブを作成する際に有用である．

$$\log a_T = -\frac{C_1(T - T_r)}{C_2 + (T - T_r)}$$

ここで，C_1とC_2は定数，T_rは基準温度である．

粘弾性挙動の力学モデルで，時間の尺度となる緩和時間τはバネの弾性率Eとダッシュポットの粘度ηとの比η/Eであり，Eの温度変化が無視できるときには次の式が成立し，a_Tをηの比に置き換えることができる．

$$a_T = \frac{\tau(T)}{\tau(T_r)} = \frac{\eta(T)}{\eta(T_r)}$$

以下の問に答えなさい．

（1）T_rを100℃とするとき，ある分子量Mをもつポリスチレンの150℃における溶融粘度に対する$\log a_T$の値を求めなさい．ただし，$C_1 = 13.7$，$C_2 = 50$とする．

（2）ポリスチレンの分子量を1.2倍に変更したとき，変更前のポリスチレンと同じ溶融粘度を得るには何℃にすればよいかを計算しなさい．ただし，ηは$M^{3.4}$に比例するものとする．

［基本問題6.21］

複合材料において，充てん剤（フィラー，f）成分とマトリックス（m）成分に力学的に並列モデル，直列モデルが成立するとき，弾性率Eがそれぞれ次式で表されることを示しなさい．ただし，ϕ_fはフィラーの体積分率であり，それぞれの成分についての値は添え字fおよびmにより表すとする．

①フィラーとマトリックスが力学的に直列に配列した場合：

$$\frac{1}{E} = \frac{\phi_f}{E_f} + \frac{1-\phi_f}{E_m}$$

②フィラーとマトリックスが力学的に並列に配列した場合：

$$E = E_f\phi_f + E_m(1-\phi_f)$$

［基本問題6.22］

フォークトモデルにおける応力σとひずみε，弾性率E，粘度ηの関係式は次の式で表される．この微分方程式を解きなさい．

$$\sigma = E\varepsilon + \eta\frac{d\varepsilon}{dt}$$

［基本問題6.23］
教科書p.212-214

高分子材料に一定のひずみεを与えたとき，材料にかかる応力σは時間とともにどのように変化するかを図示し，この現象をバネとダッシュポットを組み合わせて用いたモデルで説明しなさい．同様に，高分子材料に一定のσを与えたときのεの時間変化を図示し，説明しなさい．

［基本問題6.24］
教科書p.226の演習問題6.3

右の図に示すバネとダッシュポットが組み合わされた3要素モデルについて，以下の問に答えなさい．

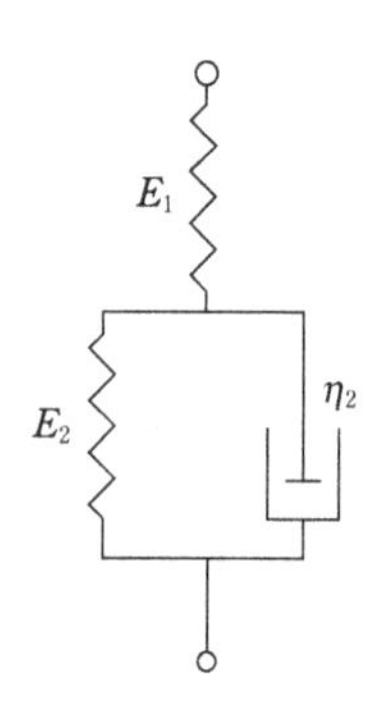

（1）一定応力σ下でのひずみεの時間変化を図示しなさい．ただし，時間$t=0$において応力σを加え，$t=t_1$においてこの応力を取り除くものとする．

（2）$\sigma = 100$ MPa，$E_1 = 10$ GPa，$E_2 = 1$ GPa，並列部の緩和時間を100秒としたとき，100秒後におけるひずみε_1を求めなさい．

（3）上のモデルにおいて，$\sigma = 100$ MPaを100秒加えた後，σを200 MPaに増加して，さらに100秒（合計200秒）経過した後のひずみを求めなさい．

応用問題

[応用問題6.8] 引張り強度が7 GPaの高弾性率繊維の端を持って引張り上げたとき，自重で切断することなく引き上げられる最長の繊維長を求めなさい．ただし，繊維の密度は1.0 g cm^{-3}，重力加速度は9.8 m s^{-2}とする．

[応用問題6.9] 複合材料の力学物性が右の図のようにモデル化できるとき，全体の弾性率E_cを求めなさい．ただし，充てん材，マトリックスの弾性率をそれぞれE_f, E_m，充てん材の体積分率を$\phi_f = a \times (1-b)$とする．

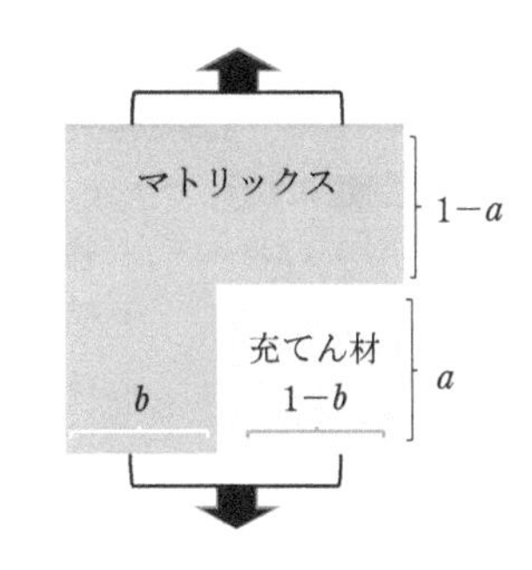

[応用問題6.10] 時間$t=0$において一定の応力σ_0を加えたときに生じるひずみ$\gamma(t)$を表すマクスウェルモデルとフォークトモデルを用いて，粘弾性液体と粘弾性固体の違いを説明しなさい．ただし，σ_0を加える前のバネとダッシュポットのひずみは0とする．

[応用問題6.11] 右の図は高分子の粘弾性挙動を示している．$E(t)$は緩和弾性率，tは時間である．以下の問に答えなさい．

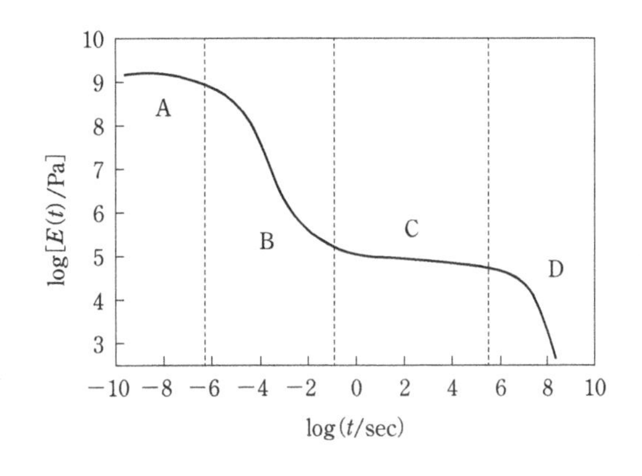

(1) AからDの各領域における高分子鎖の運動を簡潔に説明しなさい．

(2) Cの領域からDの領域に移行する時間は，高分子の分子量が増大するとどのように変化するか，理由とともに述べなさい．

(3) 架橋高分子に対する粘弾性挙動は図と異なる形状の曲線を与える．どのような違いが生じるかを理由とともに説明しなさい．

[応用問題6.12] 次の文章を読み，以下の問に答えなさい．

固体力学では，固体の性質(弾性)と液体の性質(粘性)をあわせもつ物質を粘弾性体と呼び，その力学挙動の解析には力学モデルがよく使われる．この力学モデルでの構成要素は，バネとダッシュポットである．バネでは，両端にかかる力σとひずみγの間には，$\sigma = E\gamma$が成り立つ．ここで，Eは弾性率と呼ばれる定数である．ダッシュポットでは，両端にかかる応力σとひずみ速度(ひずみεの時間tに関する微分：$\mathrm{d}\varepsilon/\mathrm{d}t$)の間には，$\sigma = \eta(\mathrm{d}\varepsilon/\mathrm{d}t)$が成立する．ここで，$\eta$は粘度と呼ばれる定数である．バネとダッシュポットを直列につないだものをマクスウェルモデルと呼び，バネとダッシュポットを並列につないだものをフォークトモデルと呼ぶ．

(1) マクスウェルモデルで，両端にかかわる応力σとマクスウェルモデル全体のひずみε_Mは，バネの弾性率Eとダッシュポットの粘度ηを用いてどのように表されるかを式で示しなさい．

(2) 同様に，フォークトモデルでは，応力σとフォークトモデル全体のひずみε_Vの関係はどのように表されるかを式で示しなさい．

(3) マクスウェルモデルとフォークトモデルを直列につないだ4つの構成要素からなる力学モデルに関して，全体のひずみ$\varepsilon_{\mathrm{total}}$は，マクスウェルモデル部分のひずみ$\varepsilon_{\mathrm{M}}$とフォークトモデル部分のひずみ$\varepsilon_{\mathrm{V}}$の和，すなわち，$\varepsilon_{\mathrm{total}}=\varepsilon_{\mathrm{M}}+\varepsilon_{\mathrm{V}}$となる．このモデルの片端を固定して，もう一方の端に時間$t=0$で一定の応力σ_0を加えるとクリープが起こる．σ_0を加える前にすべてのバネとダッシュポットのひずみを0とするとき，時間tにおけるε_{M}およびε_{V}をそれぞれ式で示しなさい．また，全体のひずみ$\varepsilon_{\mathrm{total}}$と応力を加えた後の経過時間$t$の関係を図示しなさい．

[応用問題6.13]
教科書p.207–208

C–C原子間のポテンシャル関数$V(r)$として次に示すMorse関数を用い，C–C結合の強度σを概算しなさい．ただし，結合エネルギーをD（=82.6 kcal mol^{-1}），結合の伸縮振動の力の定数をk_1（=4.5 mdyn Å^{-1}），分子断面積をS（=18.2 Å^2）とする．rは結合距離，r_0は平衡結合距離である．

$$\text{Morse関数：}V(r)=D[1-\mathrm{e}^{-a(r-r_0)}]^2$$

[応用問題6.14]
教科書p.213–214

右の図は高弾性率ポリエチレン(PE)とポリビニルアルコール(PVA)にそれぞれ30℃で500 MPaの応力を与えた場合のクリープ曲線である．この曲線について，4要素力学モデルを用いて説明しなさい．ただし，モデルを構成する2つのバネ，2つのダッシュポットのパラメータを定量的に評価すること．

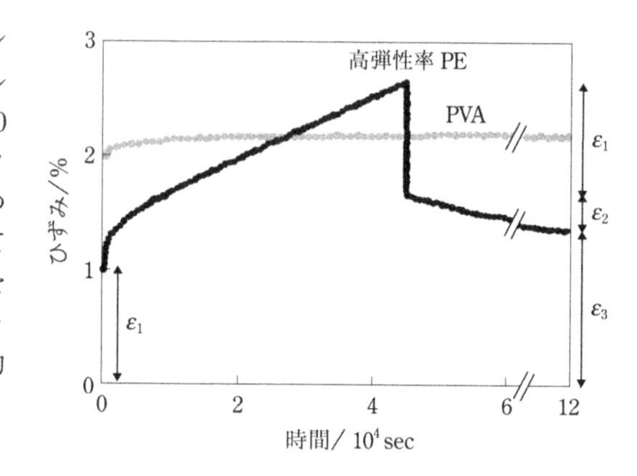

[応用問題6.15]

マクスウェルモデルにおいて，下の図のようにひずみを加えた．このモデルにおけるバネの弾性率はE，ダッシュポットの粘度はηとし，$t_1=2\tau$（τは緩和時間），$\varepsilon_2=1.5\varepsilon_1$とする．このとき，以下の問に答えなさい．

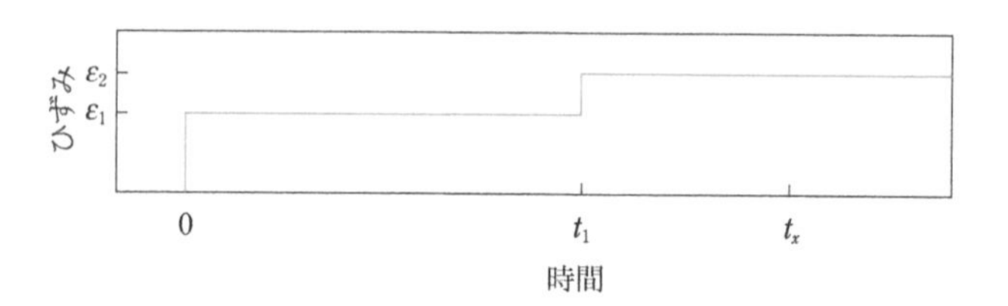

(1) 応力σと時間tの関係を図示しなさい．ただし，図には重要な値を書き入れること．

(2) $t=t_x$のときの応力を計算しなさい．ただし，$t_x=3\tau$とする．

［応用問題6.16］　4要素モデルにおいて，下の図のように引張り応力σ_1に続いて，圧縮応力σ_2を加えた．以下の問に答えなさい．ただし，$t_a = 2\tau$（τは並列部の遅延時間），$\sigma_2 = -0.5\,\sigma_1$とする．

(1) ひずみεと時間tの関係を図示しなさい．

(2) $t = t_x$のときのひずみを計算しなさい．ただし，$t_x = 3\tau$とする．

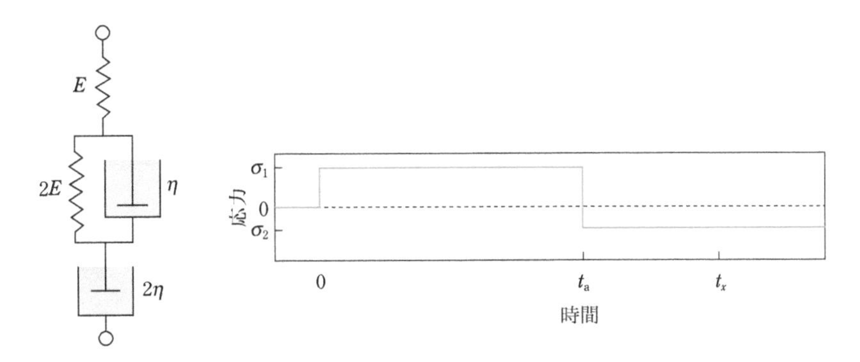

［応用問題6.17］　分子量$M_n = 1.0 \times 10^4$のポリスチレン（PS）をT_g ＋30℃の温度で成形したが，得られた成形物がもろく，力学物性が製品として使用できる基準を満たさなかった．そこで，$M_n = 2.0 \times 10^5$のより高い分子量をもつPSを使用したが，同じ温度条件では成形加工することが不可能であった．以下の問に答えなさい．

(1) 成形加工できなかった理由をあげなさい．

(2) T_gが何℃以上であれば成形加工できると予想されるかについて答えなさい．

［応用問題6.18］　次の文章を読み，以下の問に答えなさい．

高分子融体の粘弾性挙動は，温度に強く依存する．時間のスケールである緩和時間τは，その値に関係なく，温度が基準温度T_r（℃）からT（℃）に変化したとき，a_T倍になる．a_Tは［ ① ］と呼ばれ，T_rをガラス転移温度T_g（℃）としたとき，多くの高分子について次の経験式が成立する．

$$\log a_T = -\frac{17.44(T - T_g)}{51.60 + (T - T_g)}$$

この式は［ ② ］と呼ばれる．弾性率G，粘度ηの粘弾性体のτは［ A ］に等しい．液体ではGの温度変化に比べて，ηの温度変化が圧倒的に大きい．

(1) 空欄［①］と［②］に当てはまる語句，および，空欄［ A ］に当てはまる式をそれぞれ答えなさい．

(2) ある非晶高分子のT_gは10℃であり，26℃でのηは4.0×10^7 Pa·sである．この高分子のηが4.0×10^5 Pa·sになる温度を求めなさい．ただし，ηの温度依存性は上の式に従うものとする．

(3) 粘弾性体に周期的なひずみ$\gamma = \gamma_0 \sin \omega t$を与えると応力$\sigma = G'(\omega)\gamma_0 \sin \omega t + G''(\omega)\gamma_0 \cos \omega t$が生じる．このとき，ひずみ周期1周期の間に粘弾性体になされる仕事Wが$\pi G''(\omega)\gamma_0^2$に比例することを示しなさい．

(4) $G''(\omega)$は動的損失弾性率と呼ばれる．ひずみ1周期の間に，何がどのように失われるのかを説明しなさい．ただし，粘弾性体は等温に保たれているものとする．

[応用問題6.19]　粘弾性液体に関する以下の問に答えなさい．

(1) $\gamma(t)=\gamma_0\cos\omega t$で表される正弦的に振動するひずみ$\gamma(t)$を弾性率$G$のフック弾性体に与えたときに生じる応力$\sigma(t)$は，$\sigma(t)=G\gamma_0\cos\omega t$と表される．ここで，$\omega$は角周波数，$t$は時間である．粘度$\eta$のニュートン粘性体に，同じ振動のひずみを与えたときに生じる応力$\sigma(t)$を式で示しなさい．

(2) 粘弾性液体に振動ひずみを与えたとき，生じる応力はひずみと同じ周波数で振動するが，位相はδだけ進む．応力の振幅をσ_0として，振動ひずみ$\gamma(t)=\gamma_0\cos\omega t$を与えたときに生じる応力$\sigma(t)$を式で示しなさい．

(3) 右の表は，ある粘弾性液体に正弦的な振動ひずみを与えたときの各時間tにおける応力$\sigma(t)$とひずみ$\gamma(t)$の関係である．この粘弾性液体の貯蔵弾性率$G'(\omega)$および損失弾性率$G''(\omega)$を有効数字2桁で求めなさい．ただし，Tは振動の周期である．

$12t/T$	$\gamma(t)$	$\sigma(t)/10^4$ Pa
0	0.000	3.0
1	0.050	5.2
2	0.087	6.0
3	0.100	5.2
4	0.087	3.0
5	0.050	0.0
6	0.000	−3.0
7	−0.050	−5.2
8	−0.087	−6.0
9	−0.100	−5.2
10	−0.087	−3.0
11	−0.050	0.0
12	0.000	3.0

[応用問題6.20]　AとBの2成分からなる共重合体において，成分比が1：1のランダム共重合体とブロック共重合体の弾性率の温度依存性をそれぞれ図示しなさい．ただし，成分A(例えばブタジエン)と成分B(例えばスチレン)のそれぞれのホモポリマーの弾性率の温度依存性は下の図のようであるとし，成分Aと成分Bのホモポリマーは互いに相溶せず，いずれも非晶高分子とする．

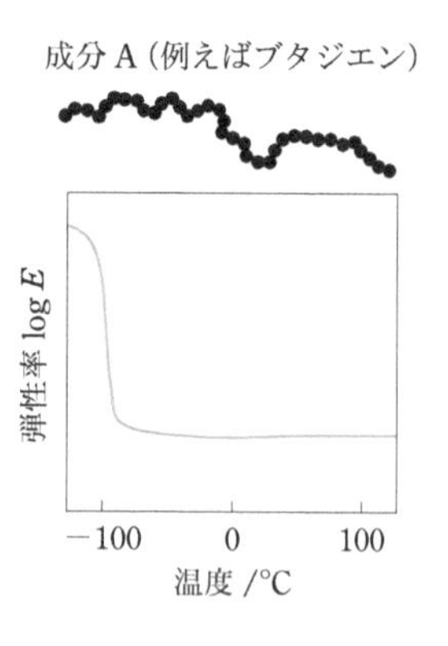

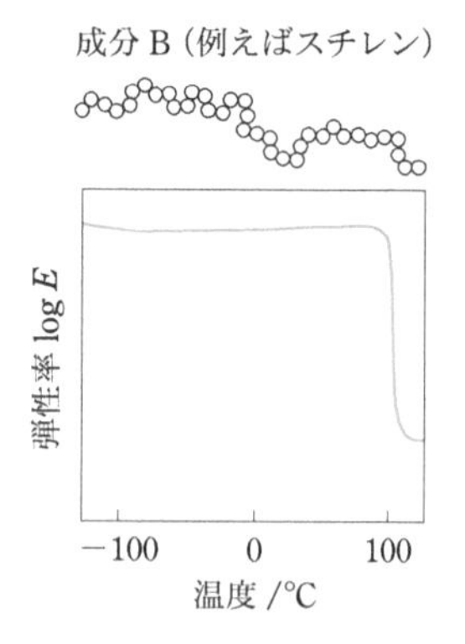

なお，ランダム共重合体のT_gはFoxの式に従うものとする．また，下の図のようにブロック共重合体では各成分が独立した成分としてふるまうのに対して，ランダム共重合体では各成分が混ざり合うことで1つの物質としての性質を示すこととする．

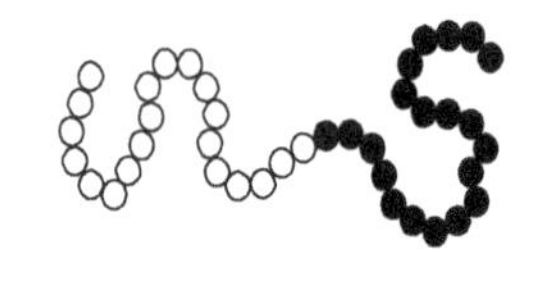

［応用問題6.21］

下の表はナイロン6繊維，ポリ(p-フェニレンテレフタルアミド)繊維およびポリ(m-フェニレンイソフタルアミド)繊維の引張り強度および初期弾性率(ヤング率)である．以下の問に答えなさい．

特性	繊維A	繊維B	繊維C
引張り強度（GPa）	0.67	0.45	2.8
初期弾性率（GPa）	8.0	2.0	130

(1) ナイロン6，ポリ(p-フェニレンテレフタルアミド)，ポリ(m-フェニレンイソフタルアミド)の化学構造式を示しなさい．
(2) 繊維A～Cがそれぞれどの繊維に該当するかを理由とともに答えなさい．
(3) ナイロン6繊維およびポリ(p-フェニレンテレフタルアミド)繊維の代表的な紡糸法をそれぞれ説明しなさい．

［応用問題6.22］

ナイロン6が室温で多くの溶媒に可溶であるのに対し，ポリエチレンは室温では溶媒に溶けない．その理由を説明しなさい．

発展問題

［発展問題6.3］

非晶高分子A(ガラス転移温度$T_{g,A}=100°C$)と非晶高分子B(ガラス転移温度$T_{g,B}=10°C$)に関連するさまざまな共重合体について，以下の問に答えなさい．ここで，共重合体の構成成分である高分子Aと高分子Bの重量組成比は1：1であり，共重合体の分子量は十分に大きいとする．また，高分子Aと高分子Bの密度は等しいとする．
(1) 高分子Aの原料モノマーと高分子Bの原料モノマーの共重合によって得られる共重合体がランダム共重合体であるとき，共重合体のガラス転移温度T_gがFoxの式に従うとして，共重合体のガラス転移温度を求めなさい．
(2) 共重合体がブロック共重合体であるとき，T_gはどのような特徴を示すかを答えなさい．
(3) 高分子Aおよび高分子Bは，ガラス状態での弾性率がそれぞれ1 GPaおよび700 MPaであり，ゴム状態での弾性率がそれぞれ20 MPaおよび10 MPaである．ここで，弾性率の温度依存性はないものとする．共重合体がブロック共重合体であり，かつ相分離している場合，直列モデルと並列モデルを用いて60°Cにおける共重合体の弾性率をそれぞれ求めなさい．

［発展問題6.4］
教科書p.205‐206

高分子中に粒子が分散した複合材料に対して，その弾性特性を高分子マトリックスの弾性特性と分散粒子の弾性特性と関係づける最も単純なモデルとして，直列モデルと並列モデルが考えられる．直列モデルでは高分子マトリックスと分散粒子に作用する力が等しく，並列モデルでは高分子マトリックスと分散粒子の変形量が等しくなる．これらのモデルで表される複合材料を一方向に伸長したときの応答について，以下の問に答えなさい．高分子マトリックスと分散粒子のポアソン比はいずれも0である(すなわち，伸長方向に対して垂直方向にはまったく変形しない)とする．
(1) 直列モデルで表される複合材料の変形量Uを，高分子と粒子のヤング率を用いて表しなさい．
(2) 並列モデルで表される複合材料に加えた応力Fを，高分子と粒子のヤング率を用いて表しなさい．
(3) 直列モデルで表される複合材料のヤング率と，高分子および粒子のヤング率の関係を示しなさい．

（4）並列モデルで表される複合材料のヤング率と，高分子および粒子のヤング率の関係を示しなさい．

（5）$E_f = 2E_p$であるとき，直列モデルと並列モデルで表される複合材料のヤング率と粒子の体積分率の関係を図示しなさい．

なお，解答には以下の記号を用いること．

F：複合材料に加えた応力，U：伸長方向と平行な方向の複合材料の変形量，L：伸長方向と平行な方向の複合材料の伸長前の長さ，S：伸長方向に対して垂直な複合材料の断面積(一定であるとする)，ϕ_p，ϕ_f：それぞれ高分子と粒子の体積分率，E_p，E_f：それぞれ高分子と粒子のヤング率，E_A，E_B：それぞれ直列モデルと並列モデルで表される複合材料のヤング率．

[発展問題6.5]　次の①～③に示した物理量に対する高分子の分子量Mの効果について，それぞれの物理量を横軸，Mを縦軸として，概略図を示して説明しなさい．ただし，高分子は非晶で，線状高分子とする．

① ガラス転移温度T_g，② ガラス状領域のせん断弾性率G_g，③ ゼロせん断粘度η_0

[発展問題6.6]　高分子液晶に関する以下の問に答えなさい．

（1）液晶について，結晶および液体との違いがわかるように説明しなさい．

（2）代表的な液晶構造を2種類あげ，それぞれの名称と構造の特徴を示しなさい．

（3）液晶を形成する高分子の構造的な特徴を述べなさい．

6.5　ゴム弾性，6.6　表面性質

ポイント
・ゴム弾性(エントロピー弾性)
・表面・界面，表面自由エネルギー
・ヤングの式

[例題6.8]　ゴム弾性に関する次の文章の空欄［ A ］～［ D ］に当てはまる式や数値を答えなさい．

ゴムを急激に引張ると，温度が上昇する．この現象はGough-Joule効果と呼ばれ，温度変化は次のように説明できる．

内部エネルギーの変化dUと，引張ることによりなされた仕事(dQ+dW)は等しいので，定積比熱C_V，エントロピーS，温度T，圧力p，体積V，張力F，長さlを用いると，dUを次の式で表すことができる．

$$\mathrm{d}U=\mathrm{d}Q+\mathrm{d}W=[\quad A\quad]$$

断熱過程では外部からの熱の出入りがないので，

$$[\quad B\quad]=0$$

となり，さらにゴムのポアソン比は［ C ］と仮定でき，変形に対して体積が変化しないため，

$$\mathrm{d}V=0$$

となる．したがって，

$$\mathrm{d}T=[\quad D\quad]$$

と書くことができ，引張りの変形ではdlが正の値となるため，dTも正の値となり，Gough-Joule効果が説明できる．

[解答]　A：$T\Delta S-p\mathrm{d}V+F\mathrm{d}l$，B：$\mathrm{d}Q=T\Delta S$，C：0.5，D：$(F/C_V)\mathrm{d}l$

[例題6.9]　右の図はさまざまな材料の応力－ひずみ曲線である．ほぼ弾性変形のみを示す脆性プラスチックや降伏点以降に塑性変形をともなう延性プラスチックに対する曲線と比較して，ゴム材料の特徴を説明しなさい．

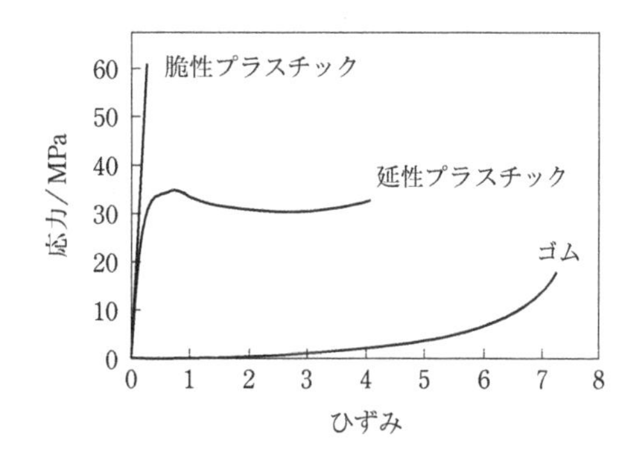

[解答]　ゴム材料をプラスチックと比較すると以下の特徴がある．
・初期弾性率が小さく，わずかな力で容易に変形できる．
・破断伸びが大きく，大変形が可能である．
・降伏点を示さず，数倍まで伸長しても元の形状に戻り，塑性変形を示さない．

[例題6.10]　ゴム弾性がエントロピー弾性であることを説明しなさい.

教科書p.217−219

[解答]　架橋間の高分子鎖が伸長されると，高分子鎖のとりうるコンホメーションの場合の数が減少する．つまりエントロピーが減少する．元の分子形態に戻ってエントロピーを増加させること(すなわち，$T\Delta S$を増大させること)によってΔGが負となる．このように，ゴム弾性はエントロピー項によって挙動が支配されるエントロピー弾性である．

[例題6.11]　次の文章を読み，以下の問に答えなさい．

界面とは，2種類の物質が接する境界のことであり，例えば，水と油の境界は液体/液体界面であり，空気と水の界面は［ ① ］である．同様に，固体物質に対しても，気体/固体界面，液体/固体界面，固体/固体界面が存在する．界面のうち，片方が気体あるいは［ ② ］である場合を，表面と呼ぶ．界面科学の歴史は，毛管現象に始まり，［ ア ］が［ ③ ］の概念を1805年に初めて導入し，液体の［ ④ ］を説明した．［ ア ］は，液体表面上において表面に平行な張力を仮定し，この張力のつり合いとして，［ ⑤ ］の概念を導入した．

右の図に示すように，固体状高分子などの物質の表面上の液滴には，固体表面の自由エネルギーγ_s，液体表面の自由エネルギーγ_lおよび［ ⑥ ］の自由エネルギーγ_{sl}の3種類が存在し，それらは次の関係にある．

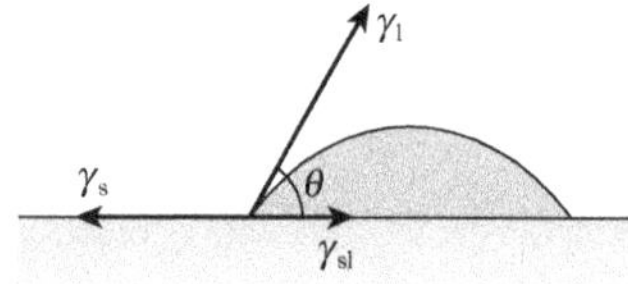

$$\gamma_s = [\quad A \quad]$$

この式を［ ア ］の式と呼ぶ．下の表に示すように，水に対するθが大きい表面は疎水性が高く，γ_sは小さいことがわかる．逆に，θが小さい表面は親水性が高く，大きなγ_sをもつ．

また，固体と液体が接するときのエネルギー変化W_aは次の式で表される．

$$W_a = [\quad B \quad]$$

この式は［ イ ］の式と呼ばれる．W_aは固体の表面が液体と接触することでどれだけ安定化するかを示すと同時に，固体と液体間の接着エネルギーに相当する．

(1) 空欄［①］〜［⑥］に当てはまる語句を，空欄［ ア ］と［ イ ］に当てはまる人名，および空欄［ A ］と［ B ］に当てはまる式をそれぞれ答えなさい．
(2) 下の表に示す高分子の表面の性質について，高分子の繰り返し単位の化学構造式ならびにパラメータθとγ_sを用いて説明しなさい．

高分子の名称と略号	水に対するθ / °	表面自由エネルギー γ_s / mJ m^{-2}
ポリビニルアルコール (PVA)	42	55
ポリエチレン (PE)	88	36
ポリプロピレン (PP)	94	32
ポリテトラフルオロエチレン (PTFE)	98	22

[解答]　(1) ① 気体/液体界面，② 真空，③ 表面張力，④ 濡れ性，⑤ 接触角，⑥ 固体/液体界面，ア：ヤング(Young)，イ：デュプレ(Dupré)，A：$\gamma_l \cos\theta + \gamma_{sl}$，B：$\gamma_l\,(1+\cos\theta)$
(2) 水に対する接触角は小さなものから，PVA (42°) < PE (88°) < PP (94°) < PTFE (98°)の順であり，γ_sの順番は逆となる．PVAはヒドロキシ基を含むために親水性が

高く，これら4種類の高分子の中で最も小さな接触角を示し，水が最も濡れ広がる．PVAは表面エネルギーが最も大きいと表現することもできる．一方，フッ素高分子であるPTFE(テフロン)の接触角は最も大きく，水をはじきやすいことがわかる．PEとPPの値を比較したとき，PPの接触角の値がわずかに大きいのは，メチル基の効果によるものであり，$-CH_2-$基に比べてCH_3-基の自由エネルギーが低いことを示している．

基本問題

[基本問題6.25] ゴム材料に関する以下の問に答えなさい．

(1) ゴム材料のような線形弾性体の伸長弾性率は，フックの法則に従う．右の図のように，均質なゴム材料を状態aから状態bへ伸長した場合の伸長弾性率を求めなさい．ただし，断面積の変化はないものとする．

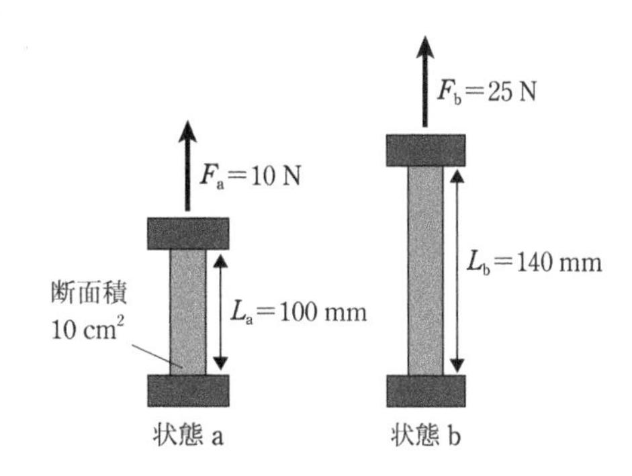

(2) ゴム材料のひずみと応力の関係を考える場合，実際には，伸長弾性率やせん断弾性率以外に，ポアソン比を考慮することが必要である．図のように縦に伸長したときの，一般的なゴム材料のポアソン比と縦および横方向のひずみとの関係を説明しなさい．

(3) 伸長弾性率が2.25 MPa，ポアソン比が0.5である等方的なゴム材料のせん断弾性率を求めなさい．

(4) ゴム材料のポアソン比は，ガラス転移温度以下ではどのように変化するか，またガラス転移温度以上での変形挙動とどのような違いがあるかを述べなさい．

(5) 弾性は，その起源によりエネルギー弾性とエントロピー弾性に分類できる．ガラス転移温度以上では，ゴム材料の弾性にどちらが主に寄与しているかについて，理由とともに述べなさい．

[基本問題6.26] 下の図は架橋したゴムの弾性率の温度依存性である．見かけの架橋点間分子量を求めなさい．

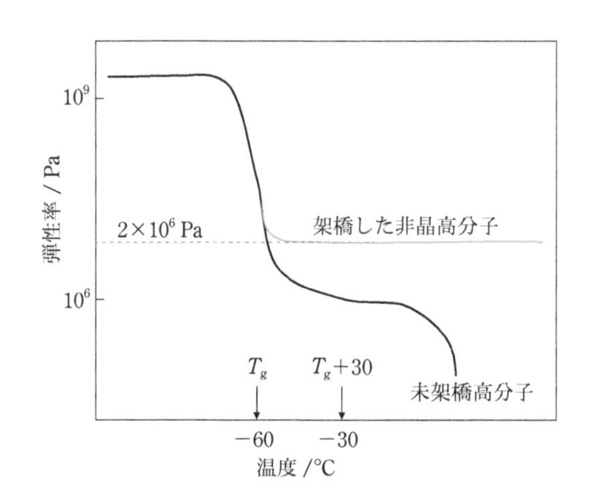

[基本問題6.27]

下の図に示すように，液体の凝集仕事W_cは，液体から新しく表面をつくるのに必要な仕事に等しく，液体の表面張力の2倍の値で表すことができる(式(1))．また，混ざり合わない液体間での接着仕事W_aは式(2)で表される．

$$W_c = 2\gamma_A \tag{1}$$

$$W_a = \gamma_A + \gamma_B - \gamma_{AB} \tag{2}$$

ここで，γ_A，γ_B，γ_{AB}は，それぞれ液体Aと液体Bの表面張力(表面自由エネルギー)，液体Aと液体B間の界面張力(界面自由エネルギー)である．

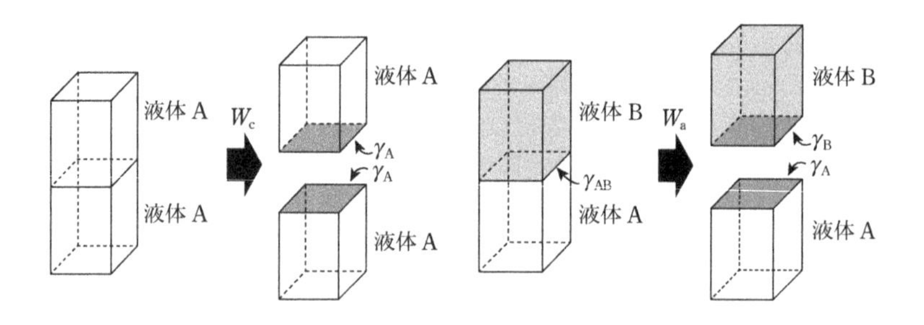

また，下の表はアルカン，アルコール，カルボン酸(いずれも液体)について凝集仕事W_cと接着仕事W_aを比較したものである．これらの値に及ぼすヒドロキシ基やカルボキシ基の影響，ならびにこれらの化合物の界面での構造や働きとの関係を説明しなさい．

空気/液体界面	$W_c \times 10^5$ / mJ m^{-2}	液体/液体界面	$W_a \times 10^5$ / mJ m^{-2}
空気/オクタン	43.2	オクタン/水	43.3
空気/1-オクタノール	55.0	1-オクタノール/水	92.4
空気/ヘプタン	40.3	ヘプタン/水	42.3
空気/ヘプタン酸	56.4	ヘプタン酸/水	94.5

[基本問題6.28]

次の文章を読み，以下の問に答えなさい．

表面張力とは，物質間の境界部に働く[①]張力の一種であり，片方の物質のみが[②]である場合を指す．表面張力に関連する代表的な物性として，濡れ性がある．例えば，固体表面上の水滴の形状は，液体の端の接線がつくる接触角で表すことができる．接触角と表面張力の関係はヤングの式で表され，接触角をθ，液体の表面張力をγ_l，固体の表面張力をγ_s，液体と固体の[①]張力をγ_{sl}とすると，[A]となる．一般的な濡れ性は，静止したときの水滴の形状を測定する静的接触角を用いて評価され，表面の凹凸や官能基のもぐり込みの影響を受ける．そこで，水滴が動いているときの接触角である動的接触角から算出される[③]が濡れ性の指標として用いられている．

(1) 空欄[①]〜[③]に当てはまる語句，および，空欄[A]に当てはまる式を答えなさい．

(2) 平滑な固体の表面張力γ_sを直接測定することはできないが，固体表面に無限に濡れ広がる液体を考えたとき，濡れ広がる液体の表面張力と同一であると仮定した臨界表面張力が定義できる．固体の臨界表面張力を算出するためには，異なる表面張力をもつ液体の接触角を測定し，縦軸に$\cos\theta$を，横軸に液体の表面張力をプロットする方法(Zismanプロット)が用いられる．Zismanプロットによる臨界表面張力の具体的な算出法について，図を用いて説明しなさい．

(3) 次の物質を臨界表面張力の大きい順に並べなさい．

[シリカガラス，銅，ポリエチレン，ポリテトラフルオロエチレン，ポリビニルアルコール]

[基本問題6.29] 教科書p.225

表面が平らであれば，最も表面自由エネルギーの低いCF_3基ばかりを表面に並べても，水との接触角は120°を超えないことを証明しなさい．ただし，CF_3基と水の表面自由エネルギーγ_s, γ_lをそれぞれ6.7 mJ m^{-2}および72 mJ m^{-2}とし，CF_3基と水の間の界面張力γ_{sl}は$\gamma_{sl}=\gamma_s+\gamma_l^{-2}(\gamma_s\gamma_l)^{0.5}$で表されるものとする．

応用問題

[応用問題6.23]

高分子材料の表面付近は，内部(バルク)と異なる性質を示すことが知られている．右の図はシリコン基板上にコーティングした高分子薄膜(厚さ100 nm以下)のある物性値の緩和時間の変化を模式的に示したものである．図の曲線の変化を高分子の分子運動と関係づけて説明しなさい．ただし，基板と高分子間には引力的な相互作用が働いているものとする．

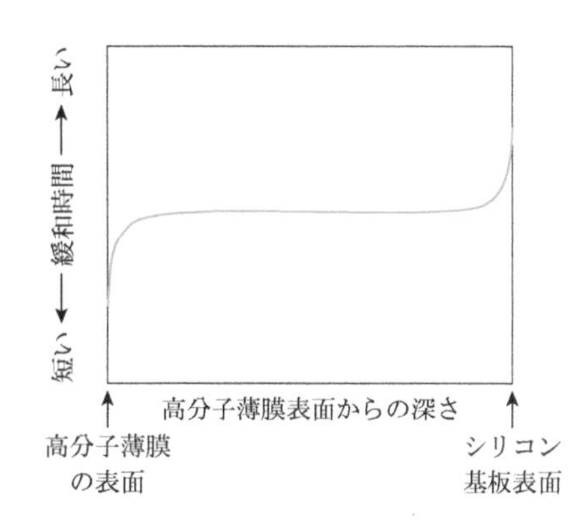

[応用問題6.24]

例題6.11に示した界面における表面・界面張力がつり合った図は，固体/液体界面に対するものである．液体/液体界面ではどのようなつり合いになるかを図示して説明しなさい．

[応用問題6.25]

下の表は，ポリテトラフルオロエチレン(PTFE)，ポリスチレン(PS)，ポリビニルアルコール(PVA)の，水およびヨウ化メチレンに対する接触角である．Young-Owensの式

$$(1+\cos\theta)\gamma_l=2(\gamma_s^d\cdot\gamma_l^d)^{1/2}+2(\gamma_s^p\cdot\gamma_l^p)^{1/2}$$

を用いて，表面自由エネルギーγ_s，その分散力成分γ_s^d，極性力成分γ_s^pを求めなさい．ただし，γ_l，γ_l^d，γ_l^pは，それぞれ水については72.8, 21.8, 51.0 mJ m^{-2}，ヨウ化メチレンについては50.8, 48.5, 2.3 mJ m^{-2}であるとする．

	接触角/°	
	水	ヨウ化メチレン
PTFE	98	70
PS	77	46
PVA	42	42

[応用問題6.26]　下の図は高分子1，高分子2の水に対する接触角測定の様子を示している．以下の問に答えなさい．

(1) 高分子1，高分子2の水に対する接触角θ_1，θ_2を求めなさい．

(2) ヨウ化メチレンに対する接触角は，高分子1では34°，高分子2では75°であった．これらの高分子の表面自由エネルギーγ_sと分散力成分γ_s^d, γ_s^pを求めなさい．

(3) 高分子1と2は，それぞれ次のいずれの高分子と推測できるか，理由とともに答えなさい．
[セロファン，含フッ素高分子，ポリエチレンテレフタレート，ポリエチレン]

(4) 次の高分子は高分子1，高分子2に対する接着剤として有効であるかどうか答えなさい．ただし，カッコ内の数値はγ_s (単位はmJ m^{-2})を表す．
[イソタクチックポリプロピレン(30)，ポリビニルブチラール(44)，ポリビニルアルコール(55)]

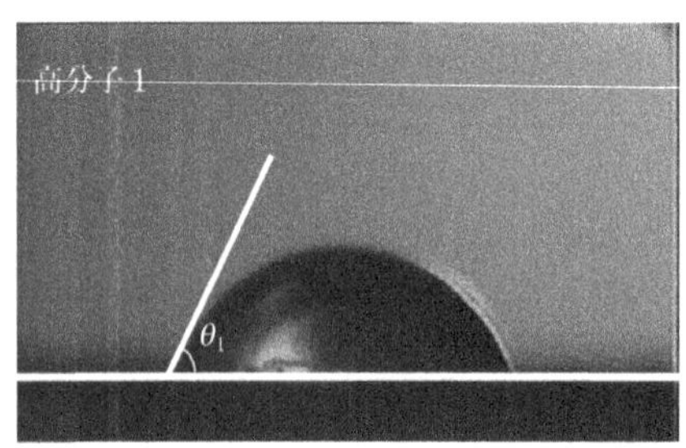

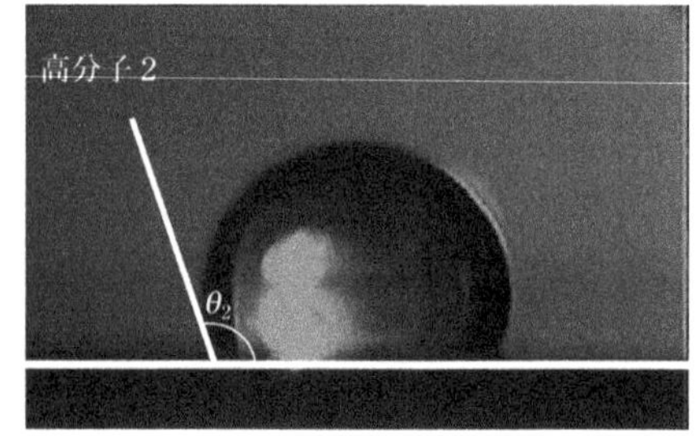

発展問題

[発展問題6.7]　固体表面が平らでなく，凹凸がある場合の濡れ性(接触角)に関する理論として，ウェンゼル(Wenzel)の理論と，カシー・バクスター(Cassie-Baxter)の理論がある．これらの理論について，基本となる式を示し，模式図を用いて説明しなさい．また，それぞれの理論が適用できる植物の葉の例を具体的にあげなさい．

[発展問題6.8]　接着性付与のための表面処理法をいくつか調べ，それぞれの特徴と課題についてまとめなさい．

[発展問題6.9]　高分子の各種表面分析法について調べ，原理，特徴とともに，空間分解能と分析深さをまとめなさい．

第６章　用語説明(50音順)

液晶
発展問題6.6

結晶を熱すると，一定の温度で融解し白濁した高粘性の液体になり，さらに熱すると透明な液体になることがある．白濁した液体は光学的に異方性があり，流動性をもちながら，かつ規則的な構造をもつ．こうした液体を液晶と呼ぶ．液晶には，熱によって状態が変化するサーモトロピック液晶と，濃度によって変化するリオトロピック液晶がある．粘稠性固体も液晶の１つである．

応力
教科書p.203

物体中の任意の単位面積に対して，その両側の部分が互いに相手に及ぼす力のこと．応力の面に対して垂直な成分を法線応力，接線方向の成分を接線応力，ずり応力，せん断応力などと呼ぶ．法線応力が，面に対して押し合う向きのものを圧力，引張り合う向きのものを張力という．局所的に応力が大きくなることを応力集中といい，材料の破壊機構の１つである．

応力緩和
教科書p.211-212

一定のひずみを瞬間的に与えた後にそのひずみを保つとき，応力が時間とともに減少してやがて一定に近づく現象を応力緩和という．時間が十分長い場合でも，応力がゼロまで緩和せずに有限の値として残ることがあり，これを残留応力と呼ぶ．同様に一定の応力を加え続けたときに，ひずみが時間とともに変化する現象をクリープと呼ぶ．

界面
教科書p.219

２種類の物質が接する境界のことで，固体/固体，固体/液体，液体/液体などの界面が存在する．界面は幾何学的な面ではなくある厚みをもち，界面の物性はバルク相の物性とは異なるため，界面や界面付近の構造や物性に関する分子レベルでの研究が行われている．界面のうち，物質の片方が気体あるいは真空の場合を表面と呼び，固体表面と液体表面がある．

界面張力
教科書p.223

液体や固体の表面は内部に比べて自由エネルギーが大きいため，できるだけ表面積を小さくしようとする力(表面張力)が作用する．固体/液体や液体/液体の界面にも界面張力が働き，２相のそれぞれの表面張力の和から，２相間の凝集エネルギーの２倍の値を差し引くことで界面張力の大きさを計算することができる．

ガラス転移温度
教科書p.194-199

物質を溶融状態から冷却したとき，結晶化せずに過冷却状態を経てガラス状態となり固化するが，液体状態とガラス状態間の転移が起こる温度をガラス転移温度と呼ぶ．ガラス転移は高分子に固有の現象ではなく，低分子にも見られる．非晶高分子だけでなく，結晶性高分子でもその非晶部に見られる．この温度を境に，体積，比熱，弾性率などの物理的性質に急激な変化が見られる．

緩和時間
教科書p.211-214

緩和時間は，ある時刻での非平衡状態における値と平衡状態における値の差を，時間に対する変化率で割った値と定義される．高分子に一定ひずみを与えたとき，時間経過につれて応力が低下(応力緩和)し，初期応力の$1/e$まで減少したときの経過時間を緩和時間τと呼ぶ．

強靭性
教科書p.204

靭性(じんせい)は，物質の変形破壊に対する抵抗やき裂による強度低下に対する抵抗のことで，材料の粘り強さを表している．応力−ひずみ曲線の下の部分に相当する面積は，変形に要する全エネルギーを意味し，破壊するまでの変形エネルギーの総量が大きいほど強靭な材料であるといえ，高弾性率と高ひずみの両方の性質を兼ね備えた材料は強靭性材料となる．シャルピー衝撃試験などにより靭性を直接評価することができる．

クリープ
教科書p.211–214

物体に一定の応力を加え続けたときに，ひずみが徐々に増大する現象．高分子などの粘弾性体に一定応力を加え続けると，直後には大きく変形し，徐々に変形量が低下し，最終的に一定ひずみに収束する．これは，粘弾性体では，粘性と弾性の両方が作用するためである．

剛直鎖
教科書p.190

ポリエチレンのような曲がりやすい高分子鎖は柔軟鎖あるいは屈曲性鎖(flexible chain)と呼ばれ，かさ高い置換基や環構造を含む曲がりにくい高分子鎖は剛直鎖(rigid chain)と呼ばれるが，これらは明確に区別できるものではなく，現実には自由に曲がるものから完全に伸びきったものまでさまざまな高分子鎖が存在する．みみず鎖(KP鎖)は，屈曲性鎖から剛直鎖まですべてを含めてモデル化したもので，持続長と経路長の２つのパラメータを用いて分子形態が記述される．

高分子液晶
発展問題6.6

液晶は分子の配列の仕方によって，ネマチック液晶，スメクチック液晶，コレステリック液晶に大別される．ある種の高分子も固相あるいは希薄溶液中で液晶状態になり，特に高分子液晶として分類される．液晶状態での分子の配列は，磁場，電場，圧力，温度などによって敏感に影響を受け，液晶ディスプレイをはじめ多くの分野で応用されている．

ゴム弾性
教科書p.217–219

ゴム状物質に見られる特徴的な高弾性のこと．弾性とは物体に外力を加えて生じるひずみを元に戻そうとする性質を指す．応力(外力)やひずみ(変形)が小さい領域では，両者はフックの法則に従う比例関係にあり，その比例定数を弾性率という．ゴム弾性を示す材料は，非常に小さい弾性率(変形のしやすさ)と数100%にも達する破断時の伸び(変形の大きさ)を示す．

周波数
教科書p.215

１秒間に周期的に変化する回数で，単位としてHz(＝1/sec)が用いられる．１往復に要する時間を周期(単位sec)と呼び，1/周波数に等しい．周波数に2πをかけたものを角速度と呼び，単位はrad/secで表される．質点が円周上を一定速度(角速度)で移動する場合，質点の一方向への変位を時間に対して描いた波形を正弦波と呼ぶ．

体積弾性率
教科書p.211

材料を変形させたときの応力－ひずみ曲線の初期勾配から求められる弾性率には，変形の方法に応じて，引張り弾性率，曲げ弾性率，せん断弾性率，圧縮弾性率などさまざまな種類が存在する．圧縮弾性率は体積弾性率とも呼ばれ，３次元で等方的な圧縮応力(静水圧)が加わったときの体積変化に対する圧力で表される．等方性材料では，$E=2G(1+\nu)=3K(1-2\nu)$が成立する．ここで，E，G，K，νはそれぞれ引張り弾性率，せん断弾性率，圧縮弾性率，ポアソン比である．

遅延時間
教科書p.211–214

高分子物体に一定応力を加えている間，ひずみが時間経過につれて徐々に増加し，やがて見かけ上は一定値に到達して変化しなくなる(クリープ現象)．ひずみの変化量が最終到達値の1/eに相当する時間が遅延時間であり，ひずみの速度の指標として用いられる．

動的粘弾性測定
教科書p.215–216

時間によって一定変化(振動)するひずみまたは応力(典型的には正弦波応力など)を試料に与えることによって発生する応力またはひずみを測定して，試料の力学的な性質を測定する方法．高分子材料の弾粘性の温度や時間依存性を調べることにより，材料の構造や性質を詳しく解析できる．振動荷重(ひずみ)に対する試料の力学的な性質を温度の関数として測定する熱分析手法の１つでもある．

熱変形温度
教科書p.199

プラスチックを加熱すると弾性率が徐々に低下し，ある温度以上ではわずかな応力でも容易に変形するようになる．このような変化が起こる温度を熱変形温度という．ガラス転移温度と相関はあるが，一致するものではない．JISやISOなどの国内および国際的な統一規格によって熱変形試験の方法が定められている．

粘弾性体
教科書p.211

液体としての粘性と，固体としての弾性の性質をあわせもつ物質で，高分子だけでなく多くの材料が粘弾性体に含まれる．粘性と弾性のどちらの性質が強く表れるかは，一定のひずみを与えたときの緩和時間から判定できる．観測している時間に対して緩和時間が十分短ければ液体(粘性体)として，長ければ固体(弾性体)として扱える．緩和時間と観測時間の比はデボラ数(無次元の指標)と呼ばれ，1以上で液体，1以下で固体とみなせる．

パスカル
教科書p.204

圧力の単位で $1\ \mathrm{Pa} = 1\ \mathrm{N\ m^{-2}}$ と定義される．高分子材料の弾性率や破断強度の単位として使われる1 MPa(メガパスカル)や1 GPa(ギガパスカル)はそれぞれ10^6 Paおよび10^9 Paである．同様に，天気予報で見かけるヘクトパスカル(hPa)は10^2 Paを意味する．圧力の日常的な単位として，$\mathrm{kgf\ cm^{-2}}$や$\mathrm{lb\ in^{-2}}$が使われることもある．

表面張力
教科書p.220–221

界面張力の一種で，液体などがその表面をできるだけ小さくしようとする性質のこと．単位面積あたりの表面自由エネルギーと同義であり，$\mathrm{mJ\ m^{-2}}$あるいは$\mathrm{mN\ m^{-1}}$の単位を用いる．界面の単位長さあたりの収縮力，表面を単位面積だけ増大させるときに必要となる仕事量，および熱力学的な自由エネルギーの観点からそれぞれ定義され，異なる単位で表現される．

フォークトモデル
教科書p.213

粘弾性体の性質を表すために，弾性を表現するバネと粘性を表現するダッシュポットを並列に連結したモデル．外部から応力を加えたとき，弾性と粘性に同量のひずみが生じ，応力がそれぞれの特性に応じて分散し，クリープの説明に用いることができる．単純フォークトモデルを直列に複数個連結したものが一般化フォークトモデルで，遅延スペクトルの説明に適している．

マクスウェルモデル
教科書p.212

粘弾性体の性質を表すために，弾性を表現するバネと粘性を表現するダッシュポットを直列に連結したモデル．外部から応力を加えたとき，弾性と粘性に同量の応力が生じ，ひずみがそれぞれ特性に応じて分散し，応力緩和の説明に用いることができる．単純マクスウェルモデルを並列に複数個連結したものが一般化マクスウェルモデルで，緩和スペクトルの説明に適している．

ヤングの式
教科書p.221

平滑な固体表面上の静止した液滴の接触角と表面自由エネルギーの関係を表す式で，19世紀初頭にYoungによって提案された．濡れの現象を定量的に表すことができ，接触角から表面自由エネルギーを算出できる．濡れ広がりや乾燥，あるいは傾いた平板上の液滴の転落などの挙動は，前進接触角や後退接触角から説明される．凹凸構造のある面上での接触角に対しては，ヤングの式を変形したCassie–Baxterの式やWenzelの式が用いられる．

ロータス効果
発展問題6.7

蓮の葉などの植物に見られる自己洗浄効果のこと．蓮の葉の表面には細かい凹凸があり，決して水が濡れ広がることがなく，葉の表面についた水は水銀のように丸まって水滴となり，泥やその他の異物を絡め取って転がり落ち，表面の清浄性が保たれている．ロータス効果は，さまざまな工業製品や日用品の機能性表面における撥水・防汚のための設計に利用が期待されている．

基本問題の解答例

第1章

[基本問題1.1]　天然高分子(動物や植物の細胞や組織に含まれる高分子)：多糖類(デンプン，セルロース，木綿)，タンパク質(絹，酵素)，DNA，RNA，天然ゴムなど．
半合成高分子(天然高分子の化学反応によってその性質を改変した高分子)：アセテート，レーヨン，硝酸セルロース，三酢酸セルロースなど．
合成高分子(化学反応によって人工的に合成された高分子)：ポリエチレン，ポリプロピレン，ポリスチレン，ポリブタジエン，ポリ塩化ビニル，ポリ酢酸ビニル，ポリアクリル酸エステル，ポリエステル(ポリエチレンテレフタレート)，ポリカーボネート，ポリアミド(ナイロン)，ポリイミド，ポリウレタン，エポキシ樹脂，クロロプレンゴムなど．

[基本問題1.2]　セルロースをアセチル化し，再度加水分解し，それぞれの段階で分子量を測定して，数平均重合度を見積もった結果，セルロースと三酢酸セルロースの重合度に変化は見られなかった．もし，セルロースが低分子の集合体であるなら，高分子に含まれる官能基の構造がヒドロキシ基からアセチル基に変換されると分子集合体形成に変化が生じ，みかけの会合度は変化するはずである．このことから，アセチル化の前後で重合度が変化しなかったセルロースは，共有結合でつながった巨大分子，すなわち高分子であることを実験的に証明した．

[基本問題1.3]　Carothersは低分子で反応機構がわかっているエステル化やアミド化反応を2官能性の化合物に展開すれば高分子が生成するという明確な考え(反応率と分子量の関係も含めた高分子生成の理論)に基づいて実際の反応を行った．その結果，Carothersは高分子量のポリエステルやポリアミドを重縮合反応で作りだすことに成功し，溶融状態から繊維状に紡糸でき，延伸によって分子配向性が高く，力学的強度が向上した繊維が得られることを見いだした．Carothersは，理論が正しいことを実験的に証明しただけでなく，高分子の性質や特徴が生かされた繊維の形で世に送り出した．この事実によって，学会でそれまで続いていた高分子の存在に関する大論争に関しても，Staudingerの高分子説が一気に優勢になり，数年後には高分子論争に終止符が打たれることになった．

[基本問題1.4]　当時は，分子量が5000を超える分子は存在しないという考えが主流であった．したがって，分子量を測定して数万～数十万という結果が得られても，それらを単一の分子の分子量とは考えずに，複数の分子が二次的な力(非共有結合，当時は副原子価と呼ばれた)で結合(会合)していると考えられた．また，当時の学会では錯体化学が流行しており，副原子価の概念がもてはやされていたことも会合説を支持する要因の1つであった．別の化学的根拠は，これら高分子に末端基が存在しない，あるいは末端基が確認できないことであった．今日でも分子量が数十万以上になると，高分解能NMRを用いて解析した場合でも，末端基の検出は容易ではない．当時の化学者たちは，末端のない分子に対して環状構造を考えるに至り，環状構造と分子間の相互作用を考慮した結果，GreenやHarriesらが提案した会合モデルへとたどり着いた．

第2章

［基本問題2.1］

$CH_2{=}C(CH_3){-}CH{=}CH_2$ イソプレン —重合→

1,2-構造：$\sim\sim CH_2{-}C(CH_3)(CH{=}CH_2){-}\sim\sim$

3,4-構造：$\sim\sim CH_2{-}CH(C(CH_3){=}CH_2){-}\sim\sim$

trans-1,4-構造：$\sim\sim CH_2(CH_3)C{=}CH(CH_2{-}\sim\sim)$

cis-1,4-構造：$\sim\sim CH_2(CH_3)C{=}CH(CH_2{-}\sim\sim)$

［基本問題2.2］ 立体配置(コンフィグレーション，configration)は重合反応が起こった時点で決まってしまう構造であり，共有結合を切ってつなぎかえない限り変わらない．一方，立体配座(コンホメーション，conformation)は，高分子鎖のC−C結合まわりの回転によってとりうる，高分子の原子や原子団の間の空間配置のことを指す．前者は高分子の一次構造(繰り返し単位の結合様式，立体規則性，分子量，分子量分布など)を決めるものであり，後者は高分子の二次構造を決める役割を果たしている．

［基本問題2.3］ ブロック共重合体は，異なる種類のホモポリマー(単独重合体)が1点で結合したものであり，線状(鎖状)高分子の一種である．グラフト共重合体は，分岐(枝分かれ)高分子の一種であり，ホモポリマーから別の種類の高分子が側鎖として多数存在している構造をもつ．ブロック共重合体やグラフト共重合体はいずれもミクロ相分離構造を形成し，ホモポリマーやそれらの混合物(ブレンド)と異なる性質を示す．ブロック共重合体は，各繰り返し単位の構造や組成に応じて多様な構造(高分子ミセルやラメラ構造などの特徴ある分子集合体構造)を示すことが知られている．

［基本問題2.4］ ブロック共重合体のそれぞれのブロック成分が互いに混ざり合わない場合，それぞれのブロックが同種のものどうしでそれぞれ集まろうとするが，両成分が高分子鎖の一部で共有結合によって連結されているため，マクロなスケールで相分離することができず，高分子の分子鎖長を反映したサイズ(10〜100 nm)で分離したミクロ相分離構造をとる．ミクロ相分離構造として，平板状(ラメラ)，円筒状(シリンダー)，球状(スフィア)，ジャイロイドなどの構造が知られている．

［基本問題2.5］ ポリロタキサンは線状高分子と環状分子の組み合わせで，ポリカテナンは複数の環状分子の組み合わせで構成されている．複数の分子間は，いずれも共有結合などで直接結合しているわけではなく，空間的に絡み合った形になっている．ポリロタキサンの代表例は，環状のシクロデキストリンと線状の高分子からなるネックレス状分子であり，分子間でシクロデキストリンどうしを結合すると架橋が自由に動く滑車のような構造となる．このようにして得られるゲルは環動ゲルと呼ばれ，高強度材料として利用されている．一方，ポリカテナンを効率よく合成することは現在でも難しく，分子間相互作用を利用した閉環反応の工夫が試みられている．ポリカテナンの新規高分子材料としての具体的な応用例はまだ報告されていない．

［基本問題2.6］ 低分子と同様に高分子も分子量をもち，高分子の分子量を繰り返し単位の分子量で割ったものが重合度である．通常，多くの高分子は分子量分布をもつので，タンパク質やDNAなどの一部の生体高分子を除いて，分子量と重合度はともに数平均あるいは重量平均などの平均値として表されることが多い．

［基本問題2.7］
与えられた分子量M_iと重量分率w_iをもとに，物質量(モル数)N_iとモル分率に変換すると下の表のようになる．

物質量$N_i(=w_i/M_i)\times10^6$	1.0	2.5	0.75	0.1
モル分率n_i	0.230	0.575	0.172	0.023

これらの値を用いて平均分子量を計算すると，$M_n=\Sigma n_iM_i=2.3\times10^5$，$M_w=\Sigma w_iM_i=3.3\times10^5$，$M_w/M_n=1.4$が得られる．

［基本問題2.8］ 純溶媒と高分子溶液を半透膜で仕切ると，分子サイズの小さい溶媒は半透膜を通ることができるのに対し，分子サイズが大きい高分子は半透膜を通ることができない．このため純溶媒と高分子溶液の間に浸透圧πが発生する．希薄溶液中での高分子間の相互作用を無視すると，浸透圧は次式で示される．

$$\frac{\pi}{RTc}=\frac{1}{M_\mathrm{n}}+A_2c+\cdots$$

ここで，Rは気体定数，Tは絶対温度，cは溶質（高分子）の濃度，A_2は第2ビリアル係数である．左辺の値をcに対してプロットし，cをゼロ（$c=0$）に外挿すると，切片の値からM_nが求まる．

［基本問題2.9］ 高分子と溶媒の間の相互作用が強いほど直線の傾きは正に大きくなり，A_2がゼロ（直線が水平）のときに見かけ上相互作用がなくなる．負の傾きは貧溶媒であることを示す．シクロヘキサン中のポリスチレンに対するシータ温度は34℃であり，この温度でA_2がゼロになり，見かけ上相互作用がなくなる．シータ温度以上で良溶媒としての性質が，シータ温度以下で貧溶媒としての性質が表れる．

［基本問題2.10］ (1)蒸気圧浸透圧法は，純溶媒と高分子溶液間の蒸気圧の違いによって生じる温度差を高感度な温度センサーで検知し，数平均分子量1万以下の高分子に適用可能な方法である．一方，膜浸透圧法は，純溶媒と高分子溶液を半透膜で仕切り，その間に生じる浸透圧を測定するものである．高分子が半透膜を透過する場合には分子量は求めることができない．後者は，通常1万以上の数平均分子量をもつ高分子の分子量測定に用いられる．

(2)光散乱法は，高分子溶液に光（通常はレーザー光）を入射し，入射光に対するさまざまな角度で散乱光の強度を測定し，散乱強度の濃度依存性および角度依存性から重量平均分子量を求める方法である．解析にはZimmプロットが用いられる．

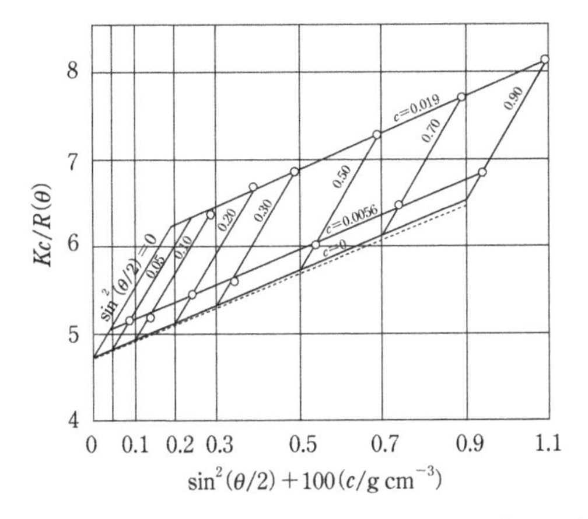

図　ポリスチレン溶液のジムプロット（溶媒はブタノン）
［B. H. Zimm, *J. Chem. Phys.*, **16**, 1099 (1948)を一部改変］

この方法では，異なる濃度の溶液に対して，それぞれ角度θを変えてレイリー比$R(\theta)$（入射光強度と散乱光強度の比）を測定し，cに対して$Kc/R(\theta)$をプロットし，濃度cをゼロおよび角度θをゼロに外挿した切片からM_wが求まる．光散乱法では，浸透圧法と同様にしてA_2を決定できるだけでなく，$R(\theta)$の角度依存性を解析することによって，回転半径（分子鎖の広がり，大きさ）を求めることができる．

$$\frac{Kc}{R(\theta)}=\frac{1}{M_\mathrm{w}}\cdot\frac{1}{P(\theta)}+2A_2c+\cdots$$

$P(\theta)$は粒子（高分子）内の干渉効果を表す散乱関数である．Kの表式については**応用問題2.8**を参照．Kは光源と高分子ー溶媒の組み合わせが決まれば一定である．

(3)膜浸透圧法と光散乱法で求まる分子量は，それぞれ数平均分子量M_nと重量平均分子量M_wであり，$M_\mathrm{w}/M_\mathrm{n}>1$の関係にあるため．

［基本問題2.11］ 充填剤の細孔内への浸透の度合いによって高分子量のものと低分子量のものを分離する．高分子量のものは細孔に浸透できずに速やかに溶出するが，低分子量のものは細孔に浸透するので，遅れて溶出する．分子量が既知の標準物質を用いてあらかじめ校正曲線を作成しておき，試料の溶出時間から数平均分子量および重量平均分子量が算出できる．光散乱検出器を用いると，相対分子量ではなく，絶対分子量としてこれらの分子量を得ることができる．

第3章

[基本問題3.1]　重合反応は，多数の低分子化合物であるモノマーが結合をつくって高分子を生成する反応であり，重合によってエントロピーは減少する（ΔSは負）．重合が進行するためには，反応のギブスエネルギー変化ΔGが負でなければならず，$\Delta G = \Delta H - T\Delta S$の関係から，重合熱$\Delta H$は負に大きくなければならない．重合熱の大きさは，一置換エチレン（$-90 \sim -60$ kJ mol^{-1}）＞1,1-二置換エチレンモノマー（$-60 \sim -40$ kJ mol^{-1}）＞環状モノマー（$-100 \sim -20$ kJ mol^{-1}）の順に低下し，この順に解重合（反成長反応）が進行しやすいことが知られている．ここで，熱力学的な理由による重合反応の進行の可否は，モノマーとポリマーの化学構造によって決まり，重合活性種（ラジカル，カチオン，アニオンなど）とは無関係である．

[基本問題3.2]　一置換エチレンに比べて1,1-二置換エチレンモノマーの重合熱が小さいのは，高分子中での置換基の立体反発によるもので，1,1-二置換エチレンから生成した高分子では解重合（反成長反応，成長反応の逆反応）が起こりやすい．また，環状モノマーの開環重合では，重合の前後で結合構造の様式に変化がない（ビニルモノマーの重合では二重結合が消失し，分子間の新しい炭素－炭素結合が生成するのに対し，開環重合では結合の組み換えのみが起こる）ため，重合熱がほとんど生じず，モノマーの環構造にひずみを含む場合にのみ，重合によってひずみが解消される（重合熱が発生する）ため重合が進行する．

[基本問題3.3]　**連鎖重合**：反応中ずっと高分子とモノマーが共存する／反応初期から高分子量の高分子が生成する／生成高分子の分子量は反応率に関係なくほぼ一定であり，開始剤の分解速度，モノマー濃度，開始剤濃度によって決まるなど．

逐次重合：反応中期で多くのモノマーが消失し，オリゴマーが生成する／反応終期になってから，高分子量の高分子が生成し始め，分子量は急激に増大する／反応率と生成高分子の分子量は密接に関係するなど．

リビング重合：反応中ずっと高分子とモノマーが共存する（連鎖重合と同様）／分子量は反応率に比例して増大する／反応率が100％に達した後にさらにモノマーを追加すると重合が継続して起こるなど．

[基本問題3.4]　$DP_{\mathrm{n}} = N_0/N = 1/(1-p)$より，$DP_{\mathrm{n}} = 2.0\,(p = 0.50)$，$10\,(p = 0.90)$，$20\,(p = 0.95)$，$100\,(p = 0.99)$

[基本問題3.5]　重合温度が高くなるにつれて，解重合反応が無視できなくなり，やがて成長反応と反成長反応の速度が等しくなり，見かけ上，重合が進行しなくなる温度に達する．この温度を天井温度と呼ぶ．重合熱の小さいモノマーの天井温度は低く，解重合が起こりやすい．解重合は，重合反応による高分子の生成段階だけでなく，高分子の熱分解の挙動とも密接に関連し，重合熱が小さく，天井温度の低いモノマーから生成する高分子は，熱分解によって解重合が進行しやすく，分解物としてモノマーを生成する．

[基本問題3.6]

①　アニオン重合

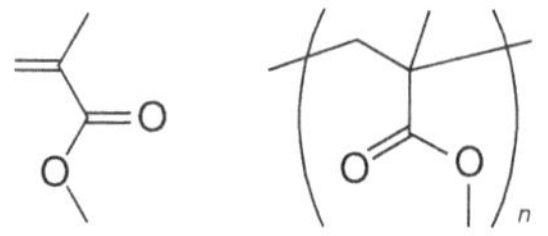

次の化学構造式のようにすべての炭素を書く方法もある（以下，同様）．

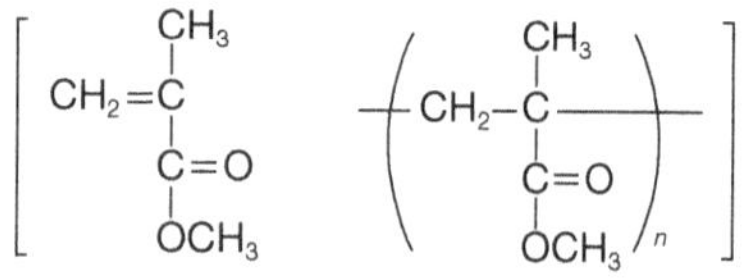

$$\left[\ CH_2{=}C(CH_3){-}C({=}O){-}OCH_3 \qquad {-}\!\left(CH_2{-}C(CH_3)(C({=}O)OCH_3)\right)_n\!{-}\ \right]$$

② 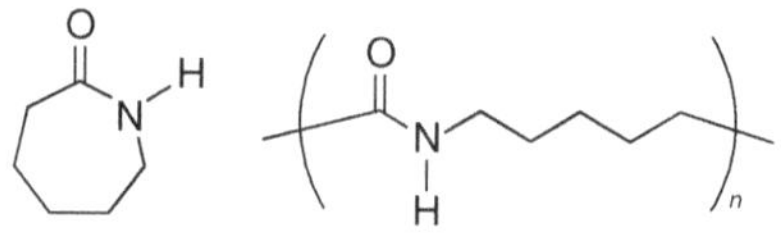　アニオン開環重合

③　カチオン重合

④　アニオン開環重合

ただし，開始剤として酸を用いた場合はカチオン開環重合が進行し，同じ構造の高分子が生成する．

⑤　ラジカル重合

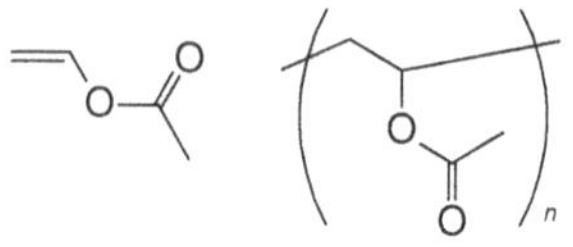

⑥　カチオン開環重合

[基本問題3.7] **ラジカル重合**：塩化ビニル，酢酸ビニル，メタクリル酸メチル，アクリル酸エステル，アクリルアミド，アクリロニトリル，エチレン，ブタジエン，イソプレンなど，**カチオン重合**：イソブテン，ビニルエーテル，*N*-ビニルカルバゾール，インデン，α-メチルスチレン，スチレンなど，**アニオン重合**：α-シアノアクリル酸エステル，シアン化ビニリデン，アクリロニトリル，メタクリル酸メチル，ブタジエン，スチレンなど，**配位重合**：エチレン，プロピレン，1-ブテン，4-メチル-1-ペンテン，メタクリル酸メチル，スチレンなど.（化学構造式は省略）

[基本問題3.8]

重合方法	バルク重合	溶液重合
モノマーや開始剤	・液状モノマーであれば何でもよい ・開始剤はモノマーに可溶であること	・水溶液中の重合では，水溶性モノマーと水溶性開始剤を使用 ・有機溶媒中の重合では，油溶性モノマーと油溶性開始剤を使用
利点	・重合速度が大きい ・高分子量体が得られやすい ・重合後に有機ガラスなどとしてそのまま利用できる	・重合熱の除去が容易 ・撹拌が容易 ・重合速度の制御が容易 ・重合速度解析が行いやすい
欠点	・重合熱の除去が困難，重合熱が蓄積すると重合が暴走することがある ・残存モノマーの除去が困難	・油溶性モノマーの重合には有機溶媒を用いることになる（環境面，安全面） ・高分子量の高分子が得られにくい
応用例	・ポリメタクリル酸メチル（有機ガラスの製造），ポリスチレンの製造など	・ポリアクリル酸エステル（粘着剤）の製造（ラジカル重合），ブタジエンゴム（アニオン重合）の製造など

重合方法	懸濁重合	乳化重合
モノマーや開始剤	・油溶性のモノマーを使用 ・油溶性の開始剤を使用 ・媒体として水を使用（分散安定剤を用いることが多い）	・油溶性のモノマーを使用 ・水溶性の開始剤を使用 ・媒体として水を使用（乳化剤が必要）
利点	・高分子量体が得られやすい ・重合熱の除去が容易 ・高分子が微粒子状で容易に単離でき，サイズ制御が可能	・高分子量体が得られやすい ・重合熱の除去が容易 ・重合後に乳化液をそのまま利用できる
欠点	・重合中ずっと撹拌が必要 ・重合後に分散剤の除去が面倒	・高分子の単離精製が困難 ・重合速度の解析が複雑 ・反応機構が複雑
応用例	・多くのモノマーに適用	・ポリブタジエンやポリ塩化ビニルの製造，ポリ酢酸ビニル（木材用接着剤）の製造など

[基本問題3.9] **共通点**：いずれの重合もモノマーと開始剤を使用するが，有機溶媒を用いない．懸濁重合では，モノマーの油滴の中でバルク重合が進行し，いずれも高分子量の高分子が生成しやすい特徴をもつ．

相違点：バルク重合はモノマーと開始剤のみを使用し，溶媒を用いない重合である．懸濁重合は，油溶性モノマーと油溶性開始剤を水中に分散させて行う重合である．モノマーの油滴を安定に分散させるために，分散剤を使用し，また重合中は撹拌を続ける必要がある．バルク重合では重合熱の除去が難しく重合反応が暴走することがあるが，懸濁重合は比熱が大きい水中で行うために重合熱の除去が容易である．また，懸濁重合では，生成物の粒子径を調整することも可能であり，重合後の高分子を容易に分離することができる．

[基本問題3.10] 設問の式から各温度でのk_dを計算し，$t_{1/2} = (\ln 2)/k_d$に代入すると，387時間（40℃），8分（100℃）がそれぞれ得られる．

[基本問題3.11] 過酸化物が分解して発生するラジカルがモノマーに付加（開始反応に関与）する前に再結合しても，分解前と同じ構造であるため，見かけ上分解が起こっていない状態とみなせる．そのため，開始剤効率はほぼ1となる．また，過酸化物から生成するベンゾイルオキシラジカルのスチレンへの付加は速やかに起こるため，脱炭酸は無視できる．これに対して，アゾ開始剤の分解では，炭素－窒素間の結合が解離した後，もう一方の炭素－窒素間の結合もほぼ同時に解離し，2つの炭素ラジカルが生成する．このとき，窒素分子が脱離する．ここで生成した炭素ラジカル間の再結合で生成する化合物は安定であり，開始反応に関与しない．解離と窒素脱離の一連の反応は，周りをモノマー分子（溶液重合では溶媒）で取り込まれたかご（cage）の内側で進行するため失活が起こりやすく（かご効果），そのため開始剤効率は0.5～0.6となる．

[基本問題3.12] ①開始剤効率：アゾ開始剤では分解後に生成した一次ラジカル間で失活が起こりやすい(かご効果)ために開始剤効率は0.5〜0.6となる．一方，過酸化物が分解して発生するラジカルが再結合して元の構造のままであるため，開始剤効率はほぼ1に近い．②ガス発生：アゾ開始剤の分解では，炭素－窒素間の結合のラジカル解離に続いて窒素N_2がガスとして発生する．これに対し，過酸化物の分解では窒素ガスは発生しないが，β開裂が起こるとCO_2などを発生することがある．③レドックス反応：酸化剤と還元剤の間で起こる反応をレドックス反応と呼び，過酸化ベンゾイル/ジメチルアニリンなどの組み合わせが低温重合用のレドックス開始剤として用いられる．過酸化物のレドックス反応が急激に起こると爆発的に分解することがある．一方，アゾ開始剤は酸化還元を受けにくく，レドックス開始剤として使用できない．④水素引き抜き：過酸化物の分解で生成する酸素ラジカルは水素引き抜きを起こしやすいため，高分子材料の表面グラフト修飾などに用いられる．アゾ開始剤から発生するラジカルは炭素ラジカルであり，水素引き抜きを起こしにくい．

[基本問題3.13]

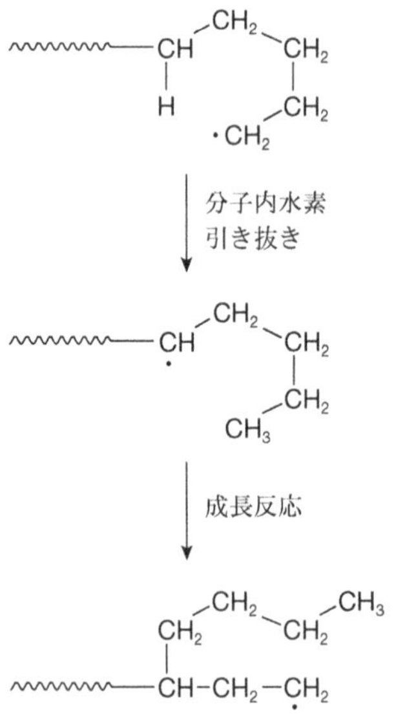

分子内水素引き抜き

成長反応

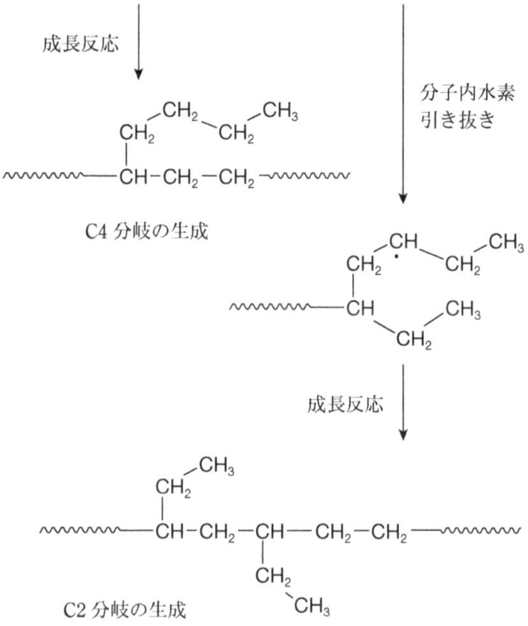

成長反応

分子内水素引き抜き

C4分岐の生成

成長反応

C2分岐の生成

ポリエチレンの短鎖分岐は分子内での水素引き抜き(分子内連鎖移動反応)によって生成する．この水素引き抜きは，バックバイティングと呼ばれる．高分子末端の炭素ラジカルは，末端から5〜6番目付近の炭素に結合している水素を引き抜きやすい．これは，高分子末端がさまざまなコンホメーションをとる中でその位置に最も近づきやすい(末端から2番目や3番目あたりにはどのようなコンホメーションをとっても近づけない)ためである．これに対して，長鎖分岐は分子間での水素引き抜きによって生成するので，その位置や長さに選択性なしにランダムに起こり，分岐の位置や枝の長さはさまざまなものとなる．高温・高圧条件下でのエチレンのラジカル重合では，これらの分岐生成が避けられず，低密度ポリエチレンが生成する．対照的に，チーグラー・ナッタ触媒による配位重合では分岐を含まない高密度ポリエチレンが生成する．C2分岐とC4分岐の生成機構は反応式に示すとおりである(**応用問題3.7**も参照)．

[基本問題3.14] (1)開始反応：$-R_i = d[I]/dt = -2k_d f[I]$，成長反応：$R_p = -d[M]/dt = k_p[P\cdot][M]$，停止反応：$R_t = -d[P\cdot]/dt = k_t[P\cdot]^2$

(2)$R_p = k_p[P\cdot][M] = (2k_d f/k_t)^{0.5} k_p [I]^{0.5}[M]$あるいは$R_p \propto [M]$，$R_p \propto [I]^{0.5}$

(3)$DP_n = k_p[M]/(2k_d f[I]k_t)^{0.5}$あるいは$DP_n \propto [M]$，$DP_n \propto [I]^{-0.5}$

[基本問題3.15]
生成高分子の分子量：③ > ① > ②
理由：高分子の分子量はモノマー濃度に比例し，バルク重合でのモノマー濃度は溶液重合に比べて高いので，分子量も同じ順となる．また，メタクリル酸メチルの成長反応速度定数はスチレンに比べて大きく，高分子量体が生成しやすい．四塩化炭素は酢酸ビニル（非共役モノマー）の重合で強力な連鎖移動剤として働くため，オリゴマー（低分子量の高分子）が生成する．よって，上記の順番となる．

[基本問題3.16] 開始剤あるいは触媒：①b，②e，③a，④c，⑤d，⑥f
モノマーの化学構造式

① $CH_2=C(CH_3)_2$　② $CH_2=CH_2$　③ $CH_2=CH-O-C(=O)-CH_3$
④ (lactide)　⑤ (norbornene)　⑥ $CH_2=C(CH_3)-C(=O)-OCH_3$

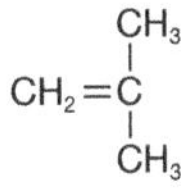

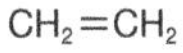

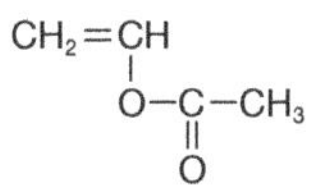

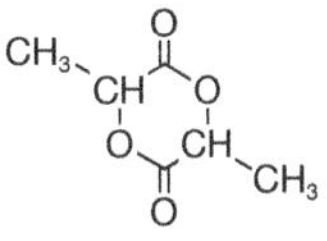

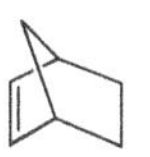

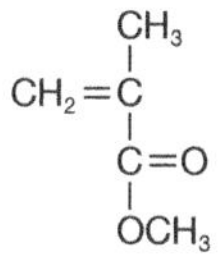

[基本問題3.17] **アニオン重合（付加重合）**：メタクリル酸メチル，アクリロニトリル，シアン化ビニリデン，2-シアノアクリル酸エステル，スチレン，ブタジエン，イソプレンなど．
アニオン開環重合：ε-カプロラクタム，エチレンオキシド，プロピレンオキシドなど．
（モノマーと生成高分子の化学構造式は省略）

[基本問題3.18] アニオン重合性：2-シアノアクリル酸エチル > アクリロニトリル > アクリル酸メチル > スチレン．（化学構造式は省略）

[基本問題3.19] **カチオン重合（付加重合）**：スチレン，α-メチルスチレン，イソブテン，アルキルビニルエーテル，N-ビニルカルバゾール，インデンなど．
カチオン開環重合：エチレンオキシド，テトラヒドロフランなど．
（モノマーと生成高分子の化学構造式は省略）

[基本問題3.20] (1)イ．(2)③イソタクチック，④シンジオタクチック．(3)A，C

[基本問題3.21]

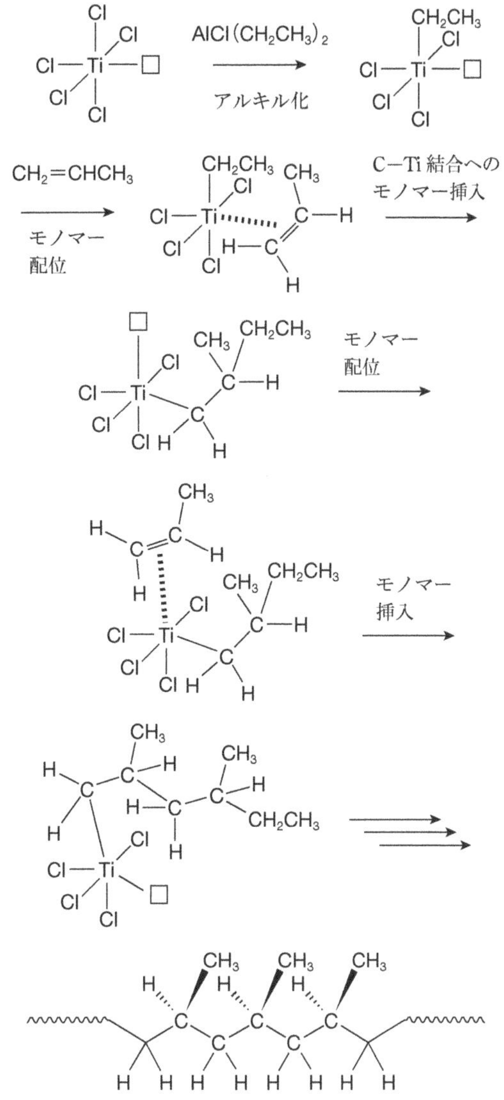

$TiCl_4$ →（$AlCl(CH_2CH_3)_2$，アルキル化）→ $CH_3CH_2TiCl_3$ →（$CH_2=CHCH_3$，モノマー配位）→（C−Ti結合へのモノマー挿入）→（モノマー配位）→（モノマー挿入）→ …

イソタクチックポリプロピレン

触媒表面のTi原子上の空のサイトにプロピレンが配位し，プロピレンはアルキル基（ここではエチル基）−チタン結合の間に挿入される．新たに生成した空のサイトに次のプロピレン分子が配位する．これが繰り返されるが，触媒の対称性とモノマーが配位する際の置換基の方向によって，生成する高分子の立体規則性が決まる．イソタクチック高分子が生成するためには，触媒がC_2対称の構造をもち，モノマーが常に同じ方向で配位する必要がある．

[基本問題3.22] (1)①低密度，②高密度，③直鎖状低密度．(2)分岐構造．(3)Ziegler．(4)分岐構造を含むポリエチレンは結晶性が低く，分岐構造を

含まないポリエチレンの結晶性は高くなる．結晶領域は密度が高く，非晶領域は密度が低い．結晶性が高いほど，材料は高強度となり柔軟性が低下する．また結晶領域と非晶領域の密度差のために高密度ポリエチレンは光散乱を起こしやすく，透明性が低下する．

[基本問題3.23]　成長反応と反成長反応のどちらが優勢かは，温度やモノマー濃度などの反応条件に強く依存する．平衡重合では，ある一定のモノマー反応率に達したときに，正方向と反対方向の反応速度が一致し，モノマーが残っているにもかかわらず，見かけ上は反応が進まなくなる．環状モノマーのリビング重合では，この現象が頻繁に観察される．

[基本問題3.24]　(1)A：イ，B：ウ，C：エ
(2)A：②，B：③，C：①
(3)

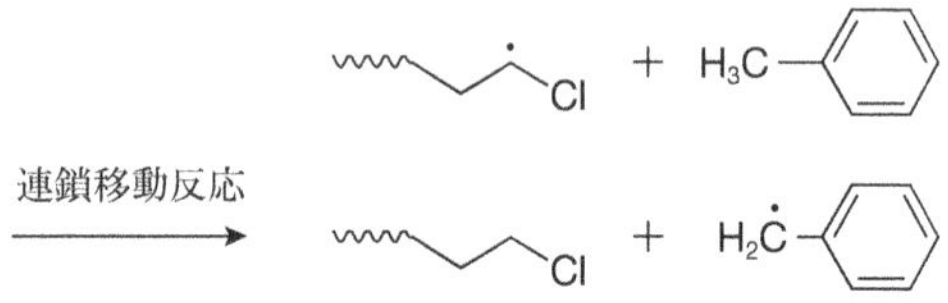

連鎖移動反応

[基本問題3.25]　Mayo−Lewisの共重合組成式

$$\frac{d[M_1]}{d[M_2]}=\frac{[M_1](r_1[M_1]+[M_2])}{[M_2](r_2[M_2]+[M_1])}$$

を変形すると，

$$\frac{d[M_1]}{d[M_2]}=\frac{[M_1](r_1+[M_2]/[M_1])}{[M_2](r_2[M_2]/[M_1]+1)}$$

と書ける．ここで，高分子組成比(モノマー消費量の比)と仕込みモノマー組成比をそれぞれfとFとおく．すなわち，

$$f=\frac{d[M_1]}{d[M_2]},\quad F=\frac{[M_1]}{[M_2]}$$

とおくと，

$$f=\frac{F(r_1+1/F)}{r_2/F+1}=\frac{r_1F+1}{r_2/F+1}$$

が得られる．さらに式を変形すると

$$r_2=\frac{r_1F-f+1}{f/F}=r_1(F^2/f)+F/f-F$$

となり，最終的にFineman−Ross法で用いられる式

$$F\left(\frac{f-1}{f}\right)=r_1\left(\frac{F^2}{f}\right)-r_2$$

が得られる．

[基本問題3.26]

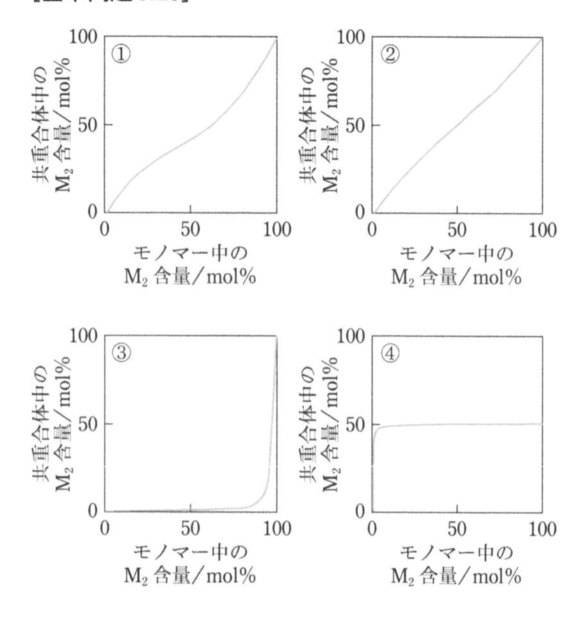

[基本問題3.27]　重縮合で平衡反応を考慮しなければならない場合(逆反応が無視できない場合)には，平衡状態における数平均重合度DP_nと平衡定数の関係は$DP_n=1+K^{0.5}$と表される．ここで，Kは反応の平衡定数である．したがって，ポリアミドのDP_nは，$1+(300)^{0.5}=1+17.3=18.3$となる．同様に，ポリエステルの$DP_n$は2となる．

[基本問題3.28]

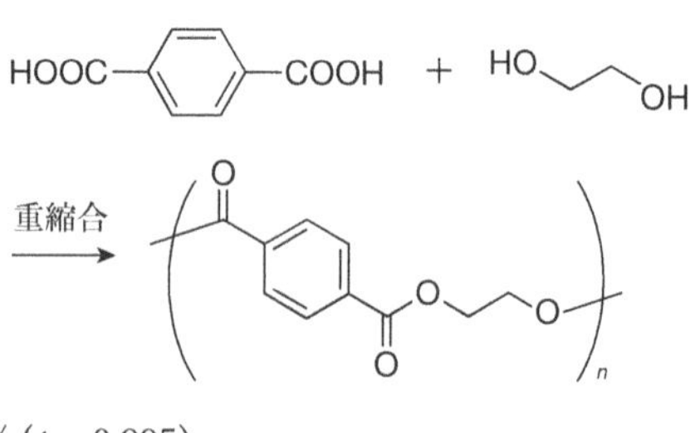

重縮合

99.5%($p=0.995$)

[基本問題3.29]　(1)$DP_n=1/(1-p)$
(2)テレフタル酸を用いた場合は脱水反応によって，テレフタル酸ジメチルを用いた場合は脱メタノール反応によって，PETが生成する．平衡の定数は後者で大きく，水に比べてメタノールの沸点は低く除去が容易であるため，テレフタル酸ジメチルを用いるとPETがより生成しやすい．
(3)エチレングリコールとテレフタル酸の重縮合でどちらかの成分が過剰に存在するとき，最大の数平均重合度DP_nは$DP_n=(1+r)/(1-r)$と表される．ここで，rはエチレングリコールとテレフタル酸の

モル比であり，ここでは1/1.01＝0.99である．したがって，DP_n＝1.99/0.01＝199となる．

[基本問題3.30]
重縮合

(A)

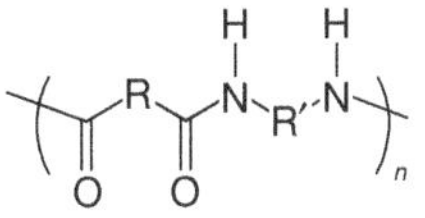

ポリアミド

(B)

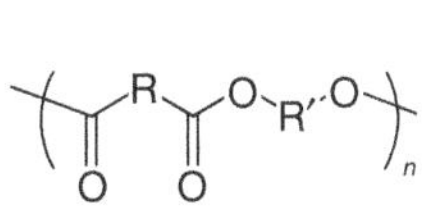

ポリエステル

(C)

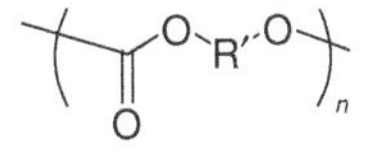

ポリカーボネート

(D)

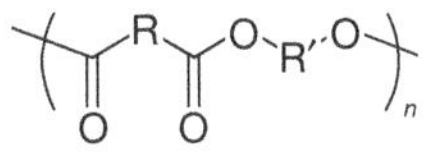

ポリエステル

(E)

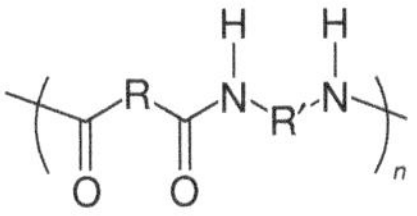

ポリアミド

（補足説明）これらの反応はアシル核置換反応とも呼ばれ，アミノ基やヒドロキシ基の求核置換反応により，それぞれポリアミド，ポリエステル，ポリカーボネートが生成する．カルボン酸の反応性を上げた酸塩化物，活性エステル，活性アミドと求核剤と反応させることが多い．ポリエステルの合成では，酸触媒を用い，かつ高温で生成する水を反応系から除去する方法が一般に用いられる．縮合剤（反応系中で活性アシル体を生成する働きをする試薬）を用いると，直接ジカルボン酸から高分子量のポリアミドやポリエステルが合成できる（直接重縮合）．

芳香族テトラカルボン酸無水物と芳香族ジアミンを用いて，まずアシル置換反応を行い，さらに隣接する官能基間で脱水縮合すると，耐熱性に優れたポリイミドが合成できる．1段階目の反応は室温付近で進行するが，2段階目の脱水イミド化反応には高温（200℃以上）での加熱が必要である．

(F)

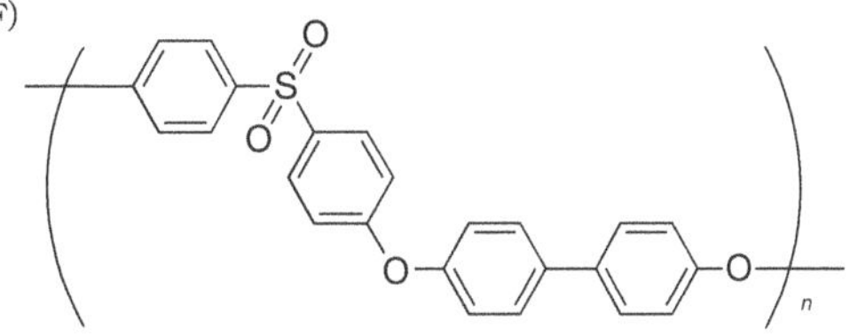

ポリエーテルスルホン

(G)

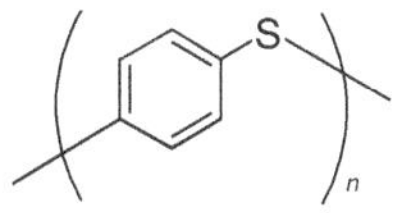

ポリフェニレンスルフィド

（補足説明）これらの反応は芳香族求核置換反応とも呼ばれる．芳香族ハロゲン化物は，ハロゲンの非結合電子対の電子効果（共鳴効果）により，ハロゲン－炭素結合が二重結合性を帯びるため求核置換反応が進行しにくいが，カルボニル基やスルホニル基などの強い電子求引性基が芳香環に置換されると反応が進行しやすくなる．ハロゲン置換基の種類も重要で，ハロゲン化物の反応性は，AR－F＞Ar－Cl＞Ar－Br＞Ar－Iの順である．求核剤の付加が律速段階であり，ハロゲンの電子求引性が強いほど，この反応が有利となるためである．求核剤の求核性が高い場合（スルフィドアニオンなど）には，電子求引性基で置換していない芳香族ハロゲン化物との反応も可能になり，ポリフェニレンスルフィドがこの反応で合成されている．次の反応のように，電子求引性基で置換した芳香族ハロゲン化物との重縮合も容易に進行する．

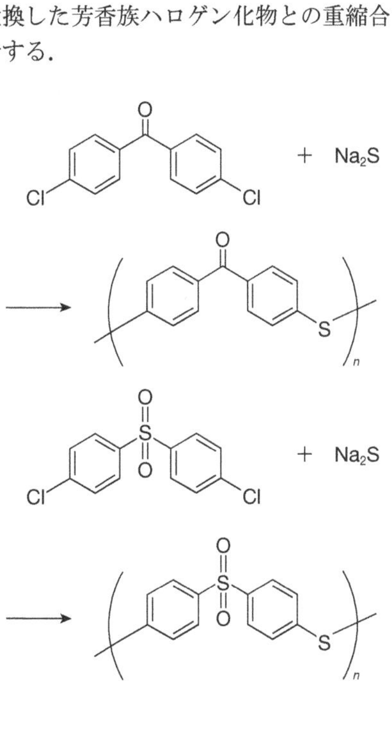

＋ Na_2S

＋ Na_2S

重付加

(H)

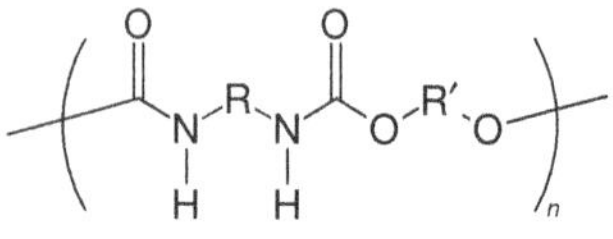

ポリウレタン

(I)

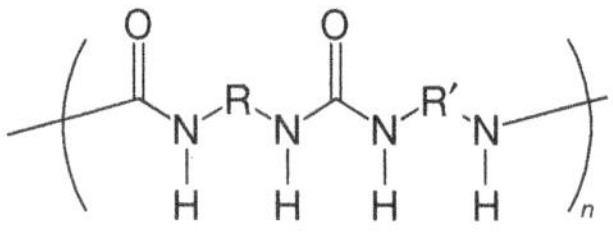

ポリウレア(ポリ尿素)

上記反応のRとR′の具体的な置換基

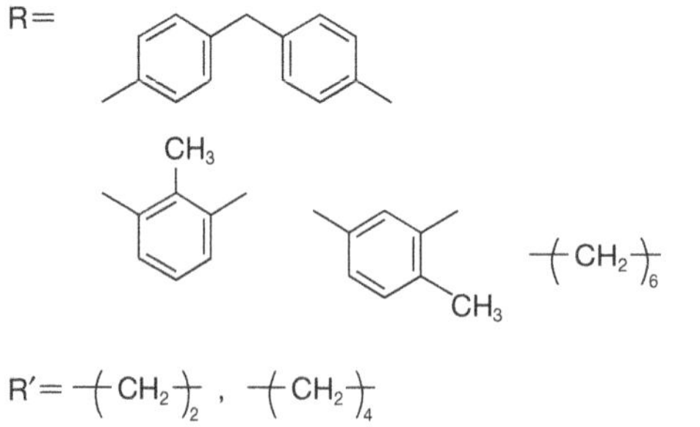

R＝ $-(CH_2)_6-$

R′＝ $-(CH_2)_2-$，$-(CH_2)_4-$

(補足説明)ポリウレタンは成形加工が容易であり，耐摩耗性にも優れているので，衣料，ベッドマット，自動車用ダッシュボード，機械部品や人工心臓など，さまざまな用途に利用されている．発泡ポリウレタンは，住宅建材や断熱材として用いられる．ポリウレアは，ポリウレタンに比べて分子間水素結合が強く，高結晶性，高弾性率を有するが，単独で用いられることは少なく，ポリウレタンと組み合わせて利用される．

(J)

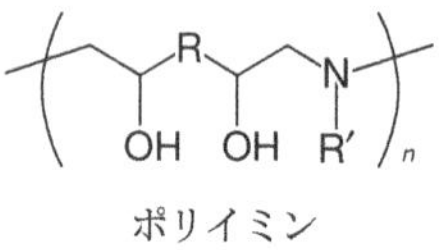

ポリイミン

(補足説明)エポキシ化合物とアミン，チオールおよびカルボン酸との重付加によって，それぞれポリイミン，ポリスルフィドおよびポリエステルが生成する(次の反応も参照)．エポキシ化合物の重付加反応は接着剤に応用されている．酸塩化物との反応も工業的に用いられ，電子材料に利用される．エポキシ(3員環化合物)の代わりに4員環化合物であるオキセタンも同様の反応に用いられる．

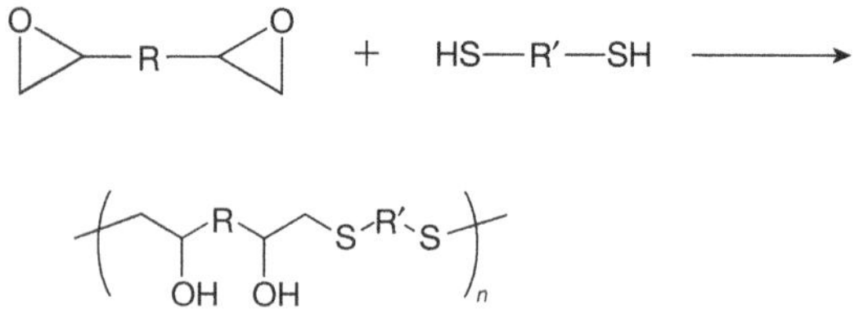

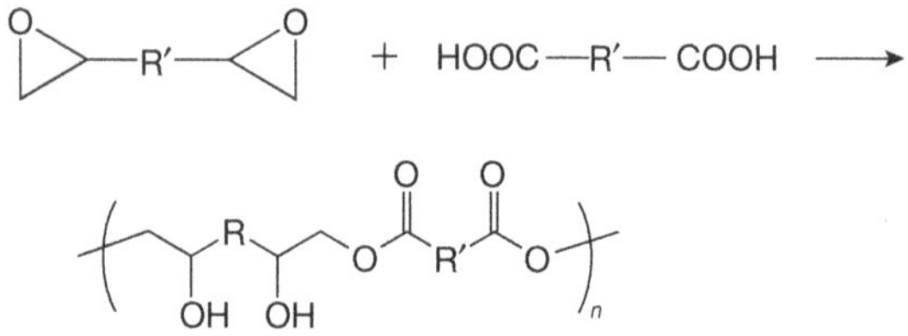

＋ HS—R′—SH ⟶

＋ HOOC—R′—COOH ⟶

一般によく知られているエポキシ樹脂として，ビスフェノールA型エポキシ樹脂があり，ビスフェノールAとエピクロロヒドリンを塩基触媒下で反応して合成される．分子内に2つ以上のエポキシ基を含み，硬化剤(多官能性アミン，カルボン酸無水物，多官能性フェノール，多官能性チオールなど)と反応することにより，接着性，電気絶縁性，耐熱性，耐水性，耐薬品性に優れた樹脂を生成する(下の反応)．繊維強化プラスチック(FRP)マトリックス材料としても用いられる．

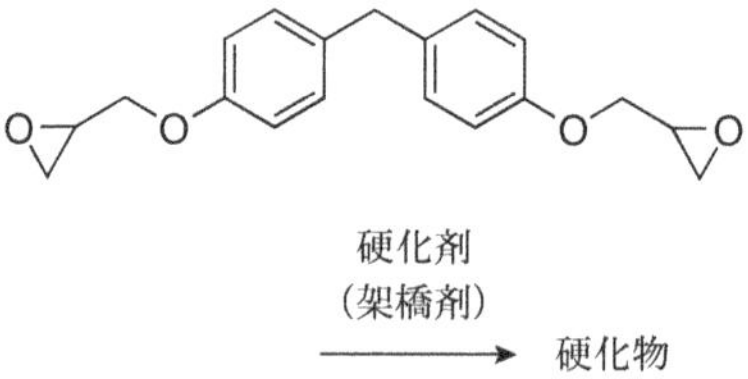

硬化剤
(架橋剤)
⟶ 硬化物

(K)

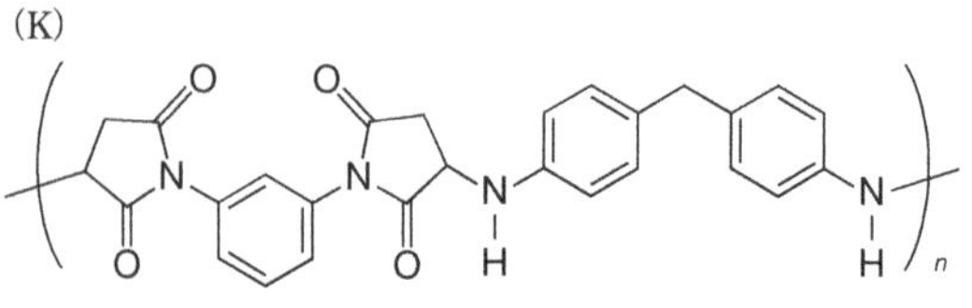

ポリイミドイミン

(補足説明)ビスマレイミドとジアミンの重付加によって，ポリイミドイミンが生成する．同様にビスマレイミドとジチオールの重付加によってポリイミドスルフィドが生成する．重縮合で合成されるポリイミドは，有機溶媒に不溶なものが多く，成形や加工に問題があるが，ビスマレイミドとジアミン，あるいはジチオールとの重付加によって得られる高分子は，溶解性に優れ，また高分子生成時に脱離成分を生じないことに特徴がある．ただし，重縮合で得られるポリイミドに比べると耐熱性は劣る．

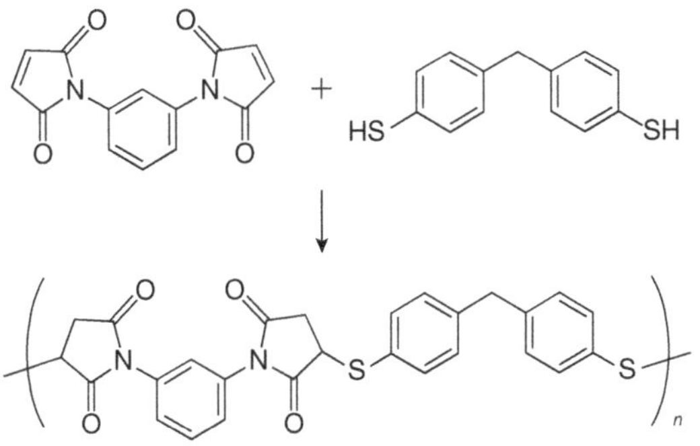

そのほかの重付加の例として，ヒドロシリル化反応がある．

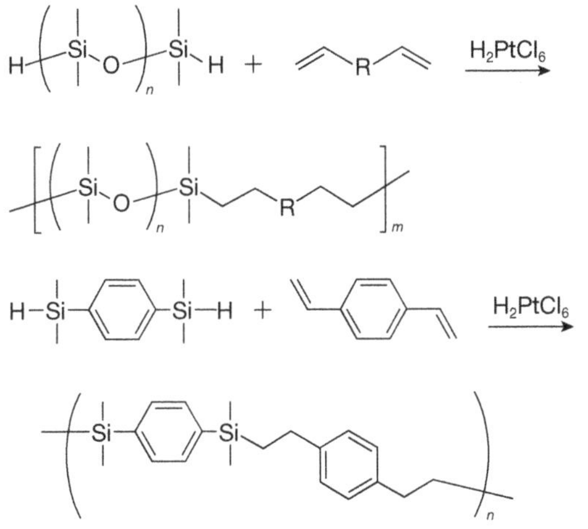

付加縮合

(L)

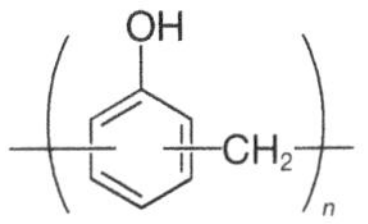

フェノール樹脂（ノボラック樹脂）

(M)

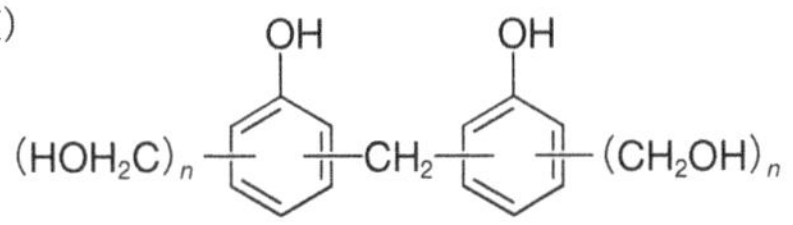

フェノール樹脂（レゾール樹脂）

（補足説明）フェノールの付加縮合では，付加反応と縮合反応が競争して起こり，反応条件（酸・塩基）によって，それぞれ優先する反応が異なり，ノボラック樹脂やレゾール樹脂が生成する．フェノールへのホルムアルデヒドが付加反応と，それに続いて起こる縮合反応によってノボラック樹脂やレゾール樹脂が生成する．酸を触媒とする反応（酸性条件）では，付加反応に比べて縮合反応が起こりやすいため，メチロール（ヒドロキシメチル）基はすぐに縮合に消費される．メチロール基の割合が低いのでそのまま加熱しても硬化しにくく，ヘキサメチレンテトラミンなどの硬化剤を加えて熱硬化が行われる．塩基性条件では，付加反応が優先するため，メチロール基を多く含むレゾール樹脂が生成する．通常，レゾール樹脂の分子量は200〜500程度である．レゾール樹脂は木材用の接着剤として利用される．フェノールの代わりに，メラミン（トリアジン環に3つのアミノ基を有する化合物）を用いるとメラミン樹脂が生成する．メラミン樹脂は合板の接着剤や食器，表面コーティング剤として用いられる．

その他

(N)

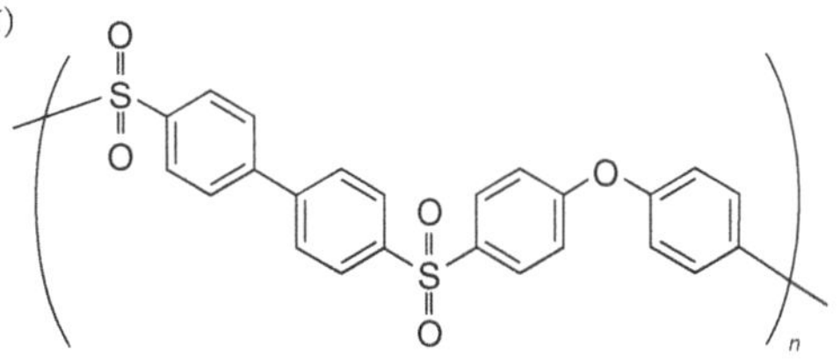

ポリエーテルスルホン

（補足説明）芳香族求核置換反応で生成する高分子と構造が似ているが，反応機構がまったく異なるものとして，芳香族求電子置換反応がある．芳香族求電子置換反応は，ルイス酸やブレンステッド酸の存在下で発生する求電子剤を利用して芳香環上の水素を置換する反応である（アシル求核置換反応や芳香族求核置換反応との違いに注意）．有機化学ではよく知られた一般的な反応である．$AlCl_3$や$FeCl_3$の存在下で，カルボン酸塩化物やスルホン酸塩化物に電子豊富な芳香族化合物（ジフェニルエーテルなど）を反応させて，ポリエーテルケトンやポリエーテルスルホンが合成される（芳香族求核置換反応で生成するポリエーテルケトンやポリエーテルスルホンと繰り返し単位が少し異なる）．

クロスカップリング（溝呂木・Heck反応，熊田・玉尾反応，鈴木・宮浦反応など）による高分子合成も知られている．用いる金属の種類や適用できる化合物の種類などによって分類でき，それぞれ開発者の名前で呼ばれることが多い．

熊田・玉尾反応

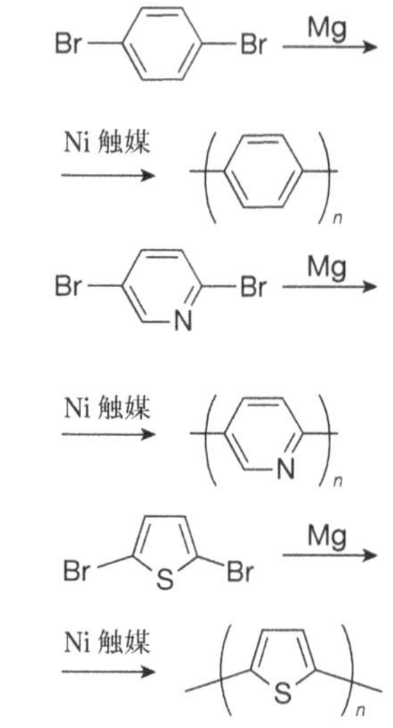

Br–C₆H₄–Br $\xrightarrow{Mg}$ BrMg–C₆H₄–Br

$\xrightarrow{\text{Ni 触媒}}$ $-(C_6H_4)_n-$

Br–(ピリジン)–Br $\xrightarrow{Mg}$ BrMg–(ピリジン, N)–Br

$\xrightarrow{\text{Ni 触媒}}$ $-(\text{ピリジン, N})_n-$

Br–(チオフェン, S)–Br $\xrightarrow{Mg}$ BrMg–(チオフェン, S)–Br

$\xrightarrow{\text{Ni 触媒}}$ $-(\text{チオフェン, S})_n-$

鈴木・宮浦反応

(ピナコールボロン酸エステル)–B(O)(O)–フルオレン(R, R)–B(O)(O) ＋ カルバゾール(N–R′)

$\xrightarrow[\text{塩基}]{\text{Pd 触媒}}$ $-(\text{フルオレン(R, R)}–\text{カルバゾール(N–R′)})_n-$

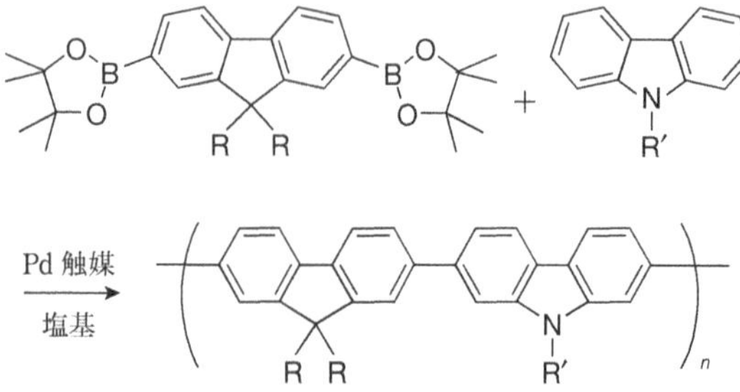

右田・小杉・Stille 反応

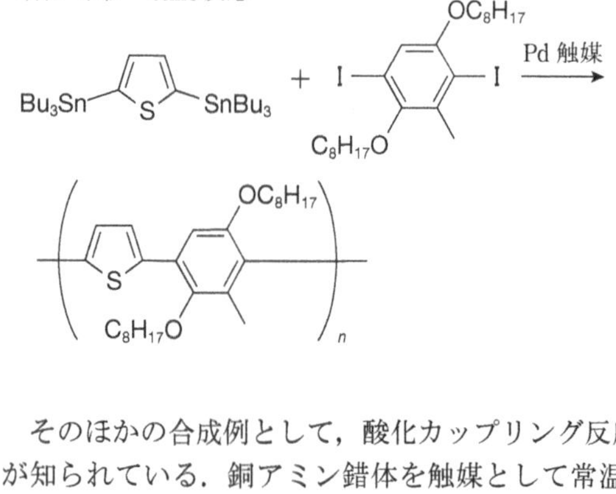

Bu_3Sn–(チオフェン, S)–$SnBu_3$ ＋ I–(ベンゼン, OC_8H_{17}, $C_8H_{17}O$)–I $\xrightarrow{\text{Pd 触媒}}$

$-(\text{チオフェン, S}–\text{ベンゼン}(OC_8H_{17}, C_8H_{17}O))_n-$

そのほかの合成例として，酸化カップリング反応が知られている．銅アミン錯体を触媒として常温，大気下で重合する．反応機構は，まず塩化第1銅が空気酸化されてCu(II)錯体となり，これにフェノキシドが配位する．錯体内で1電子移動が起こり，フェノキシラジカルが生成する．フェノキシラジカルはC–Oカップリングを繰り返して高分子を生成する．同時に1価に還元された銅は，酸素により再酸化されて元のCu(II)錯体に戻る．カップリングの反応機構は以下のとおりである．

生成機構

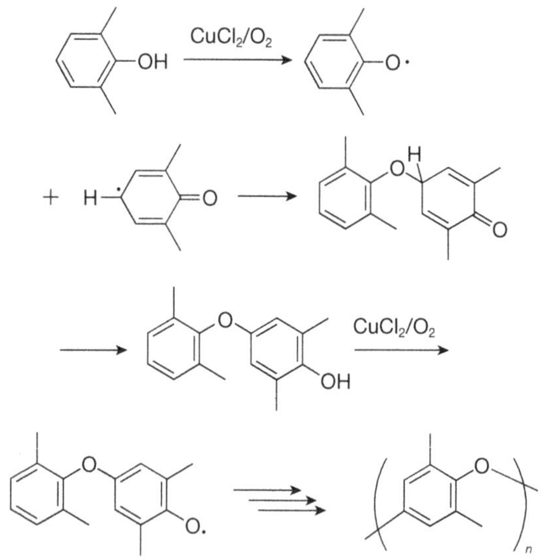

2,6-ジメチルフェノール–OH $\xrightarrow{CuCl_2/O_2}$ フェノキシラジカル–O·

＋ H·–(シクロヘキサジエノン)=O ⟶ (H, O 結合体)=O

⟶ (ジフェニルエーテル)–OH $\xrightarrow{CuCl_2/O_2}$

(ジフェニルエーテル)–O· ⟶⟶⟶ $-(\text{2,6-ジメチルフェニレン}–O)_n-$

[基本問題3.31]

ε-カプロラクタム (O, NH) $\xrightarrow{\text{アニオン開環重合}}$ $-(\text{C(=O)}-\text{NH}-(CH_2)_5)_n-$

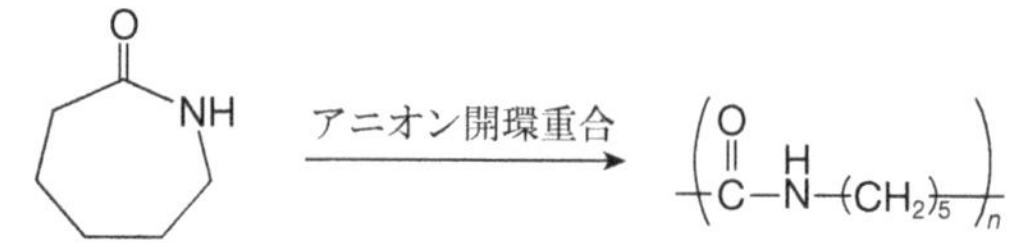

ε-カプロラクタム　ナイロン6

$HOOC(CH_2)_4COOH$ ＋ $H_2N(CH_2)_6NH_2$

アジピン酸　ヘキサメチレンジアミン

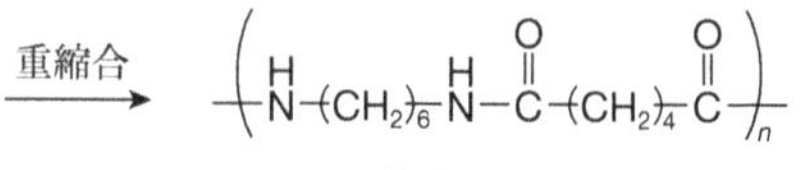

$\xrightarrow{\text{重縮合}}$ $-(\text{NH}-(CH_2)_6-\text{NH}-\text{C(=O)}-(CH_2)_4-\text{C(=O)})_n-$

ナイロン 6,6

開環重合には，重合速度が大きく高分子量化が容易である，官能基の濃度をあわせる必要がない，脱離成分がない，リビング重合化が可能である，末端基の修飾が容易である，などの特徴がある．対照的に，重縮合では重合速度が小さく，高分子量化には反応率を高くする必要がある．また，官能基濃度を厳密に1：1にあわせる必要があり，この比がずれると高分子量体を得ることが難しくなる．さらに，脱離成分である水を反応系から除去する必要もある．反応性が高いアジピン酸クロリドを用いると界面重縮合が可能になり，高分子量体を簡単に合成することができる．

[基本問題3.32]　**基本問題3.31**の解答を参照．

［基本問題3.33］

（1）

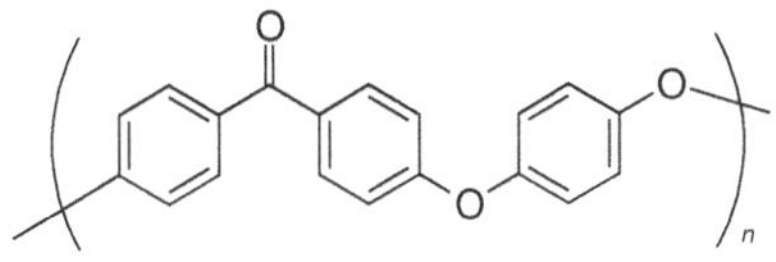

X：フッ素．理由は**基本問題3.30**の重縮合（芳香族求核置換反応）の解答例を参照．

（2）塩基性条件下では，フェノール性のヒドロキシ基はほぼすべてフェノキシドの形になっており，平衡が生成系（反応式の右方向）にかたよっているため，ジクロロメタンが過剰に存在しても反応は正方向に進む．

［基本問題3.34］

（1）

（ア）　（イ）

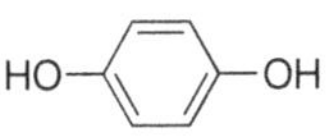

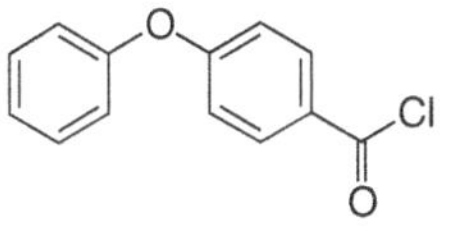

HO　OH　O　Cl　O

（2）高分子の名称：ポリエーテルケトン．特徴：高分子鎖は剛直な構造をもち，耐熱性に優れている．これは，ビニル高分子と異なり，主鎖中に芳香環を含み，さらにパラ位で結合しているため剛直なコンホメーションをとり，結晶性が高い．

（3）フリーデル・クラフツ反応．電子求引性基であるカルボニル基により，芳香環上の電子密度が低下するため．

（4）反応(a)は芳香族求核置換反応，反応(b)は芳香族求電子置換反応であり，電子の動きがそれぞれ異なる．反応(a)では，塩基により生成したフェノキシドアニオンが化合物アの芳香環に対して求核置換するのに対し，反応(b)では，化合物イから生じたカルボニルアニオンが別のイ分子の芳香環に求電子置換する．（5）ハロゲン置換基が異なる場合，反応性はF＞Cl＞Br＞Iの順となる．これは，求核剤の付加が律速段階であり，ハロゲンの電子求引性が強いほど，この反応が有利となるためである．

［基本問題3.35］　（1）①ホルムアルデヒド，②ノボラック（樹脂），③フェノキシ（フェノキシド），④レゾール（樹脂），⑤木材用接着剤，⑥ヘキサメチレンテトラミン（ポリアミン・多官能性アミン）

（2）$-CH_2OH$

［基本問題3.36］

(A)　(B)　(C)

$CH_2{=}CH_2$

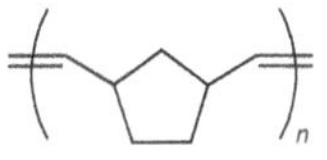

［基本問題3.37］　①アジピン酸，②重縮合（縮合重合），③高分子説，④アミド，⑤ベックマン，⑥ε-カプロラクタム

［基本問題3.38］　反応性基数の比は$r=0.63$．$(1+r)/(1-r)$より$DP_n=4.4$．

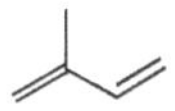

［基本問題3.39］　ポリビニルブチラールはポリビニルアルコールとブチルアルデヒドの反応によって得られる．

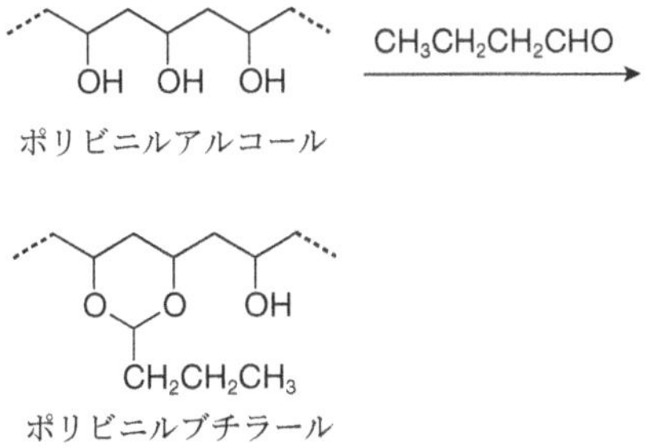

OH　OH　OH　$CH_3CH_2CH_2CHO$

ポリビニルアルコール

O　O　OH

$CH_2CH_2CH_3$

ポリビニルブチラール

ポリビニルブチラールは，ガラスや金属に対して優れた接着性を示す，耐衝撃性を示す，透明であるなどの特性を生かして自動車のフロントガラスなどの中間膜として用いられている．塗料やインク用の分散剤としても用いられる．

［基本問題3.40］　ポジ型フォトレジストは，フォトマスクを通して光が照射された部分の溶解性が高まることを利用するもので，ノボラック樹脂や側鎖の官能基を保護したスチレン誘導体の共重合体が用いられる．反応した高分子は現像液（アルカリ性）に溶解し，画像パターンを形成する．

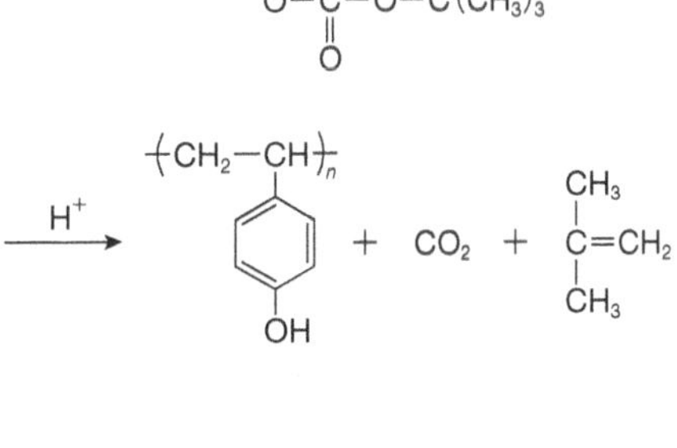

$-(CH_2-CH)_n-$

$O-C(=O)-O-C(CH_3)_3$

$\xrightarrow{H^+}$ $-(CH_2-CH)_n-$（OH）＋ CO_2 ＋ $CH_2{=}C(CH_3)_2$

ネガ型フォトレジストは，光照射された部分が架橋して不溶化することを利用するもので，ポジ型レジストと逆の画像パターンが得られる．例えば，下の式に示す高分子の側鎖のシンナモイル基は，光照射により[2+2]反応により環状の生成物を形成し，高分子は不溶化する．この場合は，光照射した部分が不溶化し，ネガ型の画像パターンが得られる．

$\sim CH_2-CH\sim$（側鎖：$OC(=O)CH=CH-C_6H_5$）

$\xrightarrow{h\nu}$ $\sim CH_2-CH\sim$（側鎖：$OCOCH(-CH(C_6H_5)-)-$ と $C_6H_5-CH-CH-COO$ からなるシクロブタン環，他方は $\sim CH-CH_2\sim$ に結合）

[基本問題3.41]

天然ゴムの繰り返し単位

$\sim CH_2(CH_3)C=CH\,CH_2\sim$

架橋点付近の化学構造の例

$\sim CH_2-C(CH_3)=CH-CH\sim$
　　　　　　　　　　$|$
　　　　　　　　　　S_x
　　　　　　　　　　$|$
$\sim CH_2-C(CH_3)=CH-CH\sim$

[基本問題3.42]　メタクリル酸メチルモノマー(解重合の進行)，部分的なポリアセチレン構造と塩化水素(塩化水素の脱離)．

第4章

[基本問題4.1]　数平均重合度：$DP_n=p\times[M]_0/[I]_0$（あるいは$p(\%)/100\times[M]_0/[I]_0$），多分散度：$M_w/M_n=1/DP_n+1$

[基本問題4.2]　**リビングアニオン重合**：反応系中に含まれる微量の酸性物質や酸素と成長アニオンの間で停止反応が起こりやすい．さらに，極性モノマーのリビングアニオン重合では，成長末端の近くの置換基との間で停止反応が起こることがある．
リビングカチオン重合：成長カルボカチオンからのβ水素脱離による連鎖移動反応が起こりやすい．

[基本問題4.3]　(1)①停止，②連鎖移動
(2)

$sec\text{-}C_4H_9\left(CH_2-\underset{C_6H_5}{CH}\right)_n CH_2-\underset{C_6H_5}{\overset{\ominus}{CH}}\ \overset{\oplus}{Li}$

(3)カチオン重合やラジカル重合では，活性種は不安定であり，失活反応を起こしやすいため，平衡はドーマント種側にかたよっている必要がある．高分子の成長末端のほとんどはドーマント種として存在し，平衡によりごく低濃度で存在する活性種が成長反応に関与する．
(4)アルコキシアミンを用いるラジカル解離型の重合(NMP)：主にスチレン，アクリル酸エステル，アクリルアミド，ジエンモノマーに適用可能であり，末端のラジカル解離には比較的高温(100℃以上)が必要になる．
ハロゲン化アルキルと金属錯体を用いる原子移動型の重合(ATRP)：非共役モノマー以外のほぼすべてのモノマーに適用可能であり，広範囲で重合温度を調整可能である．
ジチオエステルなどをRAFT剤として用いる連鎖移動型の重合(RAFT重合)：共役，非共役モノマーのほぼすべてに適用可能で，通常のラジカル重合と同様の条件で行うことができる．

[基本問題4.4]

方法1：ブチルリチウム(BuLi)を開始剤として用いてスチレン(St)をアニオン重合する．続いて，イソプレン(Ip)をアニオン重合し，最後に再びStをアニオン重合する．

$BuLi+St\rightarrow PSt^-Li^+$

$PSt^-Li^++Ip\rightarrow PSt-PIp^-Li^+$

$PSt-PIp^-Li^++St\rightarrow PSt-PIp-PSt^-Li^+$

$PSt-PIp^-Li^++MeOH\rightarrow PSt-PIp-PSt$

方法2：BuLiを開始剤として用いてStをアニオン重合する．続いて，Ipをアニオン重合し，最後にこれらをカップリングする．

$BuLi + St \rightarrow PSt^{-}Li^{+}$

$PSt^{-}Li^{+} + Ip \rightarrow PSt{-}PIp^{-}Li^{+}$

$PSt{-}PIp^{-}Li^{+} + (CH_3)_2SiCl_2 \rightarrow PSt{-}PIp{-}PSt$

[基本問題4.5]　(1)①チーグラー・ナッタ，②$1+p$，③1，④2，⑤開始，⑥ポアソン，⑦$1/DP_n+1$
(2)メタロセン触媒（あるいはシングルサイト触媒）
(3)$DP_n = p \times [M]_0/[I]_0$．(4)重合終了後にモノマーをさらに添加すると重合が進行し，分子量が増大する．また，重合終了後に異なるモノマーを添加するとブロック共重合体が生成する．

[基本問題4.6]

開始反応機構

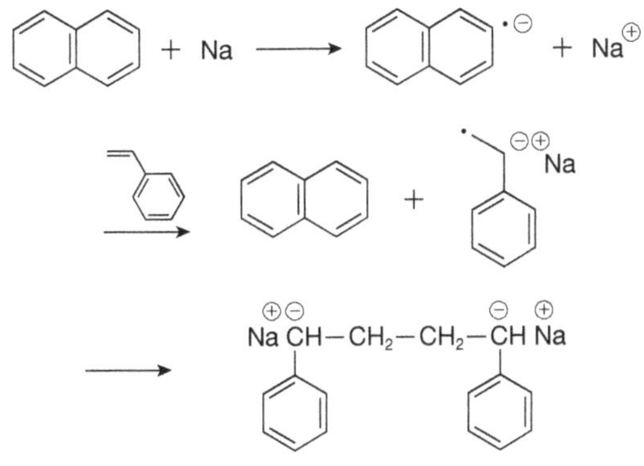

$+\ Na \longrightarrow$ $^{\cdot\ominus}$ $+\ Na^{\oplus}$

$+$ $^{\ominus\oplus}Na$

$\overset{\oplus\ominus}{Na}\ CH-CH_2-CH_2-\overset{\ominus}{C}H\ \overset{\oplus}{Na}$

ポリマー鎖両末端へのカルボキシ基の導入

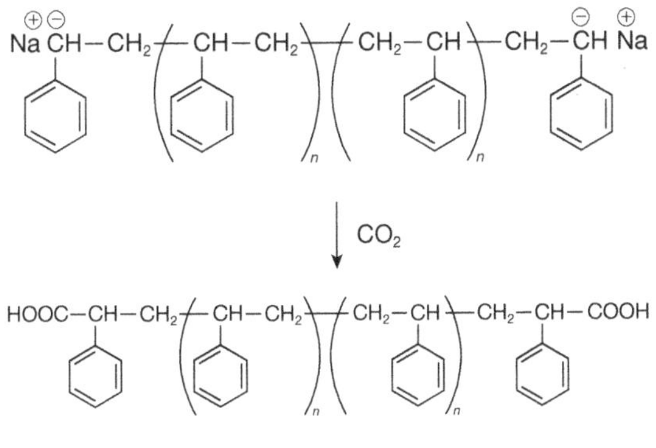

$\overset{\oplus\ominus}{Na}\ CH-CH_2\left(CH-CH_2\right)_n\left(CH_2-CH\right)_n CH_2-\overset{\ominus}{C}H\ \overset{\oplus}{Na}$

$\downarrow CO_2$

$HOOC-CH-CH_2\left(CH-CH_2\right)_n\left(CH_2-CH\right)_n CH_2-CH-COOH$

[基本問題4.7]　ラジカル重合では，成長末端のアルキルラジカルが高活性で高分子鎖からの水素引き抜きを起こしやすく，多くの分岐構造を含む低密度ポリエチレンが生成する．分子間で連鎖移動反応が起こると長鎖分岐が生成する．分子内で成長末端から離れた位置で連鎖移動反応が起こった場合も長鎖分岐が生成する．成長末端ラジカルが高分子鎖の末端から5番目や6番目の炭素上の水素を引き抜く（バックバイティング反応）と短鎖分岐が生成する．一方，チーグラー・ナッタ触媒を用いる配位重合では，直鎖状で結晶性が高い高密度ポリエチレンが生成する．分岐構造を含むポリエチレンは，エチレンとアルケンの共重合によっても合成することができ，1-ヘキセンと共重合するとC4分岐を含むポリエチレンが生成する．これら配位重合によって得られる短鎖分岐を含むポリエチレンは，直鎖状低密度ポリエチレンと呼ばれ，用いるアルケンによって短鎖分岐の長さを変えることができる．包装用など透明性が求められる材料には低密度ポリエチレンが，容器や成型品などの強度が要求される材料には高密度ポリエチレンが適している．

[基本問題4.8]　星型高分子は，分岐が1点に集中し，放射状に高分子鎖が外側に広がった構造をもつ．星型高分子の合成方法には，(a)多官能性開始剤を用いて重合する方法，(b)リビング重合の成長末端（リビング高分子）を多官能性のカップリング剤と反応する方法，(c)リビング高分子とジビニルモノマーを反応する方法，(d)マクロモノマーを単独重合して高分子数量体程度を合成する方法などがある．(c)と(d)は，分岐点が厳密には1点ではないが，巨視的には星型高分子が生成する．マクロモノマーを単独重合して得られる高分子の重合度が大きくなると，高分子の形態は，星型から枝の密度が高いブラシ型高分子と呼ばれる高分子へと変化する．

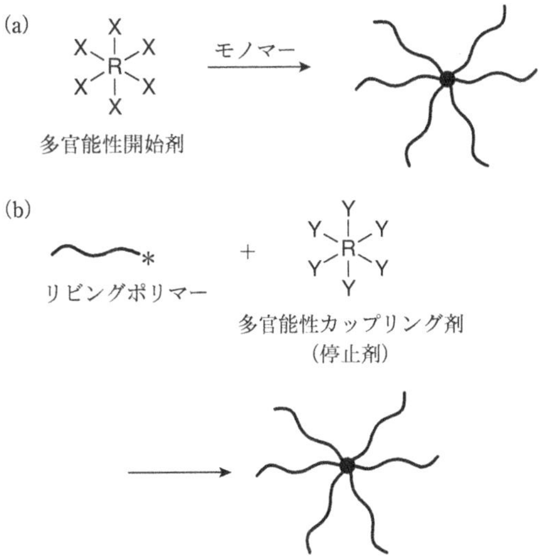

(a)
RX_6 $\xrightarrow{\text{モノマー}}$
多官能性開始剤

(b)
リビングポリマー　$+$　RY_6
多官能性カップリング剤
（停止剤）

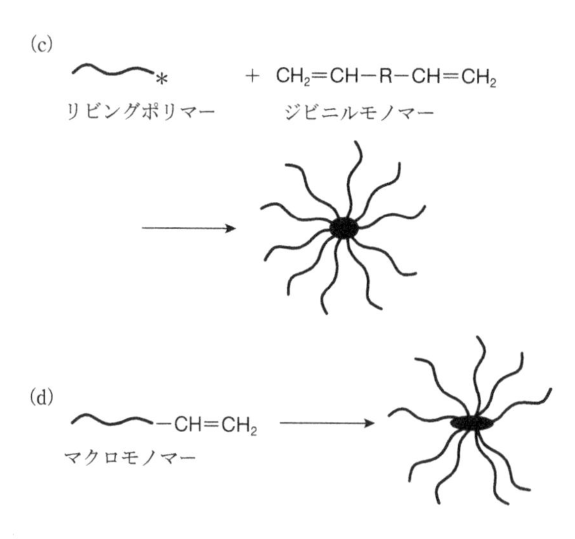

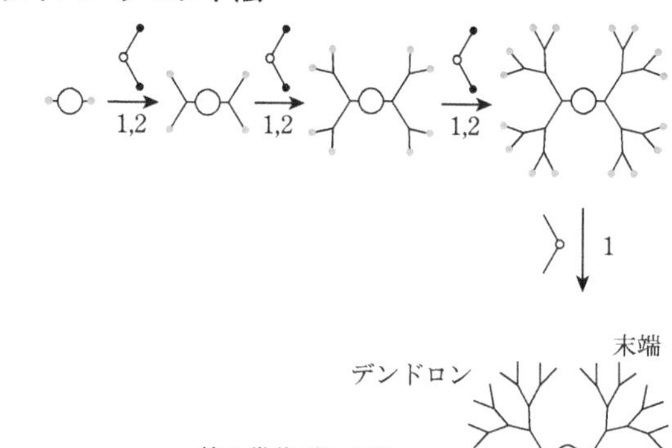

デンドリマーは分岐点の数や位置が規則正しく，分岐構造が不規則なハイパーブランチ高分子と区別される．デンドリマーは，効率のよい反応によって段階的に合成され，分岐の仕方が精密に制御されているため，単一の分子量をもつ．合成には，中心(コア)から外側に向かって分岐を増やしていくダイバージェント法と，外殻から内側に向けて段階的に反応させてデンドロンを合成し，最後に複数のデンドロンをコアで結合してデンドリマーを得るコンバージェント法がある．

ダイバージェント法は，2種類の反応の繰り返しでデンドリマーを合成でき，工業的なスケールで合成可能であるが，高世代のデンドリマーでは分岐の欠損が起こりやすい．ここで，反応の繰り返し(分岐の構造の繰り返し)の数を世代数と呼び，3〜5世代のデンドリマーがよく用いられる．コンバージェント法は途中段階での精製工程を含むが，欠陥のない単一分子量や非対称構造のデンドリマー合成に適している．多くの場合，結合生成のための反応には縮合反応が用いられ，ポリエステル，ポリアミド，ポリエーテルの繰り返し構造をもつデンドリマーが合成されている．

デンドリマーの機能化は，デンドリマーの表面修飾(末端基修飾)によるものと，デンドリマー内部空間への物質取り込みによるものがあり，薬物・遺伝子キャリア，高活性触媒担体，発光素子，金属ナノ微粒子複合材料として利用されている．ダイバージェント法によるポリアミドアミンデンドリマーの合成例と，コンバージェント法による芳香族ポリエーテルデンドリマーの合成例を次に示す．

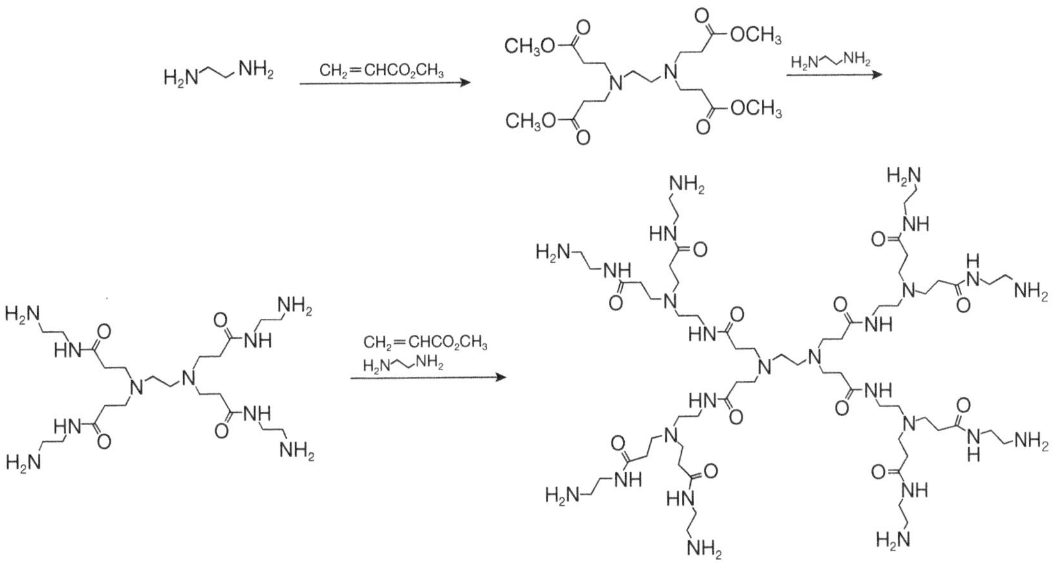

$H_2N\sim NH_2$ →($CH_2=CHCO_2CH_3$) →($H_2N\sim NH_2$) → →($CH_2=CHCO_2CH_3$, $H_2N\sim NH_2$) →

第1世代デンドリマー

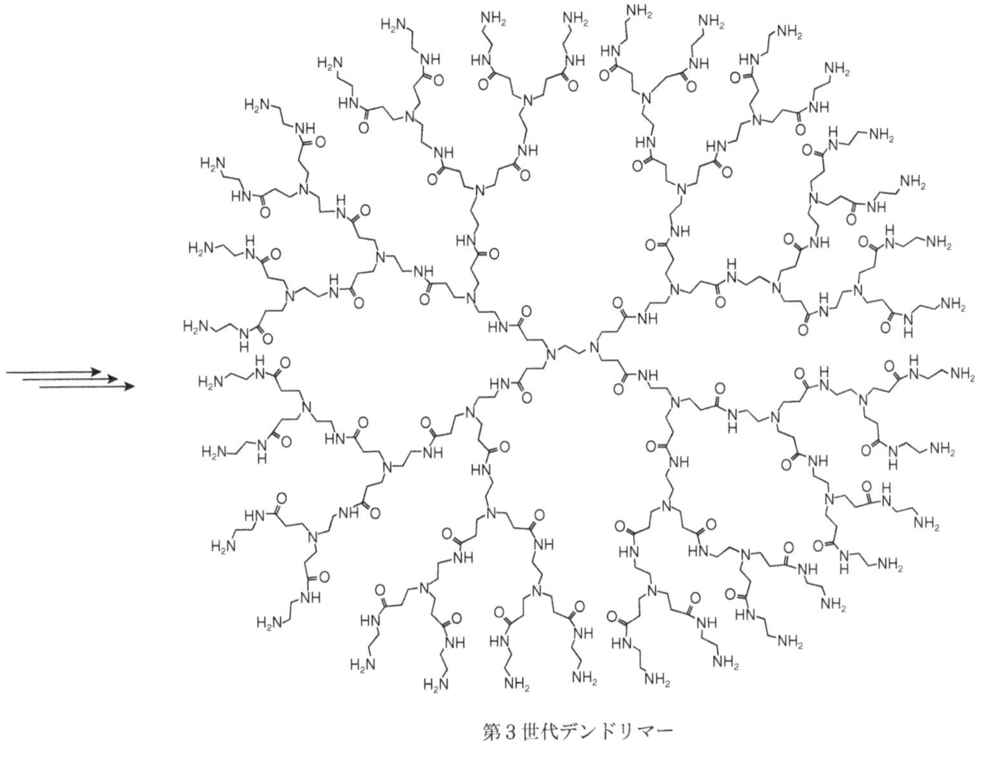

第3世代デンドリマー

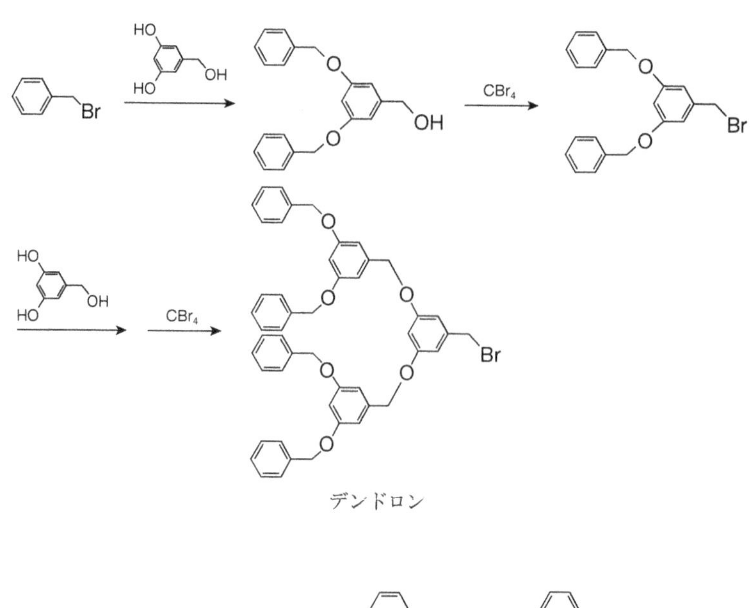

デンドロン

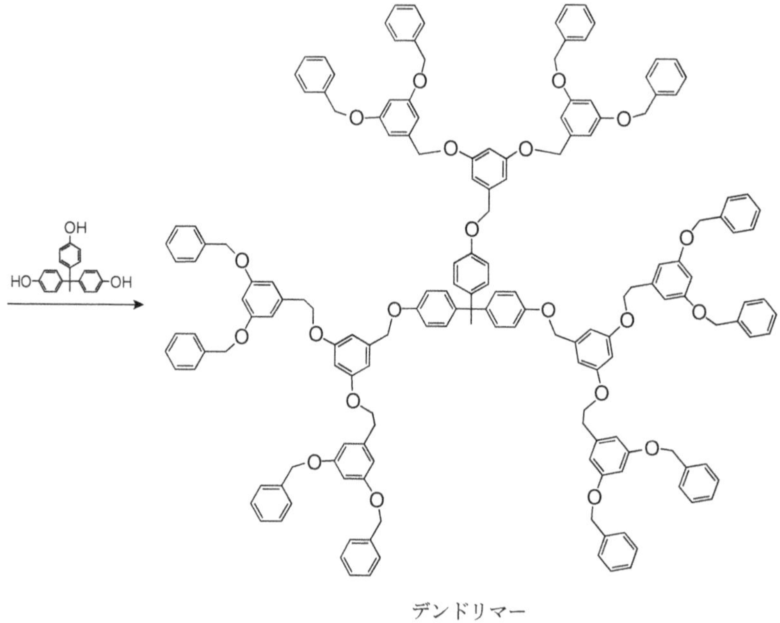

デンドリマー

ハイパーブランチ高分子は，1段階の重合で合成され，分子量や分岐構造に分布をもつ．1個の官能基Aと複数の官能基BをもつAB_x型モノマーの重縮合や開始剤となる反応点をもつビニルモノマーの連鎖重合(多くはリビング重合を利用したもの)によって合成される．多分岐高分子には，線状高分子に比べて，溶液の粘性が低い，溶解性が高い，非晶性である，末端官能基数が多いなどの特徴がある．ハイパーブランチ高分子は，デンドリマーと異なり明確な構造をもたないが，簡便に合成できるため，主に工業的な用途で利用されている．

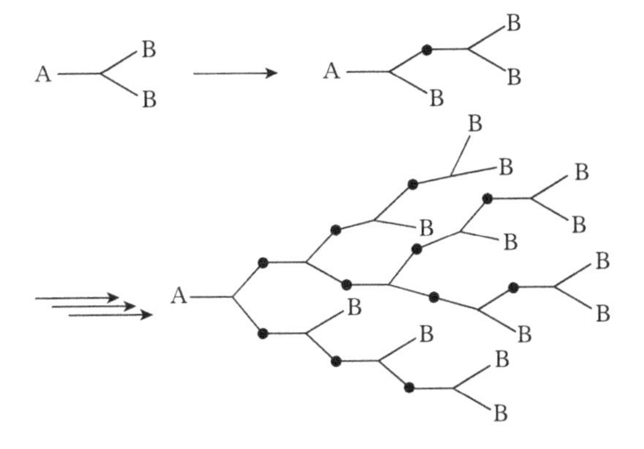

[基本問題4.9]　グラフト共重合体は分岐高分子の1つであり，幹と枝の部分が異なる高分子で構成される．グラフト共重合体の合成法として，高分子鎖に導入した重合開始点からモノマーを重合してグラフト鎖を形成する方法(grafting from法)，グラフト鎖をあらかじめ合成してから高分子鎖に導入した反応性の官能基と結合する方法(grafting on法)，マクロモノマーを他のモノマーと共重合する方法(grafting through法)がある．

grafting from法は，グラフト共重合体の工業的な合成法としても利用されている方法で，高分子への連鎖移動反応や放射線照射により高分子鎖上にラジカルを発生させ，グラフト鎖になるモノマーを重合する．ただし，この方法ではグラフト鎖の数や長さが不ぞろいになるなどの欠点がある．そこで，リビング重合法を用いるとグラフト鎖の長さを一定にすることができる．

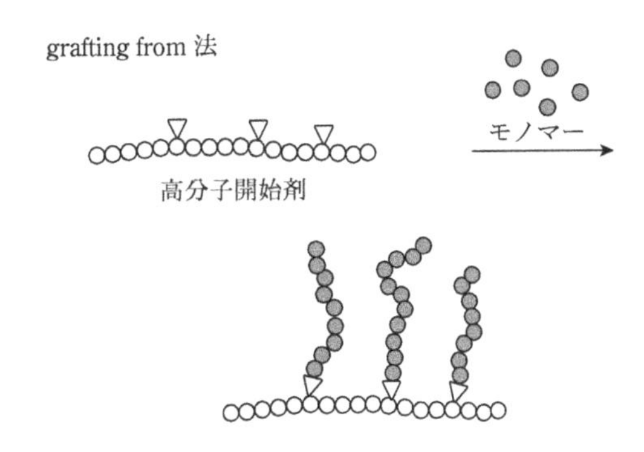

grafting on法では，効率のよい反応が求められ，リビング重合の成長末端が利用される．リビング重合の停止反応で高反応性の官能基を高分子の末端にあらかじめ導入してから反応を行うこともある．クリック反応を利用すると，効率よくグラフト共重合体を合成できる．

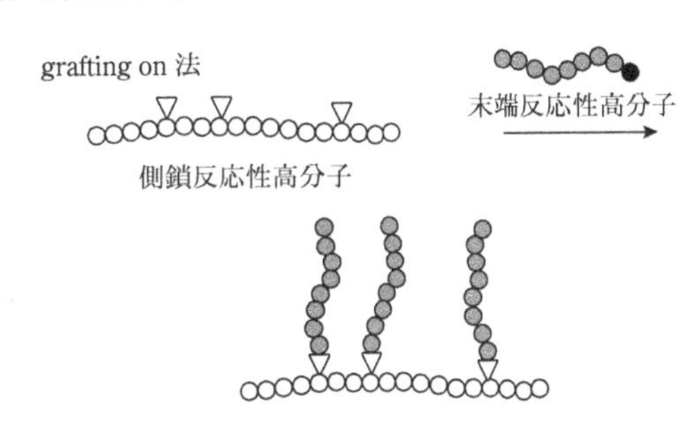

マクロモノマーを使用するgrafting through法を用いると，構造の制御されたグラフト共重合体を合成できる．特に，リビング重合で合成したマクロモノマーは分子量分布が狭く，枝の長さのそろったグラフト共重合体が得られる．

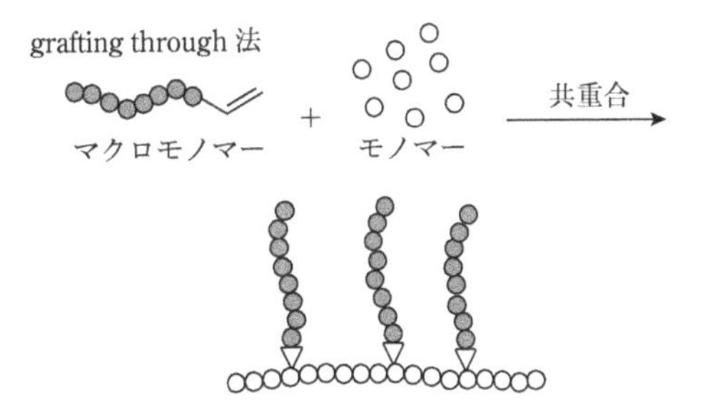

[基本問題4.10]　①例えば，ポリプロピレン(チーグラー・ナッタ触媒を用いた配位重合によって合成)，ポリメタクリル酸メチル(グリニャール試薬を用いたトルエン中のアニオン重合)など．②例えば，スチレン−無水マレイン酸，ビニルエーテル−マレイミドなどのラジカル共重合など．③例えば，デンドリマーあるいはハイパーブランチ高分子など．

第5章

[基本問題5.1] 自由連結鎖および自由回転鎖の$\langle r^2 \rangle$は，結合長をb，結合数をn，結合角をθとしてそれぞれ以下の式で表される．

自由連結鎖：$\langle r^2 \rangle = nb^2$

自由回転鎖：$\langle r^2 \rangle = nb^2 \dfrac{1-\cos\theta}{1+\cos\theta}$

また，自由連結鎖および自由回転鎖の両方に対して，$\langle r^2 \rangle$と$\langle s^2 \rangle$は，$\langle r^2 \rangle = 6\langle s^2 \rangle$の関係にある．よって，①15 nm, ②21 nm，③8.7 nm，④1.3 μm，⑤1.5 μm.

[基本問題5.2] (1)結合数が100なので，99の配座の組み合わせを考慮し，それぞれ3種類の異なる配座をとることが可能である．さらに，ここでは高分子鎖が左右対称形なので2で割る必要があり，$3^{99}/2$通り．(2)$0.16 \times \cos 30° \times 100 = 1.4 \times 10$ [nm].

[基本問題5.3] (1)①溶媒(溶媒分子)，②ミクロブラウン運動，③自由回転鎖，④ガウス鎖，⑤光散乱

(2)$\langle r^2 \rangle = nb^2 \dfrac{1-\cos\theta}{1+\cos\theta}$

(3)溶融状態(あるいは非晶)

(4)ゴーシュ構造，$\phi = 60°$，$-60°$

[基本問題5.4] ポリエチレンの繰り返し単位($-CH_2-CH_2-$)の分子量は28であり，分子量1.4×10^5は重合度5000に相当する．

(1)下の図に示すように，($-CH_2-CH_2-$)の繰り返し単位$= 2 \times 1.54 \times \sin(110.7°/2) = 0.253$ [nm]．sp^3混成軌道の結合角∠CCCは109.47°が標準値であるが，主鎖炭素に結合する原子がすべて同種原子ではなく，炭素2つと水素2つであるため，実測値は標準値から少しずれた110.7°となる．

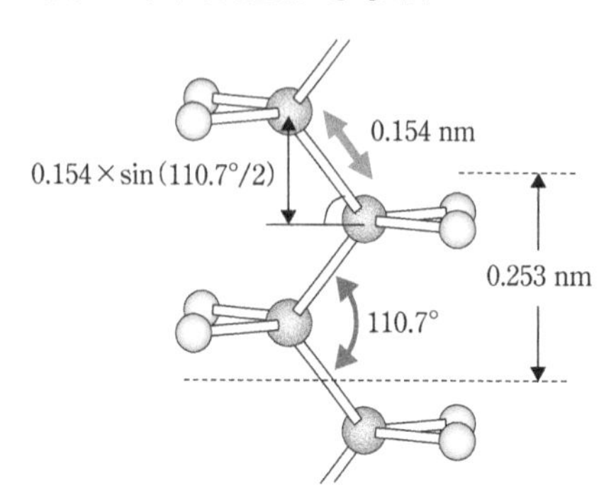

(2)all-*trans*の平面ジグザグ構造に対して，$0.253 \times 10000 = 2.53 \times 10^3$ [nm]

(3)自由連結鎖：$\langle r^2 \rangle^{1/2} = (10000 \times 0.154^2)^{1/2} = 15.4$ [nm]，自由回転鎖：$\langle r^2 \rangle^{1/2} = (2 \times 10000 \times 0.154^2)^{1/2} = 21.8$ [nm]

(4)結合長をb，結合数をnとして$\langle s^2 \rangle^{1/2} = (nb^2/6)^{1/2} = [(10000 \times 0.154^2)/6]^{1/2} = 6.29$ [nm]

(5)$\langle s^2 \rangle^{1/2} = \{2 \times (10^6/28) \times (0.154)^2/6\}^{1/2} = 16.8$ [nm]．分子鎖が伸びきった場合に比較して，糸まりとなることでいかにコンパクトに縮まった形態になるか，また分子量の違いによる糸まりの大きさの違いについて，具体的な数値で認識してほしい．なお，ポリエチレンの特性比$C_\infty (= 5.5)$を考慮すると，$\langle r^2 \rangle = C_\infty nb^2$および$\langle s^2 \rangle = \langle r^2 \rangle/6$の関係から，$\langle s^2 \rangle^{1/2} = 39.4$ nmが得られ，溶液中の実在鎖は理想鎖に比べて広がりが大きいことを示す．

[基本問題5.5] (1)①分子量，②第2ビリアル係数，③シータ(θ)．

(2)溶媒Xに対して得られた直線の傾き(すなわち第2ビリアル係数A_2)が正に大きく，このことは排除体積効果が大きく作用し，高分子鎖の広がりが大きいことを示す．よって，溶媒Xはこの高分子の良溶媒であるとみなせる．

(3)一般に高分子と溶媒の相互作用では，上限臨界共溶温度を示す場合が多数であり，温度が高いほど相互作用が大きく，溶媒Yはこの高分子に対して30°Cでシータ溶媒としての挙動を示す(すなわち，この高分子に対する溶媒Yのシータ温度は30°C)が，高温になるほど良溶媒としての性質が表れるので，80°Cでの直線の傾きは正になる．

[基本問題5.6] 異なる温度ごとの濃度cに対するπ/cRTのプロットで得られる直線の切片の逆数と傾きから，M_nとA_2がそれぞれ求まる．

20.0°C：$M_n = 1.97 \times 10^4$
$A_2 = -2.0 \times 10^{-4}$ cm^3 mol g^{-2}

34.5°C：$M_n = 2.02 \times 10^4$
$A_2 = 1.7 \times 10^{-5}$ cm^3 mol g^{-2}

50.0°C：$M_n = 2.00 \times 10^4$
$A_2 = 1.2 \times 10^{-4}$ cm^3 mol g^{-2}

M_nの値は温度に無関係であり，互いによく一致する．A_2の値は，20.0°Cでは負の値となり，34.5°Cでゼロに近づき，50.0°Cで正の値を示す．A_2の値の符号の温度変化は，シクロヘキサンが34.5°Cでシータ溶媒である事実とよく一致する．

[基本問題5.7] (1)①ポリスチレン($\delta = 18.6$ (MPa)$^{1/2}$)－トルエン($\delta = 18.2$ (MPa)$^{1/2}$)／溶解する，②ポリスチレン($\delta = 18.6$ (MPa)$^{1/2}$)－エタノー

ル($\delta=26.0$ (MPa)$^{1/2}$)／溶解しない，③ポリメタクリル酸メチル($\delta=18.9$ (MPa)$^{1/2}$)－クロロホルム($\delta=19.1$ (MPa)$^{1/2}$)／溶解する，④ポリ酢酸ビニル($\delta=19.3$ (MPa)$^{1/2}$)－n－ヘキサン($\delta=15.0$ (MPa)$^{1/2}$／溶解しない．

(2) χパラメータと，高分子の溶解度パラメータδ_2，溶媒の溶解度パラメータδ_1および体積V_1の間には，次の関係がある：$\chi=V_1/RT\ (\delta_1-\delta_2)^2$（$R$は気体定数，$T$は温度）．したがって，$\chi=\{88/(1.03\times10^3)\}/(8.314\times307)\times(20.5-16.5)^2=0.54$となり，シータ溶媒に対する$\chi=0.5$の予測とほぼ一致する．

(3) 高密度ポリエチレンは結晶性高分子であり，結晶領域にある高分子鎖をバラバラに引きはがすには，融点あるいは融点近くまで加熱して分子運動を大きくする必要がある．溶解度パラメータは，高分子鎖の繰り返し単位の化学構造に関する情報を反映するが，結晶構造や結晶の融解エンタルピーなどの情報を含んでいないため，結晶性高分子の溶解性を溶解度パラメータだけでは予測できない．

[基本問題5.8]　低分子の混合では，混合エントロピーの増大効果があり，混合前後でエンタルピーが負に変化する（混合によって発熱する）と必ず均一に混ざり合う．混合エンタルピーが正（吸熱系）でも混合エントロピー増大の効果が十分大きければ，均一に混ざり合う．一方，高分子どうしの混合では，繰り返し単位が長くつながった構造をもつ高分子がとることが可能なコンホメーションに制約が生じるため，混合エントロピーの増大の程度は小さくなり，高分子間に特別な相互作用がない限り，互いに混ざり合わない．すなわち，高分子間で酸－塩基相互作用，水素結合や配位結合の形成などが起こり，混合による発熱が十分大きくなる場合にのみ，高分子間の混合が可能になる．このことは，フローリー・ハギンスの相互作用パラメータを用いて定量的に説明することができる．

[基本問題5.9]　(1) 急冷試料のDSC曲線において，吸熱側への低温の変曲点をT_gと定義すると145°Cとなる．

(2) ポリカーボネートは本質的に結晶性樹脂である．しかしながら，熱結晶化速度がきわめて遅く，190°C，12時間程度の熱処理では結晶化しないため（結晶化の開始には同温で1週間以上の熱処理が必要），融点は出現しない．なお，熱処理試料では，エンタルピー緩和により，T_g付近でDSC曲線のカーブに鋭いピーク状の吸熱が現れる（エンタルピー緩和については**基本問題6.2**を参照）．一方，アセトン蒸気に暴露されると瞬く間に結晶化し，失透・白化する．アセトン蒸気への暴露によって，T_gはほとんど消失し，結晶の融解に基づく吸熱ピークが高温側に現れる．ピーク温度から融点T_mとして245°Cが得られる．

(3) 急冷試料は非晶状態にあり，ハローが現れる．さらに，熱処理試料でも非晶ハローが現れ，DSCの結果と対応する．その一方で，アセトン蒸気への暴露により，ハローに重なる形で鋭い結晶性ピークが出現する．ポリカーボネートは耐衝撃性に優れることで知られている．このことは応力－ひずみ曲線とひずみ軸の間の面積（破壊に要するエネルギー）が大きいことからも示される．しかしながら，高温での熱処理やアセトン蒸気暴露により，破断伸度が著しく減少し，耐衝撃性が失われる．このことはポリカーボネート＝耐衝撃性樹脂には必ずしもならない場合があることを意味しており，実用にあたっては注意が必要である．

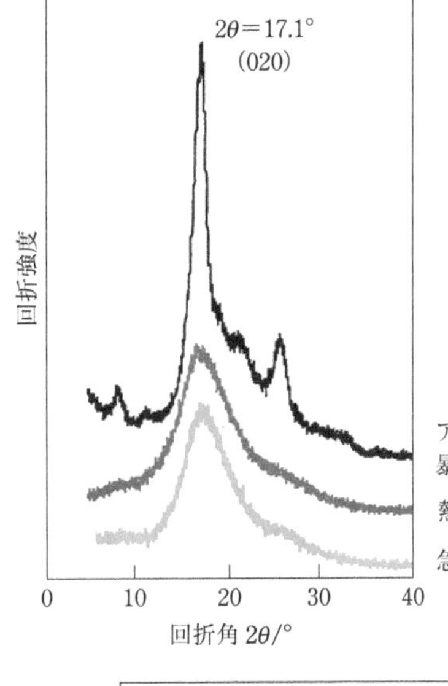

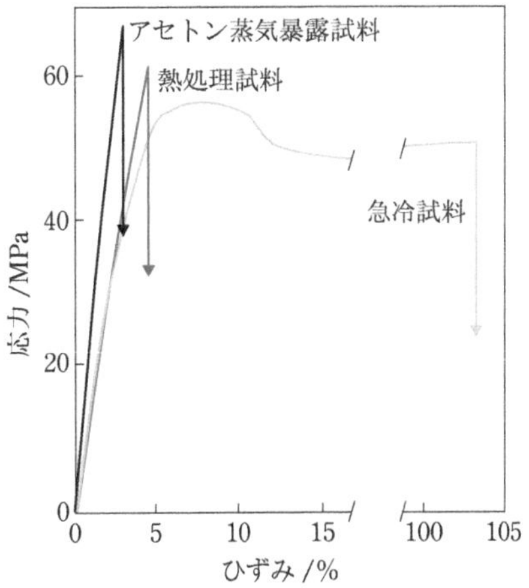

[基本問題5.10] $\{44 \times 2/(6.02 \times 10^{23})\}/\{(5.53 \times 7.83 \times \sin 87° \times 2.52) \times 10^{-24}\} = 1.34$ [g cm^{-3}]
(補足説明)結晶学の基本的な取り決めに関する以前の取り扱いでは，単斜晶に対してb軸を繊維軸とする習慣があった．現在もポリビニルアルコールだけはb軸を繊維軸として取り扱うことが多い．

[基本問題5.11] 設問の図から結晶の単位胞あたりにポリエチレンの繰り返し単位($-CH_2CH_2-$)が2つ含まれるので，単位胞あたりの重量は次の式で計算できる：$2 \times 28.0/(6.02 \times 10^{23}) = 9.30 \times 10^{-23}$ [g]．単位胞の体積は，0.740 nm×0.493 nm×0.253 nm＝0.0923 nm^3＝9.23×10^{-23} cm^{3}なので，密度はほぼ1.0 g cm^{-3}となる．

[基本問題5.12]

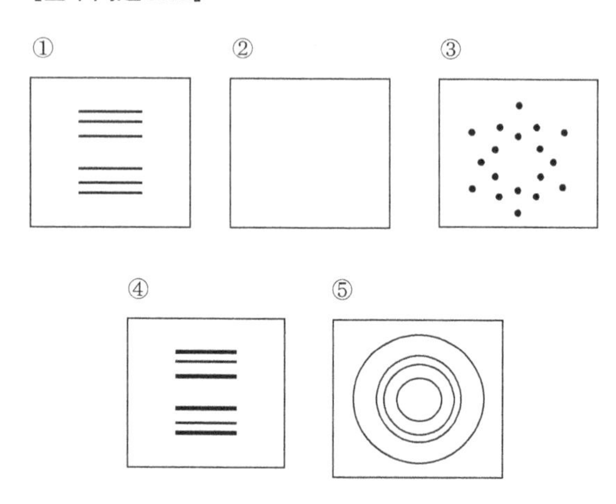

[基本問題5.13] (1)回折角2θをブラッグの条件($2d \sin \theta = \lambda$)に当てはめれば，面間隔dが次のように求まる．

格子面	110	040	130	060	220
2θ/°	14.02	16.78	18.42	25.42	28.33
d/nm	0.632	0.528	0.482	0.350	0.315

(2)単斜晶について，($hk0$)面の面間隔は次の式から求められる．

$$\frac{1}{d^2} = \frac{1}{\sin^2 \beta}\left(\frac{h^2}{a^2} + \frac{k^2 \sin^2 \beta}{b^2} + \frac{l^2}{c^2} - \frac{2hl \cos \beta}{ac}\right)$$

この式に値を代入することで，面間隔dが次のように求まる．

格子面	110	040	130	060	220
d/nm	0.626	0.524	0.478	0.349	0.313

この表の値に比較して，上記(1)の表の値のほうが大きい．(2)の表の値は十分な熱処理を施した試料に対する値であり，結晶格子の緻密化が高度に進行した場合に対応する．それに対して，100℃，10分間の熱処理では，α型の中でもα_{I}型結晶が生成しており，単位格子中に右巻き，左巻きがランダムに混在している．詳細については，次の(3)の解答も参照．

(3) 下の図に熱処理を進めた*it*.PPのX線回折プロファイルを示す．問題で示したプロファイルと同じα型結晶のプロファイルを示している．両者を比較すると，回折線が鋭くなり，半値幅が明らかに狭くなっている．また，各回折角が高角度側にシフトしていることがわかる．これらは結晶化が進行することで，微結晶サイズが大きくなり，結晶の乱れが減少し，さらに，結晶格子が緻密化したことを示す．

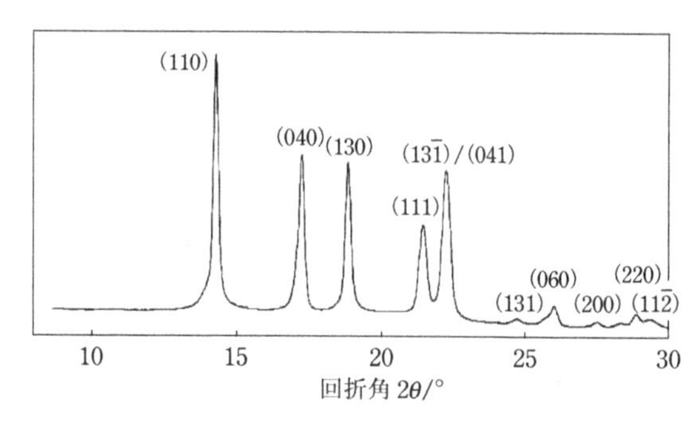

it.PPには，α型以外にβ型，γ型の結晶多形が存在し，α型が一般的であることが知られている．さらにα型もα_{I}型とα_{II}に分類できる．これらの場合，いずれも骨格構造は同じらせん形態を有しているが，単位格子中への分子鎖のパッキングの様子が異なっている．さらに，右巻きらせんと左巻きらせん，側鎖メチルが下向きと上向きの可能性があり，α_{I}型中ではこれらが統計的にパッキングされているの対して，熱処理温度を高くすると出現するα_{II}型では規則性が上がり，最安定な結晶構造となる．

(4)*it*.PPの骨格構造はトランス(T)とゴーシュ(G)を3回繰り返す$(TG)_3$ことでらせんを描いている．次の図において，例えば結合2は分子鎖軸(c軸)に平行であり，次いで結合3のc軸への投影長さは$1.54 \times \cos 66° = 0.0626$ [nm]となる．これを3回繰り返すと，繊維周期(c軸長)として，$[(0.154 + 0.0626) \times 3] = 0.650$ [nm]が求まる．

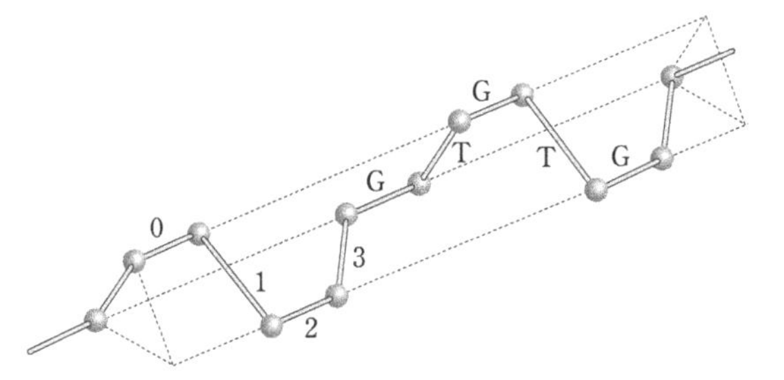

図　イソタクチックポリプロピレン分子鎖の結晶中での骨格構造（3/1らせん）

（5）単位胞の体積$V_c = a \times b \times c \times \sin\beta = 0.665 \times 2.096 \times 0.659 \times \sin 99.3° = 0.907$ [nm^3]．PPの繰り返し単位(C_3H_6)の質量$= \{(12\times3)+(1\times6)\}\times12/(6\times10^{23}) = 84\times10^{-23}$ g．したがって，$d_c = 84\times10^{-23}/(0.907\times10^{-24}) = 0.927$ [$g\ cm^{-3}$]．

[基本問題5.14]　繊維図形において，中央に，水平な方向（赤道線）に現れる一連の回折スポットを赤道反射と呼び，($hk0$)面（例えば，110反射，200反射など）が該当する．その上下に現れる一連の回折スポットの連なりを第1層線反射，さらにその外側に現れる連なりを順次，第2層線反射，第3層線反射と呼ぶ．赤道から第1層線までの距離（5.90 mm，繊維図形中の青い矢印）から，仰角$\phi = \arcsin[5.90/\sqrt{(52^2+5.90^2)}]$であり，繊維周期（fiber identity period, FIP）Iは，Polanyiの式$I\times\sin\phi = \lambda$から1.368 nmと求まる．ポリエチレンの繊維周期が0.254 nmであるのに比べて，繊維周期が長く，観察される層線間隔が狭くなる．

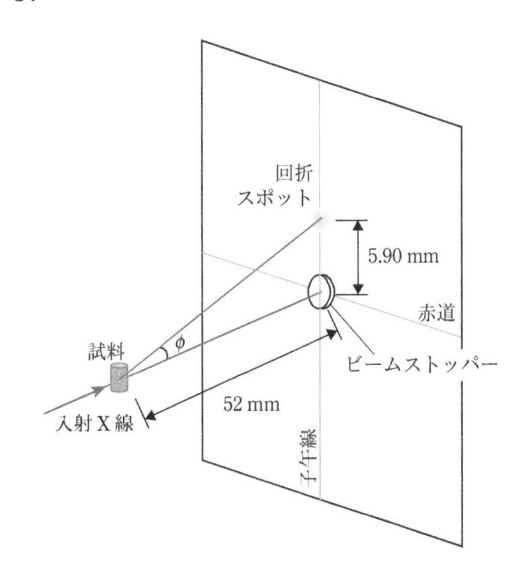

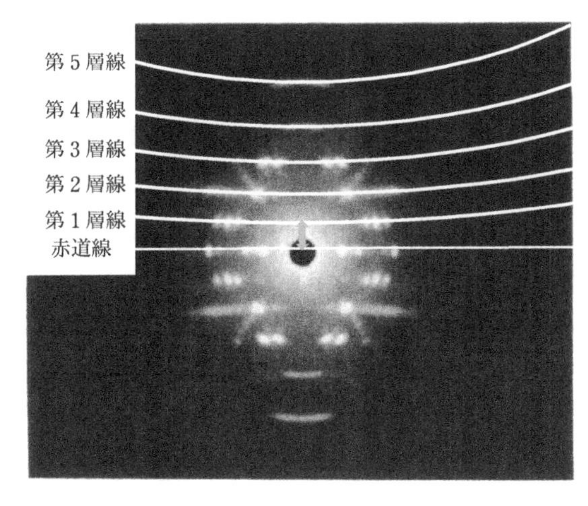

[基本問題5.15]　ナイロン6には，結晶多形（α晶とγ晶）が含まれることが知られている．α晶は隣り合う分子鎖のパッキングが逆平行（anti-parallel）の構造をとり，すべてのアミド結合が高分子鎖間の水素結合形成に関与しており，熱力学的に安定な相である．γ晶は隣り合う分子鎖が平行に配置され，隣接する高分子鎖間で水素結合を形成するために，アミド結合が最適な位置からずれることで，α晶と比べて熱力学的に不利となる．

セルロースは，グルコース残基がβ-1,4-結合した高分子であり，高分子鎖内と高分子鎖間で多くの水素結合が形成され，骨格構造を安定化している．天然のセルロースはI型と呼ばれる結晶構造をとり，その結晶弾性率は138 GPaと高い値を示す．再生セルロースは，天然のセルロースを溶媒に溶解させた後に再沈殿して取り出したもので，セルロースII型と呼ばれる結晶構造をとっている．再生セルロースは，繊維（レーヨン）やフィルム（セロファン）として利用されている．再生セルロース（セルロースII型）の結晶弾性率は88 GPaであり，天然セルロース（セルロースI型）に比べると低い値を示す．

[基本問題5.16]　側鎖アルキル基が直鎖状に長くなると，T_mは次の順番で低下する：165℃（$-CH_3$，ポリプロピレン）＞125℃（$-CH_2CH_3$，ポリ(1-ブテン)）＞75℃（$-(CH_2)_2CH_3$，ポリ(1-ペンテン)）＞−55℃（$-(CH_2)_3CH_3$，ポリ(1-ヘキセン)）．これは，側鎖が長くなることによって，パッキングした主鎖間の距離が大きくなり，結晶密度が低下し，分子間相互作用（ファンデルワールス力）が弱くなるためである．これにより融解エンタルピーΔH_mは小さくなり，T_mが低下する．一方，分岐したアルキル基が側鎖に含まれると，逆の傾向が認められる：165℃（$-CH_3$，ポリプロピレン）＜196℃（$-CH_2CH$

$(CH_3)CH_2CH_3$，ポリ(4-メチル-1-ヘキセン))>350℃($-CH_2C(CH_3)_2CH_2CH_3$，ポリ(4,4-ジメチル-1-ヘキセン))．これは，分子鎖間の隙間に分岐のメチル基がうまく充填され，結晶密度が高くなり，分子間のファンデルワールス力が大きくなるためである．さらに，融解した高分子鎖の側鎖の回転が立体障害によって束縛され，自由度が低下する結果，融解エントロピー変化ΔS_mが小さくなる．この2つの作用のため，かさ高いアルキル基が側鎖に導入されるとT_mが高くなる．

[基本問題5.17] ポリエチレンの単結晶は，キシレン希薄溶液をいったん高温にした後に放置すると溶液がうっすらと濁り，これを一部取り出して乾燥することで作製できる．厚さが10 nm程度の菱形結晶で，分子鎖は厚み方向に平行に配列している．一方，ポリエチレンの融体を融点以上の状態から冷却すると，球晶と呼ばれる高次構造が生成する．球晶の生成は，融体中に結晶核ができることから始まり，三次元で等方的に結晶成長が進行する．ポリエチレン鎖が単結晶成長と同様に折りたたまれて結晶化し，リボン状の結晶1枚1枚をラメラと呼ぶ．ラメラはねじれながら成長し，別の核から成長した球晶どうしがぶつかるところで結晶成長が止まる．単位胞(単位格子)の分子鎖パッキング構造は，単結晶と球晶の両者で変わりなく同一であり，$a = 0.740$ nm, $b = 0.493$ nm, $c = 0.253$ nm, $\beta = 110.7°$である．

[基本問題5.18] (1)分子鎖骨格を引張った場合に変形は，結合長の伸長，結合角の変角，単結合まわりの内部回転の3つの機構で生じる．これらの変形を生じさせるのに要する力は，伸長：変角：内部回転 = 100 : 10 : 1であり，ダイヤモンドが変形しにくい(弾性率 = 1000 GPa)ことからも容易に想像がつくように，C-C結合の伸長はきわめて起こりにくく，さらに単結合よりも二重結合，三重結合のほうが変形しにくい．また，分子鎖骨格がスリムであるほど，単位断面積あたりに充てんされる分子鎖数が増える．このとき，弾性率はPa($= N\ m^{-2}$)の単位を有していることから，分子鎖1本の断面積が小さいほど高強度・高弾性率化には有利になる．したがって，炭素を主鎖骨格とする高分子鎖を引張ったとき，分子鎖の変形が結合長の伸長で生じる骨格，具体的には例えば，$-\!(C{\equiv}C)\!-_n$は究極の高強度・高弾性率高分子になりうると期待できる．ただし，これは設問にあるとおり，合成の難しさや安定性を考慮しなければ，という条件付きでの話であり，この構造の高分子は合成できたとしても溶媒がなく，加熱した場合には容易に分解することから，成形加工が難しいことが予想される．実在の合成高分子としてこれまでで最も弾性率の高いのは，ポリ(p-フェニレンベンゾビスオキサゾール)(PBO)であり，上述の条件，スリムな骨格と伸長による分子鎖の変形機構を備えている．

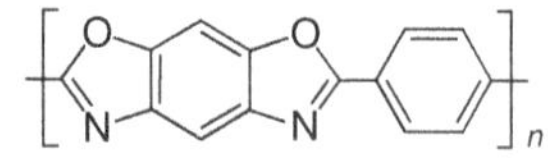

(2)結晶弾性はエネルギー弾性に相当することから，変形時に与えられたエネルギーが保存される．したがって，巨視的弾性率 = 結晶弾性率になると，変形をやめたときに残留ひずみがなく，元へ完全に戻ることから，弾性回復性がきわめて高くなる．結晶弾性率はその高分子固体の弾性率の最高値に相当することから，高弾性率化に際しての指標になる．その一方で，結晶弾性率の低い高分子からは，いわゆる高弾性率高分子が得られないことが予想できる．

[基本問題5.19] 結晶化速度は次の図のように，温度に対して釣鐘状のカーブとなる．したがって，T_g以下の温度域では結晶化速度がきわめて遅くなる．この現象を利用して，溶融した高分子を急速に冷却することで，結晶化速度の速い温度領域を素早く通過させて，T_g以下にすることで非晶状態を達成することができる．急冷にあたっては，氷水中に投入する手法が一般的である．ただし，より低温媒体ということで液体窒素への投入も試みられているが，高温に接触した液体窒素が沸騰して，熱伝導の低い気体窒素層が生じるため，冷却効率は上がらない．むしろ冷却した金属塊に接触させることで，効率的な急冷が達成できる．なお，ポリエチレンでは結晶化速度はきわめて大きく，また，T_gが低温(-120℃)であることから，急冷によって非晶ポリエチレンを得ることは困難である．

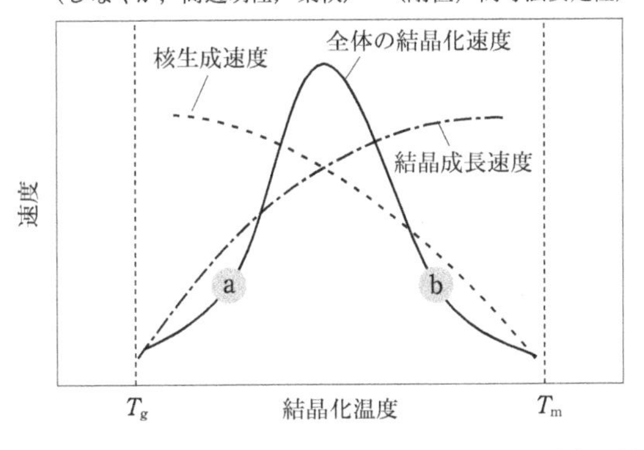

図　結晶核の生成速度，成長速度，全体の結晶化速度と結晶化温度の関係

[基本問題5.20]　まず，結晶化が進行するためには，ガラス転移温度T_g以上の分子運動が可能であり，かつ融点T_m以下の温度範囲にあることが必要である．次に，結晶核の成長速度は，上にある**基本問題5.19**の解答の図に示すように，温度に対して右下がりの関係にあり，低温ほど多くの核ができることを示している．一方で，結晶の成長速度は右上がりの関係となり，融点に近いほど分子運動性が高くなるためである．全体の結晶化速度は両者をかけ合わせたものとなり，T_gとT_mの間で最大値を示す釣鐘型の曲線となる．

[基本問題5.21]　さまざまな道筋での解答が考えられるが，一例をあげれば次のようになる．

結晶と非晶の体積をV_cとV_a，重量をW_cとW_a，密度をd_cとd_a，また全重量を$W(=W_c+W_a)$，全体積を$V(=V_c+V_a)$とすると，X_cは次の式で表される．

$$X_c=\frac{W_c}{W}=\frac{d_cV_c}{dV}$$

ここで，$V_c/V=1-V_a/V$および$dV=d_cV_c+d_aV_a$の関係より，

$$\frac{V_a}{V}=\frac{1}{d_a}\left(d-d_c\frac{V_c}{V}\right)$$

が得られる．これらの関係式より，

$$\frac{V_c}{V}=\frac{d-d_a}{d_c-d_a}$$

が得られる．さらに，

$$X_c=\frac{d_c}{d}\left(\frac{d-d_a}{d_c-d_a}\right)$$

に誘導でき，

$$\frac{1}{d}=\frac{X_c}{d_c}+\frac{1-X_c}{d_a}$$

が得られる．また，$V=V_c+V_a$より，

$$\frac{W}{d}=\frac{X_cW}{d_c}+\frac{(1-X_c)W}{d_a}$$

が得られる．なお，ここで求まるX_cは重量結晶化度であり，体積結晶化度は次の式を用いてさらに簡単に表される．

$$d=X_cd_c+(1-X_c)d_a$$

[基本問題5.22]　結晶性高分子の密度dは，結晶の密度d_cと非晶の密度d_aと次の式によって関係づけられる：$1/d=X_c/d_c+(1-X_c)/d_a$．問題文の数値を代入すると，$1/0.90=0.5/0.95+(1-0.5)/d_a$となり，$d_a$は0.86 g cm^{-3}と求められる．

[基本問題5.23]
①単結晶（図1），②球晶（図2），③シシカバブ構造（図3），④伸びきり鎖結晶（図4）

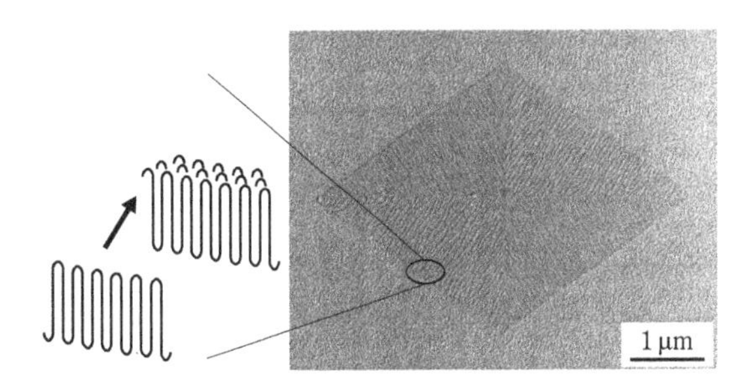

図1　ポリエチレンの単結晶
[J. C. Wittmann and B. Lotz, *J. Polym. Sci., Polym. Phys. Ed.*, **23**, 205 (1985)]

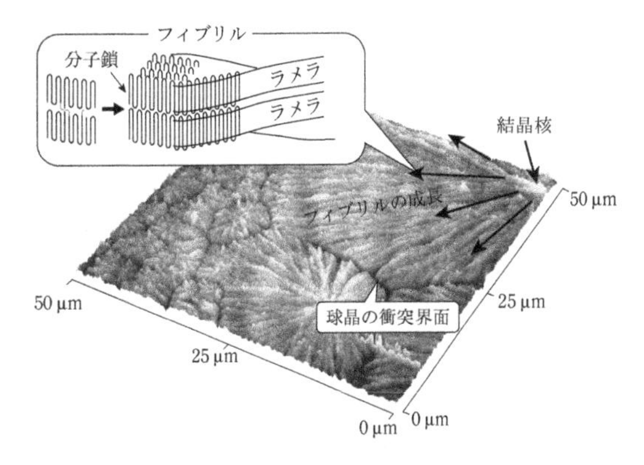

図2　イソタクチックポリプロピレン球晶の原子間力顕微鏡像とフィブリル中の分子鎖の充てんモデル

[基本問題5.24] 高分子に外力を加えてせん断や伸長変形しながら結晶化させると，**基本問題5.23**の解答の図3に示すようなシシカバブ構造が現れる．剪断力により芯の部分に位置するシシは，ほぼ伸びきった高分子鎖からなる配向構造となり，その表面を核として折りたたまれた高分子鎖がラメラとして結晶化したカバブ構造を形成する．“シシカバブ”構造の名称は，トルコの串刺しの肉料理にちなんで名づけられたものである．

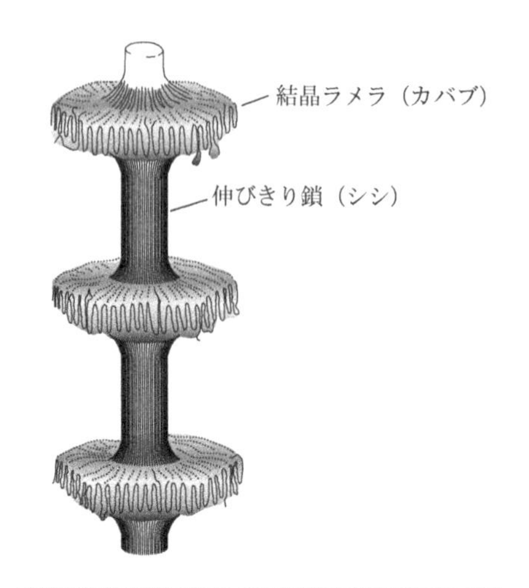

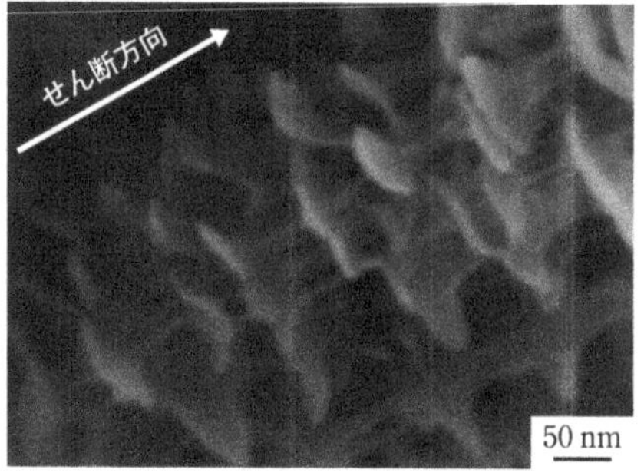

図3　シシカバブ構造の模式図と電子顕微鏡像
[B. S. Hsiao, L. Yang, R. H. Somani, C. A. Avila-Orta, and L. Zhu, *Phys. Rev. Lett.*, **94**, 117802 (2005)]

図4　ポリエチレンの伸びきり鎖結晶
[D. Bassett and D. R. Carder, *J. Ther. Exp. Appl. Phys.*, **28**, 513 (1973)]

第6章

[基本問題6.1]　(1) $T_g = 73°C$，$T_c = 130°C$，$T_m = 260°C$．(2) ①B，②C，③D
(3) T_g, T_mはともに低下すると予想される．PETでは，芳香環であるフェニル環と隣り合うカルボニル基の間の共鳴安定化効果による主鎖の剛直性付与と，隣り合う分子鎖のフェニル環同士のπ電子相互作用が存在する．これらはいずれもT_gとT_mを上昇させる効果をもつ．フェニル基の炭素数6を変えずにそれらをメチレン基$-(CH_2)_6-$に置換すると，π電子は存在しなくなり，相互作用はファンデルワールス力のみになる．このため，T_gとT_mはともに低下する．

[基本問題6.2]　(1) 低温側変曲点から，$T_g = 100°C$．T_gはDSC法以外に，動的粘弾性測定における$\tan\delta$の温度変化，密度の温度変化からも求めることができる．
(2) 徐冷試料において，T_gにともなう吸熱側への変曲点が大きく，ピーク状に観察されている．一般には，T_gにおける吸熱側への曲線のシフト量はT_g前後での物質の熱容量の差に比例する．ただし，ピーク状にまで大きな吸熱は，ガラス転移に加えて，エンタルピー緩和の吸熱が加わったことに基づいている．下の図に温度とエンタルピーの関係を示す．

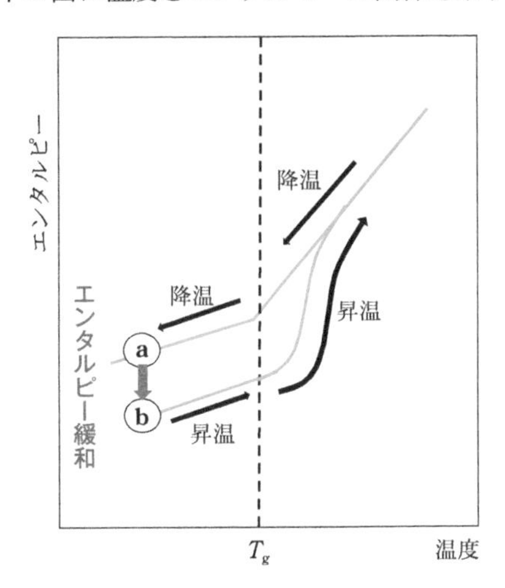

高温から冷却した場合，平衡状態を保ったままエンタルピーが減少するが，T_g以下になると屈曲点をもって平衡状態から離れて**a**に至る．**a**は非平衡の不安定な状態にあるので，T_g以下でも加熱によって徐々に平衡状態に近づいていくことで密度が増加し，エンタルピーも**b**に至る．この過程をエンタルピー緩和と呼ぶ．続いて，**b**の状態にある試料をDSC測定のために再昇温すると，T_g以上で急激に平衡状態に漸近する際（S字カーブ部分）に吸熱が生じる．

[基本問題6.3]　下の図に各物性の変化を模式的に示す．T_gの前後で数°Cの範囲内で急激に物性変化が生じる．

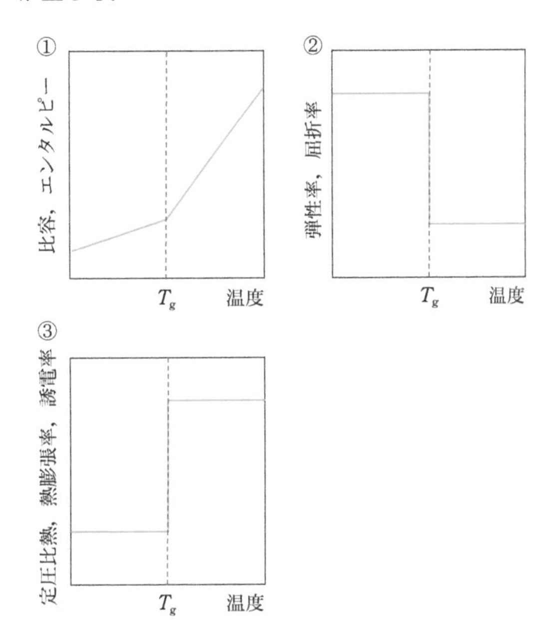

また，下の図に，ポリエチレンテレフタレート（PET），ポリスチレン（PS），ポリジメチルシロキサン（PDMS）の弾性率の温度依存性の実測結果を示す．ガラス状態ではいずれも数GPaの弾性率を示す．温度の上昇とともにT_gで弾性率が低下する．この際，非晶のPS, PDMSで弾性率は1/1000になるのに対し，結晶性のPETでは弾性率の低下は1桁にとどまっている．T_gでは非晶の分子鎖のミクロブラウン運動が関与する．したがって，非晶高分子ではその影響が大きく，一方，結晶性高分子では結晶領域が分子運動を阻害するため，影響が小さくなった結果である．

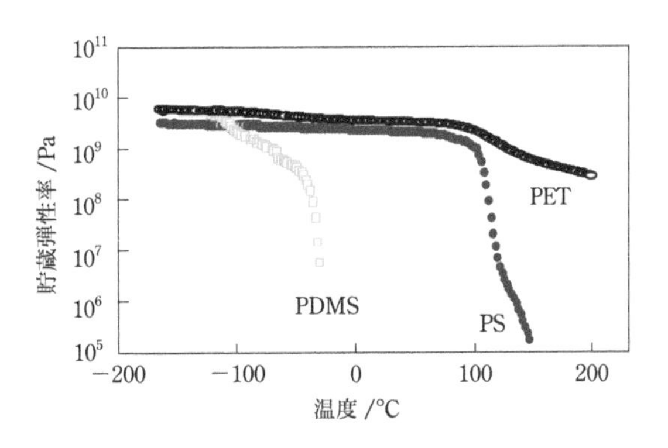

[基本問題6.4] (1)ベンゼンジアミンとベンゼンジカルボン酸いずれについても，パラ位で結合しているものは，メタ位で結合しているものに比べて融点が40～70℃高く，*m,m*の組み合わせと*p,p*の組み合わせでは融点の差は170℃に達する．パラ位で結合した繰り返し単位は，ベンゼン環が回転しても高分子の主鎖のコンホメーションに影響を与えないのに対し，メタ位で結合すると回転にともなって高分子の主鎖のコンホメーションも大きく変化するため，後者での融解エントロピー変化が大きくなる．また，メタ位で結合すると高分子結晶中で水素結合を形成しにくくなるため，融解エンタルピー変化が小さくなる．$T_m = \Delta H_m / \Delta S_m$の関係より，いずれの効果も融点を下げる結果となる．
(2)いずれか一方がメタ位で結合する場合(*m/m*, *m/p*, *p/m*)のT_mとT_gの比は0.75～0.77であるのに対し，両方ともパラ位で結合する場合(*p/p*)のT_mとT_gの比は0.93である．T_mとT_gの値に相関があり，対称性が高い場合にT_m/T_gの値が大きいことがわかる．これらの値は，ポリエチレンに対する約0.5やビニル高分子に対する0.6～0.7に比べて大きい．
(3)例えば，可塑剤を添加する，他の異性体高分子を混合する，結晶化条件を変えて結晶サイズを小さくする，など．

[基本問題6.5] (1)高分子の分子量が大きくなると蒸気圧が低下し，沸点が分解開始温度より高くなるため(分子量が大きい高分子は大気圧下では気体状態をとれないため)．
(2)ポリエチレン結晶は折りたたみ構造をとり，結晶の融点は生成したラメラ状の結晶の大きさ(結晶化温度などの結晶生成条件)に依存するが，高分子の分子量には関係しないため．
(3)高密度ポリエチレンには，非晶領域に比べ，密度の高い結晶領域が多く含まれ，結晶の大きさが光の波長に比べて大きく，可視光を散乱するため．

[基本問題6.6] ①過冷却，②緩和現象，③セグメント運動，④非平衡，⑤分子量

[基本問題6.7] (1)熱膨張曲線は直線では表されない．そこで挿入図の曲線に対して低温側，高温側の接線を求め，その交点を熱変形温度として85℃が求まる．また，接線勾配からガラス転移温度以上および以下での熱膨張係数αが求まり，それぞれ3.3×10^{-5} K^{-1}, 8.7×10^{-5} K^{-1}となる．一般に熱変形温度$\geq T_g$の関係が得られ，**基本問題6.1**で得られたT_gに比較して，ここでは熱変形温度として10℃以上高い値が得られている．PETのT_gは微細構造，特に結晶化度に大きく依存することが知られており，**基本問題6.1**の試料が急冷された非晶PETであるのに対して，本問題のPETは二軸延伸されるとともに結晶化度の高い試料であることが推測できる．

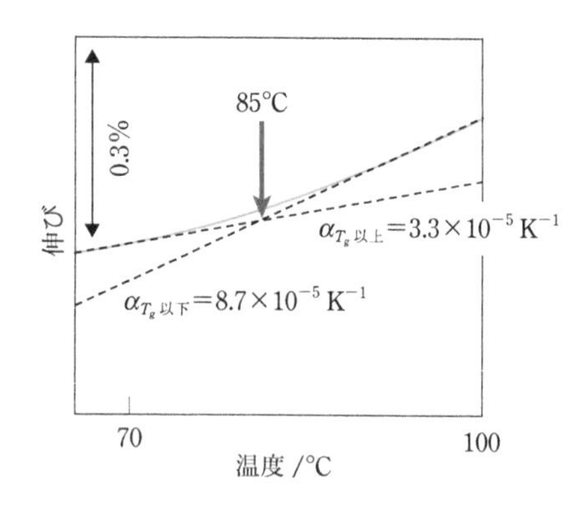

(2)下の図には，測定時に付加する応力を変えた場合の熱機械曲線をあわせて示した．低応力では，昇温にともない試料はむしろ収縮する．これはあらかじめ二軸延伸され，分子配向した状態で応力が凍結残留していた状態であったものが，高温で緩和され，分子運動によって無配向化していくことでマクロにも縮んだことを意味している．熱変形温度は測定時の応力以外にも，昇温速度にも依存し，昇温速度を上げると，熱変形温度も高温側にシフトする傾向がある．付加応力と昇温速度を下げ，ゼロに外挿すると熱変形温度は静的な測定で求めたT_gに漸近するが，図のように測定中に構造変化をともなう場合は複雑になる．なお，曲げ試験の要領で測定を行った場合，昇温時に急激に試験片が曲がる温度は「荷重たわみ温度」と定義され，広義の熱変形温度の一種である．

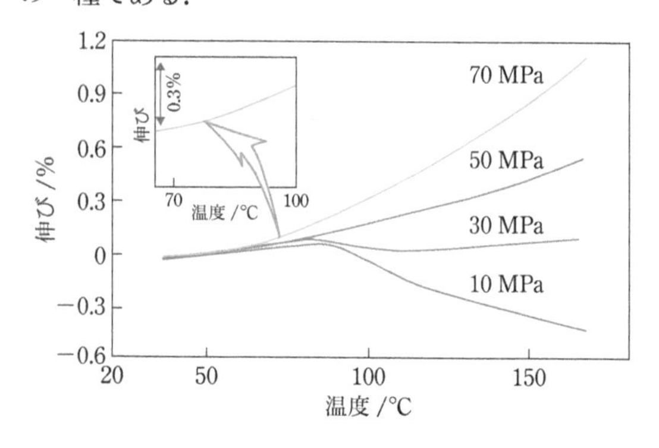

[基本問題6.8] (1)弾性率，比熱，比容積，熱膨張係数，屈折率，熱電導度，誘電応答など．(2)アタクチックポリスチレン，T_g前後での物性変化が大きい．(3)$T_m = \Delta H_m / \Delta S_m$より，*cis*-1,4-ポリイソプレンの$T_m$は314 K，*trans*-1,4-ポリイソプレンの

T_mは343 Kと求められ，後者の融点が約30℃高いことがわかる．*cis*-1,4-ポリイソプレン鎖はらせん構造をとりやすく，*trans*-1,4-ポリイソプレン鎖に比べて分子運動性の高いことが予想される．*trans*-1,4-ポリイソプレンに対するΔH_mおよびΔS_mの値がいずれも*cis*-1,4-ポリイソプレンの値に比べて大きいことから，*trans*-1,4-ポリイソプレン鎖は秩序性の高い分子パッキング構造をとり，分子間力も大きいことがわかる．

［基本問題6.9］ *cis*-1,4-ポリブタジエンは典型的なゴム弾性を示し，SBR，NBRの共重合成分としてもよく知られている．それに対して，幾何異性体の*trans*-1,4-ポリブタジエンは結晶性の樹脂であり，I型，II型，融体の自由エネルギーGは模式的に下の図のように示される．つまり，室温では最もGの低いI型として存在し，昇温によりI型とII型のGが逆転し，よりGの低いII型に結晶転移する．さらに昇温すると，融体のGがより低くなり，II型結晶が融解する．I型→II型の結晶転移，II型の融解はいずれも吸熱をともない，図のようなDSC曲線が得られると予想できる．

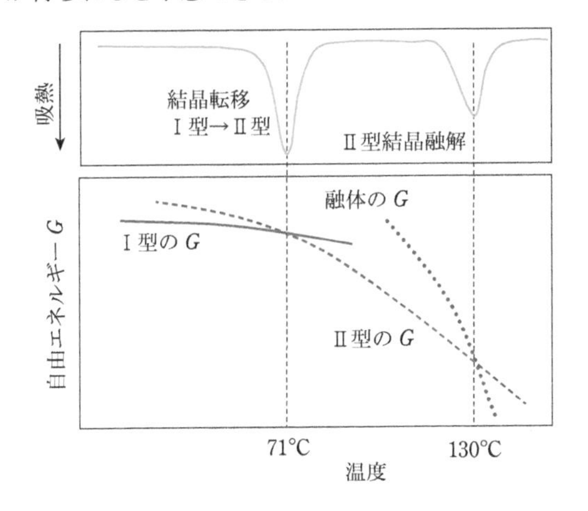

［基本問題6.10］ 高分子鎖の中央部分では分子運動が抑制されるのに対して，末端で運動性は高くなる．したがって，分子量が低下すれば，単位体積あたりの末端数が増え，つまり，分子運動の高い領域がM_nの逆数に比例して増加するため，T_gの分子量効果は設問の式のような形で表されることになる．

数学的には，例えば次のように記述できる．1 cm^{3}中に含まれる高分子鎖数は$(N_A/M)d$で表される．ただし，N_Aはアボガドロ数，dは密度，Mは分子量である．各分子鎖の両末端に自由体積fを有する場合，1 cm^{3}中に含まれる全自由体積V_fは$(N_A/M)d\cdot(2f)$と表される．

分子量＝∞（つまり分子末端がないので，自由体積＝0）の状態から，分子量がMに減少することで自由体積が増大する．自由体積の熱膨張係数をαとすると，$V_f=\alpha(T_g^\circ-T_g)$より，

$$T_g^\circ - T_g = \frac{N_A d(2f)}{\alpha}M$$

よって，

$$T_g = T_g^\circ - \frac{N_A d(2f)}{\alpha}M$$

M以外はすべて定数であり，設問の式が得られる．

［基本問題6.11］ Foxの式は次のように表される．

$$\frac{1}{T_g} = \frac{X_A}{T_{g,A}} + \frac{1-X_A}{T_{g,B}}$$

この式に$T_g=298$ K，$T_{g,A}=187$ K，$T_{g,B}=360$ Kを代入すると，$1/298=X_A/187+(1-X_A)/360=X_A(1/187-1/360)+1/360$となり，$X_A=0.24$と得られる．よって，フタル酸オクチルを24 wt%加える必要がある．

［基本問題6.12］ 設問の図の曲線から，弾性率：約3 GPa，引張り強度：約40 MPa，破断ひずみ：約4%，破壊に要するエネルギー：約10 J g^{-1}などが読み取れる．これらの数値や曲線に明確な降伏点が観察されないことから判断して，この高分子はポリメタクリル酸メチルである．

［基本問題6.13］

（1）弾性率：1.6 GPa（160 MPa/0.1），降伏応力：330 MPa，引張り強度：380 MPa，破断伸び：1.3（130%）

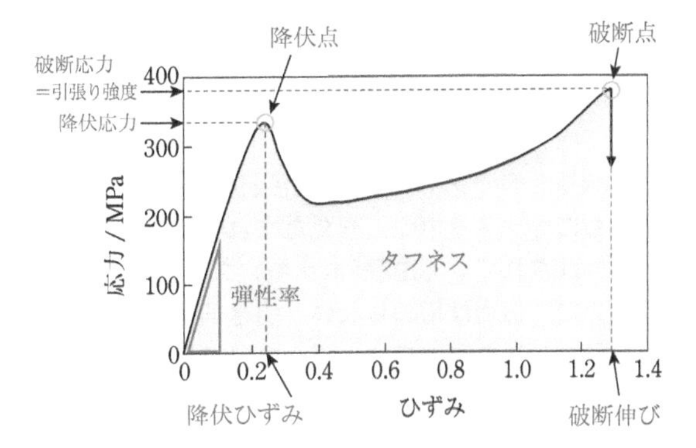

（2）高分子の分子鎖の方向には主として共有結合が働き，それとは垂直な方向にはファンデルワールス力，水素結合などが働く．これらの結合エネルギーは共有結合：水素結合：ファンデルワールス力＝100：10：1であり，力学的な異方性が著しく，分子鎖をそろえることで弾性率が高くなる．分子鎖をそろえる方法としては，延伸，固相押出しなどがあげ

られる(下の図を参照)．分子配向により，引張り方向の弾性率以外に，引張り強度，複屈折，熱伝導率などが増加する．

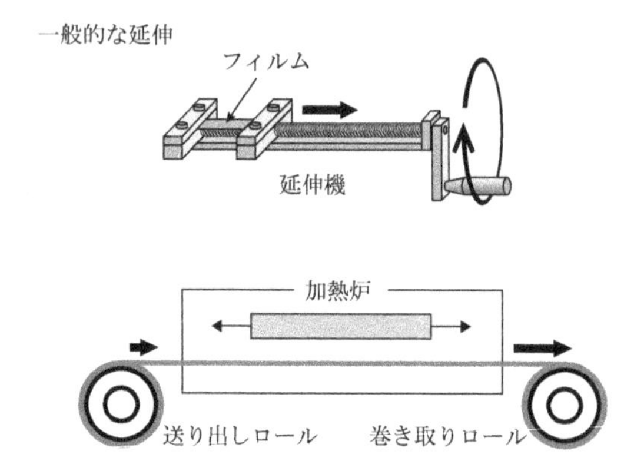

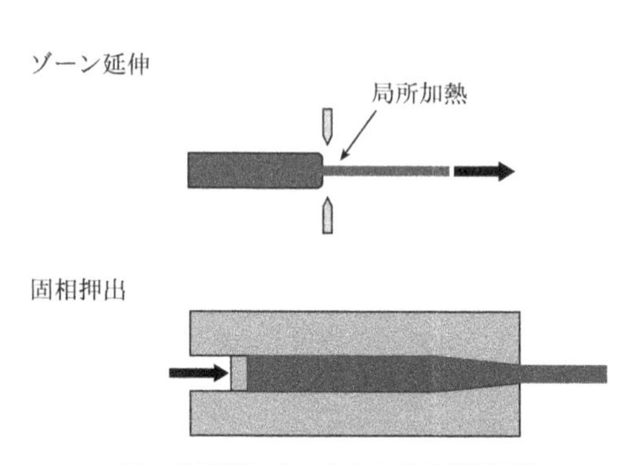

図　分子配向を与えるための各種手法

延伸の際には，具体的には，延伸機に試料を挟み込み，ハンドルを回すことで1回転につき1 mmずつ試料を伸ばす．延伸倍率はあらかじめ表面にインクマークを入れ，その間隔の広がりから評価する．

(3) この結晶性高分子フィルムには球晶が存在している．引張り試験を行うと，球晶構造が破壊されることで応力がいったん低下する．次いで，Xの領域では球晶内部のフィブリルが引張り方向に配向するとともに，ラメラ中の折りたたまれていた分子鎖が引き伸ばされていく過程(ネッキング，次の図)にあるために，応力は増加しない．引き伸ばされる過程が終了したYの領域では，個々の分子鎖が力を担うことによって，ひずみの増加にともなって応力が再増加する．

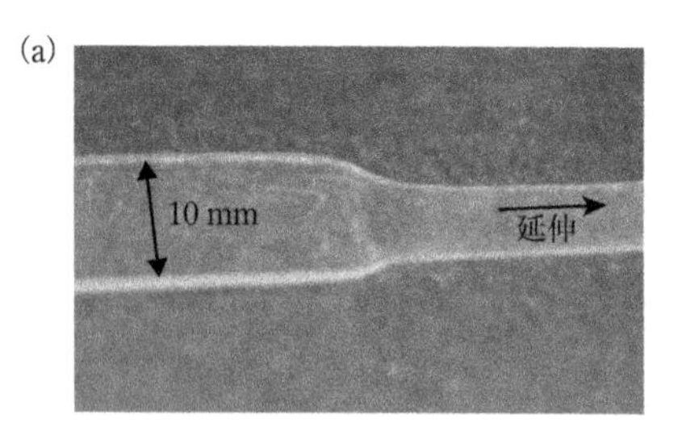

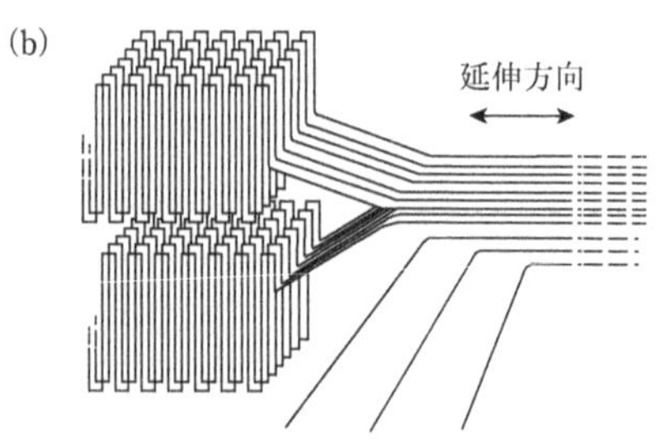

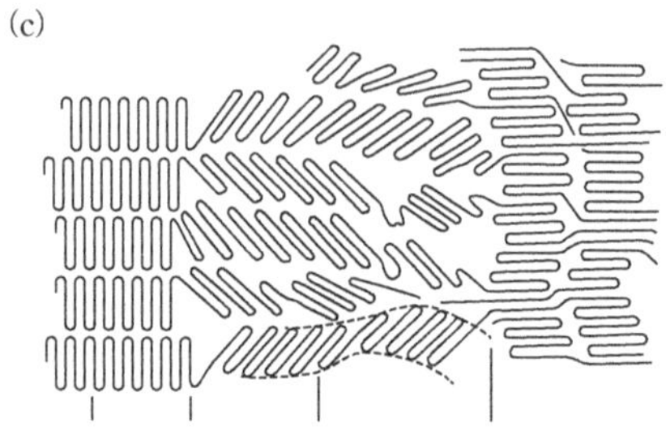

図　(a)イソタクチックポリプロピレンフィルムのネッキングおよび(b) (c)延伸にともなう構造変化のモデル((b)小林，(c) Peterlin)

[(c)はA. Peterlin (H. F. Mark *et al.*, eds.) , *Man-Made Fibers, Vol. 1,* Interscience (1965)]

(4) 当初の引張り試験時にネッキングを経て一軸の分子配向が生じている．その結果，再度の引張り試験では弾性率が増加すると考えられる．その一方で，破断伸びは低下する．なお，分子配向することで本来，引張り強度も増加すると予想されるが，当初の引張り試験時に試料内部で欠陥が多数発生している場合には，むしろ引張り強度が低下する場合もあり，一概には言えない．

[基本問題6.14]　応力σは，外力Fと断面積Aの比F/Aで表される．伸長変形におけるひずみεは$(L-L_0)/L_0$で与えられる．L_0とLは，それぞれ伸長前と伸長後の材料の長さである．引張り弾性率Eは$E=\sigma/\varepsilon$と定義される．同様に，せん断弾性率Gは$G=\sigma/\gamma$と定義される．ここで，せん断ひずみγは，せん断ひずみの変位量と試料の厚さの比x/L_0(すなわち，ひずみ角$\tan\theta=x/L_0$)で表される．$\nu=0.5$のとき，$E=2G(1+\nu)=3G$.

［基本問題6.15］　ポアソン比νの定義：$\nu=-\varepsilon_{\perp}/\varepsilon_{\parallel}$．ここで，$\varepsilon_{\perp}$と$\varepsilon_{\parallel}$はそれぞれ垂直方向のひずみと変形方向のひずみである．材料を伸長するとき，横方向に収縮する．このときのひずみの比がポアソン比であり，ガラスやプラスチックでは0.2〜0.3程度，ゴムやゲルで約0.5の値になる．等方性試料では引張り弾性率（ヤング率）Eとせん断弾性率（剛性率）Gの間には，$E=2G(1+\nu)$の関係があり，ゴムなどのように体積変化がない（$\nu=0.5$）の場合，ヤング率Eは剛性率Gの3倍の値となる．負のポアソン比をもつ，すなわち引張ることで垂直方向にも膨張する材料も特殊な発泡体などで見つかっている．

［基本問題6.16］　（1）長手方向には長さが110 mmになる．ポアソン比$\nu=0.3=(\varepsilon_t/0.1)$であるため，$\varepsilon_t=-0.03$．したがって，引張りに対して垂直な方向の長さは9.7 mmとなる．
（2）120℃はこの高分子のT_g以上に相当し，超高分子量体であるため，ゴム弾性を示す領域に相当し，ポアソン比は0.5となる．したがって，引張り方向の長さが110 mmになるのに対して，垂直な方向の長さは9.5 mmと推定される．

［基本問題6.17］　省略

［基本問題6.18］　（1）応力緩和曲線は模式的に下の図のようになる．Eが大きくなると，緩和時間τは短くなる．この図の例では$\tau_1=2\tau_2$の関係にあることから，曲線1の試料に比較して，曲線2の試料のEは2倍であることが推察できる．

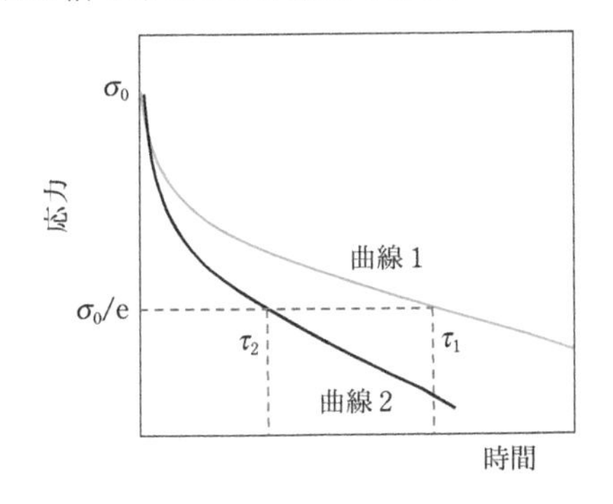

（2）$\tau=\eta/E=20/100=0.2$ sec
（3）応力は変化しない．

［基本問題6.19］　（1）一般的な粘弾性測定では，あまりに速い変形は実験的にとらえられず，また長時間の測定も事実上の上限があるため，測定時間（測定周波数）の範囲は4桁程度までである．また，高分子は高温で分解が起こり，低温での測定には限界があるため，実際の実験で設定できる温度領域は制限される．設問の図は，10^{-2}〜10^{2} hの時間スケールで−80.8〜50℃の範囲のさまざまな測定した弾性率である．低温では高い弾性率（約1 GPa）を示し，ガラス状態にあることがわかる．温度の上昇にともなって弾性率の値は徐々に低下し，傾き（周波数依存性）も小さくなっていく．−20℃付近でほとんど周波数依存性を示さなくなり，このときの弾性率は1 MPa程度で，ゴム領域にあることがわかる．室温以上になると，さらに弾性率が低下し，再び周波数依存性を示すようになり，弾性率は10^2 Paまで低下する．
（2）基準温度（25℃）より低温で測定したデータを左方向に，高温で測定したデータを右方向に，それぞれ適当な位置まで平行移動させると，下の図に示すように，15桁に及ぶ広い時間（周波数）範囲で1つの連続した曲線を得ることができ，ガラス状態からゴム領域，さらに流動領域に至るまでの変化がよくわかる．

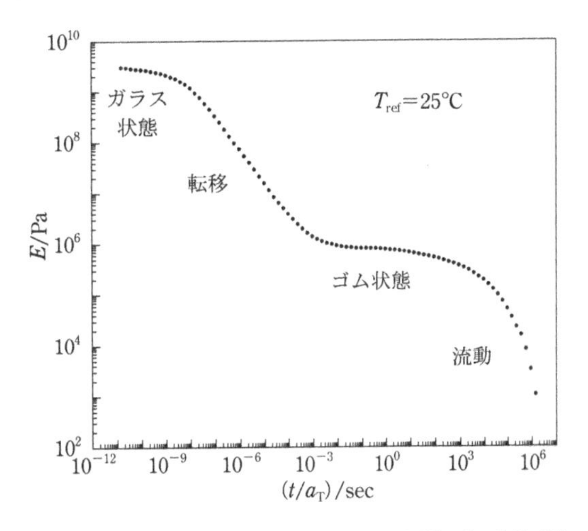

この平行移動の操作（すなわち，時間−温度換算）は，次の式で一般化できる．

$$E(t,T)=E(t/a_{\mathrm{T}},T_{\mathrm{r}})$$

ここで，a_{T}はシフトファクター（移動因子）と呼ばれる量で，温度がTのときに時間スケールtで観測される弾性率$E(t,T)$が，温度がT_{r}のときに時間スケールtで観測される弾性率$E(t/a_{\mathrm{T}},T_{\mathrm{r}})$に等しいことを意味する．縦軸の移動因子に関しては，温度範囲が広くなければ考慮しなくてもよいことが知られている．また，同様の換算は，横軸を周波数（対数）としたデータに対しても成立する．さらに，多くの高分子に対して，a_{T}の温度依存性はWilliams-Landel-Ferry式（WLF式）に従うことがわかっている（**基本問題6.20**を参照）．

[基本問題6.20]　(1) WLF式に数値を代入すると，$\log a_T = \log[\eta(T)/\eta(T_r)] = -C_1(T-T_r)/\{C_2+(T-T_r)\} = \{13.7\times(150-100)\}/\{50+(150-100)\} = -6.8$.

(2) 分子量が1.2倍になると粘度は1.86倍になるので，式に代入すると，$\log[\eta(T)/\eta(T_r)] = -C_1(T-T_r)/\{C_2+(T-T_r)\} = \{13.7\times(T-100)\}/\{50+(T-100)\} = \log 1.86$ となり，$T=154$℃となる．すなわち，分子量が1.2倍になったとき，温度を4℃上げれば同じ溶融粘度が得られることがわかる．

[基本問題6.21]　①直列モデルにおいては，フィラーとマトリックスにかかる応力は等しくなる$(\sigma=\sigma_f=\sigma_m)$が，フィラーとマトリックスとでは$\varepsilon$は異なる．それぞれの長さを$l$で表し，$l_f+l_m=1$とすると，以下の式が展開される：

$$\frac{\Delta l_f}{l_f}=\frac{\sigma}{E_f},\quad \frac{\Delta l_m}{l_m}=\frac{\sigma}{E_m}$$

より

$$\Delta l_f+\Delta l_m=\sigma\left(\frac{l_f}{E_f}+\frac{l_m}{E_f}\right)$$

である．

$$\varepsilon=\frac{\Delta l_f+\Delta l_m}{l_f+l_m}=\Delta l_f+\Delta l_m$$

であるので，

$$\frac{\varepsilon}{\sigma}=\frac{1}{E}=\frac{\phi_f}{E_f}+\frac{1-\phi_f}{E_m}$$

となる．

②並列モデルでは，フィラーとマトリックスのひずみは等しくなる$(\varepsilon=\varepsilon_f=\varepsilon_m)$が，それぞれにかかる荷重($W_f$, W_mとする)が異なる．それぞれの断面積をS_f, S_mと表し，$S_f+S_m=1$とすると，以下の式が展開される：

$$E_f=\frac{W_f}{S_f\varepsilon},\quad E_m=\frac{W_m}{S_m\varepsilon}$$

であるので，

$$W=W_f+W_m=E_fS_f\varepsilon+E_mS_m\varepsilon$$

$$\frac{W_f+W_m}{\varepsilon}=E_fS_f+E_mS_m$$

である．よって，

$$E=E_f\phi_f+E_m(1-\phi_f)$$

次の図には設問の式を模式的に示した．フィラーによる補強は，ある充てん率ϕ_fにおいて，並列モデルで上限値が，直列モデルで下限値が与えられ，実際の材料では両者の中間の値になる．ただし，いずれも“力学的”という但し書きがついており，見た目のフィラー配列と補強を考えるうえで，力学的に有効なフィラーの配列は必ずしも一致しないことに注意しなければならない．

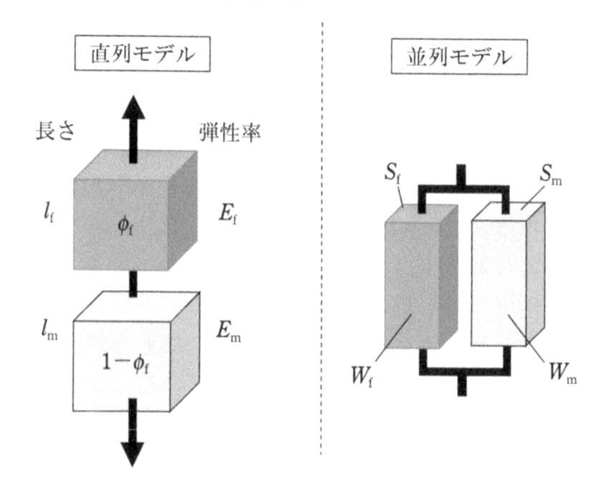

[基本問題6.22]

$\sigma=E\varepsilon+\eta\dfrac{d\varepsilon}{dt}$ は $\dfrac{dy}{dx}+P(x)y=Q(x)$ 型の微分方程式である．

$$\sigma-E\varepsilon=\eta\frac{d\varepsilon}{dt}$$

$$\int_0^t\frac{1}{\eta}dt=\int_0^\varepsilon\frac{d\varepsilon}{\sigma-E\varepsilon}$$

$$\frac{t}{\eta}=-\frac{1}{E}\ln\left(\frac{\sigma-E\varepsilon}{\sigma}\right)$$

$$\ln\left(1-\frac{E}{\sigma}\varepsilon\right)=-\frac{E}{\eta}t$$

$$1-\frac{E}{\sigma}\varepsilon=\exp\left(-\frac{E}{\eta}t\right)$$

と式変形していくと，

$$\varepsilon=\frac{\sigma}{E}\left\{1-\exp\left(-\frac{E}{\eta}t\right)\right\}$$

が得られる．

[基本問題6.23]　材料にひずみを加えるとバネは瞬時に伸びて応力σ_0が生じる．バネとダッシュポットを直列に接続したマクスウェルモデルを考えると，このときダッシュポットは瞬時には動けないが，時間とともにゆっくりと変形し，ダッシュポット部分のひずみが増大する．同時に，バネ部分のひずみは減少し，バネのσは時間とともに減少していく．この現象を応力緩和と呼ぶ．一方，バネとダッシュポットを並列で接続したフォークトモデルでは，一定応力を加えて静置すると，瞬時に変形は起こらないが，時間が経つとダッシュポットがゆっくりと変形し，同時にバネも同じ速度で変形し，時間とともに伸びが増加する．この現象をクリープと呼ぶ．

(a) 応力緩和(ε＝一定)

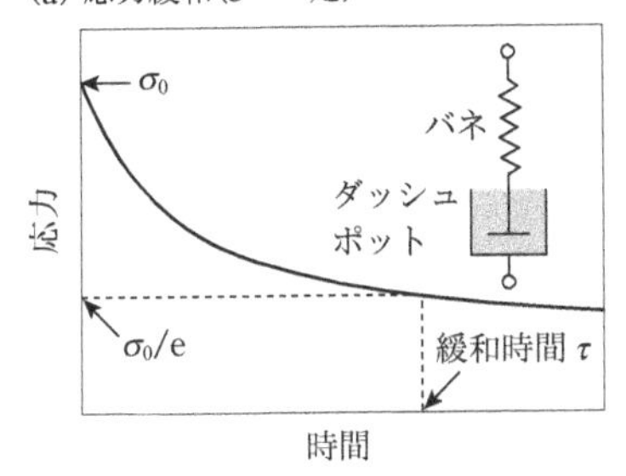

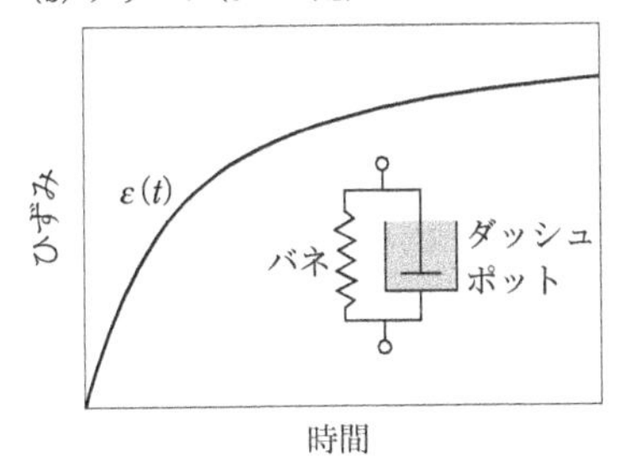

[基本問題6.24]　(1)省略
(2)ε＝バネ部のひずみ ($=\sigma/E_1$)＋並列部のひずみ ($=\sigma/E_2$)$=0.01+0.067=0.073$
(3)ε＝バネ部のひずみ (@200 MPa)＋並列部のひずみ (@100 MPa, 100 sec)＋並列部のひずみ (@100 MPa, 200 sec)$=0.02+0.063+0.087=0.170$

[基本問題6.25]　(1)$\sigma=E\times\varepsilon$より，$15/(10\times10^{-4})=E\times\{(140-100)/100\}$となり，引張り弾性率$E$は3.8 MPaと求まる．(2)一般に，ゴム材料のポアソン比は0.5とみなすことができ，伸長や圧縮変形時にゴムの体積変化は生じない．伸長したときには縦に伸びると同時に横方向に収縮する(このとき体積は一定)ことはよく知られている．(3)等方性試料では引張り弾性率Eとせん断弾性率Gの間には，$E=2G(1+\nu)$の関係が成立し，ポアソン比νが0.5のとき，$E=3G$となる．したがって，伸長弾性率が38 MPa，ポアソン比が0.5であるゴム材料のせん断弾性率は11.4 MPaである．(4)ガラス状態のプラスチックのポアソン比は0.33〜0.35程度であることが知られており，ゴム材料のポアソン比は，ガラス転移温度以下にすると小さくなる．ポアソン比は，−横方向のひずみ/縦方向のひずみで定義されるので，ポアソン比が小さいと伸長したときに横方向の収縮がゴム状態に比べて小さくなることを意味する(体積は増加する)．(5)架橋間の高分子鎖が伸長されると，高分子鎖のとりうるコンホメーションの場合の数(エントロピー)が減少する．元の形状を取り戻すことによってエントロピーは増大して$T\Delta S$も増大し，その結果ΔGが負となる．このようなエントロピー項に基づく弾性をゴム弾性と呼ぶ．ゴム材料ではエントロピー弾性が主に寄与している．

[基本問題6.26]　ゴムの架橋の度合いの目安として，ガラス転移温度T_g+30℃における弾性率E(Pa)から，古典ゴム理論に基づけば，次式を用いて見かけの架橋点間分子量M_cを求めることができる．

$$M_c=\frac{2(1+\nu)\rho RT}{E}$$

ここで，Rは気体定数($=8.314\ \mathrm{J\ mol^{-1}\ K^{-1}}$)，$T$は絶対温度(単位はK)，$\rho$は密度($\mathrm{g\ cm^{-3}}$)，$\nu$はポアソン比であり，ゴムの$\nu$として体積不変を意味する0.5を代入すれば，

$$M_c=\frac{3\rho RT}{E}$$

と表される．この式に設問の図から読み取った値($E=2$ MPa, $T_g=-60$℃)を代入すると，M_cとして2790が得られる．

M_cはEに反比例しており，架橋が進むことで弾性率が増大することがわかる．ただし，ここで得られるM_cには，化学的な架橋以外に，高分子鎖の絡み合いの影響も受けており，「見かけ」の接頭語が付いている．また，M_cは溶媒による膨潤率からFlory−Rehnerの式を用いて求めることもできる．

[基本問題6.27]　まずW_cを比較すると，オクタン，ペンタンなどのアルカンに比べてアルコールやカルボン酸の値は大きいことがわかる．これは，空気は疎水的であるために，1−オクタノールやヘプタン酸の場合，空気と液体間で新しい界面をつくるのに必要な仕事は，アルカンに比べて大きいことを意味し，液体中ではこれらの官能基間での水素結合が形成されていること，空気界面ではアルカンが配向していることを示唆する．次に，W_aの値を比較すると，オクタン/水やヘプタン/水の界面エネルギーはアルカンのW_cと変わらないのに対し，1−オクタノール/水やヘプタン酸/水に対するW_aの値は，2倍以上の値となっている．水との界面でヒドロキシ基やカルボキシ基が配向して二次元的な分子配列構造を形成しているためである．界面を壊すには，水との水素結合を取り除くこと(エンタルピー効果)と二次元に配列している秩序構造を壊すこと(エントロピー効果)の両方が必要であり，W_aが大きくなる．

[基本問題6.28]　(1)①界面，②液体，③動的接触角，A：$\cos\theta=(\gamma_s-\gamma_{sl})/\gamma_l$．(2)省略．(3)銅＞シリカガラス＞ポリビニルアルコール＞ポリエチレ

ン＞ポリテトラフルオロエチレン．

［基本問題6.29］　ヤングの式 $\cos\theta = (\gamma_s - \gamma_{sl})/\gamma_l$ に，$\gamma_s = 6.7$ mJ m^{-2}，$\gamma_l = 72$ mJ m^{-2}，$\gamma_{sl} = \gamma_s + \gamma_l - 2(\gamma_s\gamma_l)^{0.5} = 43.9$ mJ m^{-2} を代入すると $\cos\theta = -0.39$ となり，$\theta = 113°$ が得られる．

応用問題の解答例および解法のヒント

第1章

[応用問題1.1] (1)例えば，ナイロン6，ナイロン6,6，ポリエチレンテレフタレートなど(化学構造式は省略)．(2)例えば，界面重縮合，溶融塩重縮合など．ポリアミドには分子間水素結合が存在する．(3)ヒドロキシ基の有無，吸湿性，利点などを述べること．

[応用問題1.2] 例えば，「先入観やそれまでの通説を捨てることは容易ではない」「多数意見が必ずしも真実であるとは限らない」「新しい考えが受け入れられまでには，たとえそれが真実であったとしても，相当な抵抗に遭うことを覚悟しなければならない」「正しく行われた実験が常に正しく解釈されるとは限らない」「自分が正しいと確信することは，周りが納得して同意してくれるまで，あきらめずに主張し続けるべきである」など．

第2章

[応用問題2.1] $[mm]=P_m^{\,2}$，$[mr]=2P_m(1-P_m)$，$[rr]=(1-P_m)^2$

[応用問題2.2] $[m]=[mm]+1/2[mr]$，$[r]=[rr]+1/2[mr]$．ここで，$[m]+[r]=[mm]+[mr]+[rr]=1$である．

[応用問題2.3] 4連子(テトラッド)：*mmm, mmr, mrm, mrr, rmr, rrr*
5連子(ペンタッド)：*mmmm, mmmr, rmmr, mmrm, mmrr, mrmr, rmrr, mrrm, mrrr, rrrr*
$[mmm]=[mmmm]+1/2[mmmr]$，$[mmr]=[rmmr]+1/2[mmmr]+1/2[mmrm]+1/2[mmrr]$，$[mrm]=1/2[mmrm]+1/2[mrmr]$，$[rmr]=1/2[mrmr]+1/2[rmrr]$，$[rrm]=[mrrm]+1/2[mmrr]+1/2[rmrr]+1/2[mrrr]$，$[rrr]=[rrrr]+1/2[mrrr]$

[応用問題2.4] $20^{100}=1.3\times10^{130}$

[応用問題2.5] 会合の基本形態に差はないが，サイズが大きく異なる．臨界ミセル形成濃度(CMC)が異なり，生体内で利用する際に重要となる，親水性/疎水性のバランス調整など．

[応用問題2.6] 3個，24個

[応用問題2.7] 未知試料：$M_n=4.07\times10^4$，$A_2=3.7\times10^{-6}\ \mathrm{cm^3\ mol\ g^{-2}}$，標準物質：$A_2=-1.9\times10^{-6}\ \mathrm{cm^3\ mol\ g^{-2}}$

[応用問題2.8] (1)$K=1.41\times10^{-11}\ \mathrm{m^2\ mol\ g^{-2}}=1.41\times10^{-7}\ \mathrm{cm^2\ mol\ g^{-2}}$，(2)$M_w=8.21\times10^6$，$A_2=2.3\times10^{-11}\ \mathrm{m^3\ mol\ g^{-2}}=2.3\times10^{-5}\ \mathrm{cm^3\ mol\ g^{-2}}$

[応用問題2.9] 浸透圧法では数平均分子量M_n，沈降法では重量平均分子量M_wが求まる．測定結果は$M_w>M_n$であること，すなわち$M_w/M_n>1$であることを示す．この高分子は分子量分布をもつため，測定方法によって平均分子量に違いが生じた．

[応用問題2.10] (1)各成分についての値は下の表のようになる．$M_n=3.05\times10^4$, $M_w=4.82\times10^4$, $M_w/M_n=1.58$.

分子量M_i	重量W_i/g	重量分率w_i	w_iM_i	モル分率n_i	n_iM_i
11,500	0.200	0.100	1.15	0.265	3.05
20,300	0.420	0.210	4.26	0.315	6.39
34,000	0.500	0.250	8.50	0.223	7.58
48,500	0.340	0.170	8.25	0.170	8.25
72,300	0.240	0.120	8.68	0.051	3.69
100,000	0.140	0.070	7.00	0.021	2.10
120,000	0.100	0.050	6.00	0.013	1.56
144,000	0.060	0.030	4.32	0.006	0.86

(2)

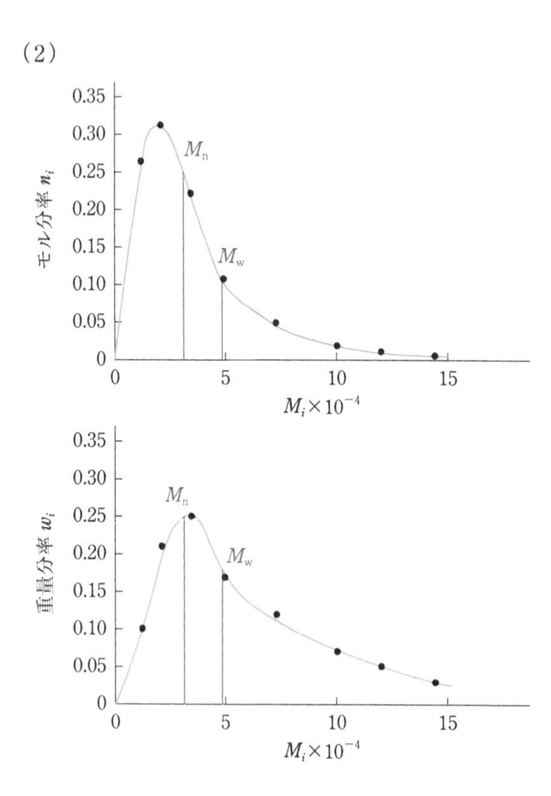

[応用問題2.11]　$[\eta] = 56\ \mathrm{cm^3\ g^{-1}}$，$k' = 1600/56^2 = 0.53$，$M_v = ([\eta]/K)^{1/a} = (56/0.070)^{1/0.60} \approx 68900$

第3章

[応用問題3.1]　C＝C付加は発熱，C＝O付加は吸熱(あるいは発熱でも絶対値が小さい)．結合エネルギーやエンタルピー変化の数値を調べてみること．ホルムアルデヒドの重合は例外的に進行，解重合が起こりやすい．

[応用問題3.2]　開環重合の代表例として，ε-カプロラクタムのアニオン開環重合，ラクチドの開環重合など．重縮合の代表例として，アジピン酸とヘキサメチレンジアミンの重縮合，テレフタル酸とエチレングリコールの重縮合など．界面重縮合でアジピン酸クロリドを用いると脱水の必要がない．

[応用問題3.3]　全芳香族ポリアミドは耐熱性と機械強度(繊維，フィルム，成形品として利用)，超高分子量ポリエチレンは耐熱性には劣る(高強度繊維として利用)．

[応用問題3.4]　ガラス繊維などの充填剤とエポキシ樹脂などの熱硬化性樹脂を組み合わせた複合材料であり，耐熱性や強度に優れるが，加工性やリサイクル性に乏しい．

[応用問題3.5]　開始反応：スチレンは電子供与性モノマーであり，分解で生成したベンゾイルオキシラジカルの付加が速やかに起こる．MMAの重合では同ラジカルの付加は遅く，ベンゾイルオキシラジカルのβ開裂によって生成したフェニルラジカルが付加する．停止反応：スチレンでは，再結合停止のみが進行し，MMAでは再結合停止と不均化停止の両方が競争して起こる点が異なる．反応式は**総合問題12**の解答を参照．

[応用問題3.6]　①側鎖のアセチル基から水素が引き抜かれ，生じたラジカルに酢酸ビニルモノマーが付加して成長反応が進行，長鎖分岐構造をもつポリ酢酸ビニルが生成．主鎖の水素引き抜きに比べて，側鎖の水素の引き抜きが優先される．②モノマーへの連載移動により生成したラジカルから成長反応が進行するとマクロモノマーが生成，成長反応に関与して①と同じ分岐構造のポリ酢酸ビニルが生成する．③は実際の重合では起こらない．①と②の反応式は次のとおり．

①ポリ酢酸ビニル側鎖アセチル基で水素引き抜きが起こる場合

$$\sim\!\sim CH_2-\dot{C}H(OCOCH_3) + \sim\!\sim CH_2-CH(OCOCH_3)-\sim\!\sim \longrightarrow$$

$$\sim\!\sim CH_2-CH_2(OCOCH_3) + \sim\!\sim CH_2-CH(OCO\dot{C}H_2)-\sim\!\sim \longrightarrow\longrightarrow\longrightarrow$$

②モノマーのアセチル基で水素引き抜き（マクロモノマーの生成）が起こる場合

$$\sim\!\sim CH_2-\dot{C}H(OCOCH_3) + CH_2{=}CH(OCOCH_3) \longrightarrow$$

$$\sim\!\sim CH_2-CH_2(OCOCH_3) + CH_2{=}CH(OCO\dot{C}H_2)$$

$$CH_2{=}CH(OCO\dot{C}H_2) + CH_2{=}CH(OCOCH_3) \longrightarrow$$

$$CH_2{=}CH-O-CO-CH_2\left(CH_2-CH(OCOCH_3)\right)_n-X \longrightarrow\longrightarrow\longrightarrow$$

[応用問題3.7]

$$\sim\!\sim CH_2-CH(-CH_2-\dot{C}H-CH_2-CH_3)-CH_2-CH_3$$

分子内で水素引き抜きは，末端から5番目の炭素に結合した水素で起こりやすく，そのまま成長反応が続くとC4分岐（炭素数4の短鎖分岐）が生成する．決まった位置で水素引き抜きが起こるのは，ラジカルが最も接近できる位置であり，そのとき6員環構造に似た原子配置となるため．分子内で水素引き抜きが起こった後で1分子のエチレンの付加（成長反応）が起こり，さらに1つ手前の繰り返し単位のC4分岐から水素引き抜きを起こすとC2分岐が生成する．その結果，C2分岐の位置はランダムに発生するのではなく，必ずCH_2基1つを挟んで隣り合って生成することになる．

[応用問題3.8]　①[モノマー] = 1 mol L^{-1}，[開始剤] = 0.16 mol L^{-1}，②[モノマー] = 4 mol L^{-1}，[開始剤] = 0.01 mol L^{-1}，③[モノマー] = 4 mol L^{-1}，[開始剤] = 0.16 mol L^{-1}

[応用問題3.9]　連鎖移動反応が無視できる場合，高分子の数平均重合度（鎖長）DP_nは，消費されたモノマーの数を高分子の数で割ったものに等しくなる．すなわち，数平均重合度は，成長速度R_pと開始速度R_iの比で表すことができ，$DP_n = R_p/R_i = R_p/R_t = k_p[P\cdot][M]/(2k_d f[I])$が成立する．ここで，$[P\cdot] = (2k_d f[I]/k_t)^{0.5}$を代入すると，$DP_n = k_p[M]/(2k_d f[I]k_t)^{0.5}$となり，$DP_n \propto [I]^{-0.5}$と$DP_n \propto [M]$の関係が得られる．

[応用問題3.10]

$$R_p = k_p[P\cdot][M] = \frac{(2k_d f)^{0.5} k_p [I]^{0.5}[M]}{k_t^{\,0.5}}$$

$$\left(R_i = R_t \text{ より } [P\cdot] = \frac{(2k_d f[I])^{0.5}}{k_t^{\,0.5}}\right)$$

$$DP_n = 2R_p/R_i = \frac{(2k_d f)^{0.5}\, 2k_p [I]^{0.5}[M]}{k_t^{\,0.5}(2k_d f[I])} = \frac{2k_p[M]}{(2k_d k_t f[I])^{0.5}}$$

（補足説明）2分子停止で生成する高分子のDP_nは不均化停止の場合の2倍となる．両方の停止が起こる場合は，両者の中間の値となる．

[応用問題3.11]　高温ではそれぞれの反応速度が増大し，成長反応の促進は分子量増加に，停止反応の促進は分子量低下に寄与する．開始反応が促進されると，成長ラジカル濃度が増加して分子量が低下する．活性化エネルギーは，開始反応，成長反応，停止反応の順に小さく，高温では開始反応の影響を受けやすい．開始反応の速度が著しく大きくなると，一次ラジカル停止が無視できなくなり，分子量が低下する．また，連鎖移動反応は高温になるほど起こりやすく，分子量低下の原因になる．

[応用問題3.12]　250分

[応用問題3.13]　2-シアノアクリル酸メチル > メタクリル酸メチル > スチレン．いずれも共役モノ

マーであり，この順に置換基の電子求引性が大きく変化するため(各モノマーのe値を参照).

[応用問題3.14]　臭化フェニルマグネシウムは，メタクリル酸メチルの重合を開始できるが，スチレンの重合を開始できない．メタクリル酸メチルの成長アニオンはスチレンに付加できるほど求核性が高くないため，メタクリル酸メチルに選択的に付加，成長反応が進行し，メタクリル酸メチルの単独重合体が生成する．

[応用問題3.15]　光カチオン重合用開始剤の種類と機能など．用途として，光硬化性樹脂としてのレジスト，インク，塗料など．

[応用問題3.16]　化学構造式は以下のとおり．

メタロセン触媒の例

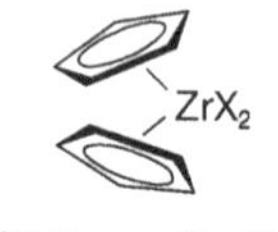

[Xはハロゲン原子]

α-ジイミン配位子触媒の例

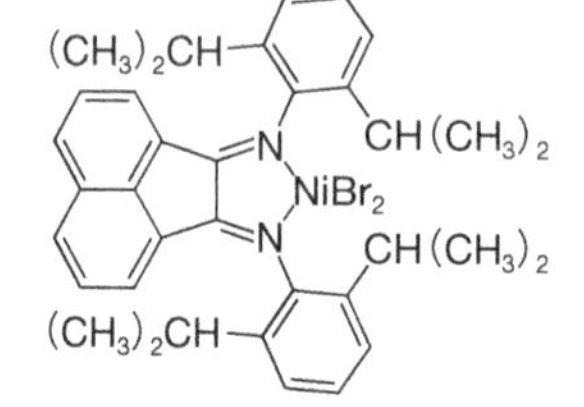

カミンスキー触媒：比較的狭い分子量分布をもつ直鎖状高分子量ポリエチレン，**ブルックハート触媒**：分岐構造を多く含むポリエチレン．
いずれも均一系触媒で，エチレンに高い活性をもち，高収率でポリエチレンを生成する．

[応用問題3.17]　トリメチルアルミニウムに少量の水を加えて生成する縮合生成物．環状化合物も含まれ，分子量は数量体程度．チーグラー・ナッタ触媒のトリアルキルアルミニウムと同様に，塩素置換基をアルキル化する働きがある．

[応用問題3.18]
アニオン重合：モノマーと開始剤の組み合わせが重要であり，共役モノマーのうち，モノマーのe値が正に大きい(置換基の電子求引性が高い)ほどアニオン重合が進行しやすく，α-シアノアクリル酸エチル(e値は2.1) > メタクリル酸メチル(0.4) > スチレン(−0.8)の順となる．反応性によってグループ分けすると，最もアニオン重合性が低いモノマー群は，金属カリウムやナトリウム，アルキルリチウムなどの強塩基によってのみアニオン重合が開始する．一方，アニオン重合性が高いモノマー群に属するものは，水のような弱塩基でさえアニオン重合が開始される．このとき，n-ブチルリチウムや臭化フェニルマグネシウムなどのさらに強い塩基を用いてもアニオン重合が進行する．中間的な性質のメタクリル酸メチルは，臭化フェニルマグネシウムなど，あるいはさらに塩基性の高いn-ブチルリチウムによってアニオン重合可能である．
カチオン重合：アルキル基，アルコキシ基などの電子供与性基をもつビニルモノマーがカチオン重合しやすく，カルバゾールのようにヘテロ原子(この場合は窒素原子)を含む場合もある．1,1-二置換エチレン型のモノマーであるα-メチルスチレンもカチオン重合する．スチレンのフェニル基を電子供与性基で置換するとカチオン重合性が高くなり，電子求引性基を導入するとカチオン重合性は低下する．ブタジエンやイソプレンなどのジエンモノマーもカチオン重合するが，反応性は高くない．環状モノマーのうち，環状エーテルやラクトンはカチオン開環重合する．カチオン重合の特徴として，重合速度が大きく低温でも重合が速やかに進行する，連鎖移動反応(β水素脱離)が起こりやすく高分子量の高分子が得られにくい，重合速度は溶媒の誘電率(極性)に大きく影響される，など．
配位重合：官能基を含まない炭化水素モノマーのモノマーに限られ，1-アルケン(α-オレフィン)やスチレンが重合可能なモノマーとしてあげられる．不均一系触媒の$TiCl_3$-$Al(C_2H_5)_3$は，$TiCl_3$結晶の表面上で塩素や欠陥がアルキル化されることによって活性種が形成され，溶媒に不溶な$TiCl_3$結晶の表面の一部が重合活性に関与してイソタクチック特異性が発現する．均一系触媒であるメタロセン化合物―メチルアルミノキサン(MAO)は溶媒に可溶であり，メタロセン触媒あるいはシングルサイト触媒とも呼ばれる．重合活性種が均一系であるため，分子量分布が比較的狭い(M_w/M_nが2付近)高分子の合成に適している．触媒の構造に応じて，エチレンの重合，1-アルケンのイソタクチックやシンジオタクチック特異的な重合，*cis*-1,4-構造を多く含むブタジエンの立体特異性重合，スチレンのシンジオタクチック重合などに用いられる．

[応用問題3.19]　次ページの上にある表を参照．

[応用問題3.20]　(1)配位重合で得られる高密度ポリエチレン(HDPE)は，分岐構造が少なく，密度や結晶性が高く，高強度．ラジカル重合で低密度ポリエチレン(LDPE)は，分岐構造を含み，HDPEに比べて密度や結晶性が低く，優れた透明性をもつ．
(2)n-ブチルリチウム．(3)無水マレイン酸，N-

	ラジカル重合	カチオン重合	アニオン重合	配位重合
重合可能なモノマーの構造の特徴	共役モノマー・非共役モノマーいずれも重重合可能,電子受容性・供与性モノマーいずれも重合可能.	電子供与性の置換基をもつe値が負に大きい電子受容性モノマー.	電子求引性の置換基をもち,e値が正に大きく,かつQ値が大きい電子供与性の共役モノマー.	官能基を含まない炭化水素モノマー(1-アルケンやスチレンなど),メタクリル酸メチルもメタロセン触媒で重合可能.
開始剤や触媒の種類	アゾビスイソブチロニトリルなどのアゾ開始剤や過酸化ベンゾイルなどの過酸化物が用いられる.重合温度にふさわしい分解速度をもつ開始剤を選択する.還元剤と酸化剤を組み合わせたレドックス開始剤も低温重合用開始剤として使用可能.	ブレンステッド酸として塩酸や硫酸など,ルイス酸として塩化アルミニウムや三フッ化ホウ素などが代表的(ルイス酸は水やアルコールも必要).ヨウ素などの光カチオン重合開始剤も用いられる.	求核性が高い開始剤としてアルキルリチウムやアルカリ金属,中程度の開始剤としてグリニャール試薬など.求核性が低い開始剤として水やピリジンなど,それぞれ重合可能なモノマーが異なることに注意.	チーグラー・ナッタ触媒として$TiCl_4$-$Al(C_2H_5)_3$や$TiCl_3$-$AlCl(C_2H_5)_2$,その他にメタロセン触媒(シングルサイト触媒)など.グラブス触媒が開環メタセシス重合に用いられる.
重合温度や溶媒	特に重合温度の制約はないが,用いる開始剤の分解速度を考慮する必要がある.低温での重合には光重合や放射線重合などが利用される.連鎖移動定数の大きいもの以外の溶媒であれば特に制約はなく,水を含めたさまざまな溶媒が使用できる.	高温では連鎖移動反応が起こりやすくなるため,低温で行う.脂肪族炭化水素(ヘキサンなど),ハロゲン化炭化水素(クロロホルムなど),芳香族炭化水素(トルエンなど),ニトロ化合物(ニトロメタンなど)が使用可能.重合速度は溶媒の誘電率に影響される.塩基性化合物は重合を停止するため使用不可.	カルボニル基への付加などの副反応を避けるため,通常0°C以下の低温で行うが,室温で重合可能なアニオン重合開始剤も開発されている.脂肪族炭化水素(ヘキサンなど),芳香族炭化水素(トルエンなど),テトラヒドロフランなどが使用できる.水,アルコール,酸性化合物は重合を停止するため使用できない.	チーグラー・ナッタ触媒による工業的なポリエチレンやポリプロピレンの製造は室温で行っている.低密度ポリエチレンは高温・高圧条件下のラジカル重合で製造.チーグラー・ナッタ触媒による重合は気相(常温,常圧)で行うため溶媒を使用しない.メタロセン触媒を用いる重合では,ハロゲン化炭化水素や芳香族炭化水素が使用されることが多い.

アルキルマレイミド(化学構造式は省略).(4)プロピレン(化学構造式は省略),メチル基の水素が引き抜かれて生成するアリルラジカルが安定でプロピレンに付加できず,成長反応が進行しないため.

[応用問題3.21] LL体,DD体,DL体の3種類(化学構造式は省略),LL体およびDD体からは,高結晶性,高融点をもつイソタクチックポリ乳酸が生成する.DL体から生成するポリ乳酸はアタクチックな構造を含み,イソタクチックポリ乳酸に比べて,結晶性,融点がともに低い.

[応用問題3.22] ラジカル共重合するとランダム共重合体が生成.アニオン重合用の開始剤を加えるとMMAの単独重合体が生成,カチオン重合用の開始剤を加えるとStの単独重合体が生成.

[応用問題3.23] ①$r_1=0.46$,$r_2=1.98$,②$r_1=0.49$,$r_2=0.48$,③$r_1=8.28$,$r_2=0.048$

[応用問題3.24] (1)ランダム共重合体はモノマー単位の配列に規則性がない線状高分子,交互共重合体はABの繰り返しのみからなる線状高分子,ブロック共重合体は単独重合体が高分子鎖の末端どうしで結合した線状高分子,グラフト共重合体は分岐高分子の一種で,単独重合体の側鎖から別の種類の高分子が多数枝分かれした構造をもつ.
(2)ランダム共重合体:ラジカル開始剤を用いてメタクリル酸メチルと共重合する.交互共重合体:ラジカル開始剤を用いて無水マレイン酸と共重合する.ブロック共重合体:n-ブチルリチウムを用いてリビングアニオン重合によってスチレンを重合し,その後にメタクリル酸メチルを重合(リビングラジカル重合でも合成可能).グラフト共重合体:ポリスチレンマクロモノマーとメタクリル酸メチルをラジカル共重合.
(3)ポリスチレン−ポリイソプレン−ポリスチレン,ポリスチレン−ポリブタジエン−ポリスチレンなど.合成方法は**例題4.4**を参照.理由:室温でハードセグメントブロックとソフトセグメントブロックがミクロ相分離した構造をとり，ガラス状態にある高分子が疑似架橋点として作用するため，ハードセグメントのガラス転移温度以上で成形加工が可能であり，リサイクル可能な熱可塑性エラストマーとしての性質を示す．

［応用問題3.25］ $DP_{\mathrm{n}} = \{N_{\mathrm{A}}(1+1/r)/2\}/[N_{\mathrm{A}}\{2(1-p)+(1-r)/r\}/2]$

［応用問題3.26］ (1) $N_{\mathrm{A}}/2+N_{\mathrm{B}}/2=\{N_{\mathrm{A}}(1+1/r)\}/2$
(2) 官能基Aの数：$N_{\mathrm{A}}(1-p)$，官能基Bの数：$N_{\mathrm{B}}-N_{\mathrm{A}}p$．(3) $(1+r)/[2r\{(1-p)+(1+p)\}]$
(4) $(1+r)/(1-r)$

［応用問題3.27］ (1) 試薬欄からアジピン酸クロリド，ヘキサメチレンジアミン，水酸化ナトリウムを選択，有機溶媒欄からヘキサンを選択．図は省略．
(2) ヘキサメチレンジアミンと水酸化ナトリウムを溶解した比重が大きい水溶液を先に入れる．後からアジピン酸クロリドのヘキサン溶液（水酸化ナトリウム水溶液に比べて比重が小さい）を加える際に二相界面が乱れないようにする（有機相と水相が混ざらないようにする）ため．(3) $\mathrm{ClOC(CH_2)_4COCl}+\mathrm{H_2N(CH_2)_6NH_2}\rightarrow\mathrm{+\!\!\!\!\!\!-}\,\mathrm{CO(CH_2)_4CONH(CH_2)_6NH}\,\mathrm{+\!\!\!\!\!\!-}_{n}$

［応用問題3.28］ ①カルボニル，②スルホニル，③ポリエーテル，④エーテル交換，⑤求引性，⑥共鳴

［応用問題3.29］ (1) 反応式は省略．
(2) ジオールとしてポリエチレングリコールや長鎖アルカンジオールなどを用いると，生成するポリウレタンのソフトセグメント（柔軟構造成分）のガラス転移温度が室温以下になる．重合反応によって生成したウレタン結合（カルバメート結合）どうしは，分子間水素結合を形成して疑似的な架橋点として作用するため，生成ポリウレタンはゴム状の高弾性を示す．
(3) 気体：二酸化炭素，反応式：$\mathrm{X{-}R{-}N{=}C{=}O}+\mathrm{H_2O}\rightarrow\mathrm{X{-}R{-}NH_2}+\mathrm{CO_2}$，ここで，Xはイソシアネート，カルバメートなどの置換基．

［応用問題3.30］

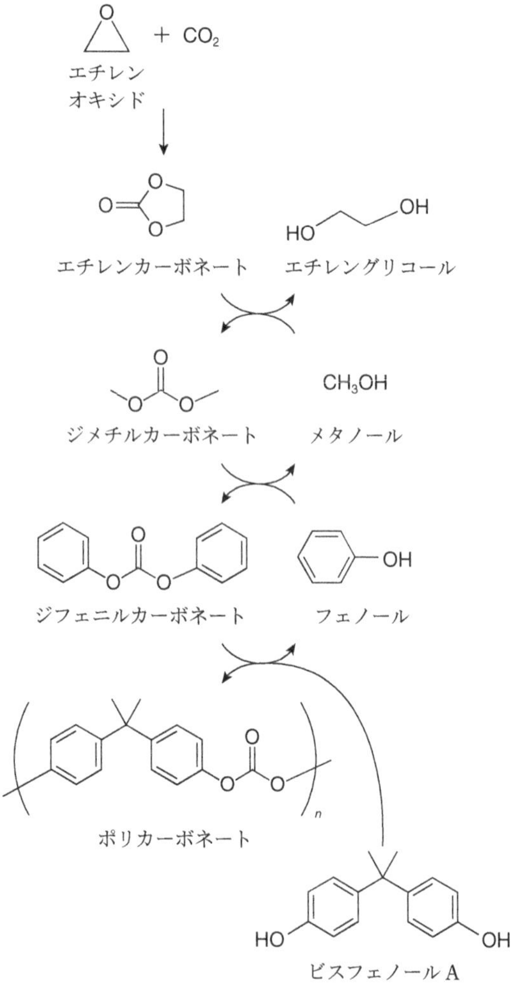

エチレンオキシド ＋ CO_2
エチレンカーボネート　エチレングリコール
ジメチルカーボネート　CH_3OH メタノール
ジフェニルカーボネート　フェノール
ポリカーボネート
ビスフェノールA

［応用問題3.31］
(1)

(ア)

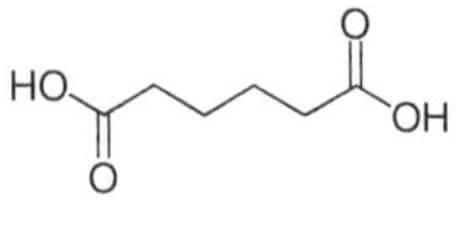

(イ)

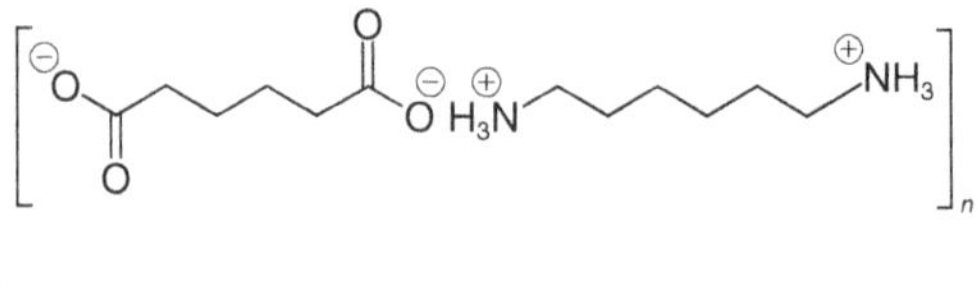

(ウ)

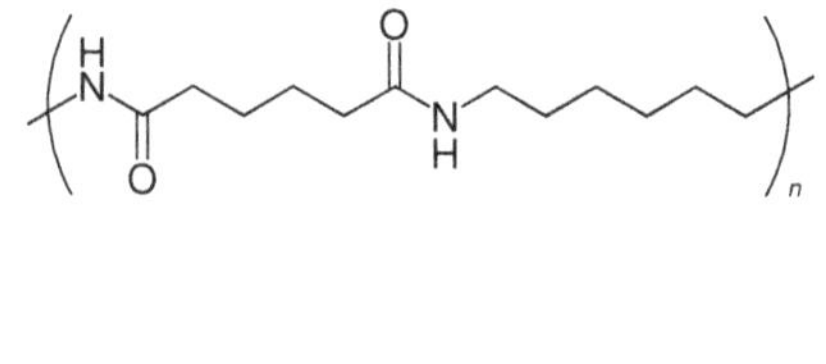

(2)固相重合では固体状態のモノマーから直接固体状態の高分子が生成する．ここで，モノマーの6-アミノヘキサン酸は高融点の結晶性化合物であり，170℃，減圧下の反応条件で重合すると，固体状態のまま脱水反応が進行し，生成した水は系から除去される．反応過程で溶融状態(アモルファス状態)を経由しないため，生成物はモノマーの分子配列に近い構造を保ったままとなり，分子間共有結合を形成して高分子量化するため，高配向性で高結晶性の高分子が生成する．
(補足説明)固相重合のうち，結晶構造や結晶の対称性が保持されたまま進行する重合はトポケミカル重合と呼ばれる．トポケミカル重合では，生成する高分子の配向や結晶性が著しく高いことが他の重合にはみられない特徴であり，モノマー単結晶から高分子単結晶が直接得られることもある．一般的に固相重合と呼ばれる重合の範囲は広く，反応の途中で結晶構造に大きな変化が生じる重合や，モノマーの結晶からアモルファス固体の高分子が直接生成する重合もすべて固相重合に含めることが多い．

[応用問題3.32]　(1)中間体Xの強力な電子供与性のアミニルアニオンが，パラ位にあるエステル基の求電子性を低下させ，中間体Xどうしの自己縮合反応は起こらない．(2)パラ位に強い電子求引性基をもつ安息香酸フェニル．(化学構造式は省略)

[応用問題3.33]　酸性条件ではメチロール基の縮合反応が優先し，ノボラック樹脂が生成，ヘキサメチレンテトラミンなど硬化剤を加えて熱硬化．塩基性条件では付加反応が優先，メチロール基を多く含むレゾール樹脂が生成，木材用の接着剤として利用．

[応用問題3.34]　**名称**：酸性条件：ノボラック樹脂，塩基性条件：レゾール樹脂．反応式および化学構造式は**総合問題29**の解答を参照．
硬化方法：ノボラック樹脂にヘキサメチレンテトラミンなどの多官能性アミンを硬化剤として転化して加熱する，レゾール樹脂は加熱のみでも分子間で脱水が進行し硬化する．

[応用問題3.35]　ランダム分解：ポリエチレン，ポリプロピレン，ポリスチレン，ポリアクリル酸エステルなど．モノマーは生成せず，分解にともなって分子量は徐々に低下，分解が進行するとオリゴマーが生成．解重合：ポリメタクリル酸メチル，ポリイソブチレン，ポリ(α-メチルスチレン)，ポリ乳酸など．分解によってモノマーが生成，ポリ乳鎖では環状2量体が生成，ケミカルリサイクルに適している．側鎖分解：ポリ塩化ビニルなど．脱塩化水素によって一部ポリアセチレン構造の高分子が生成．

[応用問題3.36]
ポリ(α-メチルスチレン)とその熱分解生成物

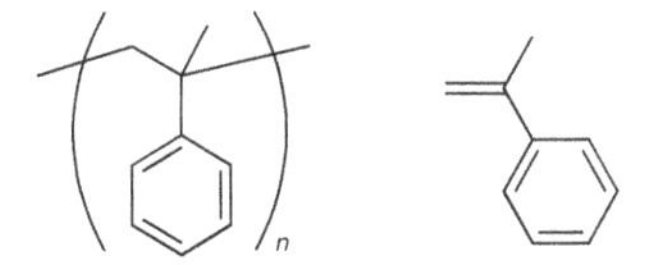

ポリ乳酸とその熱分解生成物

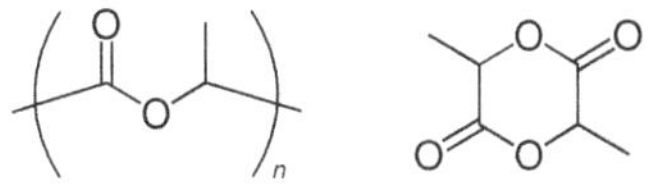

ポリアクリル酸*tert*-ブチルとその熱分解生成物

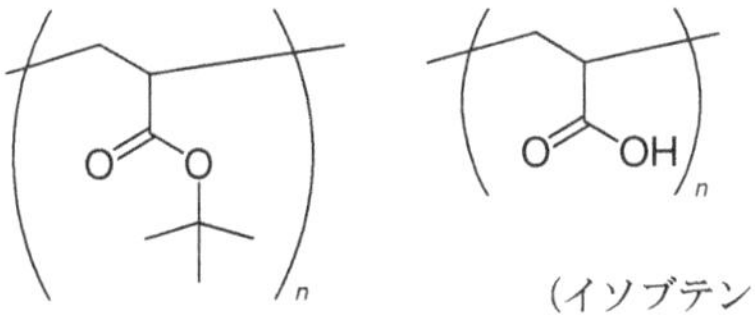

(イソブテンも生成)

[応用問題3.37]　86.4%，反応が可逆的に起こる場合には，反応率は100%まで到達可能．

[応用問題3.38]　生成したアクリル酸の触媒作用，高分子特有の隣接基効果．

第4章

[応用問題4.1]　適用可能なモノマー　ラジカル解離型：主にスチレン，アクリル酸エステル，アクリルアミド，ジエンモノマーにも適用可能/原子移動型：非共役モノマー以外ほぼすべて適用可能/連鎖移動型：共役，非共役モノマーのほぼすべてに適用可能．

重合温度　ラジカル解離型：比較的高温が必要(100℃以上)/原子移動型：広範囲で調整可能/連鎖移動型：通常のラジカル重合と同様(温度以外の条件もほぼ同様)．

酸素の影響　ラジカル解離型：酸素除去が必要/原子移動型：比較的寛容/連鎖移動型：酸素除去が必要．

高分子の末端基　ラジカル解離型：アルコキシアミン(熱に不安定)/原子移動型：ハロゲン化アルキル(熱・光に安定)/連鎖移動型：ジチオエステルなど(熱・光に不安定)．

未解決の問題　ラジカル解離型：適用モノマーが限定的，メタクリル酸エステルには適用できない/原子移動型：高分子の着色，金属を含む触媒の除去など/連鎖移動型：着色，臭い．

[応用問題4.2]

グラブス触媒

[L：配位子(Cl あるいは $P(Cy)_3$)　R：フェニル基]

水素添加

COP

グラブス触媒

[Cy：シクロヘキシル基]

環状オレフィンモノマーであるノルボルネンを出発原料とし，グラブス触媒を用いて開環メタセシス重合して得られた高分子を水素添加すると，主鎖中に環構造を含んだ炭化水素高分子が得られる．この高分子は非晶で透明性に優れ，環構造を含むために高いガラス転移温度をもち，耐熱性に優れている．極性基を含まないため，低吸湿性を示す．

[応用問題4.3]　① $DP_n = k_p[M]/(2k_d f[I]k_t)^{0.5}$，② $DP_n = p \times [M]_0/[I]_0$，③ $DP_n = 1/(1-p)$．記号や略号の定義は省略．

[応用問題4.4]　ヒドロキシ基は酸性度が高く，成長アニオンと反応してフェノキシドアニオンが生成する．ここで生成したフェノキシドアニオンは*p*-ヒドロキシスチレンのアニオンを開始できないため，重合は停止する．モノマーのヒドロキシ基を保護し，重合後に脱保護してポリ(*p*-ヒドロキシスチレン)に変換する必要がある．保護基として，*tert*-ブチル基や*tert*-ブチルジメチルシリル基などを用い，高分子化した後に，酸触媒や加熱によって脱保護する．

[応用問題4.5]　リビングアニオン重合：水，アルコール，プロトン性物質などの酸性物質や酸素などと失活反応を起こしやすいため，モノマー，溶媒，開始剤の不純物を減らすことで炭化水素モノマーのリビングアニオン重合が可能になる．極性モノマーや官能基を有するモノマーのリビングアニオン重合は難しいため，溶媒や開始剤を適切に選ぶ必要がある．

リビングカチオン重合：カチオン末端からのβ水素脱離による連鎖移動反応が起こりやすい．成長活性種であるカルボカチオンを安定化する(弱いルイス酸，弱い塩基，ハロゲンイオン塩などの添加による安定化)ことにより，リビング性を高めることができる．

リビングラジカル重合：中性で不安定なラジカルが成長活性種であるので，成長末端どうしの停止反応(2分子停止)が避けられない．ドーマント種と活性種の平衡を利用することにより，定常ラジカル濃度を下げることによって，2分子停止反応速度を抑制することができる．

[応用問題4.6]　**例題4.1**や**基本問題4.3**を参照．

[応用問題4.7]　スチレンをリビングアニオン重合して，次にp-シアノスチレンを添加すべき．理由はアニオン重合反応性の差(e値も参照)．

[応用問題4.8]　p-メトキシスチレン，スチレン，p-シアノスチレンの順に添加．理由は省略．

[応用問題4.9]　副反応：n-ブチルアニオンのメタクリル酸メチルのカルボニル基への付加．
1,1-ジフェニルエチレンの働き：単独成長は起こらず，1：1付加物である求核性が低い1,1-ジフェニルヘキシルアニオンが生成する．このアニオンは，高いアニオン重合性のメタクリル酸メチルの開始反応は可能であるが，カルボニルへの付加は起こらない．

[応用問題4.10]　イソタクチック高分子やシンジオタクチック高分子は結晶性高分子，アタクチック高分子は非晶高分子．イソタクチックポリプロピレンは配位重合によって得られる．アタクチックなポリプロピレンは強度に乏しく，実用的なプラスチック材料としての用途に向かない．ポリスチレンは工業的にラジカル重合で合成される非晶高分子で，透明で耐熱性に優れたプラスチックとして利用される．シンジオタクチックポリスチレンも配位重合によって合成可能で，エンジニアリングプラスチックとして利用される．結晶性高分子は不透明，非晶高分子は透明性に優れる．

[応用問題4.11]　(1)平面ジグザグ鎖，Fischer投影式などで表記すること．**例題2.3**も参照．(2)イソタクチックPMMAの非等価な2個のメチレン水素は2 ppm付近にダブレット，シンジオタクチックPMMAのメチレン水素は等価でシングレットのピークを示すことから判断できる．

第5章

[応用問題5.1]

$$\langle r^2\rangle = nb^2\frac{1-\cos\theta}{1+\cos\theta}\cdot\frac{1-\langle\cos\phi\rangle}{1+\langle\cos\phi\rangle}$$

$$\langle s^2\rangle = {R_g}^2 = nb^2/6$$

$\langle\cos\phi\rangle$は次の式で表される$\cos\phi$の統計平均である．

$$\langle\cos\phi\rangle = \frac{\cos 0° + 2\cos 120°\cdot\exp(-E_g/RT)}{1+2\exp(-E_g/RT)}$$

ここで，$-E_g/RT$はトランス状態を1としたときのゴーシュ状態の出現確率である．

[応用問題5.2]　(1)0.78 nm^2

(2) $\langle r^2\rangle = nb^2\dfrac{1-\cos\theta}{1+\cos\theta} = 2nb^2 = 2\times 40\times(0.14)^2 =$ 1.6 nm^2

[応用問題5.3]　設問の表をプロットしたグラフ(下の図)の直線関係から，この範囲内でポリスチレンが屈曲性のランダムコルとして取り扱うことができ，シクロヘキサン中，34.5℃では傾きが0.5に等しく，シータ状態にあることがわかる．同様に，ベンゼン中，25℃でプロットを行うと，傾きは0.6となりベンゼンが良溶媒であることを示す．

次に，特性比C_∞および結合長bを見積もるために，重合度10^5のポリスチレン($M_w = 1.04\times 10^7$)を考える．シクロヘキサン中，34.5℃の直線関係から，数平均重合度が10^5のときの回転半径$\langle s^2\rangle^{1/2}$は94.8 nmとなる．主鎖のC−C結合数は2×10^5であり，炭素−炭素間の結合距離が0.153 nmであるとすると，特性比C_∞は次のように求められる：$C_\infty = 6\langle s^2\rangle/nb^2 = 6\times(94.8)^2/\{2\times 10^5\times(0.153)^2\} = 11.5$.

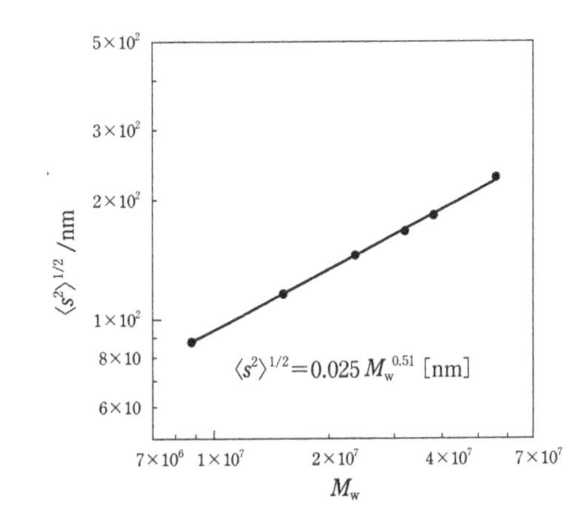

[応用問題5.4] 自由連結鎖では，2種類のモノマー単位の配列は$\langle r^2 \rangle$の値に影響しないとみなすことができ，ランダム共重合体，交互共重合体およびブロック共重合体すべてに対して同じ値となる．

[応用問題5.5] $c^* = (M/N_A)/\{(4\pi/3)\langle s^2 \rangle^{3/2}\}$ の関係を用いること．

[応用問題5.6] N_2個のある成分を(N_1+N_2)個の格子に配置する方法の総数は，成分どうしが区別できないものとすると，$W=(N_1+N_2)!/N_1!N_2!$と表すことができる．さらに，問題に示されたボルツマンの式に代入すると，$S/k_B = \ln[(N_1+N_2)!/N_1!N_2!]$となり，スターリングの近似式を利用すると次の式が得られる．

$S/k_B = (N_1+N_2)\ln(N_1+N_2) - (N_1+N_2) - N_1\ln N_1 + N_1 - N_2\ln N_2 + N_2 = -(N_1\ln x_A + N_2\ln x_B) = -N_A(n_1\ln x_A + n_2\ln x_B)$

ここで，n_1, n_2は成分Aと成分Bの物質量(モル数)である．混合前の配置の仕方はそれぞれ1通りしかないので，配置エントロピーはどちらもゼロとなり，$\Delta S_{mix} = S$である．

[応用問題5.7] (1) $\langle r^2 \rangle = nb^2$, $\langle s^2 \rangle = nb^2/6$

(2) $\langle r^2 \rangle = nb^2 \dfrac{1-\cos\theta}{1+\cos\theta}$, $\langle s^2 \rangle = \dfrac{nb^2(1-\cos\theta)}{6(1+\cos\theta)}$

(3) $\langle r^2 \rangle = 2nb^2$

(4)持続長qは，高分子鎖の硬さ(曲がりにくさ)を表すパラメータである．高分子鎖を曲げ変形に対して弾性力を生じる連続曲線で表すとき，鎖の全長Lと剛直性を表す持続長qを用いると，ガウス鎖だけでなく，ガウス鎖モデルでは記述することができない低分子領域の屈曲性高分子やらせん高分子などの剛直性あるいは半屈曲性高分子まで含めたみみず鎖モデルを記述することができる．高分子鎖のLがqに比べて十分小さいときは，ガウス鎖モデルに従う屈曲性高分子としての性質を，Lがqに比べて十分大きいときは，棒状の剛直鎖に近い性質を示す．

(5)50000塩基対のDNAの全長Lは，DNA二重鎖の持続長q(約60 nm)に比べてはるかに大きく，DNA鎖は高分子領域では，見かけ上，屈曲性鎖に近い挙動を示す．

[応用問題5.8] (1)①広がり，②伸びきった(剛直な)，③みみず，④持続長，⑤Kuhnの統計セグメント長，A : $2qL-2q^2(1-e^{-L/q})$，B : $qL/3-q^2+2q^3\{1-q/L(1-e^{-L/q})\}$，C : $\lambda L/6-1/4+1/4\lambda L-1/8(\lambda L)^2(1-e^{-2\lambda L})$．(2)～(4)省略

[応用問題5.9] 省略

[応用問題5.10] (1)データから$y=-0.1853x+8.4367$ $(r^2=0.9936)$の関係が得られ，$y=0$を代入すると，シータ温度は45.5℃．(2)高温側でA_2の値が負になっているので，LCSTである．(3)省略

[応用問題5.11] 省略

[応用問題5.12] これら高分子の結晶中での高分子鎖のコンホメーションを比較すると，イソタクチックポリプロピレンは3/1らせん構造をとり，ポリエチレンは平面ジグザグ構造をとっている．分子鎖に応力が加わったとき，ポリエチレンでは結合長，結合角が変化するが，これらの力の定数は大きい．一方，イソタクチックポリプロピレンはらせん構造のピッチを変化させて分子鎖を変形させることができる．このとき，力の定数の小さな，主鎖の単結合まわりの内部回転により，二面角が大きく変化する．また，イソタクチックポリプロピレンはらせんを描くため，分子鎖1本あたりの断面積がポリエチレンに比べて大きい．これらの理由により，イソタクチックポリプロピレンの分子鎖方向の結晶弾性率は，ポリエチレンの結晶弾性率に比べて低くなる．

[応用問題5.13] ②．教科書などでイソタクチックポリプロピレンの結晶構造を調べること．結晶の対称性，単位胞に含まれる高分子鎖の数とその配置に着目．

[応用問題5.14] (1)一部の棒状剛直高分子を除いて，多くの屈曲性高分子は高分子鎖が結晶中で折りたたまれて，ラメラ結晶を形成するが，折り返し部分やラメラ間とラメラで挟まれた部分には結晶化しない領域が必ず含まれるため．

(2)低分子化合物であるモノマーを結晶化させてから，単結晶－単結晶反応機構で進行する固相重合(トポケミカル重合)によって，結晶状態を保ったままで高分子化する．ジアセチレンやジエン化合物のモノマー単結晶の光重合によって，高分子単結晶が合成できる例が知られている．

(3)結晶核の成長速度は温度に対して右下がりの関係にあり，低温ほど多くの核が生成する一方で，結晶の成長速度は温度に対して右上がりの関係となり，融点に近いほど分子運動性が高くなる．このため，全体の結晶化速度は両者をかけ合わせたものとなり，ガラス転移温度と融点の中間付近で結晶化速

度が最大となる．

[応用問題5.15]　融点，密度，結晶弾性率，引張り強度などに言及．

[応用問題5.16]　(1)$X_c = l/L$，(2)**発展問題5.7**の解答を参照，(3)省略

[応用問題5.17]　(1)1.49 g cm^{-3}．なお，ポリオキシメチレンの分子鎖1本の断面積は0.173 nm^{2}であり，他のほとんどの高分子(例えばポリエチレン(0.182 nm^2)，イソタクチックポリ(4-メチル-1-ペンテン)(0.874 nm^2))よりも小さい．これは側鎖をもたないためである．
(2)$T_m = \Delta H/\Delta S$より，$\Delta S = 0.548$ J K g^{-1}
(3)92.5 %，230 J g^{-1}

[応用問題5.18]　(1)設問の図の横軸は単位が秒となっており(1°=60″)，ピーク位置の2θ(30.1″)にブラッグの式を当てはめると，長周期として17.6 nmが得られる．X線小角散乱は結晶領域と非晶領域の電子密度差$d_c - d_a$に基づいて出現し，散乱強度Iは結晶化度X_cを用いて次の式で表される．

$$I \propto X_c(1-X_c)(d_c - d_a)^2$$

したがって，電子密度差が大きいほどIは増加し，X_c=50%で最大となる．長周期は微結晶と微結晶の重心間距離に相当する．
(2)長周期(17.6 nm)とc軸方向の微結晶長(10.6 nm)を層状ミセル模型に当てはめると模式的な微細構造を下の図のように描くことができる．

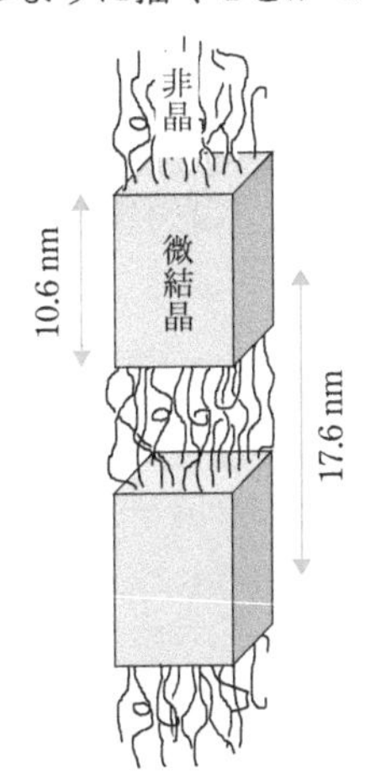

[応用問題5.19]　(1)分子運動が可能なガラス転移温度以上でかつ融点以下の温度で結晶化が進行する．結晶化速度は，結晶核の成長速度と結晶の成長速度の両方をかけ合わせたものとなり，前者は低温で有利となり，後者は高温ほど(融点に近いほど)有利となる．その結果，結晶化速度は，ガラス転移温度と融点の間で最大値を示す釣鐘型の曲線を示す(**基本問題5.20**を参照)．
(2)高分子の融点T_mやガラス転移温度T_gは，分子構造の柔軟性と分子間水素結合の有無によって大きく異なり，繰り返し単位に剛直な芳香環や分子間水素結合を含む高分子は高いT_mやT_gを示す．このため，最大結晶化速度を示す温度(曲線のピーク位置の温度)もT_mやT_gの高い順，すなわち，PET≥ナイロン6 ≫ *cis*-1,4-PIPとなる．結晶核は，水素結合などの分子間相互作用が強いほど形成されやすいと考えられ，実測の結晶化速度はナイロン6 > PET > *cis*-1,4-PIPの順であり，予想される順とよく一致する．

[応用問題5.20]　(1)ガラス転移温度付近以上の温度領域でこの高分子の結晶化が進行する．結晶化速度は65℃付近で最大値を示し，それ以上の温度では低下する．異なる分子量をもつ試料はすべて同様の形状の曲線を与え，低分子量の試料ほど最大結晶化速度が大きくなる．
(2)ガラス転移温度付近以下では分子が動けず結晶成長が妨げられるため，結晶化がきわめて遅くなる．また，結晶の核形成速度は高温になるほど低下するため，高温側でも結晶化速度が低下する．結晶化速度は，結晶核生成速度と結晶成長速度の両方に影響を受けるため，中間領域で最大値を示す．
(3)結晶化の律速段階は高分子鎖の拡散ではなく，高分子鎖の一部の再配列の段階にある．結晶成長の過程で，低分子量の高分子鎖が再配列(コンホメーション変化など)して，分子全体で結晶化に都合のよいパッキング構造をとる際に，分子量依存性が強く表れる．分子量が大きくなると折りたたまれた高分子鎖が結晶化するため，分子量依存性は小さくなる．

[応用問題5.21]　設問の式から，$\alpha_c = 0.64$, $\alpha_a = 0.19$が求まる．α_cから判断して，このポリエチレンは高密度ポリエチレンと推察できる．ただし，$\alpha_c + \alpha_a$が1にならない．これは構造の秩序性に関して，結晶と非晶の中間に相当する領域が存在しているためであり，$1-(\alpha_c + \alpha_c)$として，その分率は0.17と算出される．X線回折法や密度法は結晶と非晶に二分して結晶化度を評価する手法であるのに対して，ラマン分光法(赤外分光法(IR)や核磁気共鳴分光法(NMR)も同様)を用いると，このような中間領域も評価できる場合がある．

[応用問題5.22]　高弾性率化のために必要な構造とその構造を作るための手段を考えること．紡糸方法，分子量，分子間力の違いに着目して説明するとよい．

[応用問題5.23]　(1)イソタクチックポリプロピレンやシンジオタクチックポリプロピレンは結晶性が高いが，アタクチックポリプロピレンは非晶高分子である．これは，高分子鎖が結晶化する際に置換基のメチル基の位置(方向)が一定でないと，規則正しく高分子鎖がパッキングできないためである．一方，ポリビニルアルコールは，置換基がヒドロキシ基であり，立体障害の程度が小さい．さらに，高分子鎖間で強い水素結合が働くため，ヒドロキシ基の位置がランダムでも，結晶化が可能になる．
(2)，(3)省略

[応用問題5.24]
- 溶融紡糸：ポリエチレン(PE)，イソタクチックプロピレン(*it*.PP)，ポリエチレンテレフタレート(PET)，ナイロン6，ナイロン6,6など多数
- 乾式紡糸：ポリアクリロニトリル，酢酸セルロース(アセテート)
- 湿式紡糸：ポリビニルアルコール，ビスコースレーヨン，銅アンモニアレーヨン

繊維を得るプロセスとしては下の写真に示す溶融紡糸が一般的である．

ナイロンの溶融紡糸の様子
(写真提供　株式会社サンライン)

乾式紡糸や湿式紡糸では，いったん高分子を溶媒に溶解させ，その後，次の図に示すように，再度溶媒蒸発(乾式紡糸)あるいは貧溶媒に投入(湿式紡糸)することで高分子を糸状の固体として凝固させることで繊維を得る．したがって，プロセス上のエネルギー消費量が多く(コストが高く)，有機溶媒利用の場合は環境面での問題がある．融点と熱分解温度が近接しており，高温にすると熱分解する高分子(ポリビニルアルコール，酢酸セルロース)や，融解の前に先に熱分解する高分子(セルロース)に対して採用される．

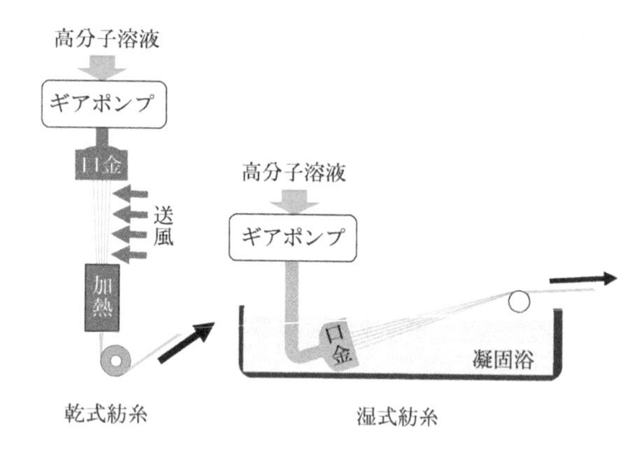

芳香族ポリエステルには溶融状態で液晶状態(サーモトロピック液晶)になるものも存在する．また，芳香族ポリアミドは硫酸に溶解すると液晶状態(リオトロピック液晶)になる．液晶状態から半乾・半湿式紡糸(高分子溶液を口金からいったん空気中に暴露させた後に，凝固浴に投入する)する方法は液晶紡糸法と呼ばれる．液晶状態で分子鎖が引きそろえられ，紡糸して糸として固化する段階ですでに高度に分子鎖が配向しており，その後の延伸操作を施さなくても，高強度・高弾性率の特性を示す繊維が得られる．ポリ(*p*-フェニレンテレフタルアミド)が代表的な例であり，ケブラー®，トワロン®の商品名で知られている．

融解も溶解も困難な高分子に対しては，エマルション状態からの紡糸(エマルション紡糸)が試みられている．また，超高分子量ポリエチレン($M_w > 10^6$)の準希薄溶液からゲル状態の紡糸(ゲル紡糸)を経て，超延伸することで超高強度(1 GPa以上)・高弾性率(100 GPa以上)のポリエチレン繊維が得られる．

[応用問題5.25]　押出成形ではフィルムやシート，チューブ状などの連続体が，射出成形では金型内で特定の構造をもつ三次元の立体的な成形物が，紡糸では繊維がそれぞれ得られる．成形プロセスの違いについては省略．

［応用問題5.26］

①PETボトル：ブロー成形

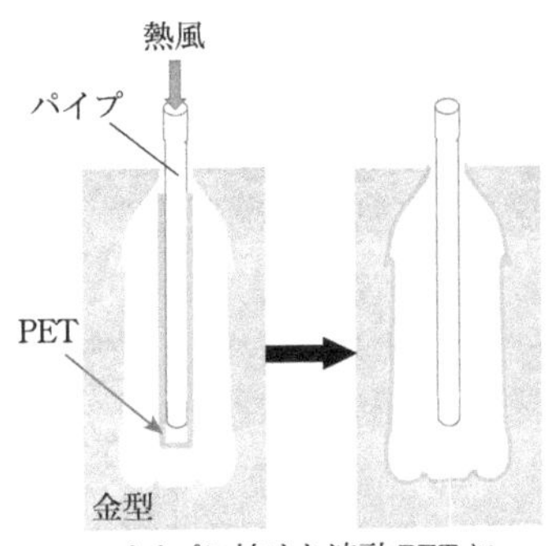

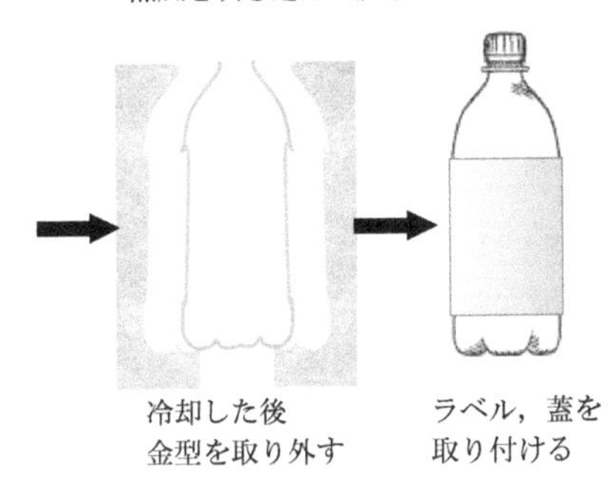

②ストロー：押出成形（**応用問題5.25**の設問の図を参照）

③ポリ袋：インフレーション成形

④トレイ：圧縮成形，真空成形

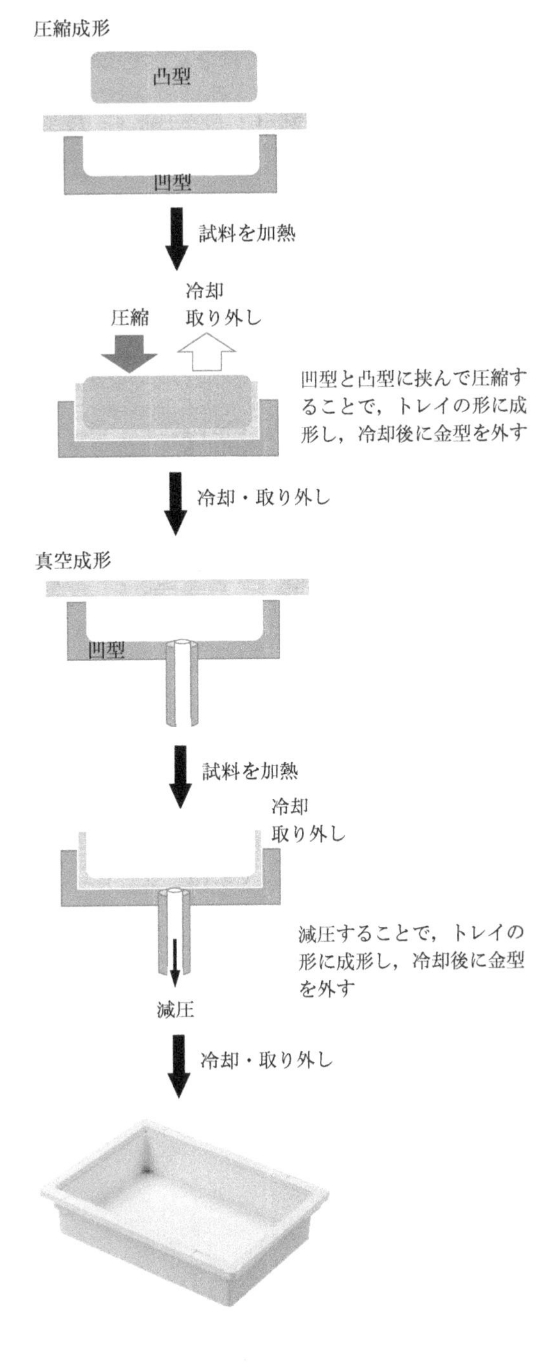

[応用問題5.27]　ここで取り上げている容器は，カップ状に射出成形したのではなく，板状の試料を加熱下で凹型に押し付けて，凸型の金型で挟むか(圧縮成形)，真空状態にしたまま(真空成形)冷却することでカップ状の形態にしている(**応用問題5.26**の解答の図を参照)．生産の効率の観点から，十分に応力緩和する時間を設けずに冷却されたため，分子鎖のコンホメーションが不安定な状態のまま固化し，容器には内部応力が残った部分がある．これを再加熱して，ガラス転移温度以上にすると，分子運動が活発になり，分子鎖の形態が本来の安定なコンホメーションに戻っていくことで内部ひずみが緩和され，マクロにも元の板の形状に戻る．

第6章

[応用問題6.1]　下の図は概略図の例．発熱/吸熱，ベースラインやピークの形状，可逆性/不可逆性について説明する．

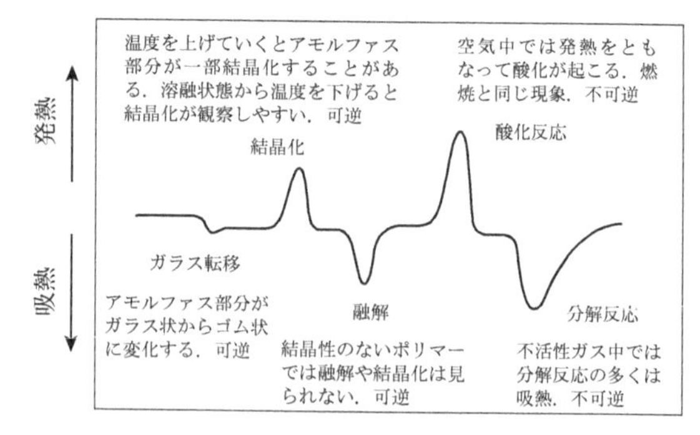

[応用問題6.2]　(1)低温では側鎖の運動が弾性率に多少影響する場合もあるが，T_g以下での温度域ではガラス状態で分子運動は凍結されており，弾性率の大きな変化はない．水素結合が強い場合(セルロース)，架橋が著しい場合(フェノール樹脂)，イオン結合が強い場合(ポリアクリル酸塩など)には5 GPa以上の弾性率を示す場合もあるが，無配向高分子の場合，材料の変形は分子間距離の変化に基づいており，ほとんどの高分子で弾性率は数GPaの値を示す．温度を上げるとミクロブラウン運動の開始にともない，T_gを境に弾性率は3桁減少し，GPaオーダーからMPaオーダーとなる．この領域をゴム状態といい，弾性の源としてエントロピー弾性が支配的になる．さらに温度が上昇すると，マクロブラウン運動が生じ，絡み合いが解きほぐれることで流動していく．

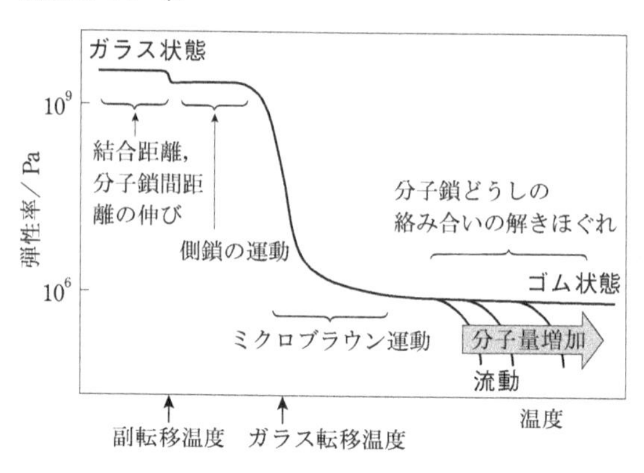

図　非晶高分子の弾性率の温度依存性

(2) (1)で述べた機構において，T_g以下ではほぼ同じ弾性率を示すのに対して，各々の高分子の特徴が現れるのはT_g以上の温度域である．非晶高分子の高温での分子鎖の絡み合いは分子量に依存するため，絡み合いの解けやすい低分子量体では低温で弾性率が減少する．その一方で，架橋すれば分子鎖の解きほぐれが生じなくなるため，ゴム弾性領域が広がる．また，架橋すると流動性が消失し，ゴム領域の弾性率は高温域でも一定値を保つ．T_gは非晶領域における分子運動が関係するため，結晶性高分子においては，結晶領域の存在により結晶化度に応じて弾性率の低下が抑制される．さらに高温では結晶内での分子運動（結晶緩和）により弾性率が低下し，ついにはT_mで融解する．なお，時間－温度換算則に則り，横軸の温度を時間に置き換えることができる．

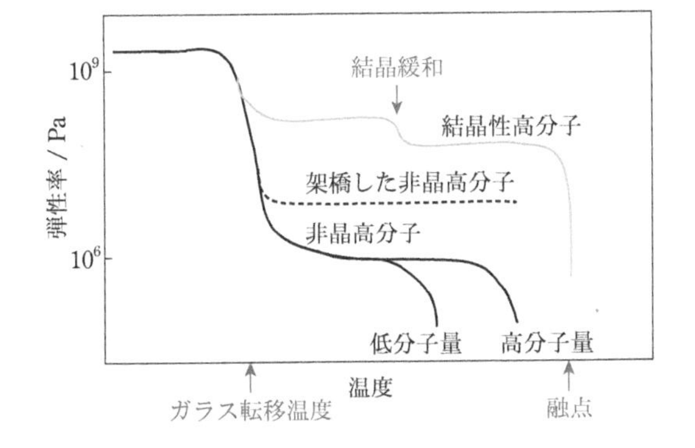

［応用問題6.3］ 高分子の融点T_mとラメラ厚さlの間には，次の関係が成立する．

$$T_m = T_m^\circ - \frac{2\sigma T_m^\circ}{\Delta H} \cdot \frac{1}{l}$$

この式はGibbs−Thomsonの式と呼ばれる．T_m°は平衡融点（無限のラメラ厚みlが∞のときの融点），σは微結晶の表面自由エネルギー，ΔHは融解エンタルピーである．平衡融点に比較して，実在高分子の融点が低い理由を表す式であり，設問の値を用いれば，この式から，10 nmのラメラ厚みの場合，T_m＝26℃と求まる．

［応用問題6.4］ Foxの式は次のように表される（温度にはいずれもケルビン単位を用いる）．

$$\frac{1}{T_g} = \frac{X_A}{T_{g,A}} + \frac{1-X_A}{T_{g,B}}$$

ここで，Aをポリスチレン，Bをポリブタジエンとすると，$T_{g,A}$, $T_{g,B}$はそれぞれ100℃，－85℃であり，T_g＝－50℃を得るためには，X_A＝0.32となる．

スチレンとブタジエンの共重合体はSBR（styrene-butadiene rubber）と呼ばれ，最初に開発された合成ゴムである．現在でも合成ゴムのうちのSBRの生産量は最も多く，自動車用タイヤ，ホース，履物，ベルトなどに広く利用されている．SBR合成時に，パーオキサイドと還元剤（鉄(II)塩）のレドックス系開始剤を用いて低温（5℃）で乳化重合を行うと，分岐が少なく，分子量分布の狭い（M_w/M_nが小さい）SBRが得られる．これはコールドラバーと呼ばれ，加工性，機械的な強度が高いという特徴をもつ．一方，50℃以上の高温で過硫酸塩を用いて乳化重合して得られるSBRはホットラバーとよばれる．Sの代表的な共重合比は23.5％である．また，有機リチウム触媒を用いた溶液重合によって連鎖を制御した共重合体，例えばスチレン－ブタジエン－スチレンのトリブロック共重合体も製造されている．

［応用問題6.5］ Foxの式から，MMA : 2EHA＝19 : 81（重量比）の組み合わせのときにT_g＝－50℃の共重合体が得られると予想される．

Foxの式をA, B, Cの3種類のモノマーの組み合わせに拡張すると，

$$\frac{1}{T_g} = \frac{X_A}{T_{g,A}} + \frac{X_B}{T_{g,B}} + \frac{X_C}{T_{g,C}}$$

となる．ただし，$X_A + X_B + X_C = 1$である．この式から，T_g＝－50℃となるトリブロック共重合体はMMA : 2EHA : AA＝16 : 79 : 5（重量比）の組み合わせと予想される．これは典型的なアクリル系粘着剤の組成であり，全体の骨格はMMAが担い，分岐した長い側鎖（$-COO-CH_2CH(C_2H_5)-C_4H_9$）を有する2EHAによって柔軟性が，水素結合性（－COOH）側鎖を有するAAによって凝集力が付与されている．

［応用問題6.6］，［応用問題6.7］ 省略

［応用問題6.8］
繊維長＝$7.0 \times 10^9 / (1.0 \times 10^3 \times 9.8) = 7.1 \times 10^5$ [m]

［応用問題6.9］ 全体が直列モデルで示される場合と並列モデルで示される場合の2つのモデルが考えられる．

Series−Parallelモデルの場合：

$$\frac{1}{E_c} = \frac{1-a}{E_m} + \frac{a}{abE_m + a(1-b)E_f}$$

Paralel−Seriesモデルの場合：

$$E_c = bE_m + \left\{ \frac{(1-a)(1-b)}{E_m} + \frac{a(1-b)}{E_f} \right\}^{-1}$$

これらは，国際的にはTakayanagi（高柳）モデルと総称される．一見複雑に見えるが，直列モデルと並

列モデルが入れ子になった形になっていることがわかる．

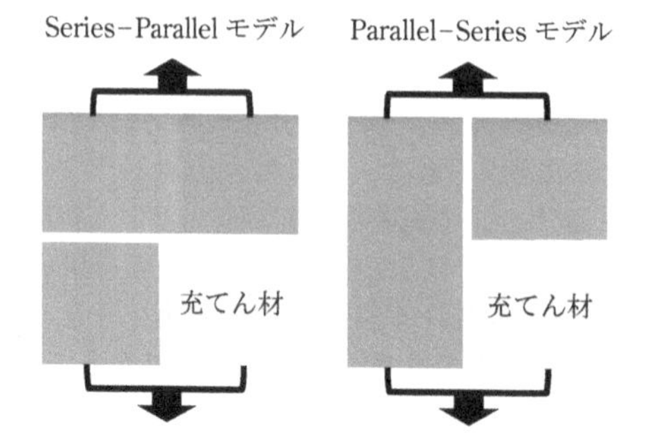

[応用問題6.10]〜[応用問題6.12] 省略

[応用問題6.13] 最終的に $\sigma = F_{max}/S = (k_1 \cdot D/8)^{0.5}/S = 31.2$ GPaが得られる（計算過程は下記参照）．C−C結合の強度には計算方法に依存して，ポリエチレンに換算して19〜66 GPaまでのさまざまな値が計算されているが，ここでは，Morse関数から出発して，ほぼ中間的な値が得られたことになる．手法の詳細議論はともかくとして，理想状態での力学的な強度は，力の定数と結合エネルギーの積の平方根に比例し，断面積に反比例する．

（計算過程） Morse関数 $V(r) = D[1 - e^{-a(r-r_0)}]^2$ の両辺を r で2回微分すると

$$\frac{d^2V(r)}{dr^2} = 2a^2De^{-a(r-r_0)}\left\{-1 + 2e^{-a(r-r_0)}\right\} \quad (式1)$$

ここで，$r = r_0$ とし，r_0 において $d^2V(r)/dr^2 = k_1$ とすると

$$2a^2D(-1+2) = k_1$$

より

$$a = \left(\frac{k}{2D}\right)^{1/2}$$

切断点 r_{max} において $F(r)$ は極大となる．$e^{-a(r-r_0)} = R$ とおくと

$$\frac{d^2V(r)}{dr^2} = 2a^2DR(-1+2R) = 0$$

より，$R = 0, 1/2$ となり，

$$e^{-a(r-r_0)} = 1/2$$

となる．両辺の対数をとると，

$$-a(r-r_0) = \ln(1/2)$$
$$a(r-r_0) = \ln 2$$
$$r - r_0 = \frac{\ln 2}{a}$$

よって，

$$r_{max} = r_0 + \frac{\ln 2}{a}$$

これを上の式1に代入すると

$$F_{max} = \frac{d^2V(r_{max})}{dr^2} = 2a^2De^{-a(\ln 2/a)}\left[1 - e^{-a(\ln 2/a)}\right]$$
$$= \frac{1}{2}aD = \frac{1}{2}\left(\frac{k_1}{2D}\right)^{1/2}D$$

よって，

$$\sigma_b = \frac{F_{max}}{S} = \frac{(k_1D/8)^{1/2}}{S}$$

ここで，

$k_1 = 4.5$ mdyn Å$^{-1} = 4.5 \times 10^5$ dyn cm^{-1}
$D = 82.6$ kcal mol^{-1}
$= 82.6 \times 4.184 \times 10^{10}/(6.022 \times 10^{23})$
$= 0.574 \times 10^{-11}$ dyn cm mol^{-1}

より，

$$F_{max} = (k_1D/8) = 0.5682 \times 10^{-3} \text{ dyn}$$

$$\sigma_b = \frac{F_{max}}{S} = 31.2 \times 10^{10} \text{ dyn cm}^{-2}$$
$$= 31.2 \text{ GPa}$$

と得られる．

[応用問題6.14] 4要素力学モデルは，右の図に示すように，2つのバネと2つのダッシュポットを組み合わせたモデルであり，全体のひずみ ε は，$\varepsilon = \varepsilon_1 + \varepsilon_2 + \varepsilon_3$ で表される．

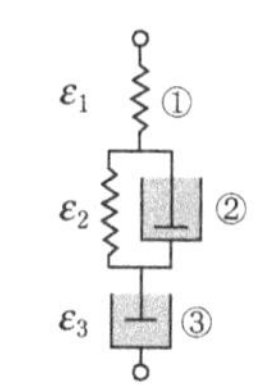

高弾性率PEに500 MPの応力を与えると，瞬間的に①のバネが伸び，$\varepsilon_1 = 1\%$ に達する．このとき，②と③に含まれるダッシュポットはすぐに動けないため，ε_1 と ε_2 は0％（すなわち $\varepsilon = \varepsilon_1$）となる．これらの値から，高弾性率PEの弾性率が50 GPaであることもわかる．その後，時間が経過するに従って，徐々に②のダッシュポットとバネが伸びる（ε_2）と同時に，③のダッシュポットも伸びていく（ε_3）．設問の図では，42000秒後に約2.6％の ε まで達していることがわかる．このとき，$\varepsilon_3 > \varepsilon_2$ となる．

42000秒後に応力を取り除くと，①のバネは瞬間的に元に戻る（$\varepsilon_1 = 0$）．その後，時間の経過にともなって，②においてダッシュポットの働きによって抑制を受けながら，バネがゆっくりと元に戻っていき，長時間後に ε_2 は0に達する．一方，③のダッシュポットは伸びたままで変化しないので，最終的に全体のひずみは $\varepsilon = \varepsilon_3$ となり，このひずみは永久

ひずみとして残留する．

高弾性率PEに比べて弾性率が低いPVA（ここでは$E = 25$ GPa）の初期ひずみε_1は大きい（約2%）が，時間が経過してもクリープ現象は抑制され，ひずみが減少することはない．この違いは，これら高分子の分子鎖間で働く相互作用の違いに起因している．PEの分子鎖間の相互作用はファンデルワールス力のみであり，分子間で相互に滑ることで，巨視的にも大きなクリープ現象を引き起こすこととは対照的に，PVAの分子間には強い水素結合が存在し，相互すべりが抑制されるため，クリープ現象はきわめて抑制された．

[応用問題6.15]

（1）

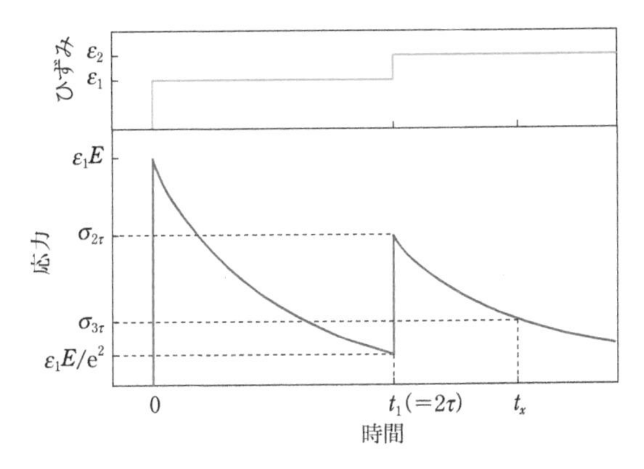

（2）基本的に次の式に従う．

$$\sigma = \varepsilon_1 E \exp\left(-\frac{E}{\eta}t\right)$$

$t_1 < t$では，重ね合わせの原理を使って，ひずみε_1の間での挙動に，ひずみ$\varepsilon_1/2(=1.5\varepsilon_1 - \varepsilon_1)$，$t' = t - t_1$として

$$\sigma = \frac{\varepsilon_1}{2} E \exp\left(-\frac{E}{\eta}t'\right)$$

を加えることになる．よって，

$t=0$で，$\sigma_0 = \varepsilon_1 E$

$t = 2\tau$（応力を追加する前）で，$\sigma_{2\tau} = \varepsilon_1 E/e^2$

$t = 2\tau$（応力を追加した直後）で，

$\sigma_{2\tau} = \varepsilon_1 E(1/e^2 + 1/2)$

であり，

$t = t_x = 3\tau$では，$\sigma_{3\tau} = \varepsilon_1 E(1/e^3 + 1/2e)$

となる．

なお，$t = \infty$では，$\sigma_\infty \to 0$となる．

[応用問題6.16]

（1）

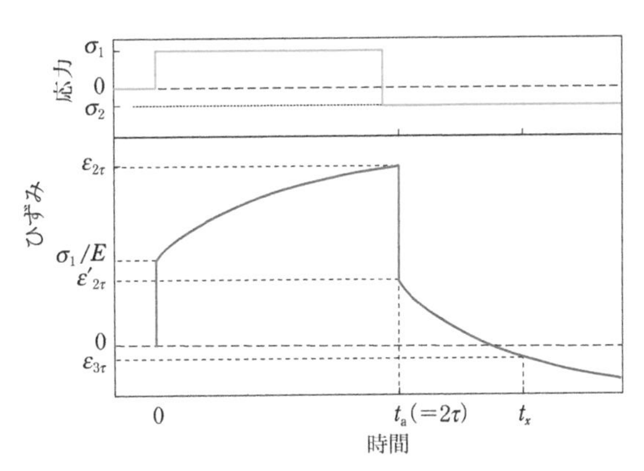

（2）応力が一定となるので，物体の上・中・下の部分にかかる応力σは一定である．それぞれの時間におけるひずみεは以下のように表される．

$t < t_a$では

$$\varepsilon = \sigma_1\left[\frac{1}{E} + \frac{1}{2E}\left\{1 - \exp\left(-\frac{2E}{\eta}\right)t\right\} + \frac{t}{2\eta}\right]$$

$t = \tau$のとき

$$\varepsilon_\tau = \frac{\sigma_1}{4E}\left(7 - \frac{2}{e}\right)$$

$t = 2\tau$のとき（$\sigma = \sigma_1$のまま）

$$\varepsilon_{2\tau} = \frac{\sigma_1}{E}\left(2 - \frac{1}{2e^2}\right)$$

$t = 2\tau$のとき（$\sigma = \sigma_2 = -0.5\sigma_1$）

$$\varepsilon'_{2\tau} = \frac{\sigma_1}{2E}\left(1 - \frac{1}{e^2}\right)$$

$t_a < t$では，応力σ_1を$t=0$から加えている状態と，応力$-1.5\sigma_1$を$t = t_a$から加えている状態の重ね合わせとなる．

$$\begin{aligned}\varepsilon &= \sigma_1\left[\frac{1}{E} + \frac{1}{2E}\left\{1 - \exp\left(-\frac{2E}{\eta}t\right)\right\} + \frac{t}{2\eta}\right] \\ &\quad - 1.5\sigma_1\left[\frac{1}{E} + \frac{1}{2E}\left\{1 - \exp\left[-\frac{2E}{\eta}(t - 2\tau)\right]\right\} + \frac{t - 2\tau}{2\eta}\right] \\ &= -\frac{\sigma_1 t}{4\eta} + \frac{\sigma_1}{2E}(1.5e^2 - 1)\exp\left(-\frac{2E}{\eta}t\right)\end{aligned}$$

よって，$t = t_x = 3\tau$のときは

$$\varepsilon_{3\tau} = -\frac{\sigma_1}{4E}\left(1.5 - \frac{3}{e} + \frac{2}{e^3}\right) < 0$$

となる．

[応用問題6.17]　（1）ポリスチレン（PS）のT_gには分子量依存性があり，次の式で表される．

$$T_g = T_g^\circ - \frac{B}{M_n}$$

PSに対しては，$T_g^\circ = 100$°C，$B = 1.75 \times 10^5$ Kが知られており，$M_n = 1.0 \times 10^4$ のPSは $T_g = 82.5$°Cであるのに対して，$M_n = 2.0 \times 10^5$ のPSは $T_g = 99.1$°Cと17 K上昇する．低分子量PSの成形は $T_g + 30$°C $= 112.5$°Cで行っていたが，高分子量PSでは T_g が上昇しているために，113°Cでは成形時の溶融粘度が高すぎたため，成形できなかったと考えられる．

（2）溶融粘度 $\eta \propto M^{3.4}$ の関係が知られている．このことは分子量が20倍になれば，溶融粘度は約26515倍になることを意味している．仮に $M_n = 1.0 \times 10^4$ のPSと溶融粘度が同じであれば成形できると考えた場合，

$$\log\left(\frac{\eta(T)}{\eta(T_0)}\right) = \log a_T = -\frac{17.44(T - T_g)}{51.60 + (T - T_g)}$$

の関係を用いて，$\log(1/26515) = -10.185$ より，$T = 171.6$°Cにすれば，溶融粘度は $M_n = 1.0 \times 10^4$ のPSと同じ値になり，成形可能になると推察できる．

［応用問題6.18］，［応用問題6.19］ 省略

［応用問題6.20］ ランダム共重合体とブロック共重合体の弾性率の温度依存性を下の図に示す．ランダム共重合体では，1つのガラス転移温度をもち，各成分のホモポリマーの弾性率の温度依存性はなくなり，ガラス転移温度での弾性率の変化を緩やかになる．一方，ブロック共重合体では，相分離するため，AとBの各成分でのガラス転移温度付近で弾性率が変化する．それぞれのガラス転移温度は若干変化し，弾性率の変化も緩やかになる．中間の温度域では，弾性率もまた中間の値を示す（成分Aのみがゴム状態となるため）．

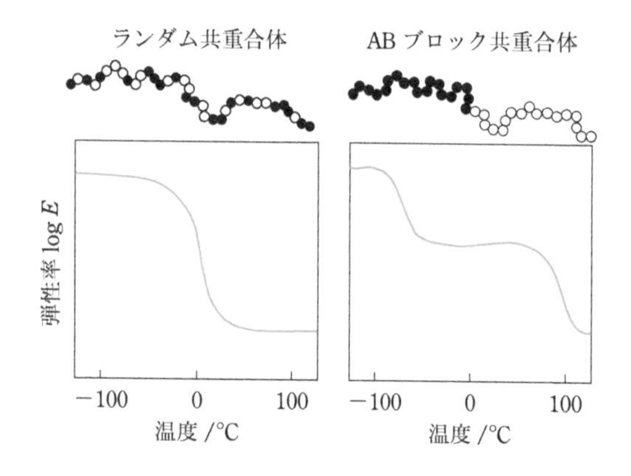

［応用問題6.21］

（1）

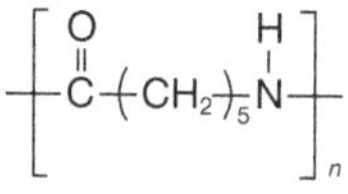

ナイロン6

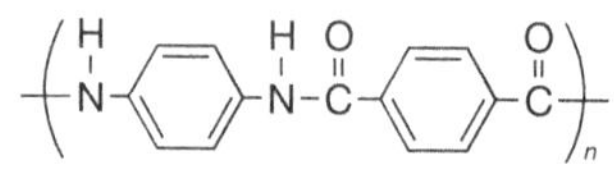

ポリ（p−フェニレンテレフタルアミド）

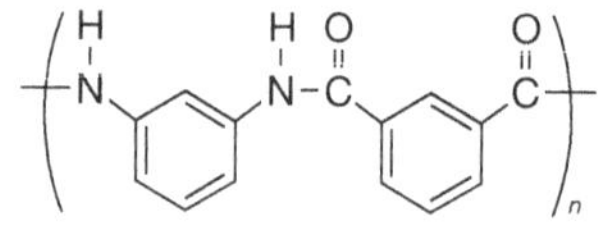

ポリ（m−フェニレンイソフタルアミド）

（2）繊維A：ポリ（m−フェニレンイソフタルアミド）繊維，繊維B：ナイロン6繊維，繊維C：ポリ（p−フェニレンテレフタルアミド）繊維，（3）ナイロン6：溶融紡糸，ポリ（p−フェニレンテレフタルアミド）：液晶紡糸

［応用問題6.22］ 省略

［応用問題6.23］ 界面高分子と固体基板近傍の高分子鎖は，バルクに比べて狭い空間に閉じ込められているため，広がりが制限され，形態エントロピーが減少し，緩和時間が長くなる．また，高分子の運動性も制約を受けていることが少なくない．これらは，束縛効果あるいは界面効果と呼ばれ，ガラス転移温度が上昇するなどの現象が観察される．一方，表面側では空気と接しているため，表面自由エネルギーが低下し，また高分子鎖の運動性は高くなるため，緩和時間は短くなり，ガラス転移温度は低下するなどの現象が見られる．膜厚が小さくなるほど表面や界面の影響が強く表れるようになる．

［応用問題6.24］ **例題6.11**に示した図の力のつり合いは，水平方向に関するものである．液体が変形して固体はほとんど変形しない（液体の垂直方向の表面張力は固体の弾性力とつり合っており，固体の変形量はごくわずかである）ため，垂直方向の力のつり合いは考えなくてよいためである．一方，互いに混ざり合わない液体どうしが接している場合には，二方向のつり合いを考える必要がある．右上の図は水の上に油滴が存在する場合の力のつり合いを示している．水の上の油はレンズ状の形状になっており，水平方向と垂直方向にそれぞれ表面（界面）張

力がつり合っている．これらを式で表すと次のようになる：$\gamma_W = \gamma_O \cos\theta_1 + \gamma_{WO} \cos\theta_2$; $\gamma_O \sin\theta_1 = \gamma_{WO} \sin\theta_2$

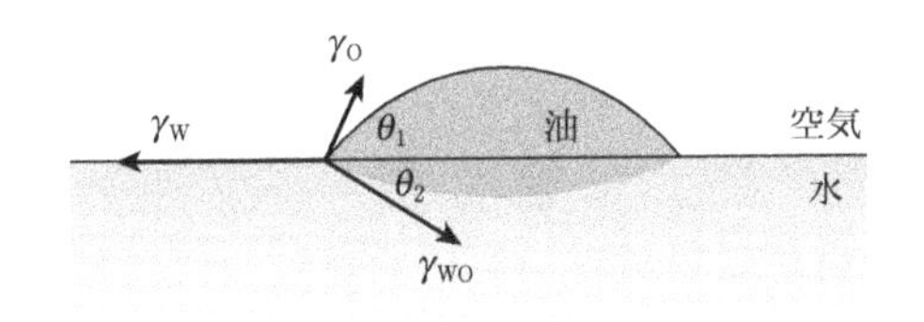

この条件は，3つの表面・界面張力のベクトルの和が0であることを意味し，ノイマン(Neumann)の三角形と呼ばれることがある．

［応用問題6.25］

	表面自由エネルギー／mJ m^{-2}		
	γ_s^d	γ_s^p	γ_s
PTFE	20	2	22
PS	30	7	37
PVA	26	29	55

（補足説明）Young-Owensの式は以下のように導出される．

仮定1：表面自由エネルギーγは，その分散力成分γ^dと極性力成分γ^pの和で表される．

$$\gamma = \gamma^d + \gamma^p$$

仮定2：分散力成分は相手の分散力成分と相互作用する．同じように，極性力成分は相手の分散力成分と相互作用する．

仮定3：相互作用は幾何平均で表される．

これらの仮定の上で，界面自由エネルギーγ_{sl}は次の式で表される．

$$\begin{aligned}\gamma_{sl} &= \gamma_s - \{(\gamma_s^d \cdot \gamma_l^d)^{1/2} + (\gamma_s^p \cdot \gamma_l^p)^{1/2}\} \\ &\quad + \gamma_l - \{(\gamma_s^d \cdot \gamma_l^d)^{1/2} + (\gamma_s^p \cdot \gamma_l^p)^{1/2}\} \\ &= \gamma_s + \gamma_l - 2(\gamma_s^d \cdot \gamma_l^d)^{1/2} - 2(\gamma_s^p \cdot \gamma_l^p)^{1/2}\end{aligned}$$

この式をYoungの式

$$\gamma_s = \gamma_{sl} + \gamma_l \cos\theta$$

と組み合わせると，次のYoung-Owensの式が得られる．

$$(1+\cos\theta)\gamma_l = 2(\gamma_s^d \cdot \gamma_l^d)^{1/2} + 2(\gamma_s^p \cdot \gamma_l^p)^{1/2}$$

本来は，固体の表面自由エネルギーを知りたいところであるが，直接測定することがきわめて困難である．このため，γ_l, γ_l^d, γ_l^pが既知である2種類の液体を用いて，各液体と高分子固体表面との接触角を測定すれば，Young-Owensの式を適用することで，固体表面のγ_s, γ_s^d, γ_s^pを評価できる．

［応用問題6.26］

(1)設問の図から，$\theta_1 = 65°$，$\theta_2 = 107°$

(2)Young-Owensの式から，γ_s^p, γ_s^d, γ_sは次のような値となる．

	表面自由エネルギー／mJ m^{-2}		
	γ_s^d	γ_s^p	γ_s
高分子1	44	11	33
高分子2	13	1	14

(3)高分子1：ポリエチレンテレフタレート，高分子2：含フッ素高分子

セロファンはセルロースを素材としており，きわめて親水的な高分子で，水との接触角はきわめて小さいために除外できる．ポリエチレンのθは下の写真のように90°であることが知られており，これも除外できる．θ_2はポリテトラフルオロエチレンの値よりも大きく，γは低い．したがって，高分子2は含フッ素高分子，残る高分子1はポリエチレンテレフタレートと推定できる．

(4)Young-Dupreの式から，互いのγが類似した値を示す組み合わせでθは小さくなり，接着エネルギーは大きくなる．したがって，ポリビニルブチラールは高分子1，すなわちPETの接着剤として期待できる．しかしながら，高分子2のγは極端に低く，ここで取り上げた高分子はいずれも接着剤にはなり得ないと考えられる．

発展問題の解法のヒント

第1章

[発展問題1.1]　省略

[発展問題1.2]　Carothersは，脂肪族ポリエステルの冷延伸により繊維が得られることを見いだしたが，融点が低く実用化研究を中断し，ポリアミドの研究に注力した．WhinfieldとDicksonは芳香族ジカルボン酸を用いて融点が高いポリエステルを合成し，延伸によって高い強度を示す繊維になることを見いだした．

[発展問題1.3]　P. J.フローリ 著，岡 小天，金丸 競 訳『高分子化学』丸善(1956)などを参照．

[発展問題1.4]　Zieglerによる有機金属触媒を用いた有機合成の研究からエチレンの重合の発見に至るまでの経緯や，Nattaがプロピレンの重合に着目して立体規則性ポリオレフィンの合成に至ったことの科学的および社会的意義に着目．

[発展問題1.5]　重合反応の実験を行っていた留学生が触媒濃度を間違ったために予期しなかった薄膜状のポリアセチレンが得られたこと，海外の研究者との交流と白川英樹博士の留学による共同研究の始まり，生成したポリアセチレンへのヨウ素ドーピングによって導電性が著しく向上し金属光沢が観察されたことなどに注目．発見までの一連の経緯の中で偶然によるものと必然によるものを区別して考えること．

第2章

[発展問題2.1]　図は省略．平面ジグザク鎖で表記した際に，ポリプロピレンオキシドのように主鎖原子数が奇数の場合，イソタクチック高分子の置換基が見かけ上紙面の前後に交互になることに注意．Fischer投影式では常に同じ側にくる．

[発展問題2.2]　シクロデキストリンを用いたポリロタキサンとして環動ゲル，ロタキサンの分子機械やセンサーへの応用研究など．

[発展問題2.3]　例えば，主鎖相互作用型や側鎖相互作用型など．

[発展問題2.4]　理解が難しい内容については，高分子の実験書や専門書の分子量の決定法に関する記述を調べて参考にすること．

[発展問題2.5]　粘度法のハギンス係数については，多くの教科書では説明が省略されているので，実験書や専門書で調べること．

[発展問題2.6]　SECではM_nとM_w，分子量分布が同時に得られること，MSには定量性の問題があること，校正曲線の要/不要，測定分子量範囲の制約(上限)など．

[発展問題2.7]　例えば，ポリメタクリル酸トリフェニルメチル，ポリシラン，ポリイソシアネート，ポリイソシアニド，ポリアセチレン，ポリキノキサリンなどについて調べるとよい．

第3章

[発展問題3.1] よく精製したホルムアルデヒドをアニオン重合してポリオキシメチレンを合成．また，トリオキサン(6員環構造をもつ環状エーテルモノマー)とエチレンオキシドあるいは1,3-ジオキソランのカチオン開環共重合(カチオン開始剤として三フッ化ホウ素を使用)によって共重合体を合成．生成した高分子の末端に$-OCH_2OH$構造が含まれると融点以上で解重合が進行するため，高分子の末端をアセチル化して熱安定性を向上．

[発展問題3.2] 開環重合反応性は，下の表のとおりである．各モノマーの重合前後のエンタルピー変化やエントロピー変化を論文やデータ集などで調べて，表の重合性との関係を説明すること．

環状モノマー	環員数					
	3	4	5	6	7	8
環状エーテル	◎	◎	◎	×	◎	—
環状スルフィド	◎	◎	×	×	◎	—
環状エステル	—	◎	○	◎	◎	◎

[発展問題3.3] 生成する高分子の溶解性の違い，重合初期の均一性/不均一性(モノマーの溶解性)，生成する高分子の粒子の形態やサイズ，重合後の高分子の分離，などに着目．

[発展問題3.4] 1粒子に含まれる平均のラジカル数によって反応を3つのパターンに分類．

[発展問題3.5] (1)酢酸ビニルの成長ラジカルは連鎖移動反応を起こしやすく，重合後期になるほど高分子への連鎖移動反応が重要になり，高分子の重合度は重合反応率に従って大きくなる．
(2)ポリ酢酸ビニルへの連鎖移動反応は側鎖のアセチル基のメチル水素引き抜きによって起こり，分岐構造をもつポリ酢酸ビニルを加水分解すると，分岐点のエステルも切断されて直鎖状のポリビニルアルコールが生成するため．**応用問題3.6**も参照．

[発展問題3.6] 反応例を以下に示す．

$C_6H_5-C(=O)-O\cdot \xrightarrow{MMA} C_6H_5-C(=O)-O-CH_2-C(CH_3)(C(=O)OCH_3)\sim$ (I)

$C_6H_5-C(=O)-O\cdot \xrightarrow{-CO_2} C_6H_5\cdot \xrightarrow{MMA} C_6H_5-CH_2-C(CH_3)(C(=O)OCH_3)\sim$ (II)

$C_6H_5-C(=O)-O\cdot \xrightarrow{トルエン} C_6H_5-\dot{C}H_2 \xrightarrow{MMA}$

$C_6H_5-CH_2-CH_2-C(CH_3)(C(=O)OCH_3)\sim$ (III)

$\sim CH_2-\dot{C}(CH_3)(C(=O)OCH_3) + C_6H_5-C(=O)-O\cdot \longrightarrow$

$\sim CH_2-C(CH_3)(C(=O)OCH_3)-O-C(=O)-C_6H_5$ (IV)

$\sim CH_2-\dot{C}(CH_3)(C(=O)OCH_3) + \cdot C(CH_3)(C(=O)OCH_3)-CH_2\sim \longrightarrow$

$\sim CH_2-C(CH_3)(C(=O)OCH_3)-H + CH_2=C(C(=O)OCH_3)-CH_2\sim$

(VI) (VII)

[発展問題3.7] 省略

[発展問題3.8] 第三級炭素ラジカルの生成とそこからの成長反応による分岐高分子の生成だけでなく，生成した第三級炭素ラジカルのβ開裂による主鎖切断も起こることが知られている．

[発展問題3.9] 設問の表の数値から，以下の特徴がわかる：非共役モノマーである酢酸ビニルのk_pはスチレンのk_pに比べて1桁大きい，停止反応速度定数に大きな違いはない，重合速度の目安となる$k_p/k_t^{0.5}$値を比べると酢酸ビニルはスチレンの10倍以上大きい，酢酸ビニルのトルエンに対する連鎖移動定数はスチレンの100倍程度大きい，ブタンチ

オールへの連鎖移動定数はトルエンへの連鎖移動定数に比べて10^6から10^6倍大きい．これらの特徴を反応と関連づけてそれぞれ説明すること．

[発展問題3.10]　(1)**基本問題3.12**を参照

(2)

再結合

$$\sim\!\sim CH_2-\overset{CH_3}{\underset{\underset{OCH_3}{|}}{\underset{C=O}{\overset{|}{C}}}}\cdot \longrightarrow \sim\!\sim CH_2-C(CH_3)(COOCH_3)-C(CH_3)(COOCH_3)-CH_2\sim\!\sim$$

不均化反応

$$\sim\!\sim CH_2-C(CH_3)(COOCH_3)\cdot \longrightarrow \sim\!\sim CH_2-C(CH_3)(COOCH_3)-H + CH_2=C(COOCH_3)-CH_2\sim\!\sim$$

(3)高分子の2分子停止反応が拡散律速であり，重合速度が溶液粘度の影響を受けやすいこと，重合中の高分子濃度の増加にともなって粘度が上昇して生成高分子の分子量がさらに増大すること，重合加速は発熱をともない重合温度の上昇がさらに重合を加速することなど．

[発展問題3.11]　1,1−ジフェニルスチレンの天井温度は低く，単独重合性には乏しいが，他の成長アニオンへの付加は可能であり，共鳴安定化した安定なアニオンが生成する．

[発展問題3.12]　後者はカチオン開環重合であり，成長末端で副反応(6員環化合物の生成)が起こりやすい．

[発展問題3.13]　**カチオン開環重合**：ホルムアルデヒドから合成・精製したトリオキサンをカチオン開環重合するとポリオキシメチレン(アセタール樹脂)が得られる．熱安定性向上のために少量のエチレンオキシドを共重合する．

アニオン重合：ホルムアルデヒドのアニオン重合からもポリオキシメチレンを合成でき，末端を無水酢酸でアセチル化すると熱安定性が向上する．

[発展問題3.14]　短所や制約については，重合速度が大きすぎる場合の発熱の問題(重合温度を一定にすることが困難になる)，モノマーの溶解性，水の作用(重合阻害，停止反応)など．実際に工業的に利用されている組み合わせには利点が多いことに着目．

[発展問題3.15]

$CH_3(H)C=C(H)COOCH_3$

クロトン酸メチル

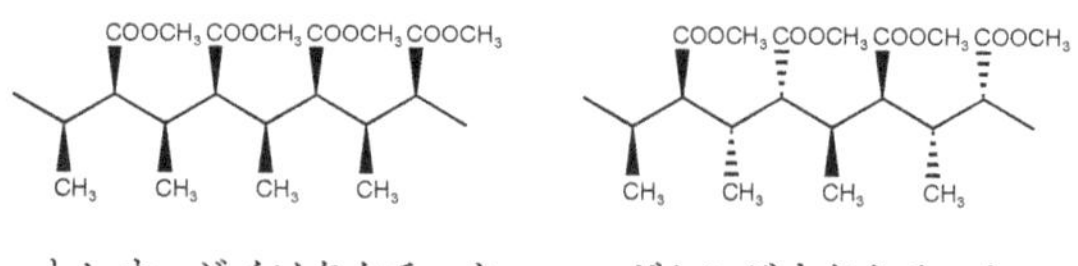

エリトロ−ジイソタクチック
ポリクロトン酸メチル

トレオ−ジイソタクチック
ポリクロトン酸メチル

ジシンジオタクチック
ポリクロトン酸メチル

[発展問題3.16]　リビングカチオン重合，添加剤によるカチオンの安定化など．

[発展問題3.17]　ビニルシクロプロパン，スピロピラン化合物などの双環化合物の開環重合など．

[発展問題3.18]　省略

[発展問題3.19]　実際に共重合を行うと，AとCでは単独重合体に近い組成の高分子がそれぞれ生成する．参考文献として，C. Walling, E. R. Brigges, W. Cumming, and F. R. Mayo, *J. Am. Chem. Soc.*, **72**, 48 (1950)；東村敏延，古川淳二，村橋俊介，岡村誠三，林 晃一郎，高分子工業化学I(下)(近代工業化学16)，朝倉書店(1967)，p.193などを参照．

[発展問題3.20]　省略

[発展問題3.21]　成長反応式は省略．片方のモノマーに単独重合性がない場合，共重合体組成を表す式は次のように簡略化できる．

$$\frac{d[M_1]}{d[M_2]}=1+\frac{(r_{21}[M_1]/[M_2])\{1+(r_{11}[M_1]/[M_2])\}}{1+(r_{21}[M_1]/[M_2])}$$

[発展問題3.22]　例えば，鈴木・宮浦カップリング反応による有機EL素子用発光高分子材料の合成など．

[発展問題3.23]　ビスフェノールAとエピクロロヒドリンから得られるエポキシ樹脂が一般的．アミン，カルボン酸無水物，チオールなどの硬化剤と反応して，接着性，電気絶縁性，耐熱性，耐薬品性に優れた硬化物を生成する．繊維強化プラスチック

(FRP)のマトリックス材料としても重要である.

[発展問題3.24] 環状オリゴマー,包接化合物.

[発展問題3.25] ナイロン(ポリアミド),ポリエステル,ポリイミドなどの合成では,これらの重合方法がそれぞれ使い分けられている.実際に行われている重合の反応例を探すこと.

[発展問題3.26] 例えば,Kricheldorfらの最近の論文や著書などを参照.

[発展問題3.27] 省略.**基本問題3.30**も参照.

[発展問題3.28],**[発展問題3.29]** 省略

[発展問題3.30] 規則正しい架橋構造を形成するためのクリック反応の利用,欠陥のない網目構造と機械的強度(ゲルの伸長度や破断強度)の向上など.

[発展問題3.31] 炭素繊維の製造方法と特徴,エポキシ充填剤との複合化の方法,成形方法,航空機や自動車への利用の現状や将来性など.

第4章

[発展問題4.1] どのようなモノマーがどのような開始剤(触媒)によってリビング重合が達成されてきたのかを,アニオン重合,カチオン重合,開環重合,ラジカル重合についてそれぞれまとめること.どのような形で成長活性種を安定化して副反応を抑制するか,ドーマント種との平衡をどのように制御するかを論述すること.リビングラジカル重合に関する1980年代の重要な研究として大津によるイニファーター,Solomonらによるニトロキシドを用いた研究,建元のヨウ素移動重合などが,1990年代以降の代表的な研究としてGeorgesらによるスチレンのニトロキシド介在重合(NMP)(1993年),澤本らのルテニウム系有機金属触媒によるメタクリル酸メチルの重合(1995年),Matyjaszewskiの銅触媒によるスチレンのATRP(1995年),RizzardoやMoadらによるRAFT重合の発見(1998年)などがある.2000年以降に,山子によって有機テルル媒介リビングラジカル重合(TERP)が,後藤によって可逆連鎖移動触媒重合(RTCP)が報告されている.

[発展問題4.2] 例えば,ATRPによるアクリル酸エステルのテレケリックポリマーのシーリング材/高弾性エラストマー合成への応用(カネカ),NMPにより合成したブロック共重合体の分散安定剤/相溶化剤への応用(複数の企業),ヨウ素移動重合によるフッ素系エラストマーの合成(ダイキン工業),アクリル酸エステルの有機テルル媒介リビングラジカル重合(TERP)による粘着剤の合成(大塚化学)など.

[発展問題4.3] イモータル重合は連鎖移動反応を含む.この重合反応が発見された時点でのリビング重合の定義は現在の可逆的な連鎖移動反応を含める定義とは異なっていた.

[発展問題4.4] 下の図は濃厚高分子ブラシの形態とグラフト密度の関係を示したものである.図中のL_eは濃厚高分子ブラシ層の平衡膨潤膜厚,L_cは伸びきり鎖長,σは表面占有率である.キーワードとして,リビングラジカル重合,grafting from法,準希薄・濃厚高分子ブラシ,形態エントロピー,伸長応力,排除体積効果,トライボロジー,医用材料などを用いて説明すること.

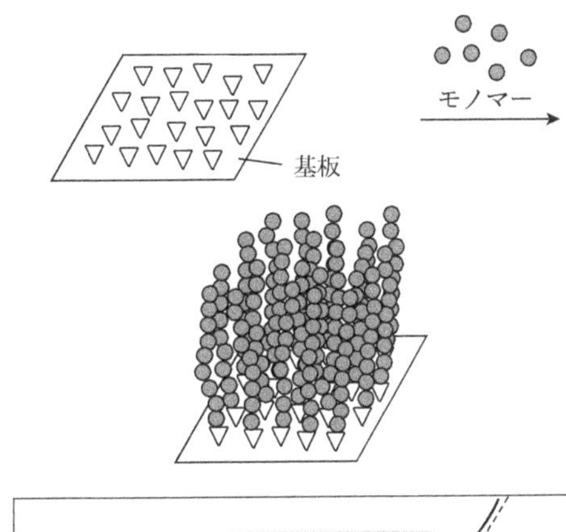

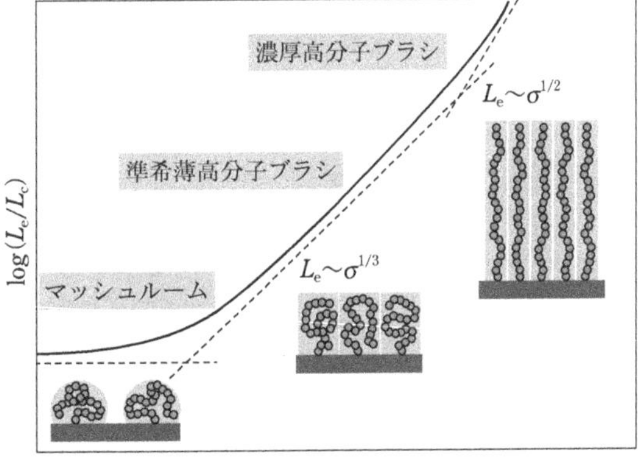

［**発展問題4.5**］　最初の不斉選択重合の反応に関する論文を参照［S. Inoue, T. Tsuruta, and J. Furukawa, *Makromol. Chem.*, **53**, 215 (1962)］．結合切断の位置によって反応制御の様式は異なることに注意(下の反応式を参照)．
光学活性なプロピレンオキシドの化学構造

H / CH$_2$—C / CH$_3$ / O　　CH$_3$ / CH$_2$—C / H / O

α開裂とβ開裂が起こるときに生成するポリプロピレンオキシドの立体構造

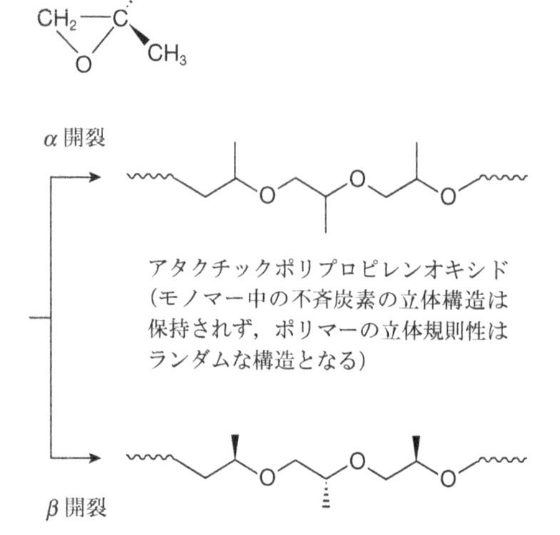

［**発展問題4.6**］　例えば，DNA複製をモデルにした核酸塩基を含むビニルモノマーのラジカル重合(1970～1980年代)，ポリメタクリル酸などのステレオコンプレックスを用いた研究(2000年代以降)，その後の2010年代以降の研究など．

［**発展問題4.7**］　ヘテロタクチック高分子が生成するためには，成長反応でメソ(m)付加とラセモ(r)付加が交互に起こる必要があり，単純な末端モデルではこのような高度な制御はできないことに注意．前末端基効果との関係が重要．

［**発展問題4.8**］　超分子ポリマーは熱や種々の溶媒に対する安定性が低いことが特徴．

第5章

［**発展問題5.1**］，［**発展問題5.2**］　省略

［**発展問題5.3**］　水素結合，刺激応答性材料・ゲル，ドラッグデリバリーシステム，細胞培養シートなどについて調べること．

［**発展問題5.4**］　ヒドロゲル，高吸水性高分子，砂漠緑化，自発振動ゲル，高強度ゲル，環動ゲル，アクチュエータ，ドラッグデリバリーシステムなどについて調べること．

［**発展問題5.5**］　広角X線回折の回折ピーク半値幅(Scherrer(シェラー)の式，**発展問題5.7**(2)の解答を参照)，小角X線(中性子)散乱プロファイルの解析など．

［**発展問題5.6**］　測定原理の違いや特徴だけでなく，結晶と非晶の中間領域が各測定結果に与える影響についても考察すること．

［**発展問題5.7**］　(1)直方晶のように，a軸とb軸が直交する場合，(110)面の面間隔d_{110}と(200)面の面間隔d_{200}は下の図のように表される．それぞれの回折角$2\theta = 21.58°$, $24.00°$から，面間隔がそれぞれ0.412 nm，0.371 nmと得られ，図の関係から，$a = 0.742$ nm，$b = 0.495$ nmが求まる．

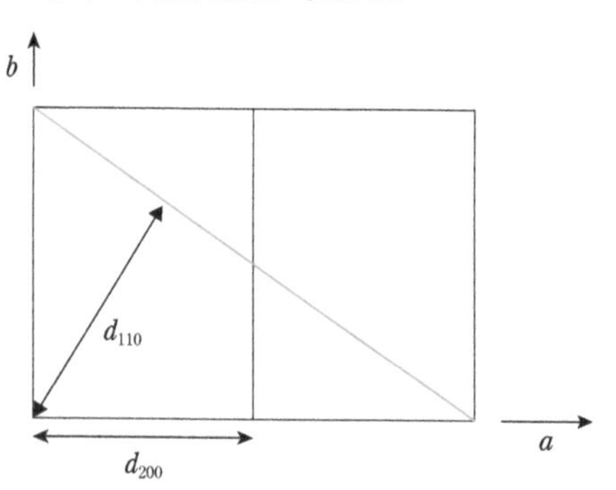

(2)Scherrerの式は，回折ピークの半値幅βと微結晶サイズDの関係を表すもので，次の式で表される．

$$D = \frac{K\lambda}{\beta \cos\theta}$$

ここで，Kは定数で，βとして半値幅を採用する場合は0.9，積分幅を採用する場合は1.0である．今回は半値幅を採用するので，$K = 0.9$である．βが生じる理由はさまざまである．例えば，実際の測定にあたって入射X線は必ずしも平行ビームではなく，あ

る程度の広がりをもっており，それによって回折ピークの幅も広がる．それらに対する補正の詳細な解説は成書(例えば，B. D. Cullity 著，松村源太郎訳，新版X線回折要論，アグネ承風社(1999))を参照されたい．ここでは便宜上，実測された半値幅をβとし，degree単位ではなく，式への代入にあたってはラジアンで表す．θは回折角度2θの半分の値である．具体的には下の表のようになり，これらの回折ピークの半値幅から，微結晶サイズDは12.5 nmおよび13.5 nmと求められる．

面	β/rad	θ/°	D/nm
110	1.13×10^{-2}	10.79	12.5
200	1.05×10^{-2}	12.00	13.5

(3) 下の図に，HDPEとLDPEのX線回折プロファイルを比較して示した．HDPEに比較して，LDPEでは以下の特徴が見られる．

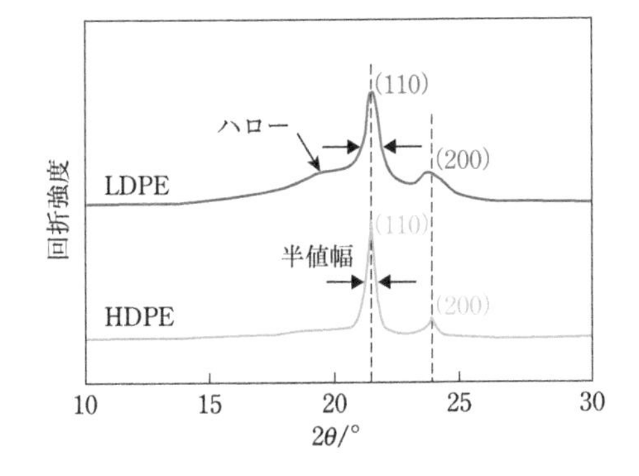

・$2\theta=20°$付近で幅の広いベースラインの持ち上がりが観察される．これは非晶に由来するハローに基づいており，回折プロファイルの全回折強度(全面積)＝結晶ピーク強度(面積A_c)＋ハローの強度(面積A_a)として，曲線の分離を行うと，結晶化度X_cは次の式から求められる．

$$X_c=\frac{A_c}{A_c+A_a}$$

つまり，LDPEはX_cが低いことが示される．

・200反射の回折ピーク位置が低角度側にシフトする．110反射のピークはHDPEと比較してもさほど変化しないことから，LDPEではa軸長が優先して増加する．つまり，分岐などによる乱れはa軸方向に導入されることを意味している．

・回折ピークの幅が増加する．ピーク幅は微結晶サイズと乱れに依存する．つまり，サイズが大きいほど，乱れが少ないほどピークは鋭く，幅が減少する．逆に，LDPEでは微結晶のサイズが小さく，乱れが大きいことが示される．

(補足説明)PEのX線回折プロファイルからX_cを簡便に求める手法は以下のとおりである．ここで示す例では，記録されたプロファイルを切り抜いて，紙の重さを秤量する古典的な方法を説明する．最近ではソフトウエアを用いて，パソコン上でも簡便に曲線の分離を行うことができるが，基本的な操作原理は同じで，以下のとおりである．

1. バックグラウンド除去：
   $2\theta=10°\sim28°$の間で直線を引くことによりバックグラウンドとする．⇒回折曲線とバックグラウンドで囲まれる部分を切り取り，秤量する(W_{total})．
2. アモルファスハロー(非晶散乱)の分離：
   $2\theta=19.5°$を頂点とし，それよりも低角度側の曲線をそのまま高角度側に折り返し，アモルファスハローを求める．⇒W_{total}からさらにアモルファスハローを切り取り，残り(110＋200の積分強度)を秤量する($W_{crystal}$)．
3. X線結晶化度X_cの算出：
   $X_c=(W_{crystal}/W_{total})\times100$ [%]

[発展問題5.8] 省略

第6章

[発展問題6.1]，[発展問題6.2]　省略

[発展問題6.3]　(1)Foxの式より$(1/T_g)=(0.5/373)+(0.5/283)$，よって$T_g=49$°C.
(2)問(1)にあるようにランダム共重合体は1つのT_gしか示さないのに対して，ブロック共重合体は100°Cと10°Cに2つのT_gを示す．したがって，弾性率の温度依存性において，昇温にともない，10°C，100°Cの2段階で弾性率が低下し，その程度は共重合の組成比に依存する．
(3)60°Cにおいて，高分子Aはガラス状態，高分子Bはゴム状態にある．したがって，共重合体におけるA成分，B成分の弾性率をそれぞれ1 GPa, 10 MPaとみなすことができる．共重合体全体の弾性率をE(MPa)とすると，

直列モデルにおいては
$(1/E)=(0.5/1000)+(0.5/10)$より，$E\approx 20$ MPa.
並列モデルにおいては
$E=0.5\times 1000+0.5\times 10=505$ MPa.

[発展問題6.4]　省略

[発展問題6.5]

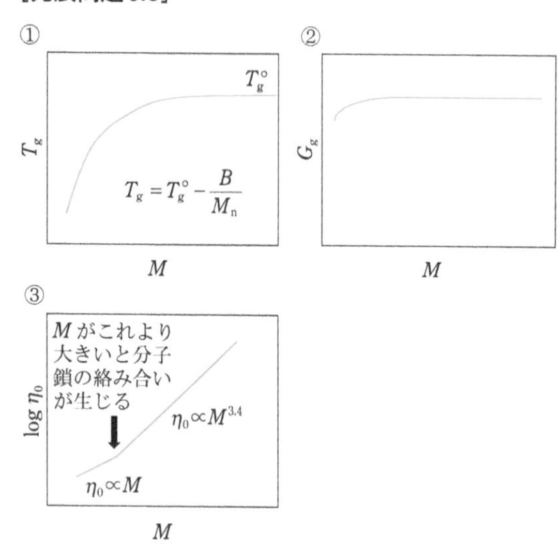

①分子末端の高い運動性を反映して，低分子量ではT_gが低くなるが，$M_n\to\infty$で$T_g\to T_g^\circ$に漸近し，図中の式の関係が成立する．
②ガラス状領域での弾性率は分子鎖間凝集エネルギーに由来することから，基本的に分子量依存性は小さい．ただし，低分子量体では①と同じように分子運動の影響が大きく，弾性率が低くなる．
③溶融状態の高分子にせん断変形を与えたときに，せん断速度が非常に小さい領域で一定の粘度を示すとき，これをゼロせん断粘度η_0という．η_0は低分子量領域では分子量に比例するが，分子鎖の絡み合いが生じるほど分子量が大きくなると解きほぐすことが困難となり，η_0の増大の程度は分子量の増大にともなって大きくなる．したがって，絡み合いが生じる分子量以上でη_0は急激に大きくなり，分子量の3.4乗に比例する(分子量が10倍になれば，η_0は2500倍以上になることを意味する)．

[発展問題6.6]　省略

[発展問題6.7]　Wenzelの理論：表面の凹凸によって表面積が増える度合いをrとする．rは次の式のように表され，1より大きい値となる．

$$r=\frac{\text{実際の表面積}}{\text{見かけの表面積(平滑とみなした場合の表面積)}}\geq 1$$

見かけの接触角θ'はrの影響を受け，次の式で表される．ただし，θは凹凸の影響のない平滑面に対する接触角である．

$$\cos\theta'=r\cos\theta$$

この式に従えば，表面が粗くなる(凹凸が増える)と，親水性表面ではより接触角が低く，疎水性表面ではより接触角が高く測定される．

Cassie−Baxterの理論：成分AとBの二成分からなる混合表面の接触角θ_{AB}は次の式で表される．X_Aは表面においてAが占める割合，θ_A, θ_Bは成分A, B単独の表面における接触角θである．

$$\cos\theta_{AB}=X_A\cos\theta_A+(1-X_A)\cos\theta_B$$

Cassie−Baxterの理論では，成分Aのみからなる表面において，表面の凹凸のために凹凸の凹部に水が浸入できない場合を考える．

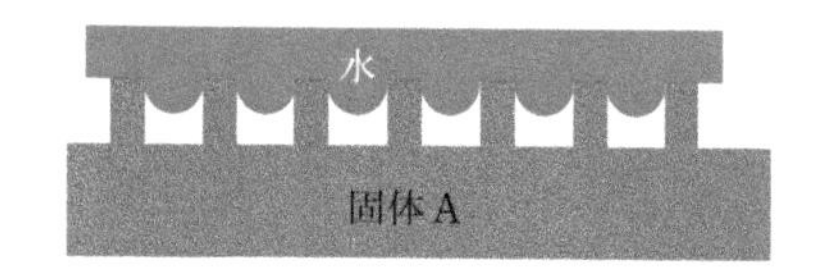

このとき，表面は成分A＋空気の混合表面とみなすことができるため，次の式が得られる．θ_{air}は空気の接触角である．

$$\cos\theta' = X_A \cos\theta_A + (1 - X_A)\cos\theta_{air}$$

空気を含めて気体はきわめて疎水性であるため，θ_{air}は180°（$\cos\theta_{air} = -1$）とみなすことができる．したがって，上の式は

$$\cos\theta' = X_a \cos\theta_a - (1 - X_a)$$

とできる．この式に従えば，表面が粗くなると，成分の化学的な親水性，疎水性にかかわらず，接触角は高く測定される．蓮やアサガオの葉は表面が粗くなっているために，超撥水（$\theta > 150°$）が観察される．

［発展問題6.8］　接着性付与のための表面処理法は表面化学反に基づく化学的手法と，高エネルギー線の照射に基づく物理的手法に大きく分けられる．それぞれ，以下の例があげられる．

化学的手法：親水基（$-COOH$, $-OH$, $-Cl$, $-SO_3H$, $-NH_2$など）の導入：酸化（$KMnO_4$, $K_2Cr_2O_7$），加水分解（NaOH），共有結合可能基（エポキシ基，イソシアネート基）の導入：グラフト化．

物理的手法：プラズマ処理，コロナ放電，火炎処理，紫外線照射，エキシマーレーザー照射，電子線照射など．これらの処理条件（大気下／真空下／ガス雰囲気下），処理深さ，処理効果の持続性，コスト，環境負荷などについて言及すること．

［発展問題6.9］　（原理および特徴については省略）

さまざまな表面分析の手法が考案・適用されている．これらの中で，接触角測定とともにSIMS, XPS, IRが汎用される．ただし，測定の原理・観点が異なると，得られる情報が異なってくること，下の図に示すように分析深さが異なっていることに注意する必要がある．また，無機物に対する分析手法・分析条件をそのまま適用すると，高分子を分解してしまうおそれのあることにも留意しなければならない．

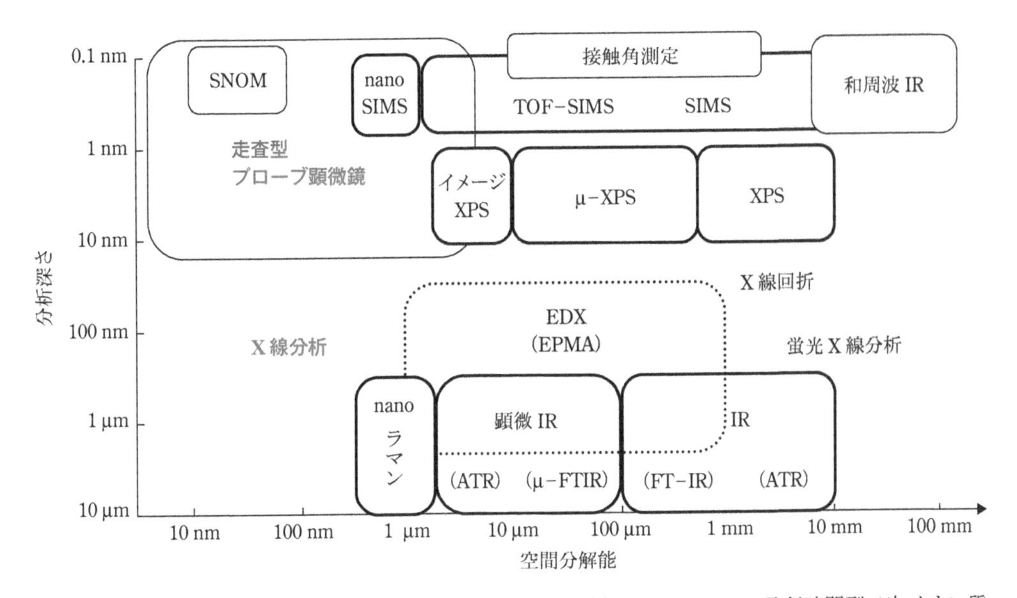

SNOM：走査型近接場光学顕微鏡，SIMS：二次イオン質量分析，TOF-SIMS：飛行時間型二次イオン質量分析，XPS：X線光電子分光法，EDX：エネルギー分散型X線分析，IR：赤外分光法，FT-IRフーリエ変換赤外分光法

第3章・第4章 総合問題の解答例

[総合問題1]
(1)①逐次，②連鎖，③重縮合，④ラジカル
(2)名称：ポリエチレンテレフタレート
モノマーの化学構造式：

HOOC–C6H4–COOH　HO–CH2CH2–OH

テレフタル酸 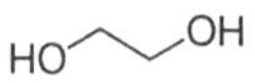　エチレングリコール

(3) $DP_n = 1/(1-p)$．(4)ウ．(5)キ，ク．(6)アタクチック

[総合問題2] (1)①連鎖，②ラジカル，③開始反応，④成長反応，⑤停止反応，⑥連鎖移動反応(③，④，⑥は順番が入れ替わっても可)，⑦アゾビスイソブチロニトリル(あるいは過酸化ベンゾイルなど)，⑧レドックス，⑨再結合(停止)，⑩不均化(停止)，⑪0.5，⑫モノマー反応性比，⑬交互，⑭共鳴効果(共役の程度)，⑮極性効果(電子密度)
(2)過酸化ベンゾイルとジメチルアニリン，塩化鉄(II)と過酸化水素など．
(3)ラジカル重合では停止反応は2分子間で起こるため，定常ラジカル状態の式(すなわち開始反応が停止反応に等しいこと)を用いて全重合速度式を誘導すると，全重合速度は開始剤濃度0.5次に比例することがわかる(**例題3.6**参照)．
(4)スチレンと無水マレイン酸，マレイミドとビニルエーテルなど．

[総合問題3] A群：(1)ケ，(2)キ，(3)サ，(4)シ
B群：(1)c，(2)p，(3)l，(4)d

[総合問題4] (1)①アニオン，②カチオン，③ポリウレタン(ポリエステル，ポリカーボネートも可)
(2)開環重合では分子内から分子間への結合の組み換えによって反応が進行し，環状モノマーに含まれるひずみの解放による発熱(負の重合エンタルピー変化)によって重合が進行する．
(3)(ε-カプロラクタム，ラクチド，ノルボルネンの順に)

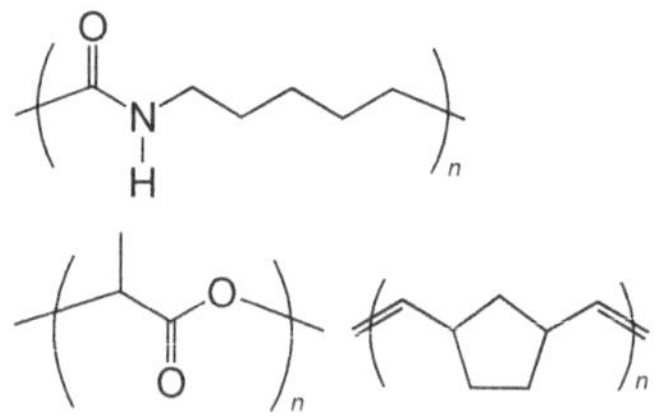

–(CO–NH–(CH2)5)–n

–(CH(CH3)–CO–O)–n　=(CH–C5H8–CH)=n

[総合問題5]

(A) –(CH2–C(CN)(COOC2H5))–n
エ

(B) –(CH2–CH(OH))–n
ケ

(C) –(CH2–CH(CN))–n
カ

(D) –(C4H2S)–n
オ

(E) –(CH(CH3)–CO–O)–n
イ

(F) –(CO–NH–(CH2)5)–n
ア

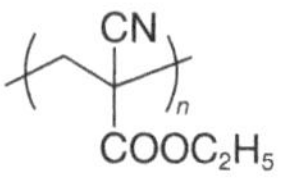

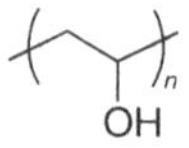

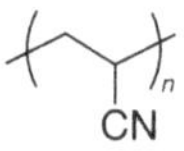

(G) O　O　O　O　N　N　n
キ

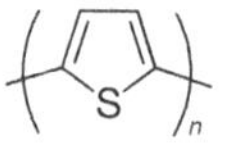

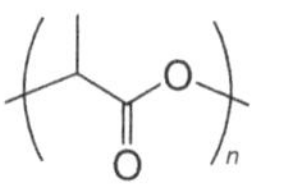

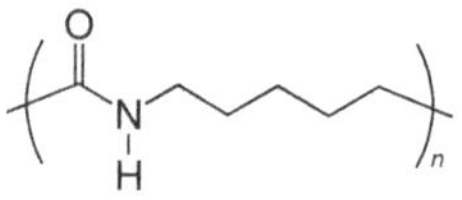

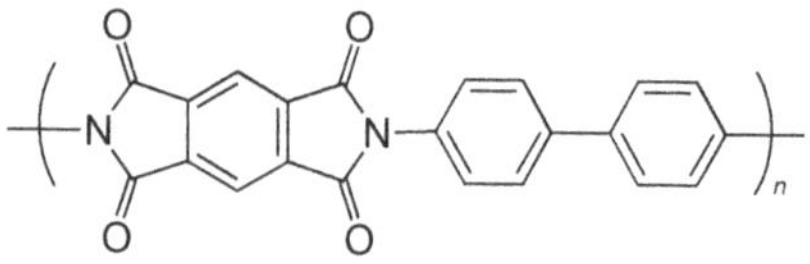

［総合問題6］

（1）

～～～$CH-\dot{C}H_2$ ＋ ～～～$CH_2-CH(H)-CH_2-CH_2$～～～ $\xrightarrow{\text{分子間水素引き抜き}}$

～～～$CH-CH_3$ ＋ ～～～$CH_2-\dot{C}H-CH_2-CH_2$～～～ $\xrightarrow{\text{成長反応}}$

～～～$CH_2-CH(CH_2\dot{C}H_2)-CH_2-CH_2$～～～ $\xrightarrow{\text{成長反応}}$

～～～$CH_2-CH(CH_2CH_2$～～～$)-CH_2-CH_2$～～～

長鎖分岐の生成

～～～$CH_2(H)-CH_2-CH_2-CH_2-\dot{C}H_2$ $\xrightarrow{\text{分子内水素引き抜き}}$

～～～$\dot{C}H_2-CH_2-CH_2-CH_2-CH_3$ $\xrightarrow{\text{成長反応}}$

～～～$CH(CH_2CH_2CH_2CH_3)-CH_2-\dot{C}H_2$

↓成長反応

～～～$CH(CH_2CH_2CH_2CH_3)-CH_2-CH_2$～～～

C4 分岐の生成

↓分子内水素引き抜き

～～～$CH(CH_2\dot{C}HCH_2CH_3)(CH_2CH_3)$

↓成長反応

～～～$CH_2-CH_2-CH(CH_2CH_3)-CH_2-CH(CH_2CH_3)-CH_2-CH_2$～～～

C2 分岐の生成

（2）プロピレンは非共役モノマーであり，モノマーとしての反応性は低い．一方，成長ラジカルは共鳴安定化の寄与がないために反応性が高く，水素引き抜きを起こしやすい性質をもつ．ラジカルがプロピレンのメチル基から水素を引き抜くと，反応性の低いアリルラジカルが生成し，このラジカルはプロピレンの再開始を行うことができない．これらの理由により，プロピレンのラジカル重合では高分子量体を得ることができない．

（3）

3-メチル-1-ブテン $\xrightarrow{H^+}$

～～～$CH_2-\overset{\oplus}{C}H-CH(CH_3)-CH_3$ $\xrightarrow{H^+\text{移動}}$

～～～$CH_2-CH_2-\overset{\oplus}{C}(CH_3)-CH_3$ $\xrightarrow{\text{成長反応}}$

～～～$CH_2-CH_2-C(CH_3)_2$～～～

（補足説明）3-メチル-1ブテンのカチオン重合で生成する成長末端のカチオンは第二級カルボカチオンであり，隣接するイソプロピル基からプロトン（H^+）が移動して，安定な第三級カルボカチオンが生成する．ここからさらに成長反応が起こると，図に示す繰り返し単位（主鎖中に3個の炭素原子を含む）が高分子鎖に含まれることになる．成長反応と異性化反応（プロトン移動）は競争して起こり，通常の3-メチル-1ブテンと上記の異性化後の繰り返し単位の両方が含まれる．

［総合問題7］　（1）①連鎖，②逐次，③リビング

（2）(i)II，(ii)I，(iii)III，(iv)II

（3）

$-\!\!\left(-C_6H_4-C(CH_3)_2-C_6H_4-O-C(=O)-O-\right)_n$

（4）

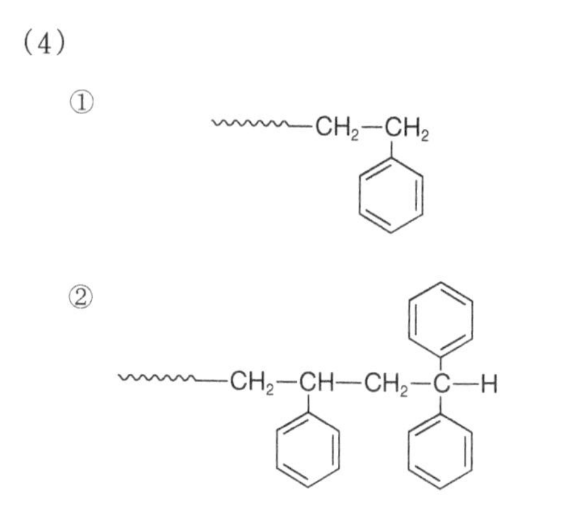

［総合問題8］

（1）

(A) $HC{\equiv}CH$ (B) (C) (D) (E) (F) (G) (H) (I) (J)

（2）付加重合：i，v，開環重合：ii，iv，重付加：iii．（3）(i)③，(ii)⑤，(iii)②，(iv)④，(v)①．

（4）ラジカル重合：⑦，アニオン重合：⑧．

［総合問題9］（1）①ビニロン（ポリビニルホルマール），②偏光板，③耐衝撃性

（2）$PdCl_2$はエチレンの酸化剤として作用，$PdCl_2$はPdに還元され，同時に塩化水素が生成する．

$$CH_2{=}CH_2 + PdCl_2 + H_2O \longrightarrow CH_3CHO + Pd + 2HCl$$

$CuCl_2$は，上記の反応で生成した金属Pdが塩酸と反応して$PdCl_2$が再生するための触媒として作用する．

$$2Pd + 4HCl + O_2 \xrightarrow{CuCl_2} 2PdCl_2 + 2H_2O$$

（3）

$$[\,-OA_C = \;-O-\overset{O}{\overset{\|}{C}}-CH_3\,]$$

（4）**応用問題3.6**や**発展問題3.5**を参照．

（5）ハイパーブランチ高分子は，1段階重合で合成，分岐構造が不規則で，分子量分布あり．主に工業的用途で利用．デンドリマーは分岐点の数や位置が規則正しく，単一分子量．ダイバージェント法とコンバージェント法で合成．

（6）ポリビニルアルコールは結晶性高分子，ポリ酢酸ビニルは非晶高分子．ビニルアルコール−酢酸ビニル共重合体は組成に応じて性質が変化，酢酸ビニル単位増加で結晶化が起こりにくく，結晶サイズが小さくなり，融点が低下．

［総合問題10］（1）省略

（2）①$k_p[M]/(2k_d f/k_t[I])^{0.5}$，②1.0，③$-0.5$，④$1/(1-p)$，⑤0.999，⑥$([M]/[I])\times p$，⑦1

（3）

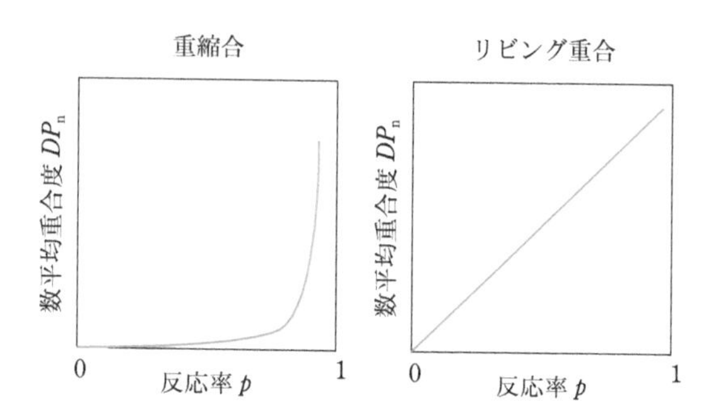

[総合問題11]

(1)

(A)

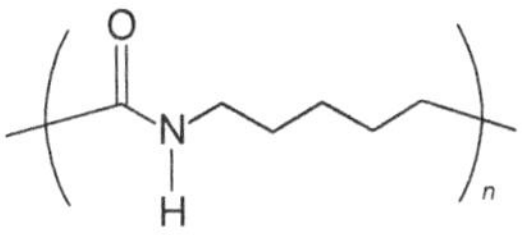

(B)

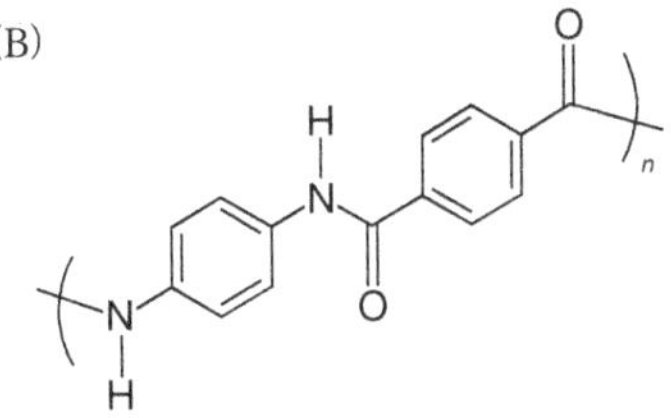

(D)

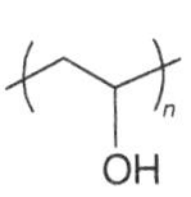

A：ナイロン6，B：全芳香族ポリアミド(ケブラー)，D：ポリビニルアルコール

(2)長鎖分岐の生成に関しては，高分子側鎖(アセチル基)への連鎖移動反応(あるいはモノマーへの連鎖移動反応とマクロモノマーの生成とその重合)を反応式で示すこと(**応用問題3.6，発展問題3.5**を参照)．短鎖分岐の生成については，**総合問題9**(3)も参照．

(3)Dの原料に相当するモノマーのビニルアルコールは，ケト−エノール互変異性により，アセトアルデヒドとして存在するため．

(4)ヒドロキシ基が減少し親水性が低下する．また，分子間でのアセタール化により架橋構造が形成され，高分子は不溶化する(耐溶剤性が向上する)．

(5)結晶性高分子：A，B，非晶高分子：C

(6)繰り返し単位の対称性が高く，また剛直な芳香環を含むこと，さらに分子間水素結合が形成できるため，融解エントロピーが小さく，融解エンタルピーが大きいため．

[総合問題12]

(1)

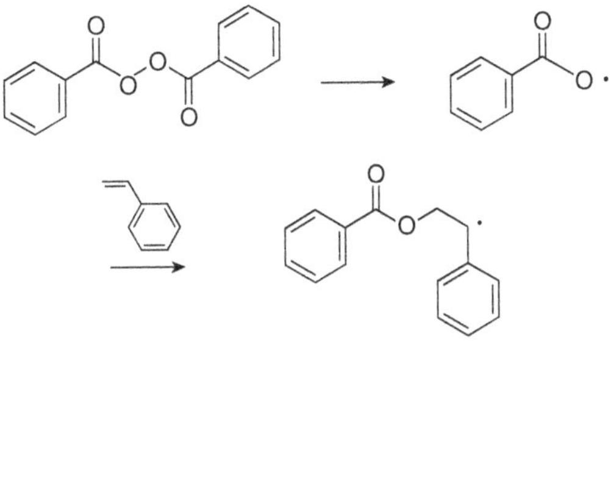

(2)

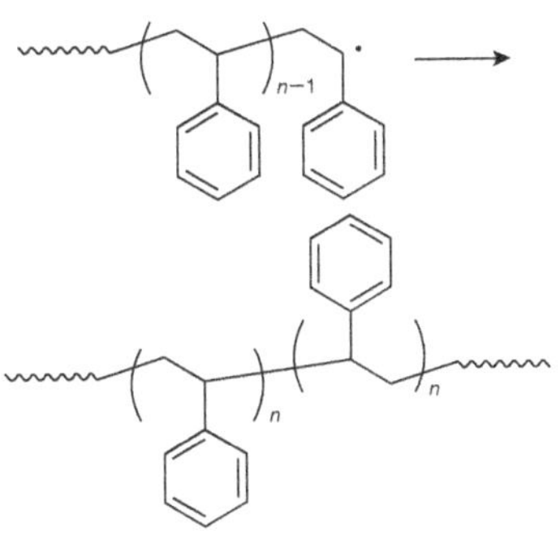

再結合停止であることを示すこと．開始側の末端基についての記載はなしでかまわない．

(3)

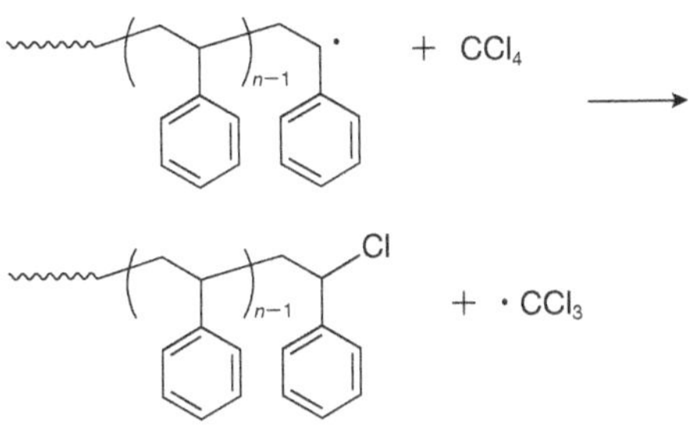

$1/DP_n = 1/DP_{n,0} + C_{tr}[CCl_4]/[St]$

(4)スチレンのアニオン重合で生成する成長アニオンはベンゼン環と共鳴安定化し，可視領域に強い吸収をもち溶液は赤色．メタノールを加えると末端の成長アニオンは失活して無色透明になる．

(5)$\{(150 \times 0.700) \times 104\}/0.500 = 2.18 \times 10^4$

(6)*sec*−ブチルリチウムを溶かした溶液にスチレンを添加しポリスチレンを合成．スチレンがすべて反応した後にブタジエンを添加するとポリスチレンとポリブタジエンのAB型ブロック共重合体が生成．ここで末端のブタジエンアニオンを重合停止剤$(CH_3)_2SiCl_2$と反応するとABA型のトリブロック共重合体が得られる．

(7)立体構造は省略．イソタクチックポリスチレンやシンジオタクチックポリスチレンは結晶性で，後者の結晶化速度が速く融点も高いため，シンジオタクチックポリスチレンはエンジニアリングプラスチックとして利用される．

(8)混合物に二塩化スズ/水を加えると，スチレンのカチオン重合が進行し，ポリスチレンが生成する．メタクリル酸メチルはポリスチレンの成長カチオンに付加しないので共重合体は生成しない．混合物に臭化フェニルマグネシウムを加えると，メタクリル酸メチルのアニオン重合が進行し，ポリメタクリル酸メチルが生成する．スチレンはポリメタクリル酸メチルの成長アニオンに付加しないので共重合体は生成しない.

[総合問題13] (1)省略
(2)

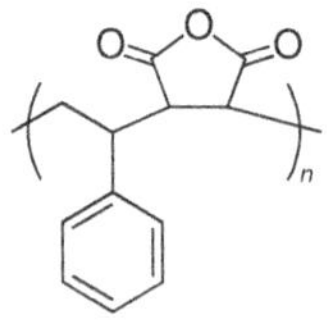

(3)ポリプロピレンは結晶性が高い高分子であり，高密度の結晶領域と低密度の非晶領域の両方を含むために可視光が散乱され，透明性が低い．一方，ポリ塩化ビニルは非晶高分子であり，高い透明性を示す．(4)，(5)省略

[総合問題14] ①高密度，②低密度，③直鎖状低密度，④硬質，⑤軟質
(1)①エチレンを常温常圧で配位重合することによって合成されるポリエチレンで，分岐構造が少なく，結晶性が高い．②エチレンを高温高圧でラジカル重合して得られるポリエチレンで，長鎖分岐構造を含み，①のポリエチレンに比べると結晶性が低い．③エチレンと1-アルケンを①の場合と同じく配位重合(共重合)して得られるポリエチレンで，短い単鎖分岐を含み，結晶性が低く，②の方法で生成するポリエチレンと近い性質を示す．(2)イソタクチックとシンジオタクチック (3)ラジカル重合で合成されたアタクチックなポリスチレンは非晶高分子であり結晶化しないため，材料中で屈折率が均一であり，透明性に優れる．(4)可塑剤，代表的な化合物として，オルトフタル酸ジオクチルなど．
(5)***p***-PPA > ***m***-PPA > PA6 > PA11 > PE

[総合問題15] (1)高分子の成長末端の反応活性種がモノマーや溶媒などに移動し，分子量の低下や調節が可能．(2)ポリエチレン，ポリ塩化ビニル，ポリスチレン．(3)1000．(4)汎用プラスチックは柔軟で熱に弱いが成形性に優れており，包装容器，シート，フィルムなどとして利用．これに対して，エンジニアリングプラスチックは，連続使用温度が100℃以上の耐熱性をもち，機械的強度が高いため，機械部品などに利用．(5)省略

[総合問題16] (1)無水マレイン酸は1,2-二置換エチレンモノマーであり，成長反応における立体障害が大きいため，単独重合しない．イソブテンは連鎖移動反応(ラジカルによる水素の引き抜き)反応を受けやすいメチル基をもち，生成したアリルラジカルの反応性が低く，イソブテンモノマーに付加できないため．
(2)

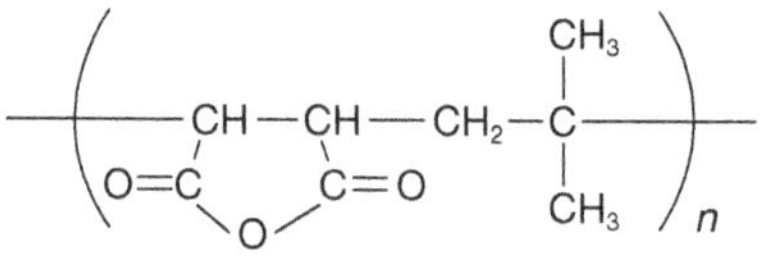

無水マレイン酸は電子受容性モノマーで，イソブテンは電子供与性モノマー，この組み合わせでラジカル共重合を行うと単独成長は起こらないが交互成長の速度が大きいために，高分子量の交互共重合体が生成．
(3)ルイス酸である三塩化アルミニウムは，それ自身がイソブテンのカチオン重合を開始できないが，水が共存すると，H^+が生成してイソブテンに付加し，カチオン重合が開始．
(4)**名称**：直鎖状低密度ポリエチレン(LLDPE)
構造

特徴　密度：0.91～0.93 g cm^{-3}，結晶性：低い，硬度・機械的強度：低い，透明性：高い，用途：フィルム・包装材など．
(5)ポリエチレンは結晶中でトランスジグザグ型のコンホメーションをとる．イソタクチックポリプロピレンは，結晶中でメチル基の立体障害のため3/1らせん構造をとる．ポリイソブテンは2つのメチル基をもつため，さらに立体障害が大きく，安定な結晶構造をとることができず，低いガラス転移温度をもつ非晶高分子となる．
(6)名称：ポリメタクリル酸メチル，用途：有機ガラス(大型水槽，レンズなど)．

[総合問題17] (1)**ラジカル重合**：開始剤はAIBN，BPOなど，MMAとStをほぼ等量含むランダム共重合体，成長ラジカルは両方のモノマーと反応できるため．**アニオン重合**：開始剤は***n***-BuLiなど，モノマーを同時に加えると，成長アニオンに電子受容性モノマーであるMMAが選択的に付加するため，MMAの単独重合体が生成．Stを先に加えて重合が完了した後にMMAを加えるとブロック共重合体が生成する．**カチオン重合**：開始剤は四塩化スズ/水など，Stの単独重合体が生成．成長アニオンに電子供与性モノマーであるStが選択的に付加するため．(2)連鎖重合のうち，(不可逆な)停止反応や連鎖移動反応が起こらず，開始反応と成長反応だけからなる重合．(3)$M_w/M_n = 1 + 1/DP_n$．(4)MMAの成長アニオンの求核性は低く，Stのアニオン重合

を開始できないため．(5)互いに相溶性のない2種類のセグメントを含むブロック共重合体は，同種のセグメントが集合し，互いに反発する結果，ミクロ相分離構造と呼ばれる球状，シリンダー状，ラメラ状の構造を形成する．

[総合問題18]　(1)①チーグラー・ナッタ，②配位 (2)**高密度ポリエチレン**　分子鎖の構造：分岐が少ない，結晶性：高い，透明性：低い，強度：高い．**低密度ポリエチレン**　分子鎖の構造：分岐が多い，結晶性：低い，透明性：高い，強度：低い．

[総合問題19]　(1)エンジニアリングプラスチック：ア，エ，スーパーエンジニアリングプラスチック：ア．(2)**基本問題3.13**を参照．(3)，(4)**総合問題20**を参照．(5)省略

[総合問題20]　ラジカル重合で合成したポリエチレンは，低密度ポリエチレン(LDPE)と呼ばれ，重合反応中に起こる分子内および分子間の連鎖移動(水素引き抜き)によって，長鎖あるいは短鎖の分岐構造を含む．分岐構造は結晶化を抑える役目を果たすため，LDPEは，密度が低い(0.91〜0.92)，結晶性が低い，硬度や機械的な強度が低い，透明性に優れているなどの特徴をもつ．一方，配位重合で合成されるポリエチレンは分岐構造を含まない直鎖状ポリエチレンであり，高密度ポリエチレン(HDPE)と呼ばれる．HDPEは，密度が高い(0.94〜0.96)，結晶性が高い，硬度や機械的な強度が高い，透明性が低いなどの特徴をもつ．配位重合によってエチレンとアルケンを共重合すると，短い分岐を含む直鎖状低密度ポリエチレン(LLDPE)を合成することができる．LLDPEの密度は0.92〜0.94であり，LDPEに近い物性を示す．

[総合問題21]

(1)

(A) (B)

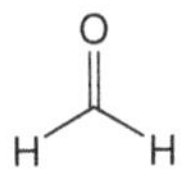

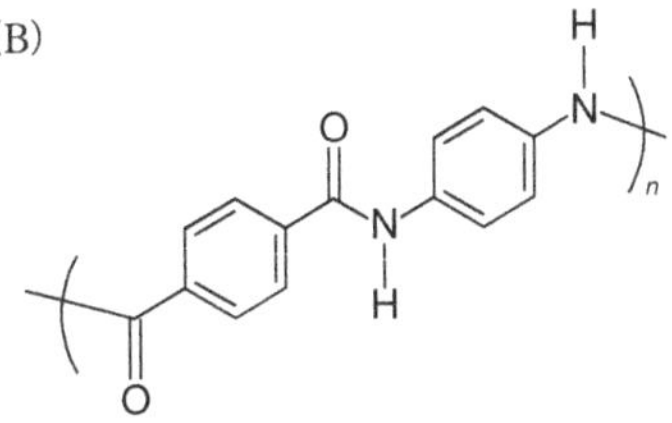

(E)

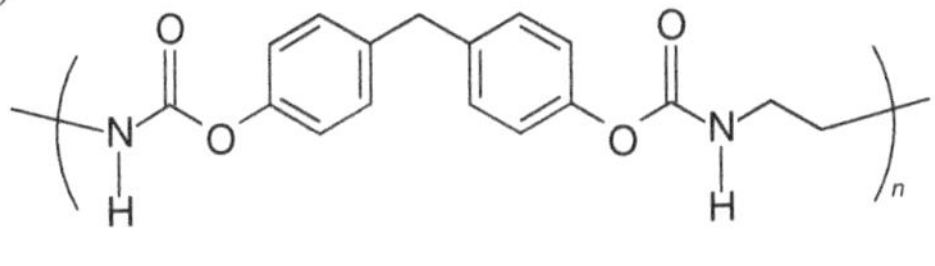

(2)20，(3)199

[総合問題22]　(1)エチレンのラジカル重合の成長ラジカルが，分子内で成長末端から6番目の炭素上の水素を引き抜く(バックバイティング反応)と短鎖分岐(ブチル基)が生成する．このとき，分子内で水素引き抜きが起こった後に，1分子のエチレンの付加(成長反応)が起こり，続いて1つ手前の繰り返し単位のC4分岐から水素引き抜きが起こるとC2分岐が生成する．C2分岐はCH_2基1つを挟んで隣り合って生成する．

(2)リビング重合では，以下の特徴が観察される．生成ポリマーの数平均重合度(DP_n)は，モノマーの反応率に比例して増大する：$DP_n = [M]_0/[I]_0 \times$(反応率(%)/100)．ここで，$[M]_0$と$[I]_0$はそれぞれモノマーと開始剤の初期濃度である/生成ポリマーの数平均分子量M_nはモノマーと開始剤の比によって制御できる/すべてのモノマーが消費された後に新たなモノマーを添加すると，再び重合が進行して，ポリマーのM_nはさらに増大する/すべての高分子は，片方の末端(開始末端)に開始剤の一部の構造(開始剤切片)を含む/開始反応が成長反応に比べて十分速いと，生成高分子の分子量分布はポアソン分布に従い，多分散度(M_w/M_n)は1に近くなる：$M_w/M_n = (1 + DP_n)/DP_n$など．

(3)イソブテンのカチオン重合の成長活性種はβ水素移動による連鎖移動を起こしやすい特徴をもつ．連鎖移動(β水素移動)によって生じるプロトンは速やかにモノマーに付加し，成長カチオンが再び生成する．このため，重合速度の低下が起こらずに高分子が生成するが，高分子の鎖長は連鎖移動が起こらないときに比べて小さくなる．

(4)方法I：ジクロロジメチルシランと金属ナトリウムを用いる重縮合によって合成する．方法II：環状3量体である6員環化合物の開環アニオン重合によって合成する．方法Iは逐次反応であるため，生成物の分子量分布は比較的大きく(M_w/M_n〜2)なるが，方法IIではリビング開環アニオン重合が適用でき，狭い分子量分布をもつ高分子の合成に適している．(反応式は省略)

[総合問題23]

(1)

(A) (B) 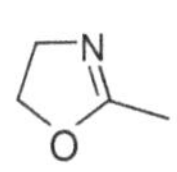 (C)  (D)

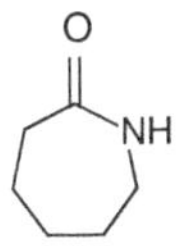

(2)①ポリスチレンゲルを出発物質として，塩化亜鉛などのルイス酸触媒を加えてクロロメチルメチルエーテルで処理してクロロメチル化ポリスチレンゲルを合成する．次に，得られたクロロメチル化ポリスチレンゲルとBoc基やFmoc基でアミノ基を保護したアミノ酸と順次反応する．②触媒量の硫酸銀を加えて濃硫酸中でポリスチレンゲルを加熱してスルホン化する．③①と同様の方法で，クロロメチル化ポリスチレンゲルを合成し，続いてトリアルキルアミンの反応により，第四級アンモニウム基をもつポリスチレン誘導体ゲルを合成する(官能基の化学構造は$CH_2N^+(CH_3)_3Cl^-$)．
(3)β水素移動が起こりやすいため．(反応式は省略)
(4)①Q値とe値はそれぞれモノマーの共鳴安定化と極性効果を表すパラメータで，スチレンの1.0と−0.8を基準とする．②成長と反成長速度が等しくなり，高分子が生成しなくなる温度で，立体反発が大きいと天井温度が低くなる．③停止反応機構の1つで，成長ラジカル間での水素引き抜きにより飽和と不飽和末端をもつ高分子が生成する．④酸性条件下で生成するフェノール樹脂のことで，メチロール基の導入率が低く硬化剤を加えて熱硬化させる．

[総合問題24] (1)化学構造式は省略．A：ラジカル重合，B：重縮合，C：カチオン重合，D：アニオン重合，E：配位重合．
(2)開始反応は省略．リビングアニオン重合(迅速開始，成長末端安定)．
(3)$DP_n = 100$，M_w/M_nは2付近の値．
(4)三フッ化ホウ素ジエチルエーテル錯体によるイソブテンのカチオン重合では，成長カチオンのβ水素脱離が起こりやすいが，低温で重合を行うとβ水素脱離が起こる頻度が下がり重合度が大きくなる．
(5)A：アタクチック，D：シンジオタクチック，E：イソタクチック

[総合問題25] (1)**例題4.4**を参照．(2)室温でハードセグメントであるポリスチレンとソフトセグメントであるポリブタジエンがミクロ相分離した構造をとり，ガラス状態にあるポリスチレンが疑似架橋点として作用するため．

[総合問題26]
(1)**開始反応：総合問題12**(1)を参照．
成長反応

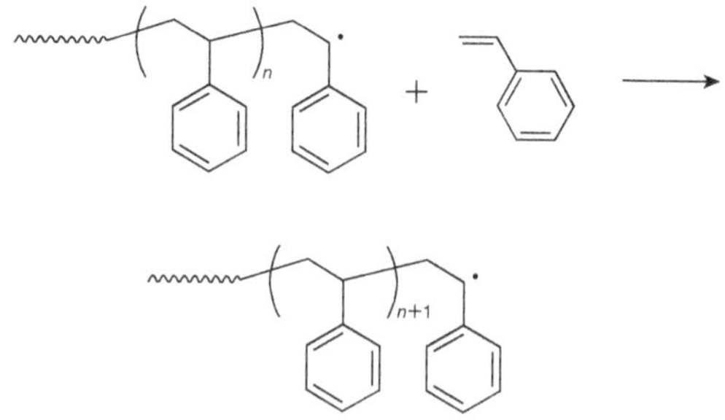

停止反応：総合問題12(2)を参照．
(2)

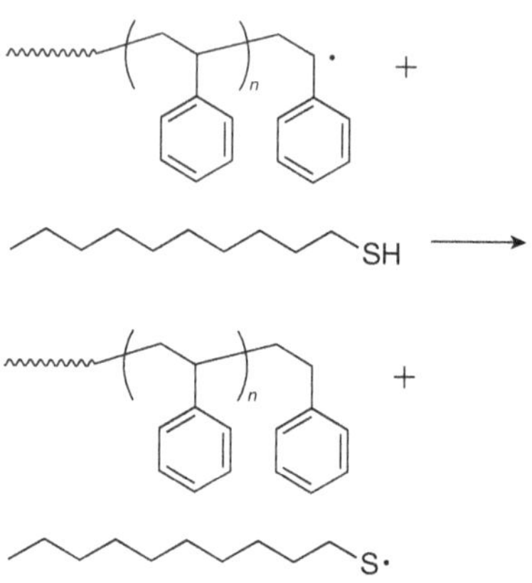

(3)アニオン重合性の順番：α−シアノアクリル酸メチル＞メタクリル酸メチル＞ブタジエン．
理由：これらはいずれも共役モノマーであり，置換基の電子供与性が大きいほどアニオン重合性が高くなるため(e値も同様の順となる)．
(4)

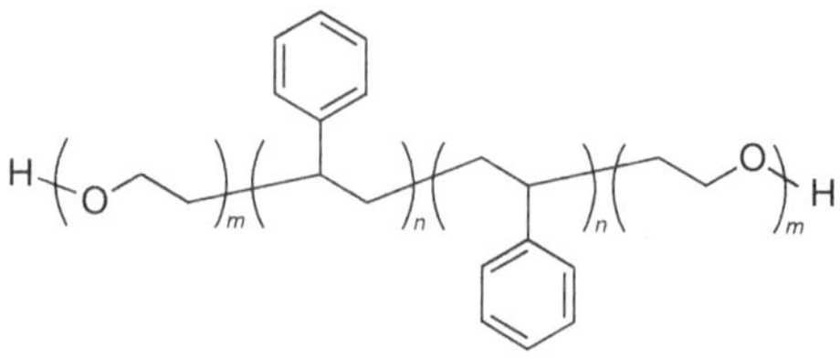

(5)0.98．(6)片方のモノマーを1％過剰に用いた場合の最大到達平均重合度DPは199であるが，M_2の反応率が0.99の場合のDPは50となる．(参考：$DP = (1+r)/(2r(1-p)+(1-r))$，$p$は反応率，$r$はモノマーのモル比)

[総合問題27]

（1）

(A)

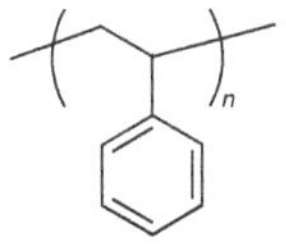

(B)

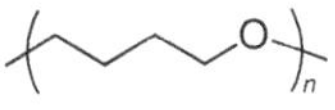

(C)

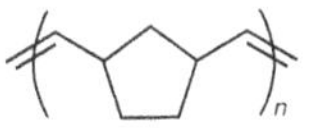

(D)

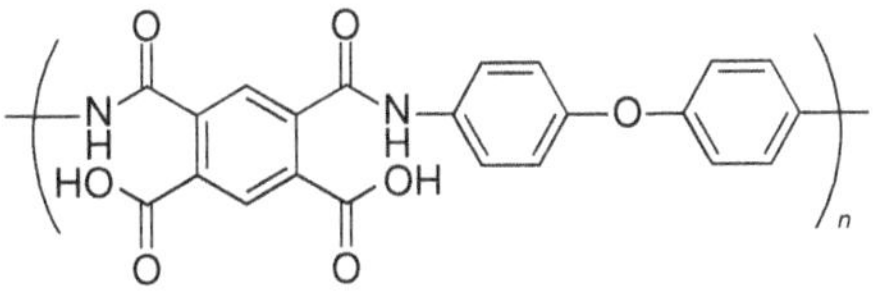

N H O HO OH O N H O

(E)

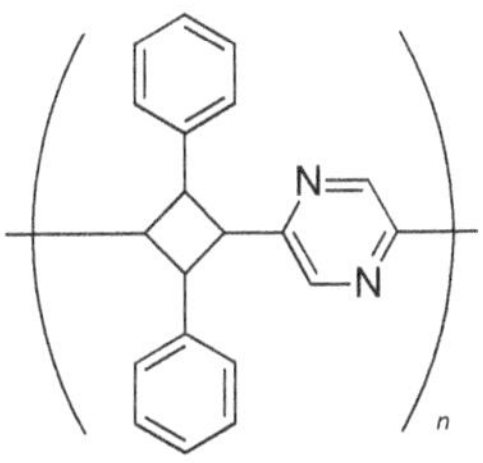

N N

（2）

(ii)

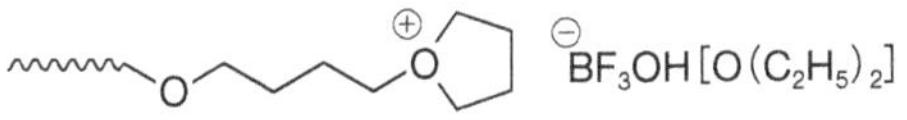

$BF_3OH[O(C_2H_5)_2]$

(iii)

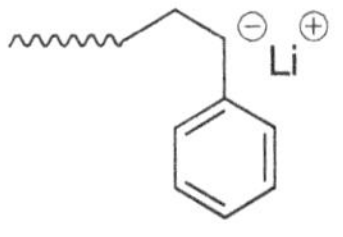

Li

(iv)

PCy_3 Cl Ru Cl PCy_3

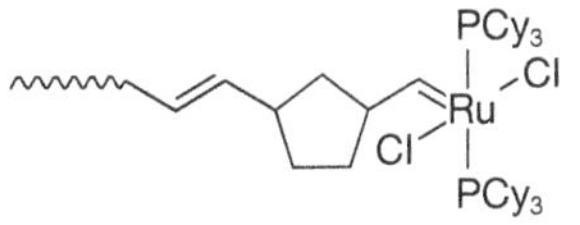

（3）(i) III, (ii) III, (v) II, (vi) II

（4）

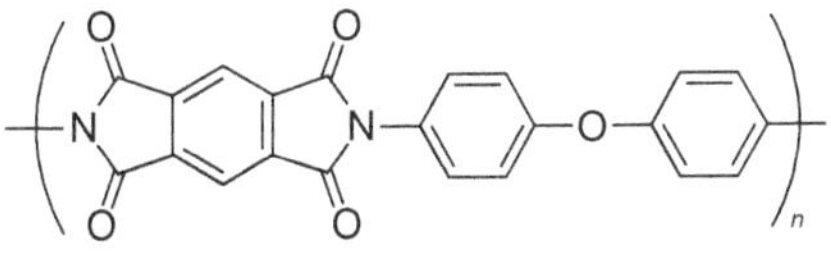

[総合問題28]　（1）高分子A：G，高分子B：I

（2）

(K)

酢酸ビニル

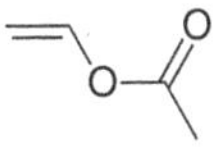

（3）

(D)

ラクチド（乳酸環状２量体）

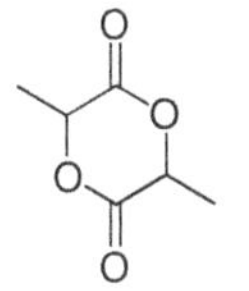

(E)

ノルボルネン

[総合問題29]　（1）フェノールの付加縮合では，以下の付加反応と縮合反応が競争して起こり，酸性および塩基性条件下でそれぞれノボラック樹脂とレゾール樹脂が生成する．

OH + CH_2O —付加反応→ OH CH_2OH

OH CH_2OH + OH

—縮合反応→ OH CH_2 OH + H_2O

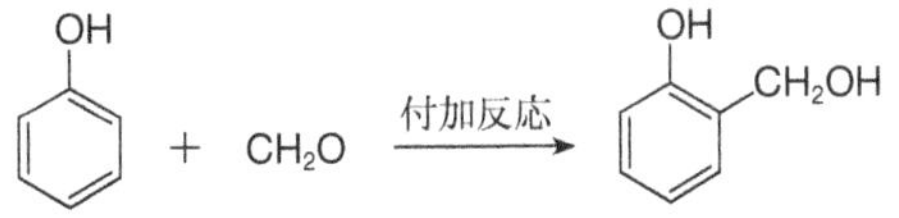

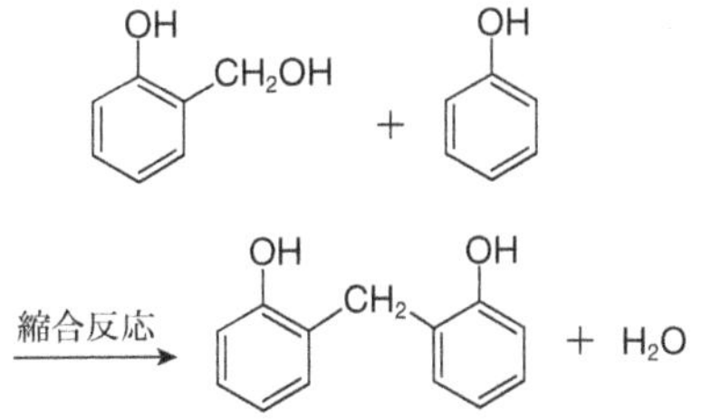

酸を触媒とする反応（酸性条件）では，付加反応に比べて縮合反応が起こりやすいため，メチロール（ヒドロキシメチル）基はすぐに縮合に消費され，以下の構造をもつノボラック樹脂が生成する．

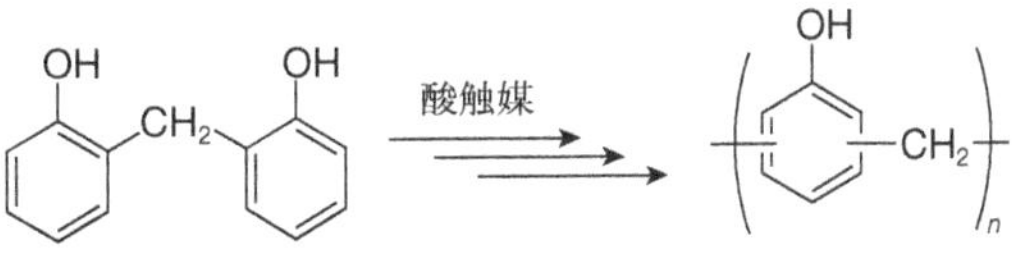

OH CH_2 OH —酸触媒→ OH CH_2 n

塩基性条件では，付加反応が優先するため，メチロール基を多く含み分子量200～500程度のレゾール樹脂が生成する．

OH $(CH_2OH)_n$ —塩基触媒→

$(HOCH_2)_n$ OH CH_2 OH $(CH_2OH)_n$

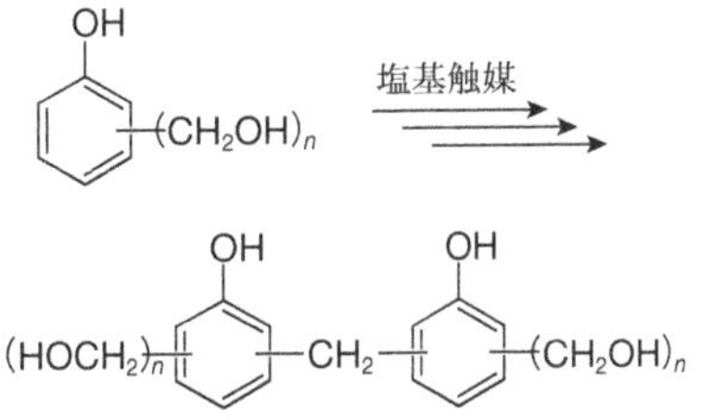

(2)ニトロキシド介在重合(NMP)，原子移動ラジカル重合(ATRP)，可逆的付加開裂型連鎖移動重合(RAFT重合)など．重合方法は省略．

(3)過酸化ベンゾイル/ジメチルアニリン，過酸化水素/鉄(II)塩，セリウム塩/アルコール，酸素/トリエチルホウ素など．利点：レドックス開始剤は酸化剤と還元剤の組み合わせで構成され，それらを混合するまでラジカル発生は起こらない．また，低温でも混合後速やかにラジカルが発生するため低温用重合開始剤として適している．

[総合問題30]

(A)　(B)

(C)

(D)

(E)

[総合問題31]

(A)　(B)

(C)　(D)

(E)

(F)

(G)

(H)　(I)

[総合問題32]

(A)　(B)

(C)　(D)　(E)

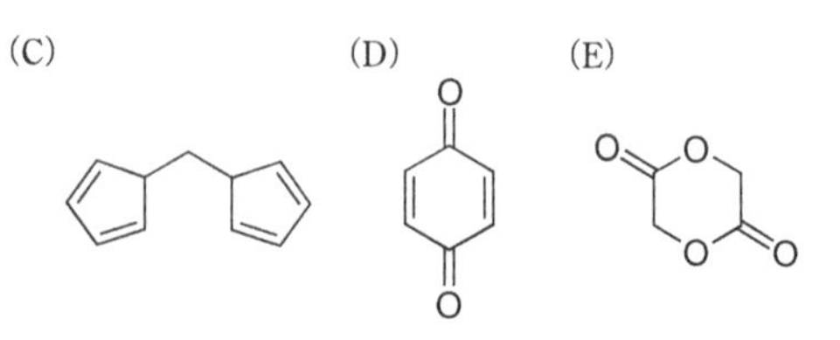

(F)　(G)　(H)

[総合問題33]

(A) OCN NCO

(B) O O O O

(C) HO OH

(D) O O O

[総合問題34]

(A) ・ ⊖⊕ Na

(B) ・ ⊖⊕ Na

(C) Na ⊕⊖ ⊖⊕ Na

(D) O H H O ‒C‒N‒ CH$_2$ N‒C‒O(CH$_2$)$_2$O‒ n

(E) COOCH$_3$ n

[総合問題35]

(A) OCN−(CH$_2$)$_6$−NCO

(B) HO−(CH$_2$)$_2$−OH

(C) O O O

(D) O CH$_2$−CH$_2$

(E) O CH$_2$−CH CH$_3$

(F) n

[総合問題36]

(A) O NH

(B) O

(C) F O C F

(D) ⊖ KO ⊖⊕ OK

(E) O O Cl C C Cl

(F) O

(G) HO OH

(H) O O O

[総合問題37]

(A) C O・

(B) C O⊖

(C) OCH$_3$ Cl

(D) OCH$_3$ ⊕

[総合問題38]

(A) OCN− CH$_2$ −NCO

(B) CH$_3$ −OH CH$_3$

(C) NH$_2$ H$_2$N− −NH$_2$ H$_2$N

(D) H N N N N H n

著者紹介

松本(まつもと) 章一(あきかず)　工学博士

1985年大阪市立大学大学院工学研究科応用化学専攻後期博士課程中退．大阪市立大学助手，講師，助教授を経て，2004年に同大学教授．2013年より大阪府立大学大学院工学研究科物質・化学系専攻教授．専門は高分子合成(特にラジカル重合)．

西野(にしの) 孝(たかし)　工学博士

1985年神戸大学大学院自然科学研究科物質科学専攻博士課程中退．神戸大学助手，助教授を経て，現在は神戸大学大学院工学研究科応用化学専攻教授．専門は高分子の固体物性．

東(ひがし) 信行(のぶゆき)　工学博士

1982年同志社大学大学院工学研究科工業化学専攻博士後期課程修了．九州大学助手，助教授，同志社大学助教授などを経て，現在は同志社大学理工学部機能分子・生命化学科教授．専門は高分子組織体や界面化学．

NDC 431　223 p　26 cm

エキスパート応用化学(おうようかがく)テキストシリーズ
演習(えんしゅう)で学(まな)ぶ　高分子科学(こうぶんしかがく)　合成(ごうせい)から物性(ぶっせい)まで

2022年3月28日　第1刷発行

著　者　松本章一(まつもとあきかず)・西野(にしの)　孝(たかし)・東(ひがし)　信行(のぶゆき)
発行者　髙橋明男
発行所　株式会社　講談社
〒112-8001　東京都文京区音羽2-12-21
販　売　(03)5395-4415
業　務　(03)5395-3615

KODANSHA

編　集　株式会社　講談社サイエンティフィク
代表　堀越俊一
〒162-0825　東京都新宿区神楽坂2-14　ノービィビル
編　集　(03)3235-3701

本文データ制作　株式会社双文社印刷
カバー・表紙印刷　豊国印刷株式会社
本文印刷・製本　株式会社講談社

落丁本・乱丁本は，購入書店名を明記のうえ，講談社業務宛にお送りください．送料小社負担にてお取り替えします．なお，この本の内容についてのお問い合わせは講談社サイエンティフィク宛にお願いいたします．
定価はカバーに表示してあります．

Printed in Japan

ISBN978-4-06-527036-3